TABLEAU DE LA NATURE

OUVRAGE ILLUSTRÉ A L'USAGE DE LA JEUNESSE

HISTOIRE

DES PLANTES

PARIS. — TYPOGRAPHIE LAHURE

Rue de Fleurus, 9

UNE FORÊT VIERGE A LA GUYANNE. (Page 497.)

HISTOIRE
DES PLANTES

PAR LOUIS FIGUIER

OUVRAGE ILLUSTRÉ DE 416 FIGURES

DESSINÉES D'APRÈS NATURE

PAR FAGUET

Préparateur du Cours de botanique à la Faculté des sciences de Paris

DEUXIÈME ÉDITION

PARIS

LIBRAIRIE HACHETTE ET Cie

79, BOULEVARD SAINT-GERMAIN, 79

1874

INTRODUCTION

¹. Dans *la Terre avant le déluge* et dans *la Terre et les Mers* nous
avons considéré la terre pour ainsi dire nue. Dans le premier
de ces ouvrages, nous avons étudié la formation de notre planète ; nous avons suivi les diverses périodes de son évolution,
depuis le moment où une croûte solide vint envelopper sa
masse brûlante et rouge de feu, jusqu'au temps où elle revê-
tit sa configuration actuelle. Dans le second, nous avons décrit l'aspect physique de notre globe, ses reliefs, ses dépressions, les cours d'eau qui l'arrosent, la mer immense qui
couvre les trois quarts de sa surface. Mais dans ces deux
ouvrages nous avons supposé que la terre était privée de son
ornement naturel : nous avons fait abstraction de la verdoyante parure qui l'embellit. Que serait notre globe sans
les plantes qui le décorent? Un aride désert, une solitude immense, asile du silence et de la mort. Les plantes ont apparu
sur la terre avant les animaux, car ces êtres n'auraient pu
exister sans les végétaux qui servaient à leur nourriture.
Quand les grands animaux qui précédèrent l'homme furent
créés par la Sagesse éternelle, la terre avait déjà revêtu son

magnifique manteau végétal. Dieu avait dit, comme nous
l'enseignent les livres saints : « *Que la terre pousse son jet, de*
l'herbe portant de la semence, et des arbres fruitiers portant du fruit
selon leur espèce, qui aient leur semence en eux-mêmes. Et il en fut
ainsi. La terre produisit donc son jet, savoir, de l'herbe portant de
la semence selon son espèce, et des arbres portant du fruit, qui avaient
leur semence en eux-mêmes, selon leur espèce. Et Dieu vit que cela
était bon[1]. »

Oui cela était bon, car les plantes sont à la fois l'ornement
de la terre et le moyen d'existence des animaux qui la peu-
plent. Et cet ornement naturel, la bonté infinie du Créateur
sait le diversifier de la manière la plus merveilleuse ; si bien
qu'aucune partie du globe, à peu d'exceptions près, ne saurait
en être privée.

La végétation change de caractère et d'aspect selon la situation des lieux sur le globe, leur élévation et la nature du
sol.

Dans notre zone tempérée, le doux ombrage des forêts nous
offre de paisibles retraites, tandis que les plaines se couvrent
du riche tribut des pâturages et des moissons.

Aux approches du pôle, si l'on n'aperçoit que des arbrisseaux rabougris, le sol, durci par les frimas, se recouvre encore de la courte végétation des Lichens et des Mousses.

Dans les parages tropicaux, contrées aimées du soleil, les
Palmiers dressent dans les airs leur stipe svelte et leur couronne empanachée, comme pour s'isoler de la terre brûlante
où plongent leurs racines.

Les montagnes de tous pays se couvrent d'une végétation
spéciale, verdure immuable, comme les neiges qui les couronnent. Sur leurs flancs s'échelonnent les Sapins, les Mélèzes
ou les Cèdres, dont les silhouettes, nettement découpées, se

1. *Genèse*, ch. I, vers. 11 et 12.

détachent sur le fond du ciel, tandis que des herbes toniques chargent les airs de leurs parfums. Sur ces mêmes montagnes, les forêts qui doivent alimenter les foyers de l'hiver se mêlent aux pâturages qui nourrissent le bétail.

Au bord des mers croît une végétation particulière, qui emprunte ses caractères et son aspect au sol sablonneux des rivages.

L'inégale distribution de la chaleur et de l'humidité fait naître une végétation qui dépend de ces conditions extérieures. Sous l'ombrage et la fraîcheur, rampe la tribu, infiniment variée, des Cryptogames : les Mousses, les Champignons, les Fougères. Sous l'ardeur d'un climat tout à la fois humide et brûlant, croît et se développe le groupe précieux des Palmiers, des Bananiers, des Lataniers, présents inestimables de la nature, source de richesse et de bonheur pour les habitants des régions tropicales.

Ailleurs, sous les brûlantes latitudes de l'Afrique, ou dans les contrées équatoriales du Nouveau-Monde, de magnifiques et robustes Cactus font admirer leurs formes étranges dans les lieux découverts, tandis que dans les forêts vierges une masse serrée de végétaux de tout ordre s'entrelace en formant un impénétrable réseau.

Au fond des mers, des Algues, aux mille couleurs, cachent sous les vagues mobiles leurs rubans onduleux et l'enchevêtrement de leur délicat feuillage.

Dans les fleuves et les rivières vit une autre population d'herbages, qui se dérobe à nos yeux, tandis que des nappes de verdure, les *Nymphea*, les *Lemna*, les *Victoria regia*, s'étalent mollement à la surface des eaux.

Voilà un tableau fort abrégé des spectacles divers que la végétation étale à nos regards.

C'est peut-être un élan de reconnaissance pour l'auteur de tant de merveilles, qui fait naître en nos âmes l'involontaire et puissante sympathie que les plantes nous inspirent. Personne, en effet, ne saurait rester indifférent à l'aspect des tableaux que la végétation étale à nos yeux. Une plante, une fleur détachée de sa tige, suffisent pour remuer notre cœur, pour nous rappeler le sol natal, les joies évanouies ou les affections perdues. Nous comprenons le transport de sentiments qui fait que le sauvage arraché des bords de l'Orénoque embrasse en pleurant l'arbre de son pays, et les larmes qui coulaient des yeux de J. J. Rousseau à la seule vue d'une Pervenche.

Par suite de cette sympathie naturelle, l'homme a toujours demandé aux plantes les symboles divers de ses sentiments et de ses affections. Chez tous les peuples, des tresses de feuillage couronnent le front du vainqueur, ou récompensent la vertu. De frais bouquets, des guirlandes gracieuses, président aux fêtes qui marquent les époques heureuses de notre vie.

Des fleurs ont orné notre berceau et elles couvriront notre tombe. Des guirlandes de feuilles et de fleurs ont embelli nos fêtes, de noirs Cyprès ombrageront notre dernier asile.

Il ne faut donc pas être surpris que l'étude des plantes soit aussi ancienne que la civilisation. Les livres sacrés nous parlent d'une foule de plantes qui étaient cultivées ou révérées par les premiers hommes. Les anciens poëtes en ont tracé de gracieux tableaux; Homère les a chantées sur sa lyre. Combien d'autres ont célébré dans leurs vers le plaisir des champs, le charme des ombrages et les vertus des plantes! Hésiode, Théocrite, Lucrèce, Virgile, Horace, Ovide, Tibulle, Claudien, les ont décrites tour à tour. Dans la littérature moderne, les plantes ont bien souvent inspiré le génie des poëtes, qui se sont plu à en tracer les plus séduisantes peintures. Citons en exemple le Tasse, l'Arioste, Métastase, Darwin, Pope, Thomson, Gessner, Rapin, Saint-Lambert, Parny, Delille, Roucher, Castel, J. J. Rousseau, Bernardin de Saint-Pierre, et, de nos jours, Victor Hugo et Lamartine.

Les plantes fournissent à tous les âges de la vie des distractions agréables ou des enseignements utiles.

L'enfance aime les fleurs ; elle se plaît à les rechercher. Les fleurs font dans le jeune âge le charme des promenades champêtres ; elles éveillent nos premières sensations. Nous saluons celles qui se rencontrent sous nos premiers pas, car notre cœur nous dit qu'elles ne sauraient nous être indifférentes.

Ce goût, naturel à la tendresse de l'enfance, ne s'affaiblit point dans la jeunesse. La simple culture d'un jardin procure au jeune homme des plaisirs sans cesse renaissants ; c'est un fertile enseignement pour son esprit et son cœur. La jeune fille se plaît à retracer de son pinceau les formes capricieuses des fleurs, à imiter l'éclat brillant de leur coloris. Quel intérêt nouveau s'ajouterait à cette simple reproduction des lignes extérieures, si la jeune fille pouvait y joindre une connaissance exacte de ces végétaux élégants dont elle aime à retracer les contours !

Ces pures et délicates jouissances ne s'évanouissent pas avec l'âge mûr, comme les amusements stériles de la jeunesse : elles prennent une direction plus sérieuse. Pour peu que nous ayons porté notre attention sur le spectacle de la nature, ces productions que nous avons considérées dans le jeune âge, isolément et sans but particulier, nous offrent plus tard un intérêt que nous n'avions pas soupçonné. La végétation, prise dans son ensemble, revêt un caractère tout particulier de grandeur qui nous étonne. Nous apprenons à considérer les plantes dans leur généralité. Leurs harmonies naturelles, leurs rapports avec le reste des êtres vivants, leur commune origine, tout nous conduit à l'idée d'un Dieu créateur. En contemplant les secrets et merveilleux ressorts qui régissent le mouvement et la vie, en admirant ces organes multiples au moyen desquels s'accomplissent les fonctions végétales, nous élevons nos cœurs vers l'auteur de la nature.

De cette simple admiration des plantes au désir de les étudier avec quelque attention, il n'y a qu'un pas, et il est aisé à franchir. Ces êtres aimés et charmants sont à nos pieds ; nous n'avons qu'à nous baisser pour les recueillir. Tout nous invite à leur étude, et cette étude n'est environnée d'aucune difficulté particulière ; elle ne demande aucune préparation préalable. Quelques promenades dans les champs et dans les jardins, les plaisirs imprévus de l'herborisation, voilà les moyens qui suffisent pour arriver à la connaissance des plantes, si on leur ajoute la lecture de quelque ouvrage élémentaire.

Nous n'apprendrons rien à nos lecteurs en rappelant dans combien de circonstances la connaissance des plantes peut rendre des services. Celui qui habite la campagne et qui ne connaît pas les plantes qu'il foule sous ses pieds ; celui qui vit au milieu des richesses de la nature sans en comprendre le sens et l'utilité, est comme un étranger qui serait transporté dans un pays plein de charmes, mais dont il ignorerait la langue et les coutumes.

Dieu n'a pas seulement accordé aux plantes l'élégance et la beauté, il leur a aussi donné en partage la puissance de calmer nos maux et d'adoucir nos souffrances physiques. L'illustre médecin anglais Sydenham appelle, avec raison, le Pavot, qui nous fournit l'opium, un présent de Dieu. Or l'étude de la botanique permet à chacun de connaître les propriétés des plantes, et de chercher des *succédanés* aux herbes médicinales.

Dire que la botanique est indispensable à l'agriculteur, c'est énoncer une vérité qui n'a pas besoin de commentaire. Le cultivateur, le propriétaire, le métayer, dirigent leurs exploi-

tations avec d'autant plus de succès, qu'ils ont une connaissance plus approfondie des plantes et de la meilleure manière
de tirer parti des productions du sol.

Cette remarque conserve la même évidence si on l'applique
à l'horticulteur, ou au simple amateur de jardins. Quand on
considère le grand nombre de nouvelles plantes d'ornement
dont la science moderne a enrichi l'horticulture, ces Rhododendrons aux nuances éclatantes, empruntés aux sommités
alpestres, ces Begonias aux feuilles veloutées, ces Orchidées
aux formes étranges et ravissantes, ces magnifiques Azalées,
et cent autres espèces, on ne peut mettre en doute les services immenses que la botanique a rendus à l'art des jardins.
Celui qui n'aurait vu que les plantes d'agrément cultivées en
France il y a trente ans, aurait peine à se reconnaître dans
les fleurs admirables qui de nos jours décorent les jardins.

Sans vouloir déprécier les ouvrages de botanique élémentaire qui existent aujourd'hui, nous pensons qu'aucun ne répondait exactement à l'objet que nous nous sommes proposé
en écrivant cette *Histoire des plantes*. Notre but a été de réduire
la botanique à ses faits et à ses principes essentiels, de la dégager des détails dont elle est surchargée dans la plupart des
livres qui servent, dans les Facultés et les Écoles, à l'exposition de cette science. Nous avons voulu inspirer à nos jeunes
lecteurs une juste admiration pour la toute-puissance et la
bonté de Dieu, mais une admiration raisonnée, fondée sur la
connaissance réelle de ses œuvres. Aussi nous sommes-nous
appliqué à donner des notions précises, à exposer rigoureusement l'état présent de la science des végétaux. C'est ainsi,
par exemple, que nous avons cru devoir insister sur une partie de la botanique entièrement négligée jusqu'ici dans les
ouvrages élémentaires, et totalement ignorée des gens du
monde : nous voulons parler des Cryptogames (Algues, Mous-

ses, Champignons, Lichens et Fougères). Les botanistes modernes ont fait dans la classe des Cryptogames des découvertes
vraiment étonnantes, qui ouvrent à la science et à la philo-
sophie des horizons imprévus. C'est ce qui nous a engagé à
développer avec quelque soin cet ordre original de faits.

Bien que condensé en un seul volume, l'ouvrage que nous
présentons à la jeunesse embrasse le tableau complet de la
botanique. Si nous n'avons approfondi aucune des grandes
divisions de cette science, au moins figurent-elles toutes dans
notre cadre. De cette manière, ceux de nos lecteurs qui vou-
dront pousser plus loin leurs études, seront préparés à aborder toutes les parties de la science des végétaux. Notre inten-
tion, on le sait, n'est pas de composer sur chaque science des
traités complets, mais seulement de donner une idée exacte
des principes de cette science, afin de mettre le lecteur en
état de consulter plus tard avec fruit les ouvrages spéciaux.
Ce que nous voulons, c'est préparer à l'étude des livres de
nos savants, c'est inspirer le désir de compléter dans les véritables traités les simples notions scientifiques que nous
nous efforçons de présenter avec méthode et clarté.

L'*Histoire des Plantes* se divise en quatre parties :

1° L'*Organographie* et la *Physiologie des plantes*, comprenant la
description des organes essentiels qui entrent dans la composition des végétaux, et l'exposé des fonctions qui s'exécutent par l'intermédiaire de ces organes.

2° La *Classification des plantes*, c'est-à-dire le développement
des principes sur lesquels repose la distribution des végétaux
en groupes particuliers.

3° Les *Familles naturelles*. Nous avons choisi 45 familles
parmi les plus importantes à connaître. Après avoir décrit
avec soin une plante prise comme type de la famille, nous
citons les espèces les plus connues appartenant à ce groupe

naturel, ce qui nous permet de donner l'idée d'un nombre considérable de végétaux usuels.

4° La *Géographie botanique*, c'est-à-dire la distribution des plantes à la surface du globe, selon les lieux où on les rencontre.

Ce cadre embrasse, on le voit, le cercle entier des études qui composent la science des végétaux.

On nous permettra de faire une mention spéciale des figures qui accompagnent cet ouvrage. Nous n'avons pas voulu emprunter aux traités élémentaires de botanique des figures banales, et pour ainsi dire convenues. Presque tous nos dessins ont été faits d'après nature. Ceux qui se rapportent à la classe des Cryptogames sont empruntés aux mémoires originaux qui ont paru dans les *Annales des sciences naturelles.* L'auteur de ces dessins est M. Faguet, préparateur du cours de botanique à la Faculté des sciences de Paris, qui a su très-heureusement combiner dans cette œuvre le sentiment de l'artiste et la précision du savant.

Grâce au soin qui a présidé à la rédaction de cet ouvrage, comme à l'exécution des figures qui l'accompagnent, nous espérons atteindre le but que nous nous sommes proposé, c'est-à-dire donner à la jeunesse une idée précise des merveilles de la nature considérée dans les plantes, et cela, non par des considérations vagues, mais par des indications rigoureuses, qui représentent exactement l'état actuel de la science des végétaux.

PREMIÈRE PARTIE

ORGANOGRAPHIE ET PHYSIOLOGIE

DES PLANTES

1

ORGANOGRAPHIE ET PHYSIOLOGIE

Confiez une graine à la terre; placez, par exemple, une graine de haricot (fig. 1) à quelques centimètres de profondeur dans la terre végétale humectée; si la température extérieure est de 15 à 20°, la graine ne tardera pas à germer : elle se gonflera, et par cet admirable travail de la nature dont il nous est permis de contempler les merveilleux résultats, mais non de

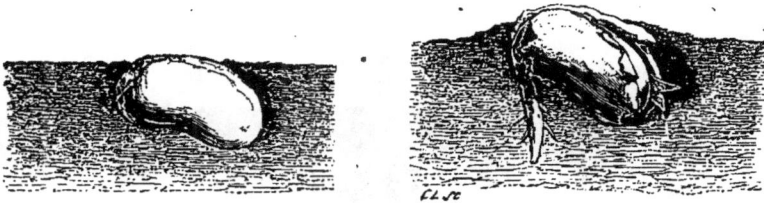

Fig. 1. Graine de Haricot en germination.

comprendre l'étonnant mystère, un végétal en miniature ne tardera pas à éclore. Deux parties bien distinctes apparaîtront : l'une, de couleur jaunâtre, habituellement ramifiée, s'enfoncera dans le sol : c'est la *racine;* l'autre, colorée en vert, se dirigera à l'opposé de la première et s'élèvera vers le ciel : c'est la *tige* (fig. 2).

Étudions d'abord, et d'une manière générale, la *racine* et la *tige*, organes essentiels des végétaux, parties fondamentales qui existent chez toutes les plantes, ou du moins, si l'on fait abstraction de certains végétaux d'un ordre inférieur, qui existent chez toutes les plantes parées de feuilles et de fleurs. Nous pas-

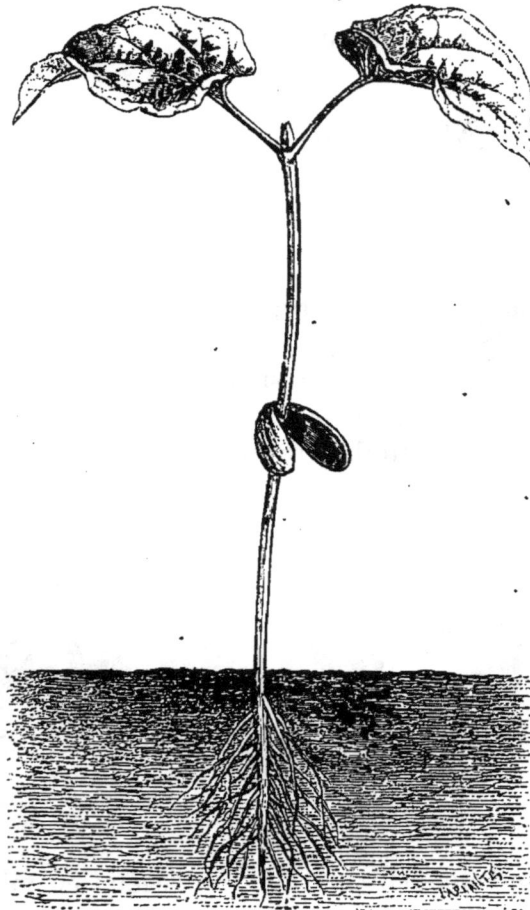

Fig. 2. Jeune Haricot.

serons ensuite à l'étude générale d'autres organes essentiels des végétaux, tels que les *branches*, les *bourgeons*, les *feuilles*, les *fleurs*, les *fruits*, les *graines*, etc.

I

RACINE

Le Créateur des mondes semble avoir voulu embellir ce qui est exposé à nos yeux et refuser l'élégance à tout ce qui se dérobe à nous. Tandis que les feuilles, gracieusement suspendues aux rameaux, se balancent avec grâce au souffle des airs ; tandis que les tiges, les rameaux et les fleurs font l'ornement de nos campagnes, les racines, privées de formes gracieuses, dépouillées de toute nuance brillante, et revêtues le plus souvent d'une uniforme couleur brune, accomplissent dans l'obscurité leurs fonctions, qui sont pourtant tout aussi importantes que celles des tiges, des feuilles, des rameaux et des fleurs. Quelle différence entre la cime verdoyante et fleurie d'un arbre ou d'un arbrisseau qui s'élève avec élégance au milieu des airs, et la masse grossière de ses racines, divisée en rameaux tortueux, sans harmonie, sans symétrie, et formant un inextricable réseau comme une chevelure en désordre ! Ces organes, si peu favorisés sous le rapport de la beauté, sont appelés à remplir des fonctions d'une importance fondamentale dans l'ordre des actions végétales. Commençons

Fig. 3. Racines aquatiques de la Lentille d'eau.

par exposer les dispositions extérieures et la structure des racines ; nous passerons ensuite à l'étude des fonctions physiologiques qui leur sont dévolues.

Toutes les racines ne sont pas implantées dans le sol. Il en est qui flottent dans l'eau, comme celles de la *Lentille d'eau* (fig. 3), et ne touchent aucunement la terre. Il en est qui vont puiser leur nourriture dans les tissus mêmes d'autres végétaux : telles sont les racines du *Gui*, plante singulière qui forme sur le *Pommier*, le *Peuplier* et une foule d'autres arbres, des touffes d'un beau vert.

Certaines racines paraissent n'avoir d'autre fonction que de fixer la plante au sol ; elles ne contribuent en rien à leur nutrition. On voyait, il y a quelques années, au Muséum d'histoire naturelle de Paris un magnifique *Cierge du Pérou*, d'une hauteur extraordinaire, qui poussait avec vigueur et avec une grande rapidité d'énormes rameaux. Ses racines étaient renfermées dans une caisse d'un mètre cube, remplie d'une terre que l'on ne renouvelait et n'arrosait jamais. Évidemment les racines de ce *Cactus* ne lui servaient que comme moyen d'attache.

« Au milieu d'une contrée où six mois se passent sans qu'il tombe jamais de pluie, j'ai vu, dit Auguste de Saint-Hilaire, durant la sécheresse, des Cactus chargés de fleurs se soutenir sur des rochers brûlants, à l'aide de quelques faibles racines enfoncées dans l'humus desséché qui s'était introduit dans des fentes étroites. »

Cependant la plupart des plantes se nourrissent au moyen de leurs racines. Aussi voit-on cet organe se développer, se ramifier, et se multiplier indéfiniment dans presque tous les végétaux.

La multiplication des racines se fait de deux manières. Tantôt la racine s'allonge et s'épaissit, en n'émettant latéralement que des appendices grêles et courts, que l'on nomme *radicelles* et qui accompagnent le corps, ou le *pivot* du système descendant. On nomme ces racines *pivotantes*. Tantôt, au contraire, la racine est entièrement composée d'axes plus ou moins nombreux, à peu près de même calibre et qui partent de la partie inférieure de la tige : on nomme ce dernier type *racines fasciculées*. La *Betterave*, la *Carotte*, le *Navet* (fig. 4) ; les arbres de nos bois, nous offrent des exemples de racines *pivotantes*. Le *Melon* (fig. 5), le *Blé*, le *Lis*, les *Palmiers*, donnent des exemples de racines fasciculées.

Cette différence dans la constitution du corps radiculaire doit être prise en considération dans un grand nombre de circonstances. Le vieux *Sapin*, fixé au sol par un enracinement profond, brave les plus violents orages, et sur le sommet des montagnes il résiste aux plus terribles tempêtes. Mais le *Palmier à*

Fig. 4. Racine pivotante du Navet.   Fig. 5. Racine fasciculée du Melon.

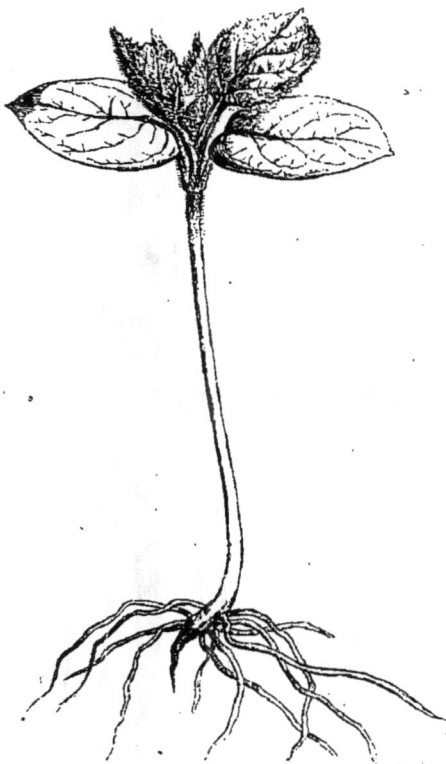

éventail, dont les racines fasciculées courent et s'allongent horizontalement dans le sable, est renversé, abattu par le vent, dès qu'il a atteint une hauteur de 1 à 2 mètres. Si l'on soutient d'une manière artificielle la tige de ce *Palmier*, il peut atteindre même dans nos climats, une hauteur de 15 à 20 mètres. Devant le grand amphithéâtre des cours du Muséum d'histoire

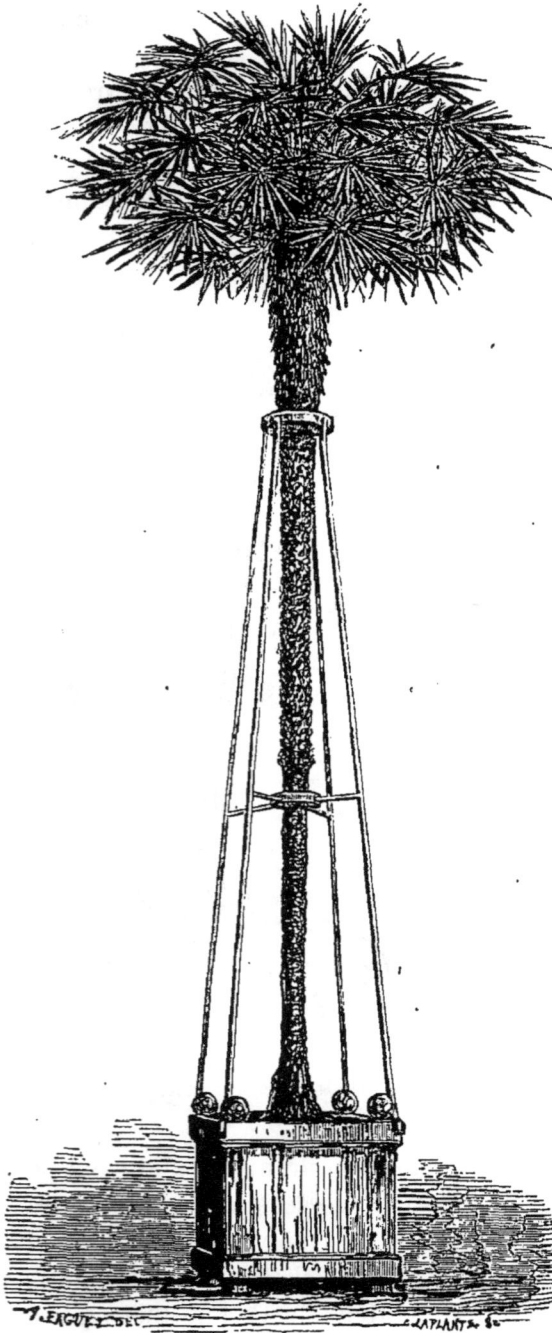

Fig. 6. Palmier placé à l'entrée de l'Amphithéâtre
du Jardin des Plantes de Paris.

naturelle de Paris on voit deux *Palmiers* ainsi soutenus élever très-haut leur tête, chargée de feuilles en éventail (fig. 6).

La connaissance de la forme des racines trouve des applications pratiques. Quand on arrose une plante, il faut verser l'eau à son pied, si sa racine est pivotante ; on la verse, au contraire, à une certaine distance de ce pied, si les racines sont fasciculées. Quand on veut tenter la culture d'une plante, on se préoccupe de la nature des couches superficielles du sol ou de ses couches profondes, selon que cette plante a des racines pivotantes ou fasciculées. Dans un même champ, on doit faire succéder à

une plante à racines fasciculées, qui épuise le sol à la surface, une plante à racine pivotante, qui va chercher sa nourriture à une plus grande profondeur.

Cette diversité dans la structure des racines n'est pas d'ailleurs le fait du hasard, mais le résultat d'un dessein prémédité dans les vues de la nature. La composition du sol varie
singulièrement dans les différentes parties du globe. Pour que
tous les points de la surface de la terre fussent couverts de
végétation, pour qu'aucune de ses parties ne fût privée de
cet incomparable ornement, il fallait que les formes des racines fussent très-variables, afin de s'accommoder à ces varia-
tions de la composition du sol. Ici le terrain est dur et pierreux, fort ou léger, formé de sable ou d'argile ; là il est sec ou
humide ; ailleurs, il est exposé aux ardeurs d'un soleil brûlant, ou balayé, sur les hauteurs, par la violence des vents et
des courants atmosphériques. D'autres fois, il est abrité de ces
agitations de l'air, dans le fond de chaudes vallées. Il faut des
racines dures, ligneuses, divisées en ramifications robustes,
et pourtant très-divisées à leur terminaison, pour les plantes
destinées à vivre sur les montagnes, au milieu des rochers ou
entre les pierres, afin que leur enracinement soit solide et que
ces ramifications, pénétrant entre les fentes des rochers, s'y
cramponnent avec assez de force pour résister à la violence
des ouragans et des tempêtes aériennes. Les racines droites,
pivotantes, peu ramifiées, conviennent aux sols meubles et
perméables. Elles ne conviendraient pas aux terres compactes,
argileuses, peu profondes. Dans ces terrains prospèrent les
plantes aux racines qui s'étalent horizontalement à peu de
distance de la surface du sol.

Ces considérations importent beaucoup à l'agriculture qui,
pour propager des plantes avec succès, doit s'appliquer à
bien connaître la nature du sol et choisir pour ses cultures des
terrains appropriés à la forme des racines de chaque plante.

Deux modifications peuvent se présenter dans les deux types
principaux de racines dont il vient d'être question. On voit
quelquefois des racines se transformer en masses plus ou
moins volumineuses, gorgées de matière nutritive, et qui
sont destinées à nourrir la plante, ou à favoriser sa multi-

plication. Des exemples vulgaires de cette structure nous
sont offerts par les *Orchis* de nos prés et de nos bois, connus
sous le nom vulgaire de *Pentecôte ;* par les *Anémones,* les *Renoncules,* les *Dahlias* de nos parterres. On nomme ces racines
tubéreuses quand elles présentent la forme de celle du *Dahlia*
(fig. 7), ou *tubéreuses-fibreuses* quand elles présentent la forme
de celle de l'*Orchis* (fig. 8).

Ces renflements de la racine ont une utilité spéciale dans
la vie de la plante : ils ont pour destination d'accumuler à la

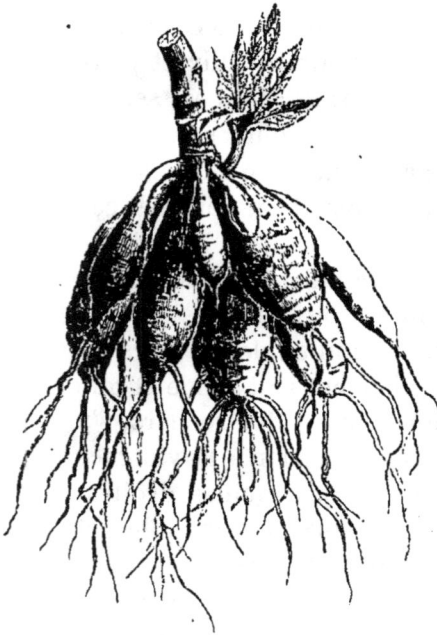

Fig. 7. Racine tubéreuse du Dahlia.   Fig. 8. Racine tubéreuse-fibreuse de l'Orchis.

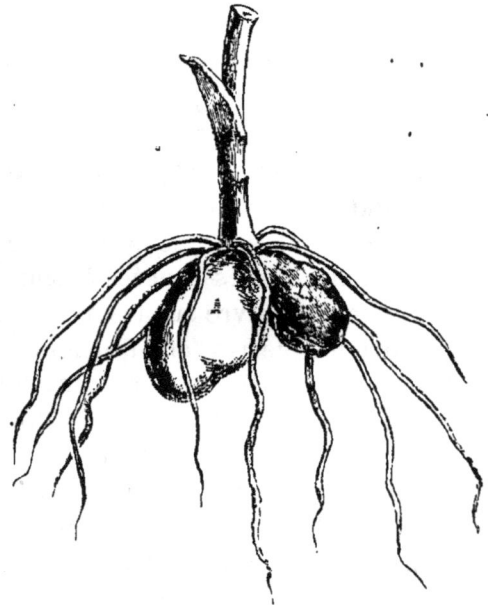

partie inférieure du végétal des réservoirs de matière nutritive,
consistant surtout en fécule, qui doit servir à son développement pendant une certaine période de son existence.

La plupart des plantes se nourrissent principalement au
moyen de leurs racines. On serait donc naturellement porté à
croire que le volume des racines est toujours en rapport avec
la grandeur des tiges et des rameaux d'une plante. Ceci est
généralement vrai pour une même espèce; et l'on sait, par
exemple, que plus les rameaux d'un *Chêne* sont nombreux, plus

ses racines sont abondantes ; bien plus, sur un *Chêne*, les plus fortes racines correspondent aux plus fortes branches. Mais si l'on passe d'une espèce végétale à une autre, on constate, non sans surprise, que les *Palmiers* et les *Pins* ont des racines peu en rapport avec leur élévation considérable, tandis que certaines plantes, comme la *Luzerne*, la *Bryone*, l'*Ononis arrête-bœuf*, sont munies de racines énormes relativement aux faibles dimensions de leur tige.

Si les racines n'offrent pas dans leurs ramifications cette disposition régulière et constante que l'on remarque dans les feuilles et les rameaux, c'est qu'elles rencontrent dans le sein de la terre bien plus d'obstacles que n'en éprouvent les feuilles et les rameaux dans les airs. Ces derniers peuvent s'étendre librement dans tous les sens, tandis que les racines sont arrêtées sans cesse par toutes sortes de résistances. Elles sont constamment gênées dans leur allongement ou leur grosseur, forcées de se détourner de la route qu'elles doivent naturellement suivre, obligées de contourner, de surmonter les obstacles que leur oppose l'inégale dureté du sol, la présence de murs, de rochers ou d'autres racines. De là les difformités que l'on remarque dans leur structure extérieure, les déviations nombreuses que présentent leurs rameaux.

La manière dont les racines parviennent à triompher de tous les obstacles, a toujours été un sujet d'étonnement. Qui n'a vu des racines d'arbres ou d'arbrisseaux, gênées, empêchées dans leur marche, développer une force mécanique considérable, renverser des murs ou fendre des rochers ; dans d'autres circonstances se réunir en touffes, ou bien étaler leurs ramuscules sur une longueur prodigieuse, pour suivre le trajet d'un ruisseau aux eaux bienfaisantes ! Qui n'a vu avec admiration les racines s'accommoder aux dispositions spéciales du sol : dans un sol convenable, diviser à l'infini leur chevelu ; ailleurs, abandonner un sol stérile pour aller chercher plus loin une terre propice, et varier leurs formes, selon que la terre est plus ou moins dure, selon qu'elle est humide ou sèche, forte ou légère, sablonneuse ou pierreuse ! On ne peut s'empêcher de reconnaître qu'il y a dans cette élection faite par les racines la manifestation d'un véritable instinct vital.

Duhamel, botaniste du dernier siècle, rapporte que, voulant préserver un champ de bonne terre des racines d'une allée d'Ormes qui l'épuisaient, il fit creuser entre le champ et l'allée un fossé, pour intercepter le passage aux racines. Mais il vit avec surprise celles des racines qui n'avaient pas été coupées dans cette opération, descendre le long du talus, pour éviter le contact de la lumière, passer sous le fossé, et aller de nouveau s'étendre dans le champ.

C'est à propos d'une merveille de ce genre que le naturaliste suisse Bonnet disait spirituellement qu'il est quelquefois difficile de distinguer un chat d'un rosier.

Fig. 9. Racine adventive du Chiendent.

Nous nous sommes occupé plus spécialement jusqu'ici des racines qui constituent le système descendant et normal des végétaux. Cependant il est des racines qui se développent le long de la tige même. Organes supplémentaires en quelque

Fig. 10. Racines adventives de la Vanille, dans les serres
du Jardin des Plantes de Paris.

sorte, elles viennent en aide aux racines proprement dites, et
les remplacent lorsqu'une cause quelconque est venue les détruire. Dans le *Blé*, le *Chiendent* (fig. 9), et en général dans toutes
les plantes de la famille des Graminées, la partie inférieure de
la tige donne naissance à des racines supplémentaires, auxquelles ces plantes, simples et rustiques, doivent une partie de
leur résistance aux causes de destruction. Dans la *Primevère*
(fig. 11), la racine principale et les racines secondaires qui en
naissent se détruisent après quelques années de végétation;

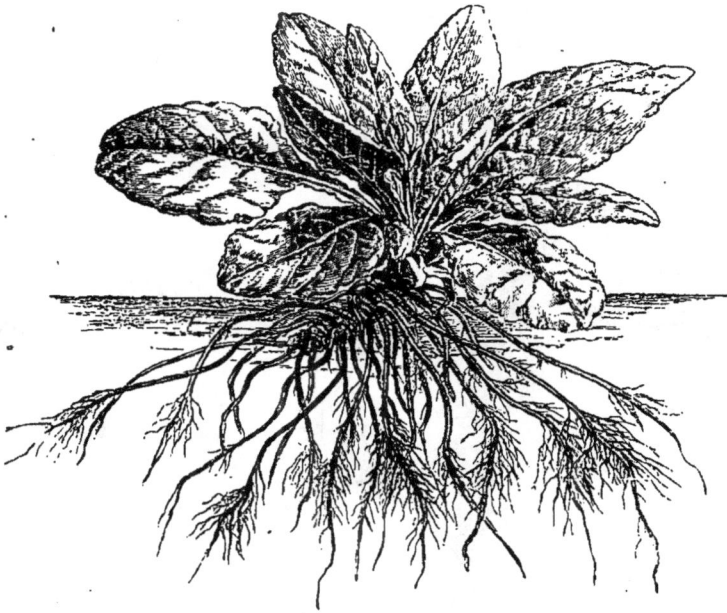

Fig. 11. Racines adventives de Primevère.

mais des racines *adventives* se développent à la partie inférieure
de la tige, et empêchent la plante de périr.

Dans les forêts tropicales de l'Amérique et de l'Asie, la
Vanille, aux fruits si recherchés pour leur suave arome, enroule
autour des arbres, comme une guirlande aérienne, sa tige
allongée, élégante et flexible, ornement gracieux de ces solitudes. Les racines souterraines de la *Vanille* ne pourraient suffire à la nutrition de cette plante, et le transport des sucs nour-

riciers se ferait avec trop de lenteur. La nature a paré à ces inconvénients par les racines adventives qui naissent de distance en distance le long de sa tige. Ces utiles auxiliaires descendent presque verticalement. Vivant sans peine dans l'atmosphère humide et chaude de ces forêts, elles finissent par s'enraciner çà et là dans le sol. Les autres, flottant librement dans l'atmosphère, en aspirent l'humidité et transportent cette humidité à la plante elle-même. On peut constater dans les serres du Muséum d'histoire naturelle de Paris ce mode intéressant de végétation de la *Vanille* (fig. 10).

Un grand arbre qui embellit les paysages de l'Inde, le *Figuier des Pagodes* (*Ficus religiosa*), est muni de racines adventives, qui descendent verticalement des rameaux vers le sol. Ces racines demeurent minces et d'égale diamètre tant qu'elles n'ont pas pénétré dans la terre; mais dès qu'elles

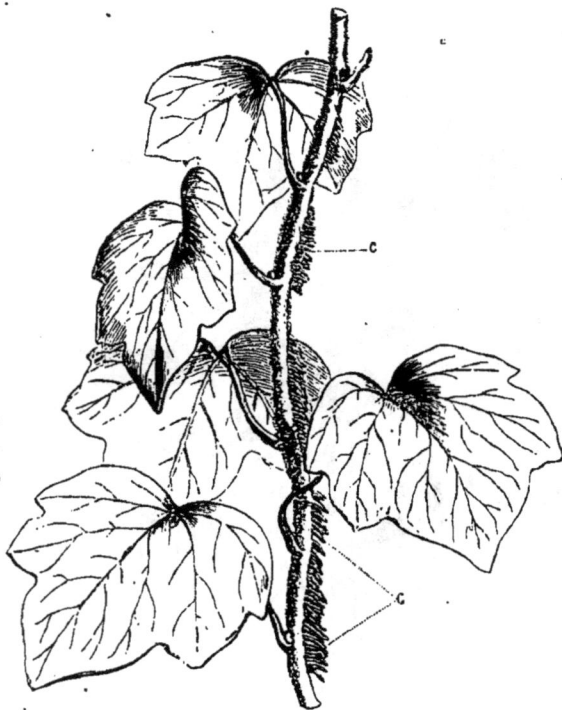
Fig. 12. Crampons de la tige du Lierre.

s'y sont fixées, elles grossissent rapidement, et forment autour de la tige des milliers de colonnes d'une longueur souvent considérable. Les Indiens aiment à bâtir des chapelles dans les intervalles que laissent entre elles les racines adventives de ce Figuier sauvage; de là le nom de *Ficus religiosa* (fig. 13) donné à cet hôte imposant des plaines et des forêts de l'Asie.

L'un de ces arbres vénérés, le *Figuier de Narbuddah*, avec ses 350 grosses racines, auxquelles viennent se joindre quelque-

Fig. 13. Ficus religiosa (Figuier des-Pagodes), arbre de l'Inde.

fois plus de 3000 autres plus petites, constitue une sorte de forêt dans la forêt.

Les rameaux du *Lierre* sont pourvus d'une quantité de crampons qui s'incrustent dans l'écorce des arbres, ou à la surface des murs : ces crampons (fig. 12, *c*) sont de très-courtes racines adventives qui servent à soutenir la plante, mais ne la nourrissent pas.

Il est pourtant une plante dont les crampons, qui s'implantent sur d'autres végétaux, y puisent leur nourriture. La *Cuscute* (fig. 14) nous donne un exemple de ces plantes parasites dont les crampons forment de véritables racines nourricières.

La propriété fondamentale des racines, au point de vue physiologique, c'est de tendre sans cesse à s'enfoncer dans le sol ; elles semblent donc fuir la lumière du jour. Cette tendance se

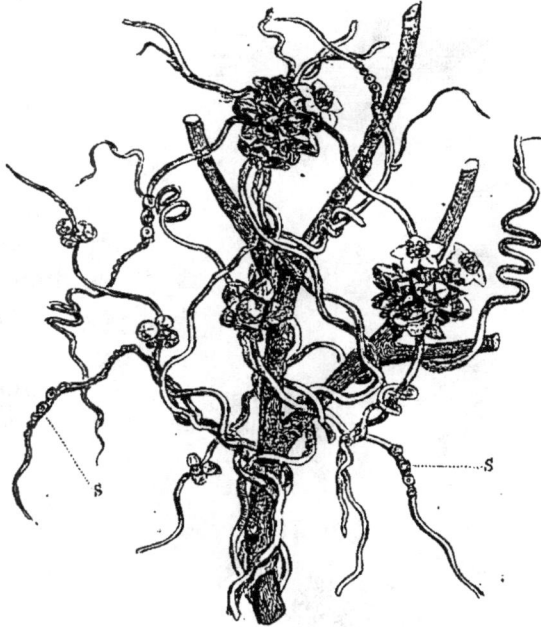

Fig. 14. Tige à suçoirs de la Cuscute.

remarque dès les premiers moments de l'apparition de la radicule dans une graine en germination. Elle est si prononcée, elle paraît tellement inhérente à la vie de tous les végétaux en général, que si l'on essaye de la contrarier, si par exemple on renverse une plante germante, en la plaçant, pour ainsi dire, la tête en bas, la racine et la tige se retourneront d'elles-mêmes, la tige pour tendre vers le ciel, la racine pour s'enfoncer en terre.

On peut se convaincre, par une expérience fort simple, de la vocation naturelle des tiges pour rechercher et des racines pour fuir la lumière du jour. Dans un appartement éclairé par une seule fenêtre, placez sur du coton que vous ferez flotter sur l'eau d'une écuelle, quelques graines de moutarde en germination ; vous verrez les petites racines se diriger vers la partie non éclairée de la chambre, et les tigelles s'infléchir, pour aller à la rencontre des rayons lumineux venant de la fenêtre.

Quelle est la cause qui détermine cette naturelle et invincible tendance des racines vers l'intérieur de la terre ? Les racines veulent-elles éviter la lumière, dont l'action leur serait nuisible ? Cherchent-elles l'humidité ? Les deux expériences suivantes répondent à ces deux questions.

Fig. 15. Expérience sur les racines.

Placez des graines sur une éponge humide contenue dans un tube de verre, et éclairez l'appareil par en bas ; quand la plante aura germé et poussé des radicules et des tigelles, vous verrez, comme le représente la figure 15, les petites racines descendre vers le bas du tube, et par conséquent se diriger du côté de la lumière, plutôt que de ne pas obéir à leur tendance naturelle. Ce n'est donc pas pour éviter la lumière que les racines s'enfoncent dans le sol, car dans cette expérience c'est précisément vers la lumière qu'elles affluent.

Remplissez de terre une boîte dont le fond soit percé de plusieurs trous, comme le représente la figure 16 ; placez des graines de haricot dans ces trous, et suspendez l'appareil en plein air. Les radicules ne monteront pas, pour aller chercher cette terre humide. Obéissant à la loi inflexible qui les sollicite, elles descendront dans l'atmosphère, au milieu de l'air sec, et elles ne tarderont pas à s'y dessécher. Ce n'est donc pas l'humidité que les racines recherchent.

On a pensé que l'action de la pesanteur pouvait être pour

Fig. 16. Autre expérience sur les racines.

quelque chose dans la direction des radicules. C'est en effet ce qui paraît résulter des expériences suivantes.

On a fait germer des graines de haricot placées à la circonférence d'une roue de fer ou de bois, entourée de mousse, pour maintenir l'humidité des graines, et contenant de petites auges pleines de terre, ouvertes de deux côtés (fig. 17). La roue, mise en mouvement *dans le sens vertical* par un courant d'eau, décrivait cent cinquante révolutions par minute. En raison de ce mouvement de rotation, qui produisait la force particulière connue en mécanique sous le nom de *force centrifuge*, l'action de la pesanteur était comme annulée, et la graine germante, échappant à l'influence de cette force, était uniquement soumise à la *force centrifuge*. Or, voici ce qui se produisit. Les petites tigelles qui, dans les circonstances normales, se dirigent vers le ciel, c'est-à-dire en sens inverse de l'action de la pesanteur, se dirigèrent en sens inverse de la force centrifuge, c'est-à-dire vers le centre de la roue. Les radicules qui, dans les circonstances normales, s'enfoncent dans le sol, c'est-à-dire dans la direction de la pesanteur, se dirigèrent dans le sens de la force qui remplaçait ici la pesanteur, c'est-à-dire de la force centrifuge, et se rendirent vers la circonférence de cette roue.

Cette curieuse expérience, réalisée pour la première fois par Knight, physicien anglais, a été répétée et modifiée en France par l'ingénieux naturaliste Dutrochet. Si l'on remplace la roue verticale par une roue horizontale (fig. 18), la pesanteur agit toujours sur les mêmes points de la graine germante ; mais comme celle-ci est soumise en même temps à l'action de la force centrifuge, développée par le mouvement de la roue, les petites racines suivent une direction intermédiaire entre la verticale, que devrait déterminer la pesanteur, et l'horizontale, que devrait déterminer la force centrifuge. Plus le mouvement imprimé à la roue est rapide, plus l'angle que fait la radicule avec le plan de la roue est aigu. Lorsque cet angle est nul, la radicule est horizontale et se dirige en dehors de la roue.

Fig. 17. Roue de Knigth.

L'influence de la pesanteur sur la direction des racines est mise hors de doute par ces curieuses expériences.

Il faut pourtant reconnaître que tout n'est pas mécanique dans cette tendance des racines à s'enfoncer dans le sol, et qu'il y a là, sans aucun doute, une véritable faculté organique propre à l'être vivant.

Pour terminer ce qui concerne la racine en général, nous donnerons un aperçu de sa structure et des fonctions physiologiques dévolues à cet organe.

Si l'on rapproche et si l'on compare la coupe transversale de la tige et celle de la racine d'un des arbres de nos forêts, il est facile de constater que la différence entre ces deux parties du végétal se réduit à peu de chose. A l'extérieur de la racine se trouve l'écorce, semblable à celle de la tige des arbres; seulement son parenchyme n'est jamais vert. A l'intérieur est un cylindre ligneux, représenté par des fibres, des vaisseaux et des rayons médullaires. Le bois forme donc la partie centrale de la racine, qui est presque toujours dépourvue du

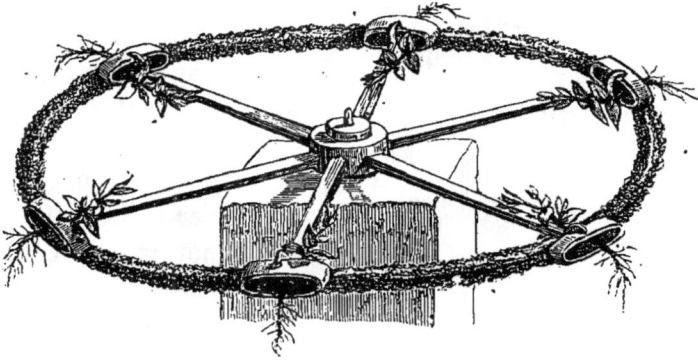

Fig. 18. Roue de Knigth tournant horizontalement.

genre de vaisseaux connus sous le nom de *trachées ;* ce n'est même que d'après ce dernier caractère que la racine se différencie de la tige, au point de vue de sa structure. En étudiant la tige, dans le chapitre suivant, nous apprendrons à connaître, avec tous les détails nécessaires, ces fibres ligneuses, ces rayons médullaires, etc.

Les racines ne s'accroissent que par leurs extrémités. Aussi ces extrémités sont-elles toujours jeunes, toujours formées d'un tissu perméable et mou. C'est dans le voisinage de ces extrémités que se fait l'absorption des liquides ou des gaz destinés à ·pénétrer dans l'intérieur du végétal. Cette absorption est facilitée et multipliée par des poils radicaux, fins et allongés. La figure 19 représente la partie terminale d'une racine, vue au microscope. Le véritable siége de l'absorption n'est pas situé, comme on pourrait se l'imaginer, à l'extrémité de la radicule, c'est-à-dire au point S, mais à une certaine distance de cette extrémité, dans la région représentée sur cette figure par la lettre O.

Les matériaux que la plante puise dans le sol, pour les faire passer dans son organisme, ne peuvent être que des liquides ou des gaz. Les corps solides, quelque atténués, quelque divisés qu'on les suppose, même quand ils sont en suspension dans l'eau, ne sauraient pénétrer dans les canaux infiniment étroits qui s'ouvrent à l'extrémité des racines. Aussi les substances absorbées par les racines ne peuvent-elles y parvenir qu'à l'état de dissolution dans l'eau. Les plus importantes de ces substances pour la végétation sont des sels de potasse, de soude, de chaux, les composés ammoniacaux, le gaz acide carbonique dissous dans l'eau, etc.

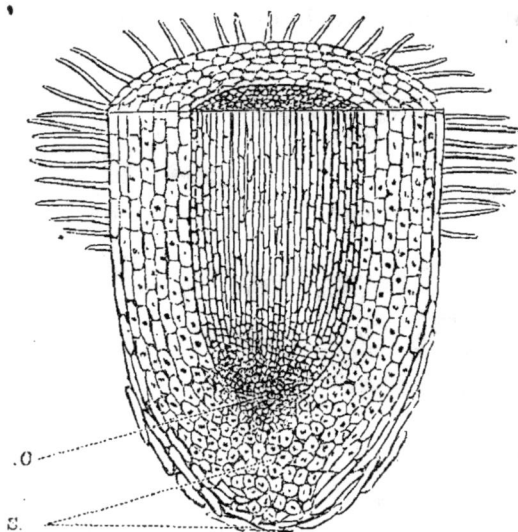

Fig. 19. Coupe verticale de l'extrémité d'une racine, vue au microscope.

Mais quelle est la mystérieuse force qui détermine l'absorption opérée par les racines des plantes, c'est-à-dire le passage d'un liquide extérieur à travers un organe déjà gorgé de liquides ? Les botanistes s'accordent aujourd'hui à reconnaître que ce résultat est dû à la triple influence, aux actions successives ou combinées de l'endosmose, de la capillarité et de l'appel déterminé par les feuilles. Expliquons-nous.

Prenez une petite vessie A (fig. 20), formée d'une membrane animale ou végétale, contenant de l'eau sucrée ou gommée, et plongez cette petite vessie dans l'eau pure. Le liquide sucré ou gommé contenu dans la vessie est plus lourd que l'eau pure qui l'environne. Cette densité inégale détermine aussitôt, au travers des parois de la vessie, un double courant : l'un qui va de dehors en dedans, ou de l'eau pure vers l'eau sucrée ; l'autre qui marche en sens inverse. Mais le liquide le moins dense passe plus vite que l'autre, et si l'on adapte à la vessie un tube vertical B, on voit peu à peu le niveau du liquide s'élever dans le tube. C'est là le curieux effet désigné par les physiciens sous le nom d'*endosmose*.

Ce phénomène, qui a été étudié avec soin par les physiciens, se voit en action dans les fonctions vitales des plantes. Les extrémités radiculaires des végétaux sont remplies de liquides et de sucs plus lourds que l'eau qui imbibe la terre environnante. Par un phénomène d'endosmose, l'infiltration, ou le passage de cette eau, peut donc s'opérer à travers les minces parois du tissu extérieur ; de là

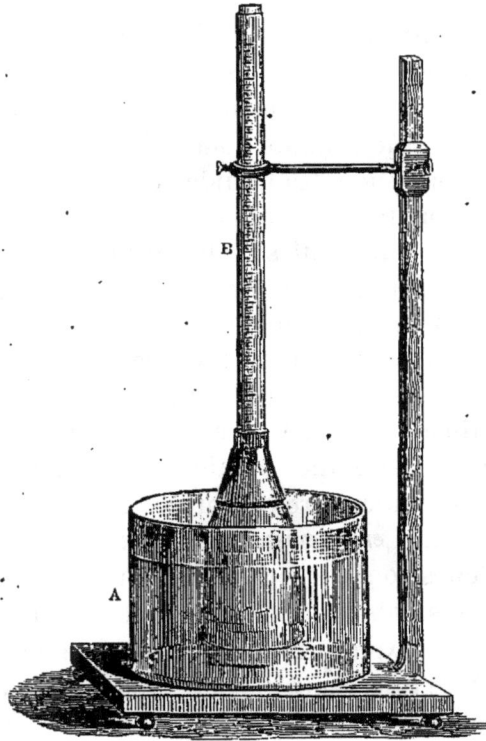

Fig. 20. Appareil d'endosmose.

cette eau s'élève à l'intérieur des vaisseaux de la plante, comme nous l'avons vue s'élever dans le tube de l'*endosmomètre*. Ainsi se produit un premier mouvement d'ascension.

Mais la force de l'*endosmose* ne pousserait pas bien avant les liquides extérieurs dans les vaisseaux de la plante. Une seconde force qui intervient ici, active singulièrement la marche ascensionnelle du liquide. Quand un liquide a commencé de pénétrer par endosmose à l'extrémité de la racine, la densité du liquide contenu dans ces extrémités radiculaires étant ainsi diminuée, il se fait un courant de celles-ci dans l'inté rieur des racines.

C'est la force connue en physique sous le nom de *capillarité* qui provoque ensuite l'ascension des liquides dans les parties plus élevées de la racine. La paroi interne de chaque vaisseau de la racine exerce sur le liquide qu'il contient un effet de *capillarité*, en d'autres termes, une attraction, qui détruit une partie de l'effet de la pesanteur, et détermine l'ascension du liquide bien au-dessus du niveau auquel il se serait arrêté dans un tube plus large. Le phénomène de la *capillarité* s'ajoute donc à l'action de l'*endosmose* pour favoriser l'absorption des liquides par les extrémités radiculaires.

Lorsque la plante est munie de feuilles, il est une troisième force qui vient se joindre aux deux autres pour activer l'absorption. Les feuilles sont le siége d'une évaporation considérable. L'eau disparue en vapeur dans l'atmosphère laisse dans les vaisseaux un vide partiel; ce vide est tout aussitôt comblé par l'afflux des liquides qui remplissent les racines. Ainsi se produit un appel, une sorte de *succion*, qui entraîne vers les feuilles un afflux de liquides, afflux auquel l'absorption radiculaire est forcée constamment de suffire.

Ainsi *endosmose*, *capillarité*, *succion* par le haut du végétal, telles sont les forces physiques qui paraissent jouer un rôle dans l'absorption opérée par les racines. Il faut, en outre, pour expliquer ce grand phénomène de la vie des plantes, faire intervenir une force bien supérieure à toutes ces actions physiques : c'est la *force vitale*, cette secrète et invisible puissance que Dieu seul accorde et dont il dirige les effets.

II.

TIGE

La tige est l'axe du système ascendant du végétal. Elle est garnie, par intervalles, de *nœuds vitaux* (yeux) d'où s'échappent des feuilles et des bourgeons, disposés dans un ordre parfaitement régulier. La racine ne présente rien de semblable. Ce caractère permet toujours de distinguer dans l'axe végétal ce qui appartient réellement à la tige de ce qui est propre à la racine.

La tige est la partie des plantes qui, dirigée dans l'air, supporte et produit les branches, les rameaux, les feuilles et les fleurs. C'est à travers son tissu que les liquides aspirés par la racine pénètrent dans l'intérieur du végétal, pour lui servir de sucs nourriciers, pour fournir à son accroissement et à l'entretien de ses fonctions vitales.

La forme, la grosseur, la direction des tiges, dépendent du rôle que chaque plante doit jouer dans la vaste population végétale qui couvre et embellit notre globe. Les plantes qui ont besoin pour vivre d'un air pur et souvent renouvelé, sont portées sur une tige droite, robuste ou élancée. Quand elles n'ont besoin que d'un air humide, plus condensé, plus rarement renouvelé ; quand elles doivent ramper sur la terre, ou se glisser dans les broussailles, les tiges sont longues, flexueuses et traînantes. Si elles doivent flotter en l'air, en se soutenant sur des végétaux plus robustes, se suspendre aux arbres des forêts, en festons gracieux, en guirlandes légères, elles sont pourvues de tiges flexibles, grêles et souples, pour embrasser, dans leurs élégantes volutes, le tronc des arbres et des arbrisseaux. Ainsi, la nature façonne les formes extérieu-

Fig. 21. Tronc de chêne.

res des plantes d'après le rôle qu'elle leur a tracé d'avance, et d'après les fonctions qu'elle leur a assignées.

Rien n'est plus variable que le port des tiges végétales qui, dans leur infinie diversité, nous présentent quelque- fois des types accomplis de beauté et d'élégance. La sculpture et le dessin ont emprunté au tronc de cer- tains arbres les modèles d'une architecture élégante ou majestueuse, dont les ty- pes, qui nous ont été trans- mis depuis l'antiquité la plus reculée, se sont con- servés jusqu'à nos jours. L'homme a trouvé dans les formes végétales ses pre- miers dessins d'ornement, de construction et de décor. La tige du *Palmier* et du *Dattier*, les feuilles de l'*A- canthe*, ont donné le modèle des colonnes majestueuses de l'ordre corinthien ; les pampres de la *Vigne*, les guir- landes naturelles des jeunes plantes grimpantes, ont fourni à l'art ancien les ty- pes des dessins d'ornement, qui se sont conservés dans notre architecture moderne. C'est par l'imitation de la nature que l'art a pris nais- sance à son origine, et qu'il s'est perfectionné.

Dans le langage botani- que, les tiges des plantes ne sont pas désignées par le

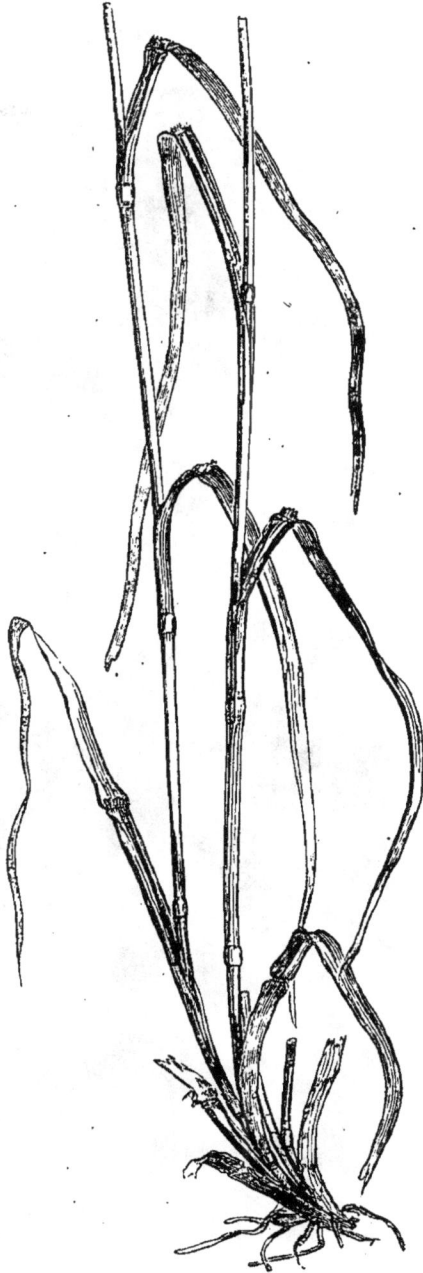

Fig. 22. Chaume de Seigle.

même nom. Les tiges des arbres de nos climats, comme le

Chêne (fig. 21), portent le nom de *tronc*. Les tiges des Graminées, ordinairement cylindriques, presque toujours creuses et

Fig. 23. Stipe de Palmier.

garnies de nœuds annulaires, d'où partent les feuilles, sont
désignées sous le nom de *chaumes* (fig. 22); celles des *Palmiers*,

qui ressemblent à des colonnes couronnées d'un chapiteau de feuilles, se nomment *stipes* (fig. 23).

La grosseur et l'élévation des tiges varient beaucoup chez les végétaux. Tandis que le tronc de certains arbres exotiques, comme le monstrueux *Baobab*, atteint des dimensions gigantesques, les tiges de plusieurs de nos plantes printanières ont à peine la grosseur d'un fil : telles sont celles de la *Saxifrage à trois doigts* et de la *Drave printanière*.

« En traversant le Rio Claro, rivière de la province de Goyas (Brésil), dit A. de Saint-Hilaire, j'aperçus sur une pierre une plante qui n'avait pas plus de trois lignes, et que je pris d'abord pour une Mousse. C'était cependant une espèce d'un ordre supérieur et pourvue d'un appareil reproducteur comme nos chênes et nos hêtres. A côté d'elle, des arbres gigantesques élevaient à cent pieds leur cime majestueuse. »

Fig. 24. Tige de Cactus.

Selon qu'elles durent un an, deux ans ou davantage, on dit que les tiges sont *annuelles, bisannuelles* ou *vivaces*. Les tiges arborescentes qui vivent un nombre d'années plus ou moins considérable, et forment un bois solide, sont dites *ligneuses*.

Les tiges molles des plantes annuelles, bisannuelles ou vivaces, 'sont dites *herbacées;* enfin on nomme *succulentes* les tiges des *Joubarbes,* des *Cactus,* de quelques *Euphorbes,* etc. La figure 24 représente la tige d'un *Cactus* en fleur.

Dans un grand nombre de plantes, la tige s'élève ferme et droite vers le ciel : on la nomme alors *tige dressée.* Il en est, au contraire, qui n'ont pas assez de consistance pour se maintenir verticales : elles s'étendent sur la terre, et ne lèvent pour ainsi dire que la tête (*tiges couchées*) ; ou bien, étant couchées,

Fig. 25. Tige couchée de la Véronique officinale.

elles se fixent par des racines adventives (*tiges rampantes*). La figure 25 représente la tige couchée de la *Véronique officinale.* D'autres, comme le *Lierre,* s'accrochent aux corps voisins à l'aide de *crampons,* ou bien, comme le *Liseron,* s'enroulent en spirale autour des arbres. Les premières sont dites *grimpantes,* les secondes *volubiles.*

Les tiges volubiles ne s'enroulent pas toutes dans le même sens. La direction de l'enroulement des tiges est invariable pour chaque espèce, et résiste même aux efforts que l'on fait

pour la changèr. Les unes, comme le *Liseron*, si nous supposons qu'elles s'enroulent autour de notre corps, vont de droite
à gauche; les autres, comme le *Houblon*, vont de gauche à
droite (fig. 26 et 27).

« Les lianes qui produisent dans les forêts primitives les accidents les
plus variés, dit A. de Saint-Hilaire, et qui communiquent à ces forêts

Fig. 26. Liseron.　　　　　　Fig. 27. Houblon.

les beautés les plus pittoresques, sont des plantes ligneuses, les unes
grimpantes, les autres *volubiles*. Ce sont des Bigonia, des Bauhinia, des
Cissus, etc.; et si toutes ont besoin d'un appui, chacune a pourtant un
port qui lui est propre. Quelques lianes ressemblent à des rubans ondulés, d'autres se tordent et décrivent de larges spirales. Elles pendent en
festons, serpentent entre les arbres, s'élancent de l'un à l'autre, les enlacent et forment des masses de feuilles et de fleurs où l'observateur a souvent peine à rendre à chaque végétal ce qui lui appartient. »

3

Ces *Lianes* des forêts d'Amérique sont bien imparfaitement représentées dans nos climats par le *Lierre*, le *Chèvrefeuille* et la *Clématite*.

Les tiges dont nous avons parlé jusqu'ici sont aériennes ; mais il en est de souterraines. Le *Sceau de Salomon* (fig. 28) présente une tige souterraine, épaisse, charnue, blanchâtre, creusée, à sa face supérieure, de cicatrices correspondant à la base d'anciennes tiges aériennes (de là le nom de *sceau* qui est

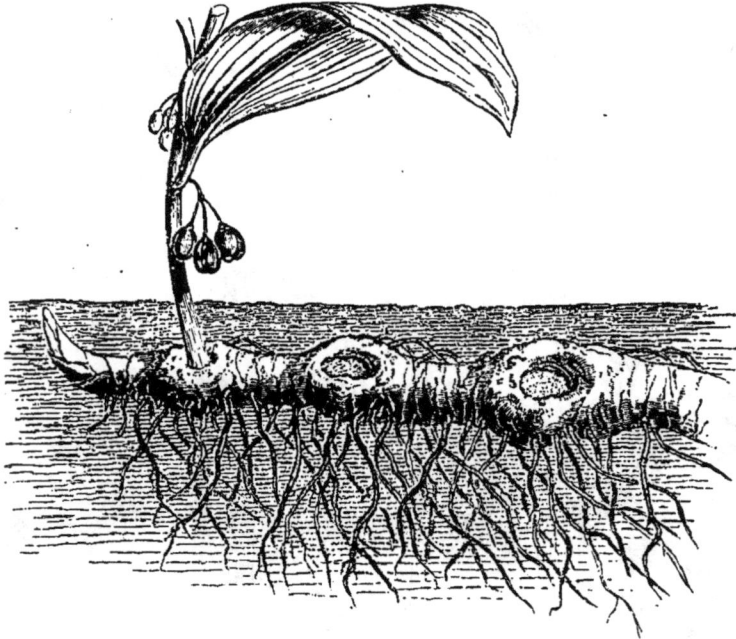

Fig. 28. Sceau de Salomon.

resté à cette plante). Cette tige souterraine se termine, à son extrémité antérieure, par un axe feuillu et florifère placé en arrière d'un bourgeon terminal, qui se développera l'année suivante. Beaucoup de plantes, comme l'*Iris*, le *Jonc fleuri*, le *Trèfle d'eau*, le *Carex*, présentent également des tiges souterraines. La figure 29 représente la tige souterraine de l'*Iris germanica*.

Ces tiges ont reçu des botanistes le nom de *rhizomes*. Elles rampent obliquement ou horizontalement sous le sol, et végè-

tent par leur partie antérieure, pendant que leur partie postérieure se détruit peu à peu par l'âge. Ce mode d'existence des
tiges souterraines est parfaitement mis en évidence par la fi-

Fig. 29. Tige souterraine de l'Iris germanica.

gure 30, qui représente la végétation d'un jet de *Carex*. On y
voit un axe horizontal rampant, qui présente à la fois des
écailles ou feuilles modifiées, et des fibres radicales, et qui émet,
de distance en distance, des pousses feuillues. La pousse 1

n'a qu'un an; au printemps suivant, elle prendra la forme de la pousse 2; l'année suivante, elle donnera des fleurs et des fruits, comme on le voit sur la pousse 3, dont l'évolution signalera le terme de son existence, comme le montre le n° 4.

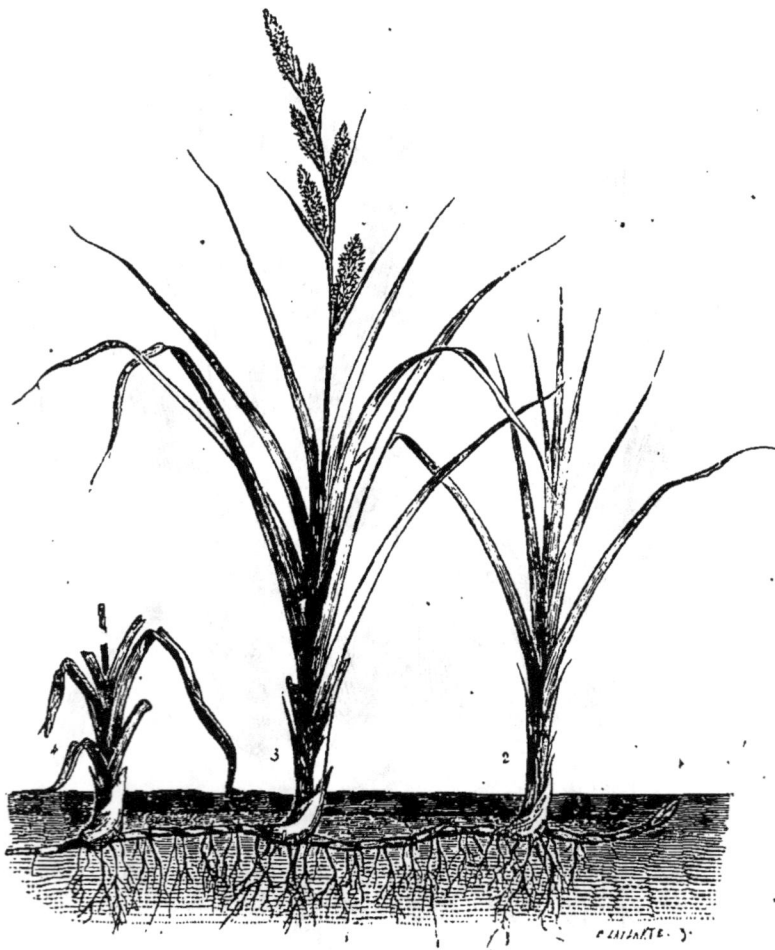

Fig. 30. Tige souterraine de Carex; pousses de trois années.

Une autre sorte de tige souterraine bien remarquable est celle qui forme la partie centrale et essentielle des *bulbes*, ou *oignons*. Coupez longitudinalement un bulbe de *Jacinthe* ou de *Lis*, vous verrez qu'il se compose d'un plateau charnu, plus ou moins conique supérieurement, tronqué inférieurement, constituant une tige courte, à entre-nœuds très-rapprochés. Ce plateau donne naissance, par sa face supérieure, à des écailles charnues (feuilles modifiées) pressées les unes contre les autres, et à un bourgeon central, formé de feuilles et de fleurs rudimentaires, tandis que de sa face inférieure partent des fibres radicales (fig. 31 et 32). Dans la *Jacinthe*, les écailles forment des gaînes complètes, qui s'emboîtent les unes dans les autres : son bulbe est *tuniqué*. Dans le *Lis* (fig. 33 et 34), les

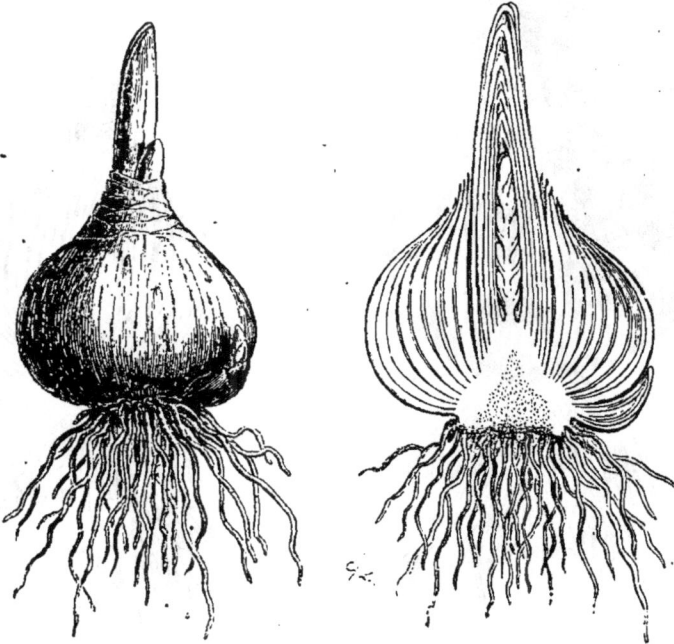

Fig. 31. Bulbe de Jacinthe. Fig. 32. Bulbe de Jacinthe (coupe verticale).

écailles, plus étroites, ne se recouvrent qu'à la manière des tuiles d'un toit : son bulbe est *écailleux*. Dans le *Safran* (fig. 35 et 36), la tige, extrêmement développée, de forme globuleuse ou déprimée, ne porte que quelques écailles minces et membraneuses ; son bulbe est *solide* et *superposé*.

Le *rhizome* et le *bulbe* ne se distinguent que par le plus ou moins de longueur du plateau et la consistance plus ou moins charnue des feuilles souterraines.

Nous avons maintenant à étudier la structure des tiges chez
les différents végétaux. Pour en donner une idée exacte, il nous
suffira de considérer : 1° la tige des arbres de nos forêts ;
2° celle des *Palmiers ;* 3° celle des *Fougères* arborescentes.

Les tiges ligneuses des arbres de nos forêts sont intéressantes à connaître sous plus d'un rapport. La nature a rassem-
blé tous les moyens pour donner aux arbres la force néces-

Fig. 33. Bulbe de Lis.   Fig. 34. Bulbe de Lis (coupe verticale).

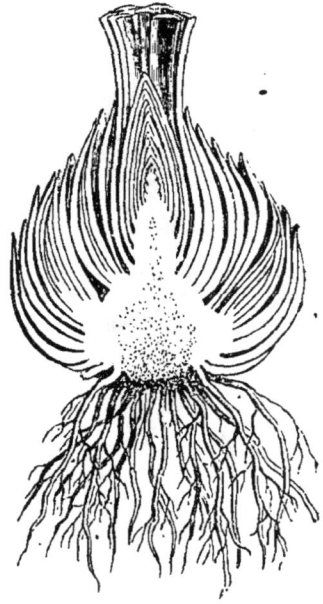

saire pour résister aux dangers et aux causes de destruction
qui les menacent. Leur cime ample et touffue, le feuillage
énorme qu'ils supportent, l'élévation extrême à laquelle ils
parviennent au terme de leur accroissement, les exposent à
l'impétuosité des tempêtes de l'air. Pour braver toute la violence des vents, leur tronc devait être d'une solidité inébran-
lable. La nature les a construits dans ce but particulier de
résistance. Elle accumule, année par année, dans leur inté-

rieur, des couches successives de plus en plus solides. A mesure que le végétal grandit et a besoin d'un support plus
puissant, elle resserre et consolide davantage ces anneaux in-
térieurs concentriques qui, par leur réunion, forment le tissu
compacte et robuste des arbres de nos forêts.

A son origine, c'est-à-dire au moment où la jeune tige sortie
de terre commence à s'élever dans l'air, on ne remarque autre
chose, à l'intérieur de cette tige, qu'une moelle abondante, en-

Fig. 35. Bulbe de Safran.   Fig. 36. Bulbe de Safran (coupe verticale).

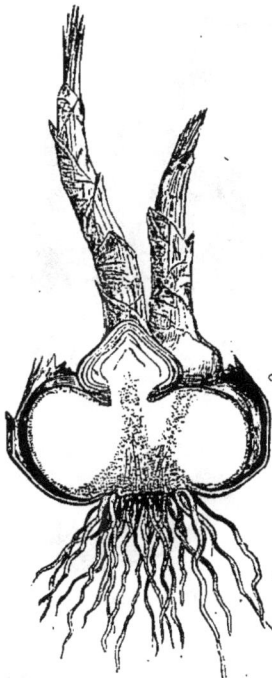

tourée de quelques vaisseaux (*trachées*). Mais à mesure que la
plante grandit, des éléments nouveaux s'interposent entre la
moelle et l'écorce; et quand le tronc s'est allongé, fortifié, il·
présente une structure intérieure assez compliquée, qui assure
sa résistance contre les actions du dehors.

Cette structure intérieure du tronc des arbres de nos forêts
est l'objet sur lequel il convient d'attirer maintenant l'attention du lecteur.

Un simple coup d'œil jeté sur la section d'une bûche de bois destinée au chauffage permet de reconnaître que la tige des arbres de nos forêts présente trois parties essentielles, qui sont, en allant de dedans en dehors, la moelle, le bois et l'écorce. Examinons de plus près chacune de ces parties intérieures de la tige d'un arbre indigène.

La *moelle* forme une sorte de colonne au centre de l'axe ligneux, comme on le voit sur la figure 37, qui représente la coupe horizontale d'un tronc d'*Érable*. Dans les tiges très-grosses et très-vieilles, son diamètre paraît extrêmement petit, et l'on a même longtemps admis que la moelle finit par disparaître complétement du tronc des vieux arbres. Mais il n'en est rien. On s'est même assuré, par des mesures exactes, que ce diamètre demeure sensiblement invariable depuis le moment où le jeune axe ligneux a commencé à se consolider, jusqu'à l'époque de son plus complet développement.

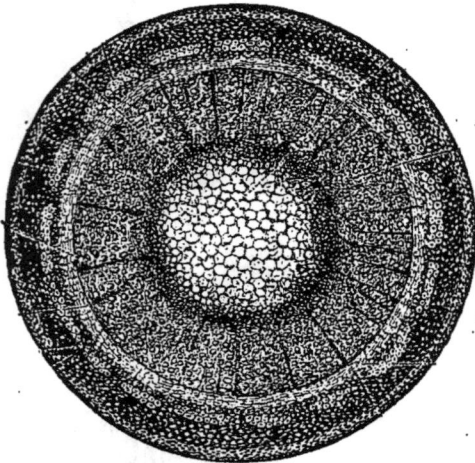

Fig. 37. Coupe horizontale d'un tronc d'Érable.

La moelle est formée par une réunion de *cellules*, selon le terme scientifique. Nous n'avons pas encore prononcé ce nom, qui revient si souvent dans le langage des botanistes ; c'est ici le lieu de s'expliquer à ce sujet.

La *cellule* est l'organe primitif dans toute structure végétale. C'est une sorte de sac, constitué par une membrane transparente. Ce sac est fermé complétement. Tantôt il est vide, tantôt il recèle une matière dans son intérieur. La figure 38 représente des *cellules végétales* coupées en travers. Elles sont, comme on le voit, de forme à peu près circulaire. Quand les cellules s'accroissent, elles se compriment mutuellement, si bien que leur forme, d'abord circulaire, devient polyédrique (fig. 39).

La moelle des jeunes arbres, telle qu'elle est représentée dans la figure 39, n'est autre chose qu'une agrégation de cel-

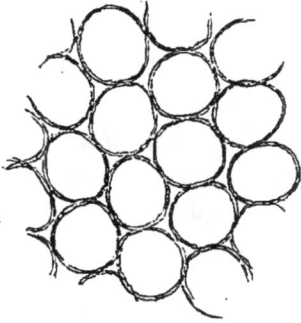

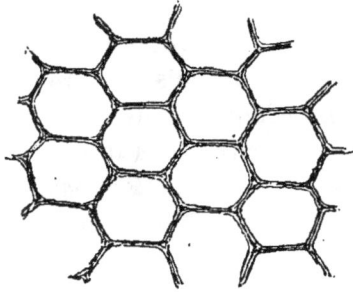

Fig. 38.   Fig. 39. Tissu de la moelle centrale.

lules qui, d'abord de forme sphérique, sont devenues polyédriques par suite de leur accroissement et de leur compression mutuelle.

Le tissu médullaire paraît de très-bonne heure frappé d'atonie, surtout dans les parties centrales.

Entre la moelle et l'écorce se trouvent des zones concentriques qui portent le nom de couches ligneuses, et dont l'ensemble forme ce qu'on appelle vulgairement le bois. Si l'on examine une tige de Chêne, de Pommier, de Cerisier, etc., on voit une différence très-sensible entre les couches ligneuses les plus intérieures qui sont plus foncées et d'un tissu plus dense, et les extérieures qui sont, au contraire, d'une teinte plus pâle et d'un

Fig. 40. Coupe transversale d'un tronc de Chêne de 18 ans (couches ligneuses comprenant le bois et l'aubier).

tissu plus mou. Sur la figure 40, qui représente la coupe verticale d'un tronc de Chêne âgé de dix-huit ans, l'aubier est représenté par la lettre A, le bois par la lettre B, l'écorce par

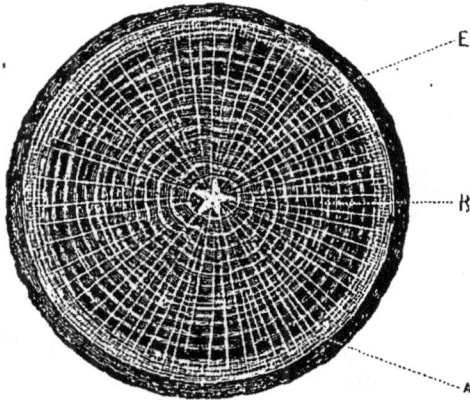

la lettre E. Au centre est la moelle, avec l'aspect étoilé qu'elle présente souvent dans le *Chêne*. Les *rayons médullaires*, sur lesquels nous aurons à revenir, sont très-apparents sur cette figure.

On donne le nom d'*aubier* à l'ensemble des couches les plus extérieures du bois, et celui de *cœur du bois*, ou *duramen*, aux plus intérieures. Dans quelques arbres, et notamment dans ceux qui ont peu de dureté, comme le *Peuplier*, le *Saule*, le *Marronnier*, etc., la ligne de démarcation entre le bois et l'aubier est peu sensible. Elle est, au contraire, très-prononcée dans les bois durs. Ainsi, dans l'*Ébène*, le cœur du bois est d'un noir intense, tandis que l'aubier est blanc; dans l'*Arbre de Judée*, le cœur est jaune et l'aubier blanc; dans le *Phyllirea*, le cœur est rouge et l'aubier blanc.

Les ouvriers qui travaillent le bois savent que l'aubier a moins de solidité que le cœur, et que ce dernier doit être seul employé pour les ouvrages en bois.

Examinées en masses, les *couches ligneuses* sont d'autant plus dures qu'elles sont plus intérieures. Étudiée isolément, chaque couche est d'autant plus compacte qu'on l'examine plus vers sa partie externe. Au reste, toutes les couches ne sont pas d'une épaisseur égale, ni entre elles, ni dans leurs diverses parties.

Fig. 41.
Fibres ligneuses vues au microscope.

L'élément qui domine dans le bois, celui qui lui communique sa dureté, c'est la *fibre ligneuse* (fig. 41). C'est un élément cellulaire, allongé, terminé en pointe à ses deux extrémités. Les parois des cellules qui le constituent sont très-épaisses, ordinairement si épaisses que leur cavité intérieure en est fort réduite. Au reste, l'épaisseur et la coloration des fibres varient avec la partie du bois, l'âge de la tige, et l'essence même de l'arbre que l'on considère.

Les fibres ligneuses sont pressées les unes contre les autres, appliquées bout à bout, et comme enchevêtrées de manière à constituer un tissu dit *fibreux*, très-difficile à entamer lorsqu'on le coupe en travers, mais se divisant très-facilement, au contraire, lorsqu'on l'attaque longitudinalement. Les parois de ces fibres épaisses présentent fréquemment des parties non épaissies qui se présentent sous la forme de *ponctuations.*

Les *fibres ligneuses* ne sont pas les seuls éléments constitutifs du bois. Coupez transversalement un rameau de *Vigne* (plante chez laquelle les éléments dont nous voulons parler acquièrent un volume considérable), et appliquez l'œil à un bout ; si le rameau est droit, vous pourrez apercevoir le jour à l'autre bout. Si vous examinez, soit à l'œil nu, soit à la loupe, la surface de section de ce même rameau, vous pourrez reconnaître qu'elle est percée d'un nombre considérable de petites ouvertures, d'inégal volume. Introduisez un cheveu ou un fil très-fin dans une de ces ouvertures béantes, et vous arriverez à faire apparaître ce fil à l'autre extrémité du rameau. Il existe donc, dans l'intérieur de ce rameau de vigne, des canaux continus. Ces canaux, formés d'une paroi propre, portent le nom de *vaisseaux.*

Si l'on coupe avec netteté une portion de la surface transversale d'une bûche de *Chêne* ou d'*Orme*, on s'apercevra que le bord interne de chaque zone ligneuse présente un certain nombre de petits trous, distincts à l'œil nu ou à l'œil armé d'une simple loupe, et qui sont les orifices de vaisseaux assez volumineux. Dans l'épaisseur de la zone ligneuse les vaisseaux sont beaucoup plus petits et parfois presque indistincts. Si l'on soumet au même examen le bois de *Charme*, de *Tilleul* ou d'*Érable*, le bord interne de la zone n'est plus occupé par de gros vaisseaux ; elle est presque tout entière criblée par les ouvertures de vaisseaux plus petits et plus égaux entre eux, et qui deviennent indistincts vers le bord externe de chaque zone. Ces vaisseaux portent le nom de *vaisseaux lymphatiques.*

Quelle est la structure de ces divers *vaisseaux*? Ils ressemblent à un cylindre qui offrirait, de distance en distance, des étranglements plus ou moins marqués, et des lignes transversales qui les divisent en autant d'articles superposés. A ces étranglements, à ces lignes, correspondent parfois, à l'intérieur du vaisseau, des débris de diaphragmes transversaux. En un mot, ces cylindres paraissent formés de cellules mises bout à bout, et dont les cloisons se seraient détruites. Leurs parois extérieures offrent des ponctuations, des raies, des réseaux, souvent du plus bel effet, et qui résultent des inégalités d'épaississement que ces parois ont subies, inégalités qui obéissent à certaines lois de régularité et d'élégance.

La figure 42 représente les *vaisseaux* du *Melon*. D'après l'as-

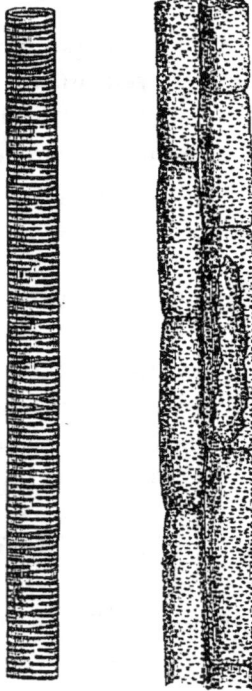

Fig. 42. Vaisseaux du bois (vaisseaux ponctués et vaisseaux rayés du Melon).

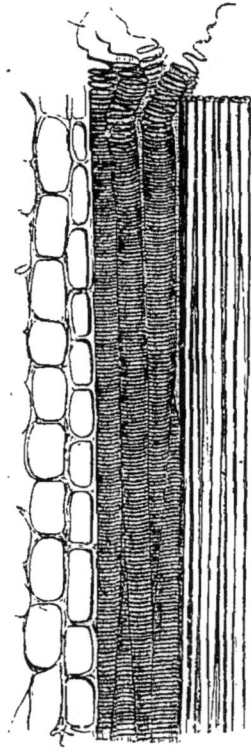

Fig. 43. Trachées entourées de la moelle et des fibres ligneuses.

pect particulier [que présentent leurs tuniques extérieures, qui sont marquées de petits points, de sillons et de raies, on les nomme *vaisseaux ponctués* et *vaisseaux rayés*.

Il est une partie spéciale du bois dans laquelle les vaisseaux sont pourtant d'une nature différente de celle que nous ve-

nons d'indiquer ici. On les trouve autour de la moelle, dans
la portion la plus interne du cercle ligneux, et jamais ailleurs.
Ces vaisseaux, avec les fibres peu épaisses qui les accompagnent, ont reçu, et gardé malheureusement, le nom d'*étui médullaire*. Il n'y a, en effet, ici qu'une réunion de vaisseaux et
aucune sorte d'*étui*. L'image que ce mot rappelle n'est pas
de nature à faire comprendre l'importante modification de
structure que nous signalons dans les vaisseaux les plus internes du cercle ligneux. On donne à ces vaisseaux le nom de
trachées.

La figure 43 représente, vue au microscope avec un très-
fort grossissement, cette partie centrale des arbres, impropre-
ment désignée sous le nom d'*étui médullaire*. On voit les *trachées*,
c'est-à-dire les vaisseaux dont nous parlons, touchant d'un
côté à la moelle, qui est au centre du végétal, et de l'autre aux
fibres ligneuses.

La structure des *trachées* est bien singulière. Ce sont des
sortes de fibres allongées, plus effilées encore à leurs extrémités.
On croirait au premier aspect que ces vaisseaux sont très-finement rayés en travers et que leur tunique externe est continue ;
mais si l'on vient à exercer sur eux la plus légère traction, on
les voit se dérouler, comme un ressort à boudin. Ces vaisseaux
sont donc formés d'un fil spiral contourné en hélice et à tours
de spire contigus. Tous ces tours de spire sont réunis par une
membrane ; mais cette membrane est si prodigieusement
mince qu'il est difficile d'en retrouver les traces lorsque la
spire a été déroulée.

Une dernière particularité à signaler dans la section de la
tige d'un arbre de nos forêts est cet assemblage de lignes divergentes qui portent le nom de *rayons médullaires*. Il est facile
de voir, sur une coupe transversale d'une tige d'arbre, que la
masse du bois est traversée par un grand nombre de lignes
rayonnantes, qui partent toutes de l'écorce, pour converger
vers la moelle. Mais elles n'y arrivent pas toutes ; il en est un
certain nombre qui s'arrêtent dans des couches plus ou moins
profondes, sans atteindre jusqu'à la moelle. Ces lignes rayonnantes résultent de la section transversale de lames cellulaires

dont on voit ainsi la tranche et dont la longueur et l'épaisseur
sont variables.

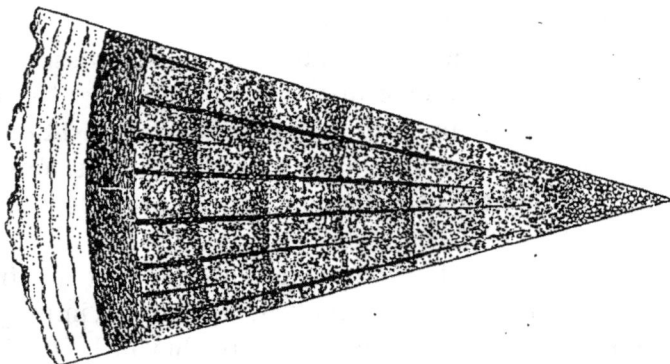

Fig. 44. Rayons médullaires d'un tronc de Chêne-liége (coupe horizontale).

La figure 44 représente les rayons médullaires d'un tronc
de *Chêne-liége* sur une coupe pratiquée horizóntalement.

La figure 45 montre les mêmes organes dans une tige d'*Érable*

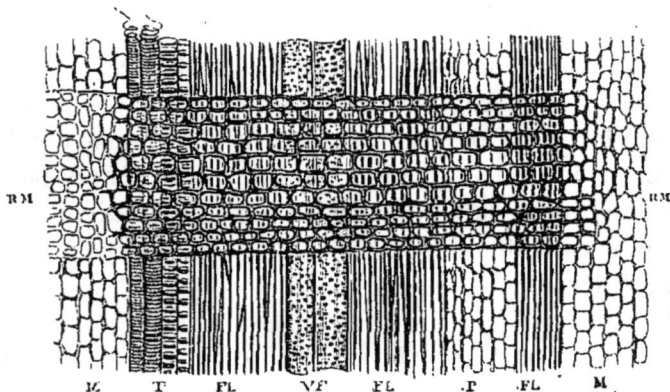

Fig. 45. Rayons médullaires d'un tronc d'Érable, vus au microscope (coupe verticale).

coupée dans le sens horizontal et grossie au moyen du microscope. RM sont les rayons médullaires qui vont du centre
à la circonférence de la tige. Les *trachées*, les *fibres* ligneuses
et les *vaisseaux* sont représentés par les lettres T, FL, V, et la
moelle par la lettre M.

La plupart des arbres sont pourvus de *rayons médullaires*
d'une seule espèce ; quelques-uns seulement présentent à la

fois des rayons plus épais et des rayons plus minces. Ainsi,
dans le *Chêne* ou le *Charme* on trouve à la fois des rayons
minces et des rayons épais, tandis que dans les *Saules* et dans
l'*Érable* les rayons sont sensiblement égaux.

Tandis que les fibres et les vaisseaux ne contiennent jamais
de matières nutritives solides, les cellules qui forment, par
leur réunion, les rayons médullaires, sont le siége d'une abondante production de petits granules d'amidon.

L'*écorce* de nos arbres est essentiellement formée des tissus
fibreux et cellulaire. Mais il est facile de comprendre combien
sont variées la forme, la disposition et la structure de ces éléments, lorsqu'on considère la variété extraordinaire d'aspect
des écorces de nos arbres et la diversité de leurs produits.
L'explication de tout ce qui concerne la structure de l'écorce
nécessiterait de tels développements et présenterait de telles
difficultés, que nous sommes forcé de nous limiter beaucoup
sur ce sujet, et de nous borner à indiquer les principaux caractères de l'écorce considérée dans la généralité des arbres de
nos climats.

L'*épiderme* enveloppe, à l'extérieur, l'écorce, comme toutes
les autres parties du végétal. Mais son existence est tout à fait
temporaire. Cet *épiderme* est détruit de bonne heure, tant par
l'accroissement du végétal que par l'action des agents extérieurs. Mais il n'en est pas de même de la couche sous-jacente,
connue sous le nom de *suber*, et dont les cellules sont de forme
cubique, intimement unies entre elles, à parois minces, d'a-
bord incolores et se colorant plus tard en brun.

Dans plusieurs arbres, le *suber* ne prend que fort peu de développement. Mais il n'en est pas ainsi dans le *Chêne-liége*. Dans
ce bel arbre qui fournit à l'homme un de ses plus importants
produits commerciaux, le *suber* présente un développement extraordinaire : ce n'est autre chose que le liége (en latin *suber*).

C'est vers l'âge de cinq ans que le *suber*, qui compose la plus
grande partie de l'écorce du *Chêne-liége*, commence à prendre un
accroissement remarquable. Alors toute l'activité de la végétation semble se concentrer sur cette partie de l'arbre. De

nouvelles cellules apparaissent à la face interne de la zone primitive, et repoussent au dehors celles qui ont été précédemment formées. Indépendamment de ces cellules, dont l'accumulation successive constitue la masse du liége, il s'en forme d'autres, plus courtes, plus foncées, en forme de table, ou de lame, qui divisent la masse du liége en zones successives d'accroissement. Cette masse prend peu à peu une grande épaisseur. Si on l'abandonnait à elle-même, elle se crevasserait si profondément qu'elle deviendrait impropre aux usages auxquels le liége est destiné. Aussi faut-il l'enlever avant qu'elle durcisse et se gerce.

L'écorçage du *Chêne-liége* n'a aucun inconvénient pour cet arbre, si l'on a soin de ménager la partie nouvellement formée du *suber*, et par conséquent les couches vivantes et sous-jacentes de l'écorce. Cette opération peut se pratiquer dès que les arbres ont 25 à 30 centimètres de circonférence; elle se fait pendant l'été. On commence par creuser dans l'écorce une entaille longitudinale et plusieurs incisions transversales, distantes les unes des autres de 1 mètre. On bat l'écorce pour rompre l'adhérence du liége, et on la sépare des tissus sous-jacents, sous la forme de tronçons cylindriques, à l'aide du manche d'une cognée, courbé et aminci à son extrémité (fig. 46).

Le *Chêne-liége* est un arbre propre aux pays chauds; l'Algérie possède beaucoup de forêts de cet arbre en exploitation. Les récoltes du liége se font ordinairement de huit en huit ans dans chaque forêt.

Le *suber* repose immédiatement sur une masse cellulaire bien différente. En effet, les cellules qui constituent cette couche sont polyédriques; elles sont plus épaisses et plus lâchement unies. Elles sont colorées en vert. Cette coloration est due à la présence de la *chlorophylle*, matière propre à tous les organes verts des végétaux, et qui est appliquée à la face interne de la paroi cellulaire. La chlorophylle se présente, à l'état adulte, sous la forme de globules arrondis, très-petits, formés d'une substance albuminoïde et de matière grasse, renfermant quelquefois dans leur intérieur de petits noyaux d'amidon et paraissant pénétrés superficiellement de la matière colorante verte.

Fig. 46. Récolte de l'écorce du Chêne-liége.

Aux trois formations corticales que nous venons de signaler, il faut en ajouter une quatrième, qui porte le nom de *liber*, et qui paraît généralement formée d'assises composées alternativement d'éléments à parois épaisses et d'éléments à parois minces. Les premières sont des fibres d'un blanc brillant, plus longues et plus grêles que les fibres ligneuses; leurs parois, très-épaisses, sont souvent ponctuées et extrêmement ténaces.

Les fibres du *liber* rendent à l'industrie des hommes u important service, puisqu'elles fournissent les matériaux des cordages, des fils et des tissus les plus solides.

Nous représentons dans la figure 47 les fibres du *Chanvre* comme exemple vulgaire de l'élément végétal connu sous le nom de *liber*. Ces fibres sont réunies en faisceaux. Ces faisceaux, disposés en cercles concentriques et fréquemment anastomosés entre eux, constituent des couches superposées très-minces, qui représentent comme une sorte de toile, d'un tissu plus ou moins lâche. On avait anciennement comparé l'ensemble de ces couches à un livre dont chaque feuillet serait formé par une couche : de là le nom, assez impropre, de *liber*.

Les assises d'éléments à parois minces sont formées de cellules qui, au printemps, renferment de la fécule, et de

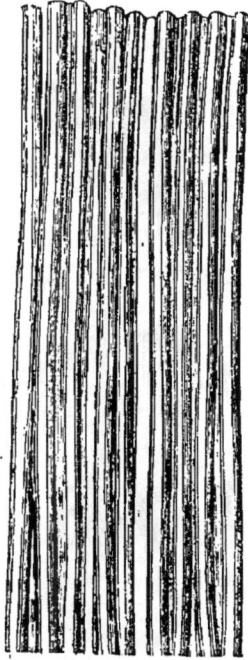

Fig. 47. Fibres libériennes du Chanvre.

fibres très-remarquables, dont les parois, très-minces, offrent des ponctuations volumineuses, occupées par un grillage d'une délicatesse admirable, par un réseau dont les mailles n'ont souvent pas plus de $\frac{1}{1000}$ de ligne en diamètre. Ces fibres, dont le rôle physiologique paraît considérable, portent le nom de *fibres grillagées*.

Nous ne terminerons pas l'examen de l'écorce sans signaler l'existence d'un produit qui, dans ces dernières années, a singulièrement occupé les botanistes : nous voulons parler du *latex* et des vaisseaux *laticifères*.

Dans l'écorce et dans la moelle de certains arbres on a reconnu la présence de vaisseaux très-différents de ceux dont nous avons parlé jusqu'ici. Ces vaisseaux sont remarquables à la fois par leur structure et par leur contenu. Ce sont des tubes, simples ou ramifiés, qui tantôt sont complétement indépendants, tantôt se rattachent les uns aux autres en un tout continu. Tandis que les vaisseaux du bois sont formés de cellules que l'on peut séparer les unes des autres par l'emploi de moyens convenables, les cellules qui constituent les vaisseaux *laticifères* sont au contraire si intimement fondues entre elles, qu'aucune action ni chimique ni mécanique ne peut les séparer.

Les vaisseaux laticifères contiennent un suc généralement coloré. On constate aisément, sous le microscope, que ce liquide se compose d'un sérum incolore, tenant en suspension des globules très-nombreux et très-petits, auxquels il doit sa coloration. Ce liquide se nomme *latex*. Mais ce qui frappe surtout l'observateur, c'est le mouvement de circulation qui est propre au latex. La transparence des parois vasculaires et la présence des granules rendent ce mouvement très-sensible.

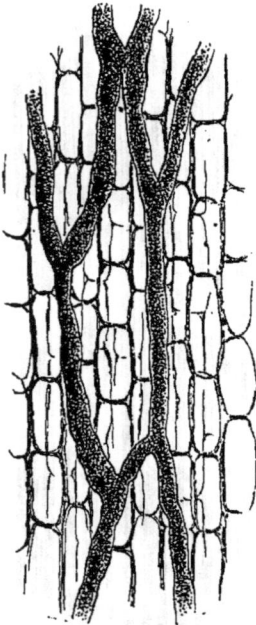

Fig. 48. Vaisseaux laticifères de la Chélidoine.

Le latex abonde dans certains végétaux. Placez sur le porte-objet du microscope, et sous une mince lame de verre, une jeune feuille de *grande Chélidoine* (fig. 48) tenant encore au rameau, ou bien un sépale de la même plante, dont le latex est jaune orangé, ou bien encore un pétale de *Pavot*, dont le latex est blanc, une stipule du *Figuier élastique*, etc. : on verra, dans tous ces cas, le latex descendre dans une branche du réseau des vaisseaux laticifères, remonter dans une autre, revenir quelquefois à son point de départ, en un mot, circuler avec une rapidité d'autant plus grande, que la température est plus élevée et la végétation plus active.

La gutta-percha, le caoutchouc, l'opium, proviennent du latex de certaines plantes.

Les éléments qui entrent dans la composition du tronc des arbres de nos forêts sont, on le voit, assez complexes. Après avoir décrit en détail chacun de ces éléments, nous mettrons sous les yeux du lecteur une figure d'ensemble, destinée à résumer les notions qui viennent d'être présentées.

La figure 49 représente la section, à la fois horizontale et

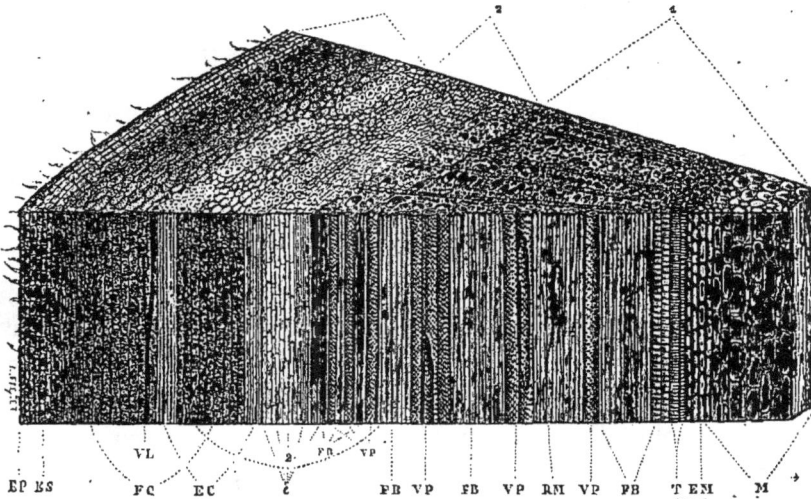

Fig. 49. Coupe d'un tronc d'Érable.

verticale, d'un tronc d'*Érable* dans le cours de sa deuxième année. Les éléments contenus dans l'accolade du chiffre 1 représentent le bois de la première année ; ceux de l'accolade 2, le bois formé pendant la deuxième année ; et l'accolade 3, les éléments de l'écorce.

On voit au centre de la tige la moelle M, sous la forme de cellules à section polyédrique. Les *trachées* ou *étui médullaire*, qui font suite à la moelle et l'enveloppent de toutes parts, sont représentées par les lettres T, EM. Viennent ensuite trois groupes de *fibres ligneuses* FB ; des *vaisseaux du bois*, VP, alternent avec les trois groupes de fibres ligneuses.

L'écorce embrassée par l'accolade 3 fait suite à ces éléments. On y remarque les fibres du *liber* représentées par les lettres FC (fibres corticales), et les éléments du *suber* représentés par les lettres ES ; les vaisseaux laticifères sont représentés par les lettres VL, et la couche herbacée par les lettres EC. L'épiderme EP, hérissé de quelques poils externes, termine cet ensemble.

Les rayons médullaires s'aperçoivent assez nettement sur la tranche horizontale ; ils partent de la moelle et s'arrêtent à la portion du bois appartenant à la seconde année. On les voit aussi sur la tranche verticale, indiqués par les lettres RM.

Après avoir passé en revue tous les éléments constitutifs du tronc des arbres de nos forêts à feuilles membraneuses, nous avons à parler de la structure de la tige des *arbres verts*.

Les arbres verts (*Pins, Sapins*) se distinguent immédiatement des arbres dont il vient d'être question, par la structure de leur bois, qui est exclusivement formé de larges fibres, sans apparence de gros vaisseaux. Ces fibres ligneuses (fig. 50) présentent, en outre, cette particularité curieuse d'offrir sur chacune de leurs faces latérales (celles qui regardent les rayons médullaires) une rangée de ponctuations entourées d'une alvéole très-remarquable. Ce bois est parcouru par des *conduits résinifères*, sortes de lacunes dans lesquelles s'accumule la résine, produite par des cellules spéciales qui les environnent.

La figure 51 représente la section transversale de la tige du bois de *Sapin*. On voit que les arbres verts présentent, comme les arbres de nos forêts, un canal médullaire central, des couches ligneuses concentriques et des couches corticales. Mais les vaisseaux du bois n'existent pas et les rayons médullaires sont peu apparents.

L'aspect général des *Palmiers* est bien différent de celui de nos arbres indigènes. Leur stipe élancé, d'une épaisseur sensiblement égale depuis la base jusqu'au sommet, complétement nu, c'est-à-dire ne se divisant pas en branches et en rameaux, les fait ressembler à une sorte de colonne, qui serait surmontée d'une touffe épaisse de feuilles.

Quelle est la structure intérieure de ce stipe? Pour s'en faire une idée, il faut savoir que le mode de développement du *Palmier* diffère du mode de développement du groupe d'arbres que nous venons de considérer. Les *Palmiers* ne s'accroissent pas, comme nos arbres verts et comme les arbres de nos

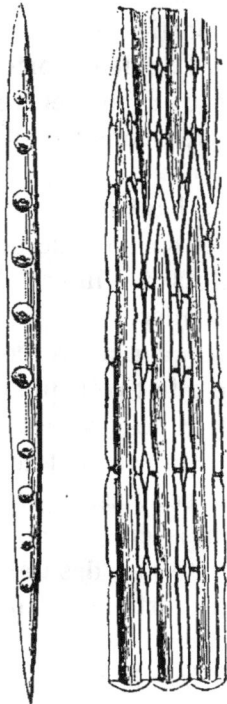

Fig. 50. Fibres ligneuses
du Sapin.

Fig. 51. Coupe transversale
d'une tige de Sapin.

forêts, par des couches concentriques, qui viennent se déposer entre le bois et l'écorce. Dès lors, la structure intérieure de leur stipe doit présenter des dispositions autres que celles que nous venons de mettre en relief. Ici, plus de canal central unique, destiné à loger la moelle, le bois et l'écorce; plus de rayons médullaires divergeant du centre à la circonférence.

Qu'on coupe en travers un stipe de *Palmier* (fig. 52), et l'on verra tout de suite qu'il ne diffère pas moins de nos arbres par son organisation intime que par son aspect extérieur. On y chercherait en vain cette moelle centrale, ces zones concentriques, ces lignes rayonnantes, qui caractérisent si nettement le bois de nos arbres indigènes. On y voit apparaître, sur un fond de couleur pâle, de petites taches d'une teinte foncée, formées par un tissu plus solide. Ces petites taches, arrondies ou en demi-lune, sont plus nombreuses, plus pressées, plus colorées, et en général plus volumineuses vers la circonférence du stipe qu'elles ne le sont dans les parties centrales. Ce stipe semble donc formé au premier abord de deux sortes de tissus : l'un peu résistant, constituant, pour ainsi dire, la masse; l'autre très-solide, et formant de petits îlots à l'intérieur du premier.

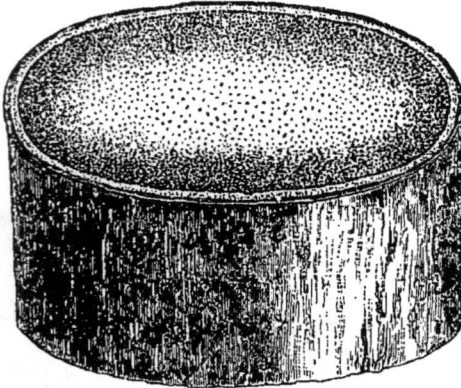

Fig. 52. Coupe d'une tige de Palmier.

L'examen microscopique a fait voir que le premier de ces tissus est exclusivement formé de cellules, et peut se comparer à la moelle de nos arbres indigènes, et qu'il est traversé par des faisceaux ou *filets* très-résistants, dont la marche tortueuse dans l'intérieur du tronc est tracée théoriquement à l'aide de la figure 53, sur laquelle les lettres A, B, C, D représentent divers entre-croisements de ces filets au milieu de la moelle.

Les filets qui traversent les tiges des *Palmiers* et des arbres appartenant au même groupe naturel, présentent des dispositions très-intéressantes à connaître. La structure anatomique de chacun d'eux ne paraît pas être la même dans toute la longueur; elle semble se simplifier à mesure qu'on s'éloigne du point où il abandonne la tige, pour entrer dans une feuille. Dans cette partie supérieure, à la fin de son trajet, le faisceau

dont nous parlons revêt la structure caractéristique des tiges
de nos arbres indigènes, y compris l'étui médullaire. Il pré-

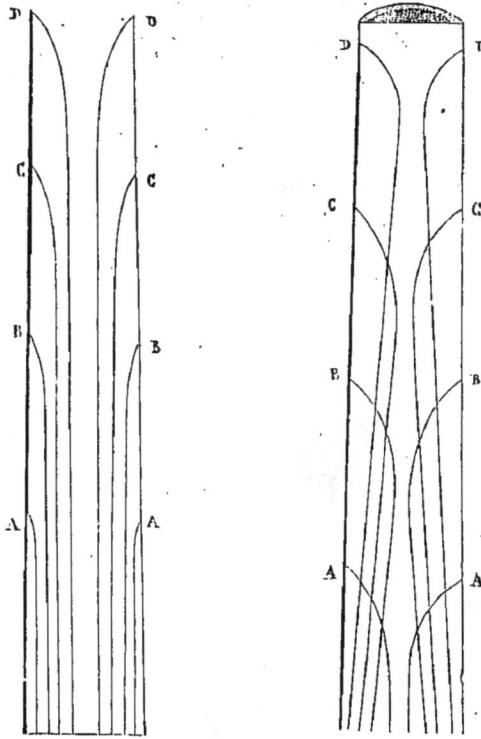

Fig. 53. Figure théorique de la structure des faisceaux internes ou filets du Palmier.

sente, en effet, des trachées, des vaisseaux ponctués et rayés,
plus ou moins volumineux, des fibres ligneuses, etc.

Les *Fougères arborescentes* des pays chauds se rapprochent
beaucoup plus, par leur aspect, des *Palmiers*, que de nos arbres indigènes. Leurs troncs élancés, simples et nus, d'une
épaisseur à peu près égale de la base au sommet, portent à
une grande hauteur une touffe de feuilles. Cependant les *Fougères* diffèrent beaucoup des *Palmiers* par leur structure intérieure. Autour d'une moelle abondante sont allongés des
faisceaux volumineux, offrant sur la section transversale de
la tige une forme sinueuse plus ou moins irrégulière et hiéro-
glyphique, et groupés en un cercle vers la périphérie du tronc.

C'est ce que montre la figure 54, qui représente la coupe horizontale d'une tige de *Fougère arborescente.*

Les faisceaux qui traversent de haut en bas un stipe de *Fougère arborescente*, présentent une bordure noire, formée de fibres très-résistantes, imprégnées d'une couleur bistre, en dedans de laquelle se trouvent du tissu cellulaire et un petit nombre de vaisseaux de divers ordres.

Parmi ces vaisseaux nous citerons particulièrement des

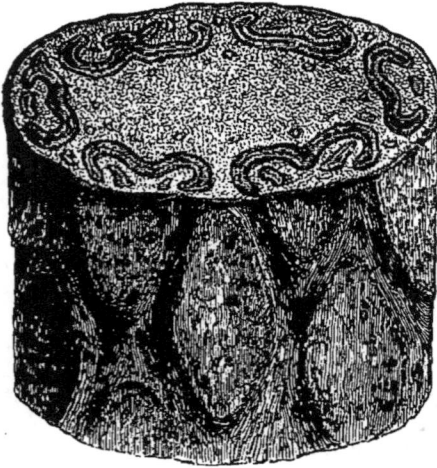

Fig. 54. Coupe d'une tige de Fougère arborescente.

Fig. 55. Vaisseaux scalariformes des Fougères.

tubes prismatiques, offrant sur chacune de leurs faces des fentes horizontales très-rapprochées les unes des autres, et à distance égale, et connus sous le nom de vaisseaux *scalariformes*. La figure 55 montre quelle est la structure et la disposition relative des vaisseaux scalariformes dans un tronc de *Fougère*. Ces vaisseaux sont représentés sur cette figure avec l'amplification qu'ils présentent quand on les regarde au microscope.

III

BOURGEON

Nous n'avons encore étudié que des racines tortueuses, difformes, et des troncs dénudés. Avant de considérer, dans les branches, les rameaux, les feuilles et les fleurs, la parure des végétaux, nous devons nous arrêter sur les parties des plantes qui renferment tous ces éléments. Nous voulons parler des *bourgeons*, qui cachent sous leur verte enveloppe la source de ces brillants ornements de la nature que chaque année voit naître et mourir. Le bourgeon est, en effet, comme le berceau de la jeune plante : il suffirait à lui seul pour produire un individu nouveau, et souvent l'horticulteur s'en empare et produit, par son moyen, de merveilleuses multiplications. Mais dans les circonstances ordinaires le bourgeon n'est pas destiné à se séparer de la plante mère. C'est elle qui le nourrit, le fortifie, l'accroît, jusqu'à ce qu'il soit devenu lui-même un organe concourant, avec les autres, à la vie de la plante.

Le bourgeon peut être considéré comme un élément fondamental dans la plante, qui, sans lui, ne tarderait pas à périr. C'est le bourgeon qui, chaque année, répare les pertes qu'a déterminées la végétation ; il remplace les fleurs, les feuilles, les rameaux disparus. C'est par lui que le végétal s'accroît, qu'il prolonge son existence ; c'est lui qui, à chaque printemps, efface les marques de la vieillesse chez les hôtes de nos bois : le bourgeon est le véritable *renouveau* du monde végétal.

Aussi, dans une plante, tout est-il bourgeon, on peut le dire.

Il n'est presque aucune partie qui n'en produise : les racines, les feuilles, les fleurs même, peuvent donner accidentellement naissance à des bourgeons, car la nature ne perd jamais de vue le phénomène essentiel de la vie organique, c'est-à-dire la production d'êtres nouveaux.

On peut distinguer deux sortes de bourgeons : les *bourgeons à bois*, qui produisent des branches et des feuilles ; et les *bourgeons à fleurs*, qui contiennent à la fois des feuilles et des fleurs.

Il ne faut pas d'ailleurs confondre les bourgeons avec les simples *boutons de fleurs*, qui ne contiennent que des fleurs près de s'épanouir : un *bouton de rose*, un *bouton d'œillet*, ne renferment que la fleur qui va s'ouvrir, tandis que le bourgeon, dans sa masse serrée et complexe, renferme tous les éléments propres au développement de la jeune plante, et, comme nous venons de le dire, il suffirait à lui seul pour produire un individu nouveau.

Les bourgeons sont le premier âge et la première forme des axes végétaux. Ils sont placés au sommet des axes qu'ils doivent prolonger, ou à l'aisselle des feuilles. Chez les plantes herbacées en général, et chez un grand nombre d'arbres des contrées équinoxiales, dont la végétation n'éprouve pour ainsi dire aucun repos, les bourgeons sont *nus*, c'est-à-dire que toutes les jeunes feuilles se ressemblent, et donnent, en grandissant, de véritables feuilles. Mais dans les pays dont l'hiver, plus ou moins rigoureux, détruirait des organes aussi délicats, les feuilles les plus extérieures, celles qui doivent recouvrir les autres, subissent certaines modifications qui les transforment en organes protecteurs. Elles se changent en *écailles*, membranes coriaces, qui souvent sont garnies à l'intérieur d'un duvet abondant, d'une bourre épaisse, ou enduites d'un suc résineux, insoluble dans l'eau et conservant bien la chaleur. Grâce à cet abri protecteur, le rudiment de la jeune pousse est si exactement calfeutré, si bien emmaillotté, qu'il est parfaitement à l'abri des injures de l'air. L'expérience a prouvé que des bourgeons détachés de l'arbre, et dont on avait recouvert la cicatrice d'un vernis, ont pu rester très-longtemps sous l'eau sans éprouver la moindre altération.

Les écailles sont toujours des feuilles modifiées ; cependant
ce n'est pas constamment la même partie de la feuille qui les
constitue. La nature emploie divers procédés pour transformer
une feuille en écaille. Au reste, entre les écailles d'un bour-

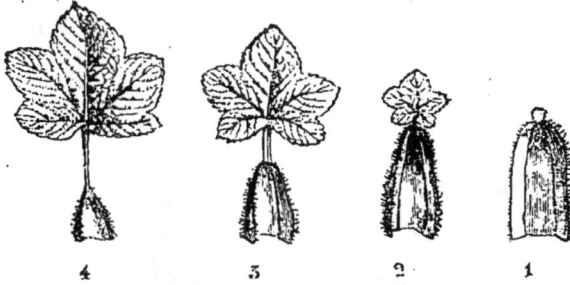

Fig. 56. Transformation graduelle des feuilles en écailles chez le Groseillier.

geon et les feuilles qu'il renferme, on trouve souvent une
série de formes intermédiaires qui mettent complétement en
lumière les diverses métamorphoses dont une feuille est le
siége, quand elle passe insensiblement d'un état à l'autre. La

Fig. 57. Bourgeon de Tulipier.

Fig. 58. Bourgeon d'Amandier.

figure 56, qui représente chez le *Groseillier* le passage insensible de la feuille à l'état d'écaille, montre suffisamment les
transitions graduelles d'un organe à l'autre, pour qu'il soit
inutile d'entrer dans plus de détails à cet égard.

Les feuilles ne sont pas toujours disposées de la même manière dans le bourgeon, soit qu'on les considère isolément, soit qu'on les observe dans les positions qu'elles occupent les unes par rapport aux autres. Le mode de *vernation*, selon le terme adopté par les botanistes, est quelquefois un caractère distinctif très-utile aux forestiers qui veulent connaître

Fig. 59.
Bourgeon de Bouleau.

Fig. 60.
Bourgeon de Balisier.

les essences des arbres pendant l'hiver. Nous devons donc en dire quelques mots.

Considérons d'abord chaque feuille indépendamment des autres. Voici les différentes situations que la feuille peut affecter dans l'intérieur du bourgeon. Elle peut être pliée transversalement, de manière que la partie supérieure soit appliquée sur la partie inférieure, comme dans le *Tulipier* (fig. 57); *pliée* dans sa longueur, de manière que l'une des moitiés s'applique exactement sur l'autre, comme dans l'*Amandier* (fig. 58); plissée un certain nombre de fois en éventail, comme dans le *Bouleau* (fig. 59); roulée sur elle-même en cornet, comme dans le *Balisier* (fig. 60); roulée par les deux

Fig. 61. Bourgeon de la grande Patience.

bords qui se réfléchissent soit en dehors, comme dans la *grande Patience* (fig. 61), soit en dedans, comme dans le *Peuplier* (fig. 62).

Nous n'entrerons pas dans plus de détails à ce sujet; les figures 63, 64 et 65, qui représentent la coupe transversale des bourgeons de *Sauge*, de *Lilas* et d'*Iris*, suffiront à mettre en évidence les rapports mutuels des jeunes feuilles chez un certain nombre de végétaux, quand elles sont encore renfermées dans le bourgeon.

Dans presque tous les arbres de nos pays, les bourgeons apparaissent au printemps, s'arrêtent bientôt dans leur développement, et ne s'allongent qu'au printemps suivant. Ils se

Fig. 63. Coupe transversale
[des feuilles
dans un bourgeon de Sauge.]

Fig. 64.
Coupe d'un bourgeon de Lilas.

Fig. 62. Bourgeon de Peuplier.

Fig. 65. Bourgeon d'Iris.

ramifient donc très-lentement, et il n'y a chaque année qu'une seule production de branches.

Cependant le *Pêcher* et la *Vigne* produisent annuellement deux générations de branches. C'est que leurs bourgeons écailleux qui sont demeurés stationnaires pendant l'automne et l'hiver de l'année précédente, s'allongent au printemps, et donnent naissance, à l'aisselle de leurs feuilles, à des bourgeons, lesquels, au lieu de rester stationnaires et de se développer seulement au commencement de la saison prochaine, croissent, au contraire, sans interruption, et produisent de nouvelles branches. Les horticulteurs leur ont donné le nom de *prompts bourgeons*. Les branches qui en proviennent portent à leur tour des bourgeons écailleux, qui ne se développent que l'année d'après, et que l'on appelle *bourgeons dormants*.

Nous avons parlé jusqu'ici des bourgeons normaux qui naissent à l'aisselle des feuilles, ou qui terminent les axes. Il en est d'autres qui se montrent sur la plante sans ordre, et dont on ne peut prévoir à l'avance le lieu d'origine. Ce sont les bourgeons *adventifs*. Ces productions accidentelles peuvent se montrer sur toutes les parties du végétal, sur la tige, les feuilles, les fleurs et les racines. Les racines des *Sumacs*, par exemple, celles du *Peuplier de Hollande*, du *Faux acacia*, courent horizontalement dans le sol, très-près de la surface, et produisent des bourgeons *adventifs*, qui ne tardent pas à s'enraciner et à multiplier la plante, si bien que cette famélique postérité devient souvent en peu d'années gênante ou nuisible.

La formation des *bourgeons adventifs* est très-fréquemment déterminée par des irritations accidentelles que produisent à la surface des tiges et des racines des causes extérieures, comme la roue d'une voiture qui vient froisser un tronc d'arbre, ou la blessure qu'a faite à une racine le soc d'une charrue, etc.

La production de bourgeons adventifs sur des arbres à la suite des plaies qui leur sont faites, est journellement utilisée dans la culture.

Si l'on coupe à ras de terre, dans un bois, les plants qui, abandonnés à eux-mêmes, seraient devenus des arbres, on les transforme en souches, qui se couvrent plus tard de branches de même âge et de même force : on transforme une *futaie* en un *taillis*.

Ces *Saules* dont le tronc énorme, court, souvent difforme et caverneux, est surmonté d'une épaisse touffe de branches (fig. 66), ces *têtards*, comme on les appelle vulgairement, doivent leur singulier aspect à la coupe réglée et périodique à laquelle ils sont soumis. Par suite de cette mutilation, il se forme un grand nombre de bourgeons adventifs, et par conséquent il se développe plus tard autant de branches sensiblement égales. On coupe ces branches pour faire des tuteurs pour les jeunes arbres, des échalas dans les pays vignobles, etc.

Ce n'est guère qu'à l'âge de vingt-cinq ou trente ans que le *Peuplier d'Italie* est abattu pour en faire des planches de quelque valeur ; mais cet arbre est, en outre, émondé tous les cinq ans. Les plaies résultant de l'émondage se couvrent de nombreux bourgeons adventifs, et produisent ainsi un nom-

Fig. 66. Saules coupés en *têtards*.

bre considérable de branches, qu'on emploie à faire des clôtures, des piquets et des bourrées pour le chauffage.

Les bourgeons sont placés sur la tige pour y puiser leur nourriture et s'y développer en branches. Il résulte de là qu'on peut, sans dommage pour ces organes, les séparer de la plante sur laquelle ils ont pris naissance, à la condition de les porter sur une autre plante qui puisse, pour ainsi dire, leur servir de nourriture. Les horticulteurs profitent de cette circonstance pour faire produire à un sauvageon de plus belles fleurs. A cet effet, ils mettent à nu le bois du sauvageon par une incision corticale ayant la forme d'un T, et ils appliquent sur cette plaie la face interne d'un lambeau d'écorce pris sur l'espèce qu'on change de nourrice, lambeau auquel adhère naturellement un jeune bourgeon ; c'est là la *greffe en écusson*. ·

La figure 67 montre la manière dont opère le jardinier pour *greffer en écusson*. A représente la branche de sauvageon greffée, avec l'incision en forme de croix ; B, le sujet à greffer sur le sauvageon ; C, la greffe mise en place. Le bourgeon continue de croître et de se développer sur cette nouvelle tige où on l'a transplanté : il y produit des feuilles et des fleurs. On peut, de cette manière, changer à volonté l'espèce

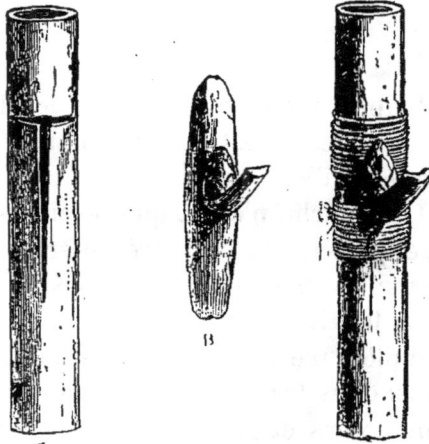

Fig. 67. Greffe en écusson.

végétale primitive en une autre qui produit des feuilles et des fleurs différentes. L'opération de la greffe joue un rôle considérable dans l'horticulture.

Les procédés connus sous le nom de *taille* et d'*ébourgeonnement*, sur lesquels nous ne saurions nous étendre ici, ont pour but de supprimer une certaine quantité de bourgeons, afin que la nourriture absorbée par la tige principale, ne se répartissant que sur un plus petit nombre de bourgeons, ces organes soient dès lors plus vigoureux et plus productifs.

IV

BRANCHE

La branche se forme par le développement du bourgeon, et ce bourgeon naît, comme nous l'avons déjà dit, à l'aisselle d'une feuille.

La branche n'étant qu'une tige secondaire qui émane de la tige principale, doit présenter les mêmes modifications de forme, de structure et de disposition des feuilles qu'on observe dans les tiges proprement dites. Cependant une ressemblance complète n'existe pas toujours entre la tige et ses branches. Ainsi dans le petit Houx (*Ruscus aculeatus*, fig. 68) les rameaux sont courts et prennent si bien, en s'élargissant, la forme de feuilles, qu'au commencement du siècle dernier tous les botanistes les considéraient comme telles. Mais un observateur attentif ne s'y trompera point, s'il considère que ces organes aplatis et d'apparence foliacée naissent à l'*aisselle* d'écailles qui sont les véritables feuilles, et portent des fleurs, caractères exclusivement propres aux branches.

Dans quelques plantes les branches se dilatent outre mesure ; mais dans d'autres elles restent grêles : leur bourgeon terminal avorte, elles deviennent pointues à leur extrémité qui s'endurcit ; en un mot, elles se changent en épines. C'est ce que nous présente l'*Hippophæ rhamnoides*, le *Mespilus oxyacantha*, etc.

Une modification extrêmement curieuse et importante de la forme et de la consistance des branches nous est fournie par ceux de ces organes qui, dans la *Pomme de terre* (*Solanum tuberosum*), se développent sous terre. La partie souterraine de la

tige de cette plante (fig. 69) porte des feuilles rudimentaires,
à l'aisselle desquelles se développent des rameaux qui s'étendent plus ou moins horizontalement, et sont chargés eux-
mêmes de feuilles avortées. Ces rameaux, très-grêles à leur

Fig. 68. Branche de petit Houx.

origine, se renflent à leur extrémité, se remplissent de fécule
et finissent par constituer ce que l'on nomme le tubercule de
la *Pomme de terre*. Si l'on examine, en effet, une *Pomme de
terre*, on voit qu'elle est chargée d'écailles, régulièrement dis-

posées. A l'aisselle de ces écailles se trouvent des bourgeons..
Chacun sait que ces bourgeons se développent d'eux-mêmes
dans nos caves, au retour de la belle saison, et poussent alors
de véritables branches. Il y a donc une grande différence entre le tubercule de la *Pomme de terre* et celui du *Dahlia*, par

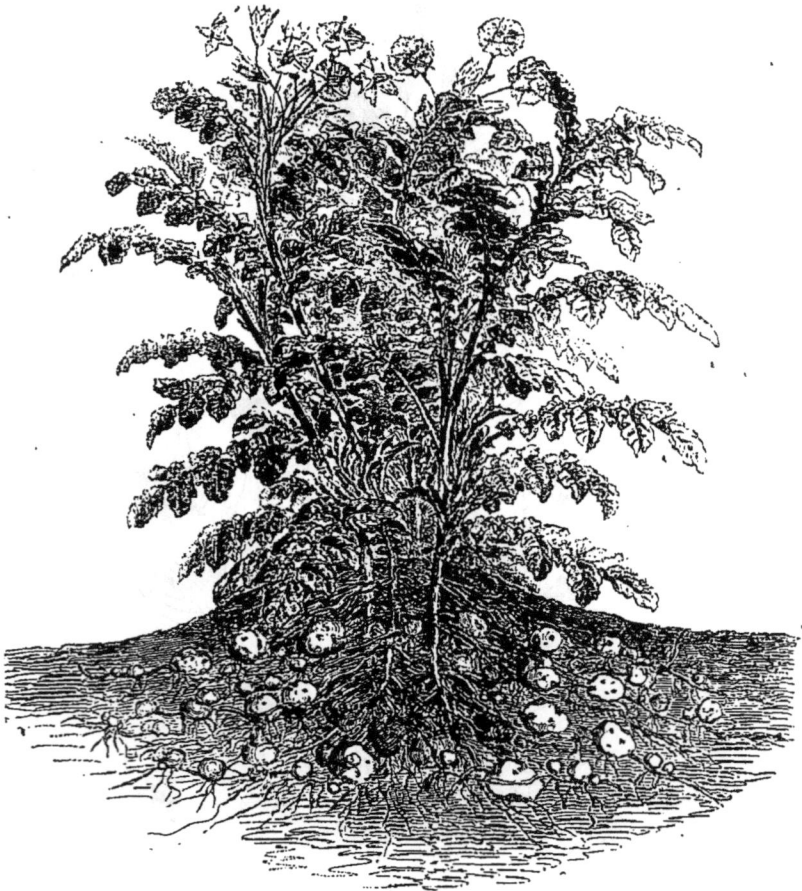

Fig. 69. Rameaux souterrains de Pomme de terre (*Solanum tuberosum*).

exemple. Le tubercule du *Dahlia* est une véritable racine, il
n'a pas de nœuds vitaux ; au contraire, celui de la *Pomme de
terre* est une tige portant des nœuds vitaux.

La longueur et la direction des branches par rapport à la
tige mère sont extrêmement variées. Cette variété donne à
chaque plante son port spécial, sa physionomie particulière.

Si les branches les plus basses, formées les premières, con-

Fig. 70. Sapin.

tinuent à s'allonger dans la même proportion, les supérieures étant plus courtes à mesure qu'elles s'approchent du sommet,

la cime de l'arbre est conique ou pyramidale, comme dans les
Sapins (fig. 70).

' Si les branches du milieu dépassent celles du bas, la cime

Fig. 71. Marronnier d'Inde.

figure une boule ou un ovoïde, comme il arrive pour le
Marronnier d'Inde, quand il n'a pas été mutilé par la taille
(fig. 71).

. La tige présente la forme d'un parasol, comme dans le *Pin*

d'Italie (fig. 72), si ce sont les branches du haut qui prennent
le plus grand développement. Dans toutes ces circonstances,
c'est, nous le répétons, la direction, le mode d'insertion des

Fig. 72. Pin d'Italie.

branches qui donnent au végétal son port, son aspect particulier.

Les branches partent de la tige sous un angle variable,

quelquefois très-aigu, quelquefois droit. La cime effilée d'un

Fig. 73. Cyprès.

Cyprès (fig. 73), comparée à l'espèce de large dôme formant les branches d'un *Chêne* ou d'un *Cèdre,* nous donne une idée de la différence de ces deux sortes de ramifications, et le port de chacun de ces arbres met bien en relief l'influence qu'exerce le mode de ramification sur la forme d'un végétal quel qu'il soit.

Fig. 74. Saule pleureur.

Dans certains arbres, les branches prennent une direction particulière, qui est l'inverse de ce qui se voit habituellement. Au lieu de s'élever vers le ciel, elles s'inclinent vers la terre. Le *Saule pleureur* (fig. 74) nous donne un exemple bien frappant et bien connu de ce mode de direction des branch'es et des rameaux. Les branches les plus longues de ce

Fig. 75. Sophora du Japon.

bel arbre retombent par leur propre poids, et le dessinateur
de jardins tire un très-heureux parti de cette disposition na-

turelle, en plantant le long d'un bassin, au bord d'une pièce d'eau ou d'un ruisseau, cet arbre élégant et à l'aspect mélancolique.

Les branches du *Sophora du Japon*, ou *Sophora pleureur* (fig. 75), sont aussi longues que celles du *Saule pleureur*, son congénère; mais comme elles ont une certaine raideur, elles se reboussent dès leur origine, pour se diriger vers le sol.

Nous avons dit plus haut que la branche peut être considérée comme une tige secondaire émanant de la tige principale,

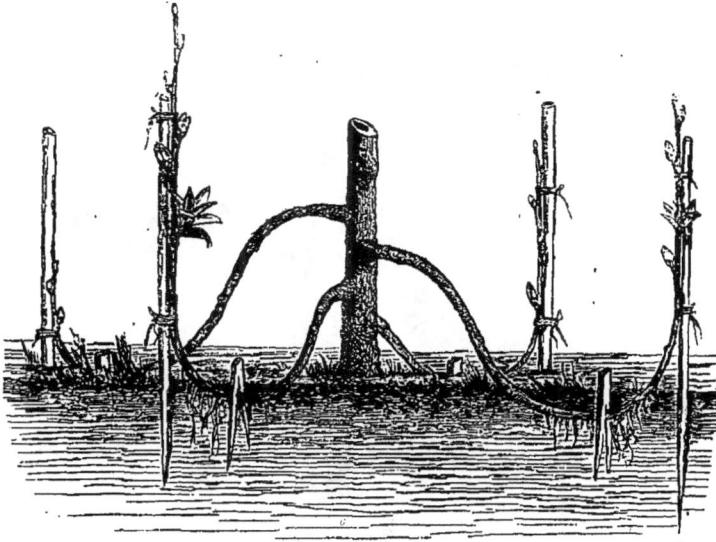

Fig. 76. Marcottage par inclinaison.

dans laquelle elle puise sa nourriture. Si donc on offre à cette tige secondaire; à cette branche, un autre moyen de se nourrir, on peut la séparer de l'axe principal qui la porte, et l'on parvient à constituer ainsi un individu libre et distinct. C'est sur ce fait naturel que sont fondés les procédés de multiplication des plantes connus dans l'horticulture sous le nom de *marcottage, bouturage* et *greffe*.

Courbez vers le sol humide une branche flexible, maintenez-la en terre, de façon à lui faire produire des racines (fig. 76); une fois ces racines développées, la branche pourra

vivre par elle-même, elle n'aura plus besoin de la tige qui lui
a donné naissance; on pourra la séparer de cette tige, la se-

Fig. 77. Marcottage par élévation.

vrer pour ainsi dire. C'est là l'opération du *marcottage par inclinaison :* la branche ainsi traitée s'appelle *marcotte.*

Mais toutes les branches qu'on voudrait *marcotter* ne sont
pas toujours assez voisines du sol, ni assez flexibles pour
être courbées jusqu'au degré nécessaire. Dès lors, comme on

ne peut les abaisser vers la terre, on élève la terre jusqu'à elles. A cet effet, on prend des vases de diverses formes, qu'on remplit de terre ; on les maintient, d'une façon quelconque, à la hauteur de la branche à marcotter, et l'on place le vase de manière que la branche puisse le traverser de haut en bas (fig. 77). Le vase est, pour cela, percé d'un trou à son fond, ou fendu sur le côté, afin qu'on puisse y introduire la branche. La terre étant entretenue humide, la portion de branche renfermée dans le pot ne tarde pas à pousser des racines adventives, et ces racines sont bientôt en nombre suffisant pour qu'on puisse, au bout d'un certain temps, la sevrer et la transplanter ailleurs. C'est le *marcottage par élévation* ou *par approche.*

Le *bouturage* ne diffère du marcottage qu'en ce que la partie de la plante qu'on veut faire enraciner pour la multiplier est détachée de la plante mère, et complétement abandonnée aux forces de la nature. Coupez une branche, même très-volumineuse, de *Saule* ou de *Peuplier*, et enfoncez-la dans le sol humide : elle poussera des racines adventives, elle deviendra un nouveau *Saule* ou un nouveau *Peuplier*.

Mais toutes les plantes ne s'accommodent pas de ce facile procédé de multiplication. Il en est dont les boutures ne *prennent*, selon l'expression consacrée, qu'à l'aide d'artifices plus ou moins compliqués. Il en est même qui résistent à tous les moyens connus de bouturage. C'est qu'une bouture se trouve généralement dans cette triple alternative : mourir d'inanition, se dessécher ou pourrir, et que le problème à résoudre par le jardinier multiplicateur, et qui consiste à favoriser la formation rapide des racines, à établir un juste équilibre entre les pertes aqueuses que subit la bouture et la quantité d'eau qu'elle absorbe, n'est pas sans offrir de grandes difficultés.

Ce n'est pas ici le lieu d'exposer les procédés à l'aide desquels on peut arriver à *bouturer* avec succès. Nous nous bornerons à dire que les boutures ne se font pas seulement par les branches, comme dans l'exemple que nous avons cité plus haut. On peut faire des boutures avec des racines, des rhizomes, des feuilles et même des fragments de feuille ; mais ce dernier procédé n'est usité que pour certaines plantes exotiques, qui, dans nos serres, ne fructifient point et ne se ramifient qu'à peine.

Le marcottage et la bouture ne sont pas les seules opérations dans lesquelles on fasse intervenir les branches comme moyen de multiplication. Il en est une autre, l'une des plus importantes du jardinage : c'est l'opération de la *greffe*, dont

Fig. 78. Greffe en approche.
Préparation des sujets.

Fig. 79. Greffe en approche.
Juxtaposition des sujets.

nous avons déjà dit un mot à propos du bourgeon. Elle a pour but de souder un végétal à un autre qui lui sert de soutien et lui fournit la matière de son alimentation.

On voit quelquefois, dans un bois, certains arbres, particulièrement les *Charmes*, dont une branche s'est soudée d'elle-même à celle d'un arbre voisin de même espèce. Ce qui se passe spontanément dans la nature, on le pratique artificiellement dans la culture et le jardinage. On enlève sur les deux sujets des lambeaux d'écorce et de bois de même longueur et de même largeur ; on met en contact ces plaies égales, et on les maintient en place avec des ligatures, qu'on recouvre de mastic. C'est là la *greffe en approche*. La figure 78 montre la manière de préparer les deux *sujets* que l'on veut greffer par *approche;* la figure 79 fait voir les deux sujets fixés l'un sur l'autre par des ligatures.

Dans la *greffe en fente*, on tronque horizontalement le sujet et l'on y pratique une fente verticale de quelques centimètres. On insère dans cette fente la branche à greffer chargée de bourgeons, qu'on a taillée en biseau à son extrémité inférieure. On établit un contact intime entre les parties mises à nu dans la greffe et le sujet, et l'on assure la durée de ce contact par des ligatures et du mastic. On voit sur la figure 80 ces deux opérations successives. La *greffe en fente* s'opère également bien sur des tronçons de racines.

C'est au moyen de l'opération de la greffe que le jardinier et l'horticulteur changent avec avantage les produits d'un végétal de même espèce,

Fig. 80.
Greffe en fente.

lui font porter des fleurs et des fruits autres que ceux qui sont propres à la tige principale, enfin qu'ils rajeunissent un arbre ou un arbrisseau déjà âgés.

V

FEUILLE

Nous avons étudié les bourgeons, qui renferment dans leur verte enveloppe les promesses du printemps. A l'heure marquée par le réveil de la nature, ce berceau des organes foliacés s'entr'ouvre peu à peu, et bientôt les jardins, les campagnes et les bois sont recouverts d'un dôme éclatant de verdure.

L'époque de la renaissance des feuilles est celle qui exerce la plus douce influence sur l'âme humaine. Quand la végétation nouvelle vient décorer nos campagnes et donner aux branches et aux rameaux des arbres, longtemps dénudés par les frimas, cette nuance du vert printanier si reluisante et si vive, tous les êtres animés ne peuvent se défendre d'une délicieuse impression. La verdure renaissante, c'est la révélation des beaux jours ; la première parure des campagnes, c'est l'annonce du brillant cortége des fleurs et du tribut des fruits savoureux. La nature renouvelée offre tout à la fois aux yeux et à l'esprit le plus séduisant spectacle. Et quel plaisir ne nous procurent pas, dans les jours brûlants de l'été, le calme et la fraîcheur que nous goûtons sous les ombrages !

Si les feuilles n'ont pas la couleur éclatante et diaprée des fleurs de nos champs ou de nos parterres, leur vert tapis, aux nuances variées, repose l'œil et conserve la vue. Le mouvement des feuilles se balançant avec grâce au souffle des vents vient aussi animer le paysage et lui donner une sorte d'existence.

Mais les feuilles ne sont pas uniquement destinées à faire l'ornement des campagnes et à nous procurer de doux ombrages. La nature, comme on le verra plus loin, leur a assigné une importante fonction : celle d'assainir et de purifier

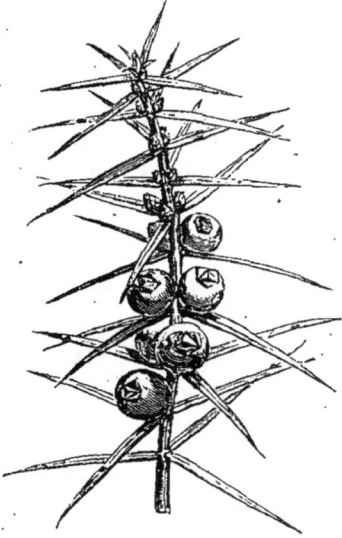

Fig. 81. Feuille de Sagittaire.

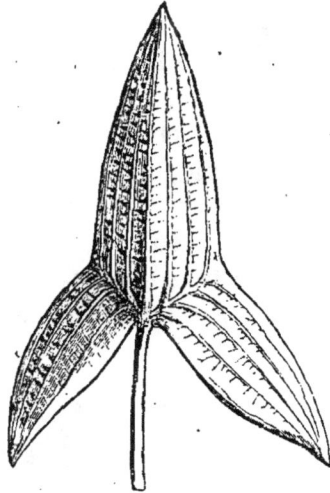

Fig. 82. Feuille de Genévrier.

l'atmosphère, de ramener à sa composition normale l'air altéré par la respiration des animaux. Partout le Créateur a su

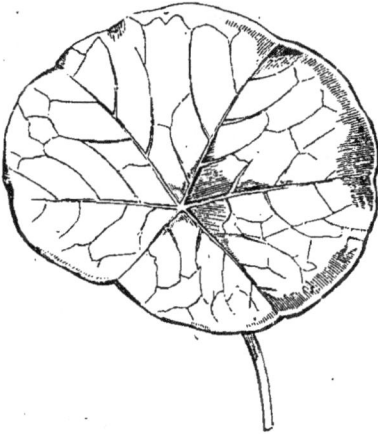

Fig. 83.
Feuille en disque (Capucine).

Fig. 84.
Feuille en spatule (Pâquerette).

allier, à l'élégance décorative et à la beauté des formes végétales, l'utilité directe et immédiate.

Les feuilles naissent toujours sur la tige et les rameaux. Rien n'est aussi varié que leurs formes dans les différents végétaux qui couvrent et embellissent le globe. Les unes ressemblent à des flèches, comme celles de la *Sagittaire* (fig. 81); d'autres à des aiguilles, comme celles du *Genévrier* (fig. 82); d'autres à une faux, comme celles de certains *Glaïeuls*, à une épée, comme celles des *Iris*. Elles affectent tour à tour la forme d'un disque, comme dans la *Capucine* (fig. 83), d'un croissant, d'une spatule, comme dans la *Pâquerette* (fig. 84), d'une lyre, etc.

Il est deux feuilles dont les formes sont si étranges, que les botanistes les considèrent comme anomales.

Dans le *Nepenthes distillatoria* (fig. 85), les feuilles sont termi-

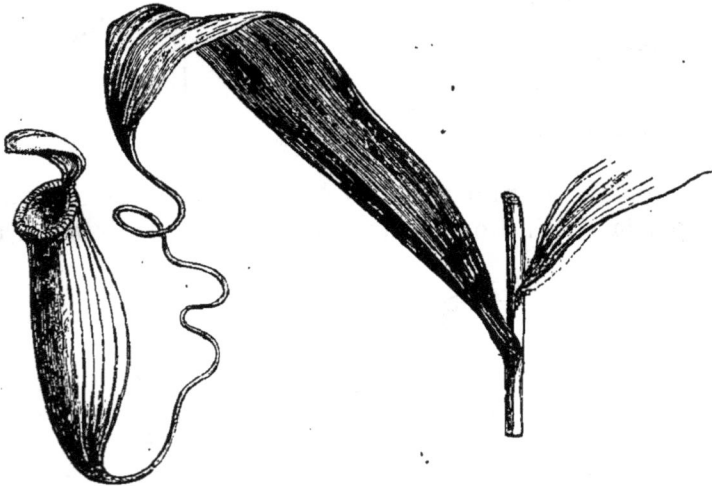

Fig. 85. Feuille anomale (Nepenthes distillatoria).

nées de la manière la plus singulière. C'est une sorte d'urne, surmontée d'un couvercle, suspendue à l'extrémité d'un pétiole ailé à sa base, puis filiforme.

Nous trouvons dans un ouvrage récent le récit d'un fait qui prouve combien l'homme peut quelquefois apprécier les fruits de la prévoyante nature. Un officier de marine, dans un voyage à Madagascar, écrivait ce qui suit à propos de la feuille du *Nepenthes distillatoria*.

« Trois jours après mon arrivée à Madagascar, je m'égarai en faisant une excursion dans les alentours, et bientôt à une lassitude excessive vint se joindre la soif la plus ardente. Après avoir longtemps marché, j'allais m'abandonner au désespoir, lorsque j'aperçois, tout près de moi, suspendus à des feuilles, de petits vases, à peu près semblables à ceux dont nous nous servons à bord pour conserver l'eau fraîche. Je crus être le jouet d'une de ces hallucinations qui montrent au malade altéré par la fièvre une coupe dont il veut en vain approcher ses lèvres desséchées; pourtant je m'avance avec hésitation.... j'y plonge un regard avide et inquiet.... O prodige! et jugez de mon bonheur en les voyant remplis d'un liquide transparent et pur, auquel je trouvai, dans un tel moment, une saveur qui me fit préjuger celle du nectar que l'on sert à la table des dieux. »

Dans les *Sarracenias,* le plus grand nombre des feuilles a la

Fig. 86.
Feuilles en entonnoir (Sarracenia).

Fig. 87.
Feuille de Dionée attrape-mouche.

forme d'un long cornet ou d'un entonnoir, comme le montre la figure 86.

Dans la *Dionée attrape-mouche* (fig. 87), les feuilles sont terminées par deux plaques arrondies, hérissées de poils. Entre ces deux plaques s'étend une charnière qui les réunit, comme le dos d'un livre en retient les deux côtés.

Parmi tant d'espèces de plantes qui ont été décrites, il n'en est pas deux dont les feuilles soient parfaitement semblables.

Fig. 88. Rameau de Mûrier à papier.

« Ces contrastes, dit Auguste de Saint-Hilaire, transportent le naturaliste, lorsque, traversant les contrées équinoxiales, il voit rapprochées les unes des autres des milliers de formes qui n'ont entre elles qu'un trait de ressemblance, l'élégance et la grâce, lorsqu'il voit le feuillage délicat des *Mimosa* s'agiter au-dessus de la feuille gigantesque des *Scitaminées*, et la *Fougère* mille fois découpée croître sur le tronc des *Eugenia* avec les *Broméliées* et les *Tillandsia*, aux feuilles raides et immobiles. »

Bien plus, on ne trouve pas dans la nature deux feuilles exactement semblables. Quelquefois la même plante en réunit qui ont entre elles moins de ressemblance que celles de deux

Fig. 89. Feuilles aériennes et submergées de la Renoncule aquatique.

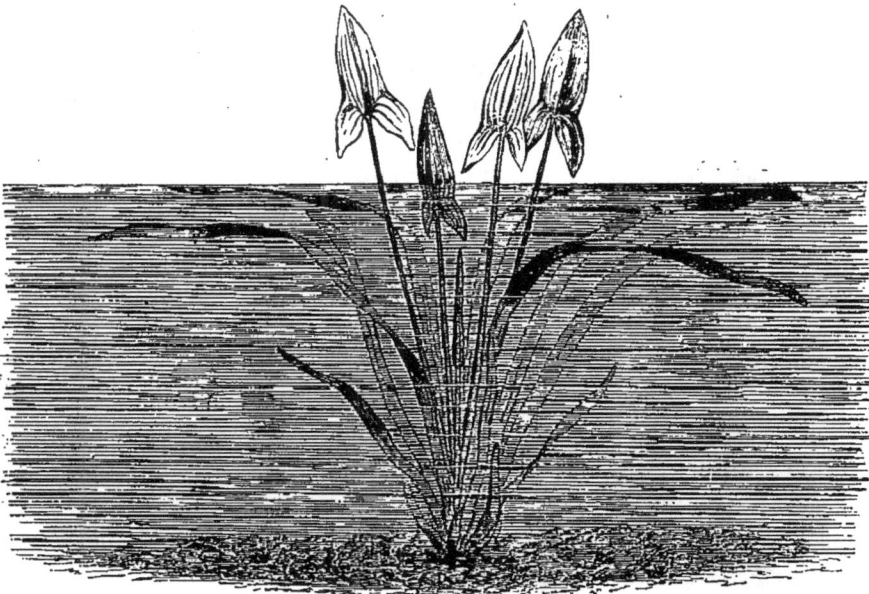

Fig. 90. Feuilles aériennes et submergées de la Sagittaire.

espèces différentes. Le *Mûrier à papier* (fig. 88) a tout à la fois des feuilles en forme de cœur et des feuilles lobées. Dans la *Valériane phu*, les feuilles inférieures sont entières et celles du sommet découpées. Dans la *Renoncule aquatique* (fig. 89), les feuilles qui végètent dans l'eau sont divisées en lanières si étroites qu'elles paraissent réduites à leurs nervures, tandis que les feuilles aériennes sont entières et en forme de disque, plus ou moins découpé. Si la *Sagittaire* croît dans des eaux courantes, ses feuilles submergées forment de longs rubans; si elle végète sur le bord des'étangs tranquilles, ses feuilles émergées ressemblent à des flèches (fig. 90).

Il n'y a pas moins de diversité dans la longueur et la largeur des feuilles que dans leur forme. Tandis que certaines feuilles n'ont qu'une demi-ligne de longueur, d'autres atteignent une dimension de 5 à 6 mètres.

Le volume des feuilles n'est pas toujours proportionné à la grosseur de la tige qui les porte. La feuille d'une petite plante, la *Patience sauvage*, couvrirait plusieurs centaines de fois la feuille du *Mélèze*, arbre imposant de nos montagnes; et il y a mille fois moins de matière végétale dans la feuille du *Sapin* ou du *Cèdre du Liban* que dans celle du *Bananier*.

Fig. 91.
Feuille sessile (Lin).

La feuille se compose habituellement de deux parties : un support, ou *pétiole*, une lame, ou *limbe*.

Lorsque le pétiole manque, comme dans le *Lin* (fig. 91), la feuille est dite *sessile*.

La feuille est *simple* si le limbe est unique; elle est *composée* lorsque plusieurs petits limbes, parfaitement distincts les uns des autres, s'attachent à un pétiole commun par l'intermédiaire de petits pétioles, souvent très-courts, et nommés *pétiolules*. La feuille du *Tilleul* (fig. 92) est simple; celle du *Robinia*, ou *Faux acacia* (fig. 93), est composée.

Il arrive quelquefois que le pétiole commun se ramifie, et porte des pétioles de deuxième ou de troisième ordre, sur lesquels s'insèrent des pétiolules, avec leur foliole. C'est ce qui se passe dans le *Gleditschia triacanthus* (fig. 94), et dans le *Pigamon :* on nomme ce genre de feuilles *décomposées.*

Le limbe des feuilles est souvent continu dans tout son pour-

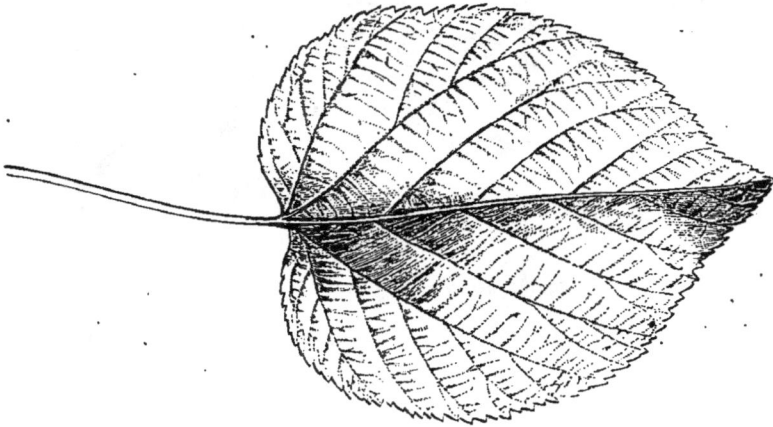

Fig. 92. Feuille simple (Tilleul).

tour, comme on le voit dans le *Buis*, l'*Iris*, etc. Mais il n'en est pas ainsi dans la plupart des végétaux. Le bord du limbe de la feuille est d'ordinaire plus ou moins profondément découpé.

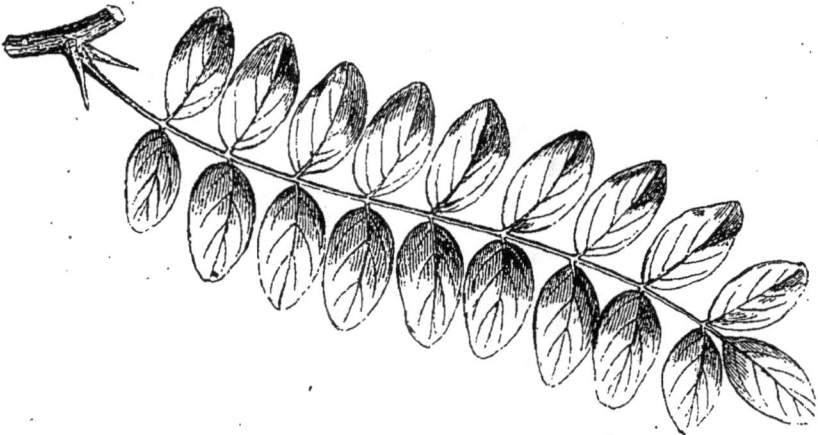

Fig. 93. Feuille composée (Robinia).

C'est d'après la forme et la profondeur de ces découpures qu'on désigne les feuilles sous les noms de *dentées, crénelées, en scie, lobées, fides* ou fendues, *partites*, etc., etc.

Les feuilles sont *dentées* quand le bord du limbe est découpé

Fig. 94. Feuille décomposée (Gleditschia triacanthus).

en dents aiguës, comme dans le *Châtaignier* (fig. 95) ; *crénelées*

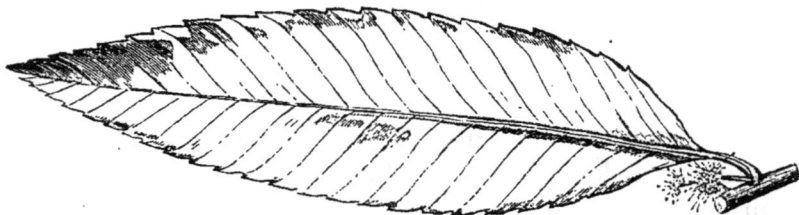

Fig. 95. Feuille dentée (Châtaignier).

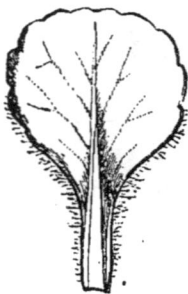

Fig. 96.
Feuille crénelée
(Saxifrage).

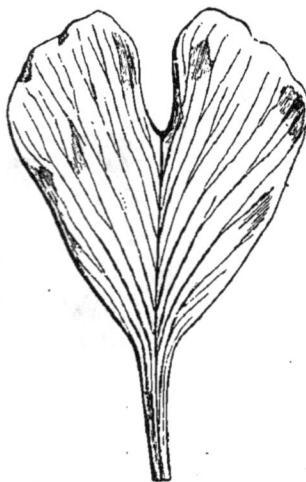

Fig. 97.
Feuille bilobée
(Gingko).

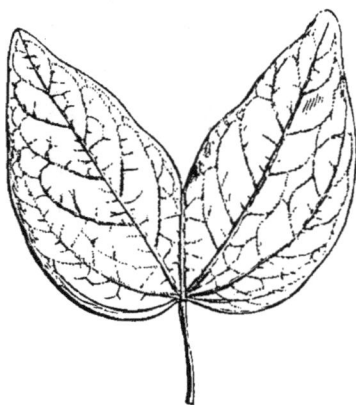

Fig. 98.
Feuille bifide
(Bauhinia).

quand le bord du limbe est taillé en parties saillantes, mais

arrondies, comme dans une feuille de *Saxifrage* (fig. 96). Elles
sont *lobées*, quand le limbe est divisé plus profondément, en
lobes élargis. La feuille du *Gingko* (fig. 97) est une feuille *bilobée*.

Les feuilles sont *fides* ou fendues, quand leurs divisions
descendent environ jusqu'à la moitié du limbe. La feuille du
Bauhinia (fig. 98) donne une très-bonne idée d'une feuille
bifide. La feuille de *Ricin* (fig. 99) est fendue en huit sections.

Enfin les feuilles sont *partites*, quand les incisions pénètrent
jusqu'au pétiole, ou atteignent la côte. moyenne du limbe,

Fig. 99. Feuille de Ricin.

Fig. 100.
Feuille bipartite.

comme dans la figure 100 et dans la figure 101, qui représente la feuille du *Chanvre ;* comme dans celle de l'*Echinops
sphærocephalus* (fig. 102), et celle du *Scolymus hispanicus* (fig. 103),
dans lesquelles les divisions du limbe sont plus multipliées
encore.

Le limbe de toute feuille est parcouru par des lignes proé-
minentes, plus saillantes sur la face inférieure que sur la face
supérieure, et qui portent le nom de *nervures*.

La disposition des nervures ne s'écarte pas de trois types principaux. Dans le *Châtaignier*, dont la feuille est déjà représentée plus haut (fig. 95), on voit une nervure principale qui

Fig. 101. Feuille de Chanvre.

va de la base au sommet du limbe, en émettant à droite et à gauche des nervures secondaires parallèles, disposées comme

Fig. 102. Feuille d'Échinops sphærocephalus.

les barbes d'une plume. Dans les *Mauves* (fig. 104), cinq nervures principales partent du sommet du pétiole, et vont en rayonnant dans le limbe, comme les doigts de la patte d'un oiseau palmipède. Dans l'*Iris*, dont la feuille a déjà été représentée figure 29, un très-grand nombre de fines nervures partent de la base du limbe, et marchent vers son sommet, en restant toutes parallèles entre elles.

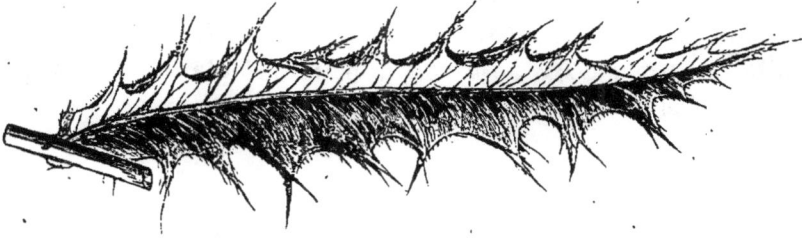

Fig. 103. Feuille de Scolymus hispanicus.

Le pétiole peut être long, court, ou, comme nous l'avons déjà dit, manquer tout à fait. Il est souvent cylindrique, quelquefois renflé, comme dans la *Châtaigne d'eau* ; ailleurs comprimé, comme dans le *Bouleau* et plusieurs peupliers, chez lesquels la surface la plus large, au lieu d'être continue avec le limbe, y aboutit à angle droit. Dès lors le pétiole soutient mal le limbe ; il présente au vent ses deux côtés élargis, ce qui fait osciller et trembloter la feuille.

Nous venons de dire que le pétiole de la feuille peut manquer. Le limbe même peut faire défaut ; la feuille est alors réduite à son pétiole. Mais alors, obéissant dans ce cas à cette loi de *balancement* ou de *compensation des organes*, qui veut

Fig. 104.
Nervures de la feuille de Mauve.

que quand une partie avorte, la partie voisine prenne un plus grand développement, la nature élargit ce pétiole, qui ressemble dès lors à un ruban, à une sorte de limbe, ce qui fait qu'on l'a pris longtemps pour une feuille. Il s'en distingue par la disposition de ses nervures, et aussi par ce fait, qu'au lieu d'être comprimé de façon à présenter une face supérieure et une face inférieure, sa tranche se trouve au contraire en haut et en bas et ses faces sont latérales. On donne à ce pétiole le nom particulier de *phyllode*. L'*Acacia heterophylla* (fig. 105) est d'une observation très-instructive à cet égard. On y trouve tous les degrés intermédiaires entre une feuille composée par-faite et un *phyllode :* on y voit le pétiole s'aplatir et s'élargir d'autant plus que le limbe s'amoindrit davantage.

Fig. 105. Feuille d'Acacia heterophylla.

Cette transformation du pétiole, très-fréquente chez les *Acacias* de la Nouvelle-Hollande, se retrouve dans plusieurs autres plantes appartenant aux groupes des Légumineuses, des Ombellifères et des Renonculacées.

Les feuilles se transforment en d'autres organes avec une étonnante fréquence. C'est par les modifications des feuilles que la nature produit un grand nombre d'organes essentiels dans la vie des plantes.

Les feuilles se changent en *écailles* : l'*Asperge* (fig. 106) nous en offre un bel exemple ; — en *vrilles*, comme on l'observe dans le *Pois* (fig. 107) ; — en *épines*, comme nous le voyons dans l'*Épine-vinette* (fig. 108). Les figures ci-dessous montrent les ré-

Fig. 106. Transformation des feuilles en écailles (Asperge).

Fig. 107. Transformation des feuilles en vrilles (Pois).

sultats de cette curieuse transformation des feuilles, dont nous aurons l'occasion de citer bien d'autres exemples.

Quelle est la disposition des feuilles sur les tiges et les rameaux qui les portent ? Sont-elles jetées au hasard sur l'axe

végétal? ll suffit de l'examen le plus superficiel pour reconnaître que les feuilles sont toujours placées de la même manière,
et dans un ordre fixe pour une même espèce de plantes ; en
d'autres termes, que leur distance relative et leur orientation
sont rigoureusement fixées par la nature. Un examen un peu
approfondi va nous faire reconnaître que cet ordre est soumis

Fig. 108. Transformation des feuilles
en épines (Épine-vinette).

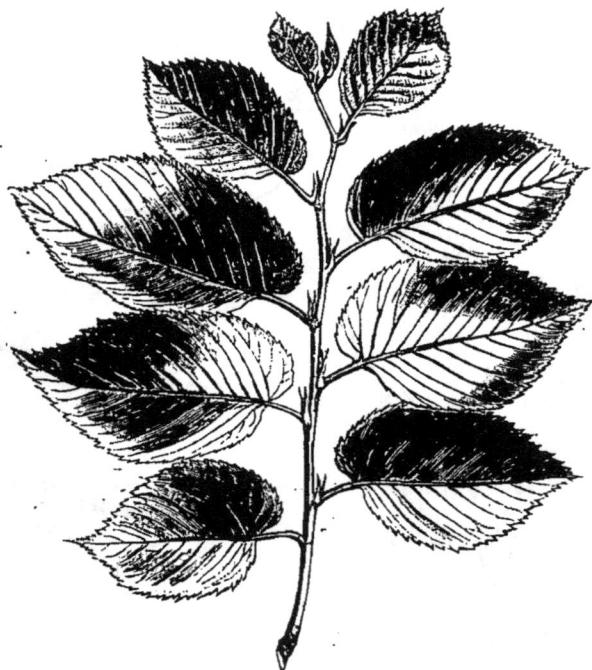

Fig. 109.
Branche d'Orme (feuilles alternes).

à une véritable loi, et peut être exprimé par une formule arith-
métique.

Si l'on jette les yeux sur une branche d'*Orme* (fig. 109), de
Saule, de *Cerisier*, on constatera aisément que les feuilles sont
toutes insérées à des hauteurs différentes. Dans ce cas, on dit
qu'elles sont *alternes*. Dans la *Sauge*, l'*Ortie* (fig. 110), au contraire, les feuilles sont groupées par paire à la même hauteur.
Dans ce cas, on dit que les feuilles sont *opposées*.

Dans la *Lysimaque vulgaire* et le *Laurier-rose* (fig. 111), trois feuilles sont groupées à la même hauteur autour de la tige; dans ce cas, comme aussi dans le cas où il existe un plus grand nombre de feuilles groupées de cette manière, on dit que les feuilles sont en *verticille*, ou *verticillées*.

Ce qui donne aux plantes une physionomie particulière, c'est que les éléments qui constituent le verticille d'un étage foliacé quelconque correspondent aux intervalles qui séparent les

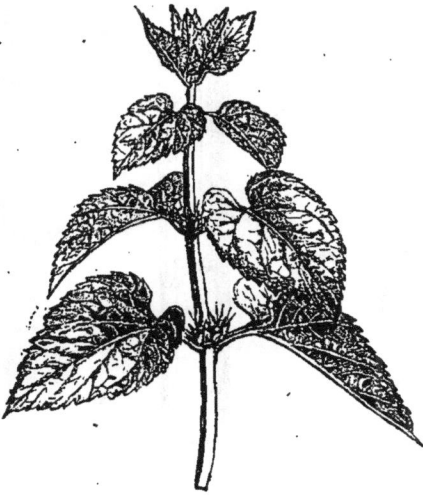

Fig. 110. Feuilles opposées (Ortie).

Fig. 111. Feuilles verticillées (Laurier-rose).

éléments de la paire, ou du verticille, situé immédiatement au-dessus ou au-dessous. Il faut remarquer, en outre, que les éléments d'une même paire, ou d'un même verticille, sont toujours équidistants.

Revenons aux feuilles alternes, pour mettre en évidence l'invariable disposition des feuilles autour de la branche.

Prenons un rameau de *Pêcher* (fig. 112) ou de *Prunier*, et considérons une feuille quelconque. Nous trouverons que plus haut le rameau porte une autre feuille exactement placée au-

7 .

dessus de la première, et que dans l'intervalle de ces deux
feuilles il y en a quatre diversement placées: Toutes ces feuilles
se trouvent sur le passage d'une spire régulière idéale qui
s'enroulerait autour de l'axe. Cette spire, qui prend son origine
à une feuille quelconque et se termine à la feuille exactement
superposée à la première, constitue ce que l'on nomme un

Fig. 112.
Rameau de Pêcher.

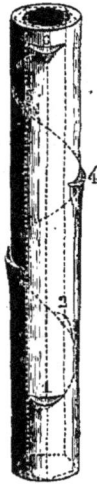

Fig. 113. Insertion dès feuilles
sur un rameau de Pêcher.

cycle. Ici, c'est-à-dire dans le cas du Pêcher ou du Prunier, le
cycle comprend 5 feuilles et fait deux fois le tour du rameau.
On exprime cette disposition par une formule numérique frac-
tionnaire, dont le numérateur indique le nombre des tours de
spire du cycle, et le dénominateur le nombre des feuilles
constitutives du cycle. Ainsi, la disposition des feuilles du
Pêcher (fig. 113) serait représentée par la fraction 2/5.

Dans l'*Aune* (fig. 114), le *Souchet*, trois feuilles constituent le cycle, qui ne décrit sur la tige qu'un seul tour de spire. La disposition des feuilles est donc représentée par la fraction 1/3, comme le montre la figure 115.

Dans l'*Orme*, comme on l'à vu sur la figure 109, page 96, dans le *Tilleul*, deux feuilles seulement constituent le cycle, qui ne décrit sur la tige qu'un seul tour. La disposition des feuilles est donc représentée ici par la fraction 1/2.

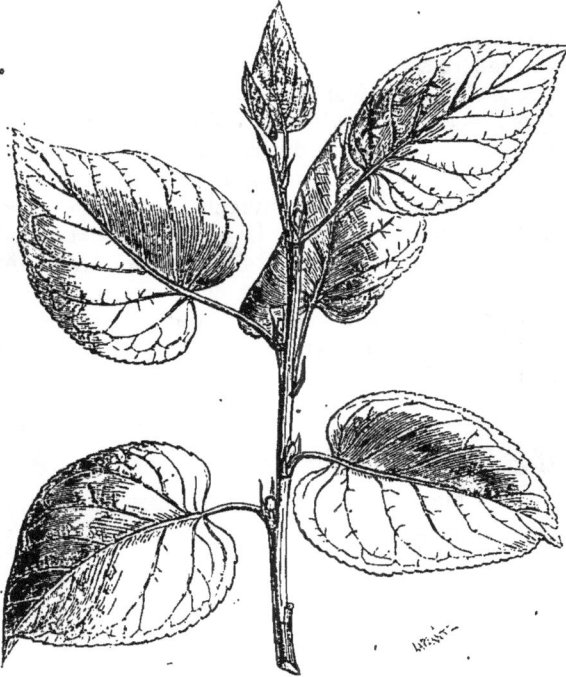

Fig. 114.
Rameau d'Aune.

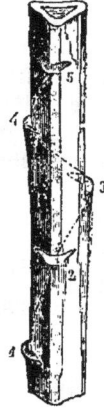

Fig. 115. Insertion des feuilles
sur un rameau d'Aune.

Écrivons sur une seule ligne ces trois fractions $\frac{1}{2}$, $\frac{1}{3}$, $\frac{2}{5}$, et remarquons que la fraction $\frac{2}{5}$ est la somme des termes des deux fractions précédentes. Additionnons les termes des fractions $\frac{1}{3}$ et $\frac{2}{5}$, nous obtenons $\frac{3}{8}$; faisons de même pour $\frac{3}{8}$ et $\frac{2}{5}$, nous obtenons $\frac{5}{13}$. Nous formerons de cette manière la série $\frac{1}{2}$, $\frac{1}{3}$, $\frac{2}{5}$, $\frac{3}{8}$, $\frac{5}{13}$, $\frac{8}{21}$, $\frac{13}{34}$. Fait singulier! ces formules fractionnaires, que nous venons de tracer sur le papier, expriment précisément des dispositions de feuilles que la nature a réalisées.

Les dénominateurs de ces fractions, tout en donnant le nombre des feuilles de chaque cycle, indiquent en même temps le nombre des lignes verticales suivant lesquelles les feuilles sont rangées. Ainsi dans l'*Orme*, le *Tilleul*, les feuilles sont disposées sur deux rangées, et sont dites *distiques*. Dans l'*Aune*, le *Souchet*, elles sont disposées sur trois rangées, et se nomment *tristiques*. Dans le *Pêcher*, les feuilles sont disposées sur cinq rangées ou en *quinconce*.

« La distribution des feuilles sur les rameaux, dit de Candolle, est en rapport avec leurs fonctions..., qui sont presque exclusivement déterminées par l'action de la lumière solaire. Pour que cette action s'exerçât convenablement, il fallait, ou que les feuilles fussent très-écartées les unes des autres, ou qu'avec un écartement donné elles se recouvrissent le moins possible. On a pu voir que tous les divers systèmes de position des feuilles ont pour résultat, que les feuilles qui naissent immédiatement les unes au-dessus des autres ne se recouvrent jamais. Dans les cas les moins favorables la troisième recouvre la première, et la quatrième la deuxième. Dans un autre cas, c'est la sixième, etc. Ainsi, en combinant ces dispositions, soit avec la distance des systèmes et de leurs parties, soit avec la grandeur des feuilles qui va en diminuant de bas en haut, on arrive à comprendre comment toutes les feuilles jouissent de l'action de la lumière solaire. »

Dans la plupart de nos plantes, lorsque les feuilles ont accompli leurs fonctions physiologiques, elles tombent l'année même où elles sont nées. Mais il en est d'autres qui ne se détachent que l'année d'après, ou même qui persistent pendant plusieurs années sur la tige. Les feuilles de la plupart des Conifères, celles du *Buis*, du *Houx*, de l'*Oranger*, etc., ne tombent point dans l'année où elles se sont développées; elles se rencontrent par conséquent avec les feuilles nouvelles. Aussi ces plantes ne sont-elles jamais complétement dépouillées : c'est pour cela qu'elles portent le nom vulgaire d'*arbres verts*.

Auguste de Saint-Hilaire fait les remarques suivantes sur la répartition des arbres verts selon les latitudes du globe :

« Lorsqu'on s'éloigne des tropiques, dit ce botaniste, le nombre des arbres verts va en diminuant dans une progression rapide. A Porto Allegre, par le 30ᵉ degré de latitude sud, je trouvai, dans la saison la plus froide, les arbres presque tous chargés de feuilles. A San Francisco de Paula, près Rio Grande, par le 34ᵉ degré, à peu près le tiers des végétaux ligneux avaient perdu les leurs, et enfin à deux degrés plus au sud un dixième des arbres seulement conservaient leur feuillage.

« A Montpellier, les campagnes en hiver ne sont déjà plus dépouillées de verdure, et Lisbonne, Madère et Ténériffe offrent un nombre d'arbres toujours verts bien plus considérable encore. Il ne faut pas croire cependant que sous les tropiques tous les arbres soient toujours verts. Même dans les gigantesques forêts qui bordent la côte du Brésil et où la végétation est maintenue dans une activité continuelle par ses deux agents principaux, la chaleur et l'humidité, il existe des arbres, tels que certaines Bignoniées, qui, chaque année, perdent comme les nôtres toutes leurs feuilles à la fois, mais immédiatement après ils se couvrent de fleurs, et bientôt reparaît leur feuillage. Je vous parle ici des bois qui croissent dans celles des régions équinoxiales où, comme chez nous, les pluies et les sécheresses n'ont point d'époque déterminée. Mais dans les pays où à six mois de pluies continuelles il succède six mois d'une sécheresse non interrompue, il est des bois qui, chaque année, restent pendant un temps considérable entièrement dépourvus de verdure. Et le voyageur qui les traverse est brûlé par les feux ardents de la zone équinoxiale, en ayant sous les yeux la triste image de nos hivers. On a vu la sécheresse se continuer deux années et les arbres rester deux années sans feuillage. »

Mais les arbres verts ne sont qu'une exception dans le monde végétal. La plupart des arbres, des arbrisseaux et des plantes herbacées sont dépouillés de leurs feuilles pendant la moitié de l'année. Quand les feuilles ont accompli leurs fonctions, quand les fruits ont apparu et que la végétation entre dans une phase nouvelle, les feuilles perdent leurs brillantes couleurs. Elles revêtent quelquefois des couleurs accidentelles et transitoires en se desséchant en partie. Le vert, quand il persiste, s'assombrit; il brunit dans les feuilles du *Noyer*, il prend un ton blanchâtre dans le *Chèvrefeuille*. Les feuilles d'autres plantes, comme la *Vigne vierge*, le *Sumac*, le *Cornouiller*, revêtent une teinte rouge; elles jaunissent dans l'*Érable* et dans beaucoup d'arbres de nos bois. Mais quelle que soit la variété des nuances que prennent les feuilles en se desséchant, elles présentent un certain ton de tristesse et de mélancolie, qui annonce la disparition prochaine de ces ornements de nos campagnes, et trahit l'imminence de la froide saison. Bientôt le froid et l'humidité arrêteront la marche de la sève et désorganiseront le pétiole; les feuilles flétries et déformées tomberont sur le sol, ou seront emportées par le vent. C'est l'époque attristée et mélancolique de la *chute des feuilles*, qu'un de nos

poëtes élégiaques, Millevoye, a retracée dans ces vers si
connus :

De la dépouille de nos bois
L'automne avait jonché la terre, etc.

Cependant les feuilles, séparées du végétal qui les portait,
ne sont point perdues pour la terre qui les reçoit. Tout dans
la nature a son utilité. Les feuilles desséchées ont aussi leur
usage dans le cercle continu de la production végétale. Les
feuilles qui jonchent le pied des arbres, ou qui sont dissémi-
nées par les vents d'automne dans la campagne dépouillée,
pourrissent lentement sur le sol. Elles se transforment en
humus ou *terreau;* elles contribuent à former cette *terre végétale*, indispensable à la vie des plantes. Ainsi, les débris de la
végétation préparent la formation et la venue d'une végétation nouvelle. La mort prépare la vie; le début et la [fin se
donnent pour ainsi dire la main dans la nature végétale, et
forment ce cercle mystérieux de la vie organique qui n'a ni
commencement ni terme.

Mais reprenons l'étude générale des feuilles dans la pléni-
tude de leur existence. Nous avons à signaler un dernier et
important phénomène dans l'ensemble de leurs fonctions :
nous voulons parler des mouvements assez divers que les
feuilles exécutent spontanément en plusieurs circonstances.

Les feuilles affectent presque toujours la position horizontale. Elles ont une face supérieure tournée vers le ciel, et une
face inférieure regardant la terre. Cette position est si naturelle, et dès lors si nécessaire, que les feuilles la reprennent
d'elles-mêmes, le jour aussi bien que la nuit, lorsqu'une cause
accidentelle la leur a fait perdre. Si l'on place une plante dans
l'intérieur d'un appartement éclairé par une seule fenêtre, on
voit bientôt toutes les feuilles diriger leur face supérieure
vers la lumière. C'est une expérience que nos jeunes lecteurs
peuvent se donner le plaisir de répéter avec une plante de
salon.

Les feuilles exécutent d'autres mouvements spontanés très-
remarquables, et sur lesquels nous croyons devoir nous arrêter quelques instants. L'étude de ces mouvements a été, comme

on va le voir, l'objet d'observations curieuses et d'expériences intéressantes.

Dutrochet ayant placé un jeune *Pois* dans une chambre éclairée d'un seul côté, vit la feuille tantôt s'incliner vers la lumière, tantôt diriger son pétiole vers le ciel, ou même l'incliner vers la partie obscure de la pièce. La vrille, tantôt presque droite, tantôt courbée en arc, offrait aussi des mouvements irréguliers. Dutrochet plaça des indicateurs fixes, soit auprès du sommet de la vrille, soit auprès du sommet du pétiole, à l'endroit où s'inséraient les deux folioles; et il put constater ainsi dans quel sens marchaient ces parties en s'éloignant des indicateurs fixes. Il ne tarda pas à reconnaître que le sommet du pétiole décrivait en l'air une courbe ellipsoïde, tandis que la vrille qui le terminait offrait des mouvements divers. Il vit bientôt que le *mérithalle* lui-même (entre-nœud, ou écartement des pétioles sur la tige) de cette feuille participait à ce mouvement de révolution, et qu'il en était même le principal agent. Le *mérithalle* et la feuille engendraient donc par leur mouvement général une sorte de cône, dont le sommet était à la partie inférieure du mérithalle, et dont la base était la courbe décrite en l'air par le sommet du pétiole là où se trouve l'insertion de deux folioles. La vrille, pendant le mouvement de révolution, dirigeait constamment sa pointe vers le fond de la pièce, fuyant ainsi la lumière; elle se retournait lorsque le mouvement de sa révolution, en ramenant la pointe de cette vrille près de la fenêtre, tendait à la diriger de nouveau vers la lumière.

Cette révolution s'effectue dans un temps qui varie avec la température et avec l'âge de la feuille. Elle dure de une heure à vingt minutes par une température de 24° : de sept heures à onze heures quand la température est abaissée jusqu'à + 5° ou + 6°. L'amplitude des révolutions diminue à mesure que la température décroît.

« Quelle est la cause de ce mouvement révolutif? dit Dutrochet. Elle ne se dévoile point à nos yeux. C'est une cause excitante, intérieure et vitale. Non-seulement la lumière ne contribue en rien à la production de ce mouvement, mais elle le contrarie, et lorsqu'elle est vive, elle l'arrête. »

Dutrochet a observé le *mouvement révolutif* dans les vrilles de la *Bryone* et du *Concombre cultivé*. Dans la *Bryone*, la vrille se meut dans des directions très-variées, tantôt marchant horizontalement, tantôt s'élevant, tantôt s'abaissant ; dirigeant quelquefois sa pointe vers le ciel, puis prenant une courbure quelconque, pour prendre ensuite une courbure inverse. Les vrilles du *Concombre* marchent comme les aiguilles d'une montre posée à plat ; elles dirigent successivement leur pointe vers tous les points de l'horizon, soit de droite à gauche, soit de gauche à droite.

Il fallait toute la sagacité, toute la finesse d'observation de Dutrochet pour découvrir les mouvements si lents et si obscurs dont nous venons de parler.

Les mouvements spontanés que nous avons maintenant à signaler dans certains végétaux sont beaucoup plus apparents ; ils sont consignés depuis plus longtemps dans la science.

Parlons d'abord des mouvements de la plante connue sous le nom de *Desmodie oscillante* (*Desmodium gyrans*).

La *Desmodie oscillante* (fig. 116) appartient à la famille des Légumineuses. Elle fut découverte au Bengale, aux environs de Daca, par une Anglaise, Mme Monson, que son dévouement à l'histoire naturelle avait conduite à entreprendre un voyage dans l'Inde, et qui mourut au milieu de ses excursions botaniques.

Les feuilles de la *Desmodie* sont composées de trois folioles : la foliole terminale est très-grande, et les latérales sont très-petites. Ces dernières surtout sont presque toujours en mouvement ; elles exécutent de petites saccades, analogues à celles de l'aiguille d'une montre à secondes. L'une des folioles s'élève et l'autre descend, pendant le même temps, d'une quantité correspondante ; quand la première commence à descendre, l'autre se met à monter. La grande foliole se meut en s'inclinant tantôt à droite, tantôt à gauche, mais par un mouvement continu et très-lent, si on le compare à celui des folioles latérales. Ce singulier mécanisme dure pendant toute la vie de la plante ; il s'exerce de jour comme de nuit, par la sécheresse comme par l'humidité. Plus il fait chaud et humide à la fois, plus sont vifs les mouvements de la plante. On a vu dans l'Inde les folioles latérales de la *Desmodie* exécuter jusqu'à 60 petites saccades par minute.

Cette curieuse plante, qui a été introduite pour la première fois en Europe en 1777, est cultivée au Muséum d'histoire naturelle de Paris. Les auditeurs du cours de M. Brongniart ont pu fréquemment observer de près les étranges phénomènes vitaux dont elle est le siége.

Fig. 116. Desmodie oscillante.

Les mouvements de la *Desmodie* s'exercent spontanément et sans aucune cause occasionnelle; mais il en est d'autres qui sont déterminés dans certaines plantes par des causes extérieures. Tels sont ceux de la *Dionée attrape-mouche* et ceux de la *Sensitive*.

La *Dionée* (fig. 117) est originaire de l'Amérique septentrionale. Ses feuilles, qui s'étalent à la surface du sol, sont composées de deux parties : l'une allongée, qui peut être considérée comme un pétiole; l'autre très-élargie, presque circulaire, formée de deux panneaux qui sont réunis par une nervure en façon de charnière, et garnis sur leur pourtour de cils raides et allongés. A la face supérieure de ces panneaux se trouvent quelques petites glandes, d'où exsude une liqueur visqueuse qui attire les insectes. Si une mouche vient à se poser à la surface de ce singulier appareil, les deux panneaux se redressent vivement le long de leur charnière ; ils se rapprochent, entre-croisent leurs cils, et la mouche est prisonnière. L'insecte en s'agitant augmente encore l'*irritabilité* de la plante, dont les serres ne s'entr'ouvrent qu'après que les mouvements de l'animal ont cessé avec sa vie.

Qui ne connaît, qui n'a vu la *Sensitive* (fig. 118) et l'étrange sensibilité de ses feuilles? Il suffit du choc le plus léger pour

faire fléchir ses folioles sur leur support, les branches pétio-
laires sur le pétiole commun, et le pétiole commun sur la tige.
Si l'on coupe avec des ciseaux fins l'extrémité d'une foliole, les
autres folioles se rapprochent successivement.

De Candolle s'était exercé à placer sur une des folioles de la
Sensitive une goutte d'eau, avec assez de délicatesse pour n'y

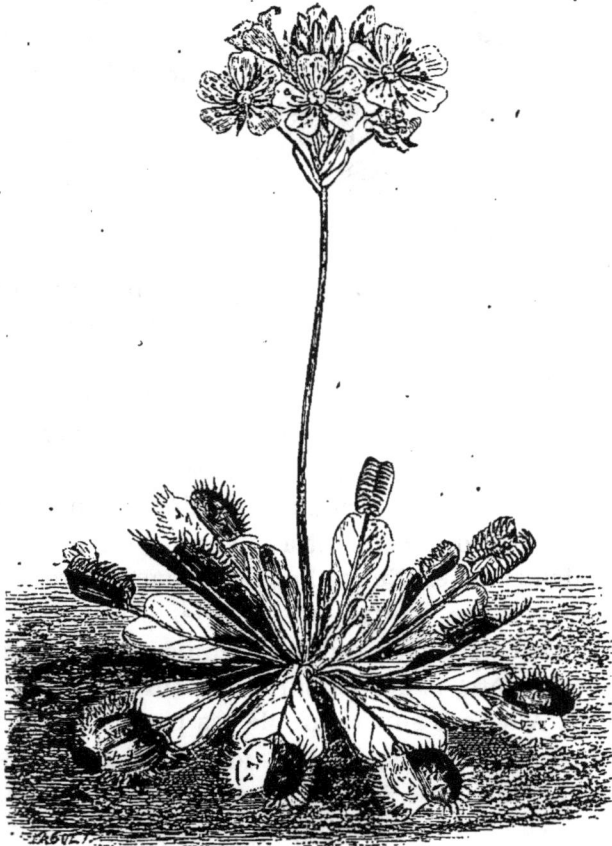

Fig. 117. Dionée attrape-mouche.

exciter aucun mouvement. Mais lorsqu'il substituait à l'eau
une goutte d'acide sulfurique, il voyait les folioles se crisper,
les pétioles partiels et le pétiole commun s'abaisser, et graduellement subir la même influence, sans que les folioles situées au-dessous participassent au mouvement. Cette expé-

rience montre fort bien que l'irritation n'est pas locale, mais se communique de proche en proche dans les divers éléments d'une feuille, et se propagent ainsi d'une feuille à l'autre.

Pendant que tous ces mouvements s'opèrent, on peut remarquer que le limbe des folioles ne se courbe pas, ne se crispe pas. En effet, la faculté contractile réside au point d'insertion des folioles sur les pétioles secondaires, de ceux-ci sur le pétiole commun, et de celui-ci sur la tige. Ces points d'insertion correspondent à des bourrelets cylindroïdes très-visibles, qui pendant le repos sont gonflés inférieurement, tandis que dans l'état d'irritation ils sont détendus supérieurement. Les mouvements que l'on provoque chez la *Sensitive* se manifestent

Fig. 118. Rameau de Sensitive dont on a touché deux feuilles.

avec une intensité et se propagent avec une rapidité plus grandes, lorsqu'on irrite sur ce bourrelet une articulation, de préférence à toute autre partie de la plante.

On a remarqué que plus la *Sensitive* est vigoureuse, plus elle est impressionnable; que plus la température est élevée, plus ses mouvements sont prompts. On a observé, en outre, que la *Sensitive* peut jusqu'à un certain point s'accoutumer au mouvement. Desfontaines portant un pied de *Sensitive* dans une voiture, vit la plante fermer ses folioles et abattre toutes ses feuilles dès que la voiture commença à rouler sur le pavé. Mais peu à peu, comme revenue de sa frayeur, et pour ainsi dire habituée au mouvement, elle releva ses feuilles et épa-, nouit ses folioles. Desfontaines fit alors arrêter un certain temps la voiture. Lorsqu'on se remit en mouvement, la *Sensitive* se replia sur elle-même comme la première fois, et au bout de quelque temps elle s'épanouit de nouveau pendant la marche. Ne dirait-on pas une impression réfléchie et motivée de la part de cette singulière plante?

Ces phénomènes d'irritabilité sous l'influence d'actions mécaniques ou chimiques directes, la plante les répète d'elle-même pendant la nuit. Quand l'obscurité arrive, la *Sensitive* ferme ses folioles.

Cette habitude de replier ses feuilles pendant la nuit n'est pas d'ailleurs exclusivement propre à la *Sensitive*. Elle appartient à d'autres plantes, dont les feuilles n'offrent pas la même position pendant le jour et pendant la nuit. C'est là ce que Linné a nommé le *sommeil des plantes*.

« Mais il faut remarquer, dit de Candolle, que ce terme, emprunté au règne animal, ne représente pas les mêmes idées que dans les deux règnes. Dans les animaux, le sommeil indique un état de flaccidité des membres, de souplesse des articulations ; dans les végétaux, il indique bien un changement d'état, mais la position nocturne est déterminée avec le même degré de rigidité et de constance que la position diurne ; on romprait la feuille endormie plutôt que de la maintenir dans la position qui lui est propre pendant le jour. »

C'est sur une variété du *Trèfle du Nord*, le joli *Lotus ornithopodioides*, que Linné remarqua, pour la première fois, la différence entre l'attitude des feuilles pendant le jour et pendant la nuit. A peine eut-il fait cette remarque, qu'il devina que ce phénomène ne devait pas être borné à une seule plante, mais qu'il devait être général dans la végétation. Dès lors, chaque nuit, Linné s'arrache au sommeil, et, dans le silence de la nature, il va observer les plantes dans son vaste jardin. A chaque pas il découvre un fait nouveau. Aucun fait naturel, une fois mis en évidence par une première observation, n'a été aussi rapidement confirmé par une foule de remarques analogues. Linné ne fut pas long à se convaincre que le changement de position des feuilles pendant la nuit s'observe dans un nombre considérable de végétaux, et qu'en l'absence de la lumière les plantes changent tellement de physionomie, qu'elles deviennent très-difficiles à reconnaître d'après leur port. Il constata que c'est bien l'absence de la lumière et non le froid nocturne qui est la principale cause du phénomène, car les plantes des serres chaudes se ferment pendant la nuit, comme celles qui sont exposées à l'air libre. Il reconnut aussi que cette différence est beaucoup plus sensible dans les jeunes plantes que dans les plantes adultes.

L'illustre botaniste suédois a fait beaucoup d'observations sur la diversité de position que les feuilles affectent pendant la nuit, et il s'est efforcé de classer méthodiquement ces différences. Ce qu'il y a de plus général dans les distinctions qu'il a établies, c'est que les positions diffèrent selon que les feuilles sont simples ou composées. Linné pensait que le but de la nature dans cette circonstance, c'est de mettre les jeunes pousses à l'abri du froid de la nuit et de l'impression de l'air.

C'est surtout dans les feuilles composées que la différence entre la veille et le sommeil est le plus nettement indiquée.

Les folioles du *Trèfle incarnat* se redressent, en se courbant dans le sens longitudinal, de manière à ne se rapprocher que par la base et le sommet, et à former une sorte de cavité, de berceau. Les folioles du *Mélilot* se redressent à moitié, mais restent divergentes par leurs sommités.

Dans les *Oxalis* (fig. 119), les folioles se déjettent sur le pétiole commun, de manière à s'adosser par leurs faces inférieures, et à ne montrer que leurs faces supérieures.

Dans le *Baguenaudier*, les folioles se dressent verticalement, de manière à devenir perpendiculaires sur le pétiole commun et appliquées l'une contre l'autre par leurs faces supérieures.

Les *Cassia* ont, au contraire, les folioles rabattues et appliquées par leurs faces inférieures.

Les folioles des *Mimosées* se couchent le long du pétiole en se dirigeant vers son sommet, de manière que les deux folioles extrêmes soient dirigées en avant et appliquées par leurs faces supérieures et les autres appliquées sur le dos des folioles qui sont d'un rang plus près du sommet.

Les feuilles des *Atriplex* s'appliquent sur les jeunes pousses et les enveloppent, comme pour les défendre des injures de

l'air. Le *Mouron des oiseaux* ferme exactement ses feuilles pendant la nuit, et ne les ouvre qu'au matin. L'*Œnothère*, comme
le *Trèfle incarnat*, forme, pendant la nuit, une sorte de berceau du rapprochement de ses feuilles. Au contraire, le *Sida*
et le *Lupin blanc* renversent leur feuillage. Plusieurs *Mauves*
roulent leurs feuilles en cornet. La *Gesse odorante*, le *Pois de
senteur*, les *Fèves cultivées*, appliquent, pendant la [nuit, leurs
feuilles les unes contre les autres, et semblent dormir.

Fig. 119. Sommeil des feuilles de l'Oxalis.

Cet étrange sommeil des plantes rappelle vaguement le
sommeil des animaux. Circonstance remarquable, la feuille
endormie semble, par ses dispositions, vouloir se rapprocher
de l'époque de son enfance. Elle se replie à peu près comme
elle l'était dans le bourgeon, avant d'éclore, lorsqu'elle dor-
mait du sommeil léthargique de l'hiver, abritée sous ses robustes écailles, ou calfeutrée dans son chaud duvet. On dirait
que la plante cherche chaque nuit à reprendre la position

qu'elle occupait dans son jeune âge, comme l'animal endormi
se replie et se ramasse sur lui-même, ainsi qu'il l'était dans
le sein de sa mère.

Quelle est la cause du phénomène général désigné sous le
nom de *sommeil des plantes*? Il a lieu dans tous les états hygrométriques de l'air, et les heures auxquelles, il s'effectue ne
sont point dérangées par le changement de température. De
Candolle supposa que la lumière était la cause la plus directe
du phénomène. Pour s'en assurer, il soumit des plantes dont
les feuilles sont disposées à dormir, à l'action d'une lumière
artificielle, fournie par deux lampes qui équivalaient aux 5/6
de la clarté du jour sans soleil. Les résultats furent très-variés ; les plus généraux furent les suivants :

« Lorsque j'ai exposé, dit de Candolle, des Sensitives à la clarté pendant la nuit, et à l'obscurité pendant le jour, j'ai vu dans les premiers
temps ces Sensitives ouvrir et fermer leurs feuilles sans règle fixe; mais
au bout de quelques jours elles se sont soumises à leur nouvelle position
et ont ouvert leurs feuilles le soir qui était le moment où la clarté commençait pour elles, et les ont fermées le matin qui était l'heure où leur
nuit commençait.

« Lorsque j'ai exposé des Sensitives à une lumière continue, elles ont
eu, comme dans l'état ordinaire des choses, des alternatives de sommeil
et de réveil; mais chacune des périodes était un peu plus courte qu'à
l'ordinaire. Lorsqu'on expose des Sensitives à l'obscurité continue, elles
offrent bien aussi des alternatives de réveil et de sommeil, mais très-
irrégulières. »

De Candolle ajoute qu'il n'a pu modifier le sommeil de deux
espèces d'*Oxalis* ni par l'obscurité, ni par la lumière, ni en les
éclairant à des heures différentes de celles qui leur sont naturelles. On peut, selon lui, conclure de ces faits, que les mouvements du sommeil et du réveil sont liés à une disposition
de mouvement périodique inhérente au végétal, mais qui est
essentiellement mise en activité par l'action stimulante de la
lumière, laquelle agit avec une intensité différente sur différents végétaux, de telle sorte que la même dose de lumière
produit des résultats divers sur diverses espèces.

Après avoir étudié les caractères extérieurs des feuilles, nous
allons essayer de pénétrer un peu dans leur structure, pour
dévoiler les délicatesses de leur organisation intime.

Du tissu cellulaire, auquel on donne, dans ce cas, le nom de *parenchyme*, remplit tous les interstices des feuilles laissés par l'écartement des *nervures*. Cet ensemble est recouvert, consolidé, protégé contre toutes les influences extérieures, par l'*épiderme*, enveloppe qui s'étend, comme un manteau protecteur, sur toute la surface du végétal. Soumettons successivement à l'examen microscopique l'*épiderme*, le *parenchyme* et les *nervures*.

Nous considérerons d'abord les feuilles des végétaux supérieurs qui vivent dans l'air.

Déchirez avec quelque précaution une feuille quelconque, vous verrez se détacher d'un des fragments de la feuille un lambeau d'une membrane transparente et incolore. Si l'on place ce lambeau humecté d'eau sur une plaque de verre, et qu'on l'observe avec un assez fort grossissement, on pourra s'assurer qu'il est formé de cellules assez grandes, aplaties, à contours tantôt rectilignes et figurant comme un carrelage, tantôt irréguliers et sinueux (fig. 120). Le contenu granuleux de ces cellules est peu apparent, peu important, mais on y trouve parfois un liquide aqueux diversement coloré. Les éléments cellulaires de cette membrane épidermique sont intimement unis et pressés les uns contre les autres, de manière à donner à l'épiderme une certaine solidité, une certaine résistance. Les cellules épidermiques offrent une paroi extérieure, celle qui est en rapport avec l'air, beaucoup plus épaisse que les parois latérales et la paroi inférieure. On voit souvent quelques-unes de ces cellules s'allonger, se ramifier, se cloisonner, pour constituer des poils, de forme variable.

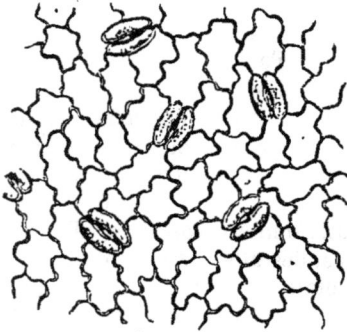

Fig. 120.
Structure de l'épiderme des feuilles.

La membrane épidermique n'est pas continue, elle n'est pas parfaitement close. Elle présente, au contraire, de distance en distance, de petites ouvertures formées par l'écartement de deux cellules. Ces ouvertures, qui peuvent se dilater ou se resserrer selon les circonstances extérieures, sont destinées à exhaler au dehors les produits de la transpiration de la plante, les gaz ou la vapeur d'eau, comme aussi à absorber les gaz et l'humidité atmosphériques. Elles portent le nom·de *stomates* (du grec στόμα, bouche). La figure 121 représente un stomate de *Cycas* vu au microscope.

Les *stomates* sont plus abondants à la face infé-

Fig. 121. Stomate de Cycas.

rieure des feuilles qu'à leur face supérieure. Leur nombre varie beaucoup suivant les plantes, et plus ils sont petits, plus ils sont nombreux. L'*Œillet* en présente 4000 sur une étendue d'un pouce carré, l'*Iris* 12 000, le *Lilas* 120 000.

L'épiderme qui recouvre et protége le parenchyme de la feuille est lui-même revêtu d'une couche protectrice extrêmement fine, sans structure appréciable, et dont on doit la découverte à M. Ad. Brongniart : c'est la *cuticule*. Elle adhère intimement à l'épiderme, se moule exactement sur cette membrane, et même sur ses poils, qui s'y engainent comme les doigts dans un gant. Elle offre une petite boutonnière dans tous les points qui correspondent à des stomates.

Voyons maintenant quelle est la structure du parenchyme compris entre les épidermes supérieur et inférieur d'une feuille.

On peut distinguer dans le parenchyme des feuilles de la plupart des végétaux deux régions : l'une supérieure, l'autre inférieure (fig. 122). Dans la région supérieure, on trouve un, deux ou trois rangs de cellules oblongues, dirigées perpendiculairement à la surface de la feuille, pressées les unes contre les autres, s'écartant cependant quelquefois, de manière à laisser entre plusieurs

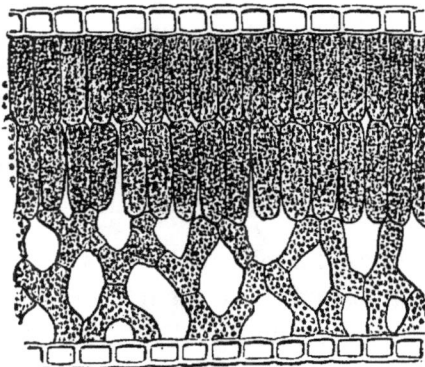

Fig. 122. Structure du parenchyme des feuilles.
(Coupe transversale d'une feuille.)

d'entre elles une lacune, qui ordinairement correspond à **un**
stomate. La couche inférieure est composée de cellules irrégulières, souvent rameuses, se touchant seulement par le
bout de leurs branches, et laissant entre elles de nombreuses
lacunes, qui communiquent les unes avec les autres et forment une sorte de tissu spongieux. Parmi ces lacunes, beaucoup sont situées immédiatement sur l'épiderme inférieur,
qui est criblé d'un plus grand nombre de stomates que l'épiderme supérieur, et c'est précisément à ces stomates que correspondent les lacunes.

Ces cellules parenchymateuses, dont les parois sont toujours
minces, contiennent des grains de chlorophylle, substance à
laquelle les végétaux doivent leur coloration verte. La chlorophylle est contenue en plus grande quantité dans la zone
supérieure, dense, que dans la zone inférieure, spongieuse, du
parenchyme. L'ensemble des cellules ainsi colorées par les
grains de chlorophylle donne à la feuille végétale la teinte
verte uniforme qui lui est propre.

Nous avons signalé ces particularités d'organisation, et surtout l'existence de ces *méats intercellulaires* ou *lacunes*, cavités
qui communiquent toutes entre elles, et sont mises en rapport
avec le milieu ambiant par les ouvertures stomatiques, parce
qu'elles font comprendre que la feuille est admirablement or-
ganisée pour favoriser les phénomènes vitaux dont elle est le
siége, phénomènes que nous étudierons bientôt.

On trouve dans les *nervures* des feuilles, des vaisseaux de divers ordres, reliés entre eux par des cellules de formes diverses,
qui constituent la partie fibreuse de ce faisceau. La structure
des nervures, qui est assez complexe, se simplifie à mesure
qu'elles se divisent et qu'elles diminuent de dimensions.

Si, des plantes à feuilles aériennes, nous passons aux plantes
à feuilles qui flottent sur l'eau, ou qui sont submergées, nous
verrons la structure de ces organes se modifier suivant les mi-
lieux dans lesquels la nature les a appelés à vivre. Ces curieuses
modifications ont été étudiées, de nos jours, par M. Ad. Brongniart.

La feuille du *Nymphea*, qui flotte sur l'eau, présente, il est vrai, deux épidermes et un parenchyme peu différent de celui des feuilles aériennes, mais l'épiderme inférieur, en contact avec l'eau, ne présente pas de stomates. Les feuilles,submergées des *Potamots* (fig. 123) sont généralement très-minces, complétement dépourvues d'épiderme, et par conséquent de stomates ; elles sont creusées de lacunes qui ne communiquent pas entre elles, et sont formées de cellules polyédriques, pressées, gorgées de matière verte. Ces lacunes sont donc sans analogie avec celles des feuilles aériennes ; elles peuvent être considérées comme des réservoirs d'air fourni par la plante elle-même et destinés sans doute à alléger son poids. Ce sont des appareils de flottaison qui semblent jouer un rôle analogue à celui de la vessie natatoire des poissons.

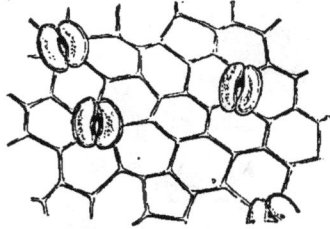

Fig. 123. Feuille submergée du Potamot, vue au microscope.

La *Renoncule aquatique* présente à la fois, comme nous l'avons déjà vu, des feuilles aériennes qui flottent à la surface de l'eau, et des feuilles très-divisées qui sont submergées. Les feuilles aériennes, munies d'un épiderme pourvu de stomates, offrent un parenchyme dont la structure ne s'écarte point sensiblement de celle que nous avons indiquée plus haut pour les feuilles aériennes. Les feuilles aquatiques n'ont pas d'épiderme proprement dit. Des cellules parenchymateuses vertes, pressées les unes contre les autres, y constituent un parenchyme uniformément dense, creusé çà et là de cavités aérifères isolées, comme on le voit sur la figure.

Fig. 124. Stipule du Tulipier.

Nous ne terminerons pas l'étude des feuilles sans dire quelques mots des *stipules*, organes accessoires et d'une importance secondaire, qui accompagnent les feuilles dans certains végétaux.

Fig. 125. Stipule d'Églantier.   Fig. 126. Stipule de Houblon.

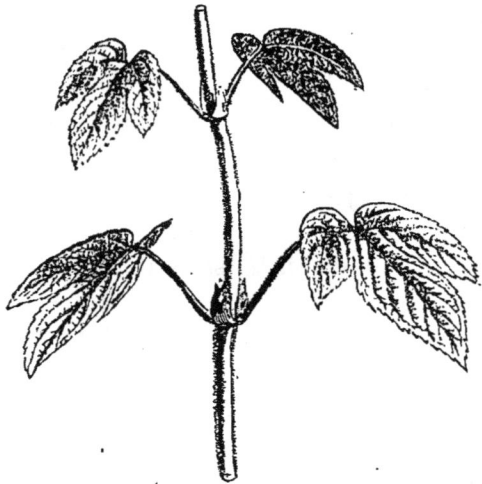

· Les *stipules* sont organisées comme les feuilles, mais ne sont

pas des feuilles véritables. Elles en diffèrent par leur position, leur forme et leurs fonctions. Ce sont de petits organes foliacés, des appendices membraneux, dont le point d'insertion varie. Dans le *Tulipier* (fig. 124), on voit

Fig. 127. Stipule de Sarrasin.

deux stipules placées, l'une à droite et l'autre à gauche du point d'insertion de la feuille. Dans le *Rosier* ou l'*Églantier* (fig. 125), les deux stipules se soudent avec le pétiole de la feuille. Dans le *Houblon* (fig. 126), les deux stipules, placées du même côté de la tige et appartenant à deux feuilles différentes, se confondent plus ou moins complétement ensemble de manière à former deux doubles stipules. Dans le *Sarrasin* (fig. 127), on ne voit qu'une stipule, placée entre la feuille et la tige.

Les stipules naissent après la feuille qu'elles accompagnent ; cependant elles grandissent souvent plus rapidement que la feuille, et dans le bourgeon elles recouvrent complétement ces organes. Les stipules sont destinées, dans ce cas, à protéger les jeunes feuilles. Aussi sont-elles généralement caduques.

Quelquefois les stipules n'ont ni ce mode de développement ni cette caducité ; elles sont dites alors *persistantes*.

Il est probable que les stipules persistantes sont utiles au végétal, soit pour couvrir et alimenter le bourgeon, soit pour rem-

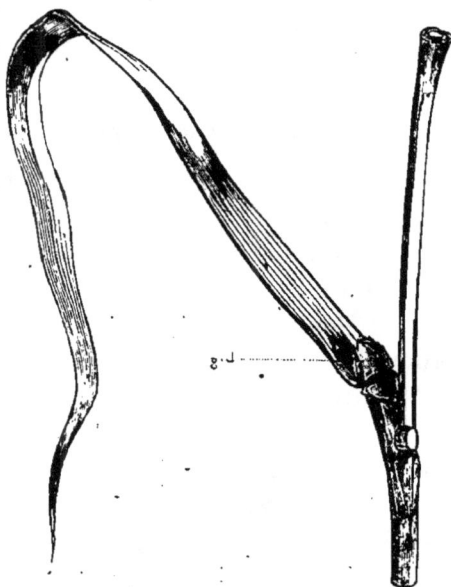

Fig. 128. Feuilles ligulées (Milium multiflorum).

placer les feuilles quand elles viennent à manquer.

La *ligule* est une forme particulière de stipule qui est propre aux plantes de la famille des Graminées. C'est une membrane mince et transparente, située à la face interne de leur gaîne. Nous donnerons, comme exemple d'un végétal muni de *feuilles ligulées*, le *Milium multiflorum*. Dans la figure 128, qui représente un rameau de cette plante, la ligule est représentée par les lettres *l g*, et se trouve à la base et à la face interne de la feuille, qui est engainante, comme celle de toutes les Graminées.

VI

PHÉNOMÈNES DE LA VIE DES PLANTES

Exhalation. — Respiration. — Circulation. — Sève ascendante
et descendante. — Accroissement des végétaux.

Les connaissances que le lecteur vient d'acquérir sur la disposition extérieure et la structure intime des racines, des tiges et des feuilles, vont nous permettre d'étudier, avant d'aller plus loin, les phénomènes essentiels de la vie des plantes, c'est-à-dire la *physiologie végétale* dans quelques-uns de ses points essentiels.

Les végétaux présentent, outre la fonction de reproduction, que nous ne pourrons étudier qu'après avoir décrit la fleur, trois fonctions : l'exhalation, la respiration, et la circulation de liquides dans l'intérieur de leurs tissus.

EXHALATION.

L'exhalation se fait chez les plantes par les feuilles et les rameaux. Les plantes exhalent par leurs feuilles de l'eau en vapeur. Cette exhalation paraît en rapport avec la minceur et l'épaisseur de l'épiderme qui recouvre ces feuilles ; elle est ralentie par la présence, à la surface des feuilles, de l'enduit cireux qui leur donne un aspect glauque.

Le milieu dans lequel la plante est placée influe beaucoup aussi sur la fonction physiologique de l'exhalation. Si l'air est très-sec, l'exhalation est abondante et rapide ; elle est moins active dans un air chargé d'humidité. Elle augmente à mesure que la température s'élève; elle diminue pendant la nuit.

Ce n'est pas seulement par les stomates des feuilles, mais aussi au travers de la membrane épidermique elle-même, que l'exhalation a lieu. Du rapport parfait, de l'équilibre entre l'absorption radiculaire et l'exhalation foliaire, résulte pour la plante un état normal, un équilibre de santé. Si l'exhalation l'emporte sur l'absorption, le végétal se fane.

Est-il nécessaire de faire remarquer ici qu'en même temps que les feuilles transpirent, elles peuvent, réciproquement, absorber de l'eau par toute leur surface? Cette absorption ne paraît pas être en rapport avec le nombre des stomates; elle semble d'autant plus considérable que la quantité de matière cireuse qui les recouvre est moins abondante.

RESPIRATION.

Si l'on place une plante entière ou un rameau feuillu dans un ballon plein d'air qui ne puisse se renouveler, et si l'on abandonne le tout à l'obscurité pendant douze ou quinze heures, on pourra s'assurer, après ce temps, que l'air atmosphérique contenu dans le ballon n'a plus la même composition qu'avant l'expérience. On y trouvera de l'acide carbonique en plus et de l'oxygène en moins. Mais si, au lieu de laisser la plante dans l'obscurité, on expose l'appareil à l'influence des rayons solaires, un phénomène inverse sera produit après quelques heures. L'air du ballon aura perdu une portion notable de son acide carbonique et il se sera enrichi en oxygène.

Pour mieux étudier ce phénomène, remplissez une cloche de verre, d'eau, préalablement additionnée d'une assez forte proportion de gaz acide carbonique, et introduisez dans cette cloche pleine d'eau un rameau chargé de feuilles, ou une plante entière; enfin exposez le tout au soleil pendant quelques heures, comme le représente la figure 129. L'air recueilli et analysé après l'expérience ne renfermera presque plus d'acide carbonique, mais il contiendra une certaine quantité d'oxygène de plus qu'avant l'expérience (fig. 130).

Que dans un manchon de verre on introduise un rameau

d'une plante fixée au sol par les racines, et par conséquent dans les conditions normales de sa végétation, et qu'on fasse circuler autour de ce rameau des quantités données d'air, avec un aspirateur : cet air qui, avant l'expérience, contenait 4 à 5 dix-millièmes d'acide carbonique, n'en contiendra plus que 1 à 2 dix-millièmes après que l'appareil aura été exposé, pendant un certain temps, à l'influence des rayons solaires. Si, au contraire, l'expérience se fait pendant la nuit, la propor-

Fig. 129. Respiration des plantes
exposées à la lumière.
Disposition de l'expérience.

Fig. 130. Respiration des plantes
exposées à la lumière.
Résultat de l'expérience.

tion de gaz acide carbonique s'accroîtra; elle pourra s'élever, au bout d'un certain temps, jusqu'à 8 dix-millièmes.

Il y a, dans ces expériences, un échange de gaz entre l'atmosphère et la plante, un double phénomène d'absorption et d'exhalation : il y a en un mot *respiration*.

Mais la respiration des plantes n'est pas toujours la même, comme celle des animaux, qui le jour comme la nuit exhalent sans cesse de la vapeur d'eau et du gaz acide carbonique. La plante possède deux modes de respiration : l'un diurne, dans lequel les feuilles absorbent l'acide carbonique de l'air, décom-.

posent ce gaz et dégagent de l'oxygène, tandis que le carbone reste fixé dans son tissu ; l'autre nocturne et inverse, dans lequel la plante absorbe de l'oxygène et dégage de l'acide carbonique, c'est-à-dire respire à la façon de l'animal.

Le carbone que la plante fixe pendant le jour est indispensable au développement parfait de ses organes et à la consolidation de ses tissus. Par sa respiration la plante vit et s'accroît.

Il importe de remarquer que les parties vertes des végétaux respirent seules comme on vient de le dire, c'est-à-dire en absorbant de l'acide carbonique et dégageant de l'oxygène, sous l'influence de la lumière. Les parties non colorées en vert, comme les fruits mûrs, les graines, les feuilles rouges ou jaunes, etc., respirent d'une seule et même façon, soit à la lumière, soit dans l'obscurité ; toujours elles absorbent de l'oxygène et dégagent de l'acide carbonique : elles respirent à la manière des animaux.

Si l'on considère que les parties vertes des plantes sont très-nombreuses comparativement à celles qui sont autrement colorées ; — que les nuits claires des pays chauds et lumineux ne font que diminuer plutôt qu'interrompre leur respiration diurne ; — que la saison des longs jours dans les contrées du nord est celle de la plus grande activité végétative, — on sera conduit, par ces remarques, à conclure qu'en somme les plantes vivent beaucoup plus à la lumière que dans l'obscurité, et que par conséquent leur respiration diurne est prépondérante sur leur respiration nocturne.

. Cette respiration diurne des plantes, qui verse dans l'air des masses considérables de gaz oxygène, vient heureusement compenser les effets de la respiration animale, qui produit de l'acide carbonique, gaz impropre à la vie de l'homme et des animaux. Si les animaux transforment en acide carbonique l'oxygène de l'air, les plantes reprennent cet acide carbonique par leur respiration diurne ; elles fixent le carbone dans les profondeurs de leurs tissus, et rendent à l'atmosphère un oxygène réparateur.

Tel est l'équilibre admirable que le Créateur a établi entre les animaux et les plantes ; tel est le va-et-vient salutaire qui assure à l'air son intégrité constante, et le maintient dans l'état de pureté indispensable à l'entretien de la vie chez tous les êtres vivants qui couvrent notre globe.

Nous venons de parler de la respiration des plantes aériennes. Les plantes qui vivent dans l'eau ne peuvent, on le comprend, respirer par le même mécanisme organique. Dans les plantes aériennes, l'air, circulant à travers les méats intercellulaires des feuilles, agit directement, comme on vient de le voir, sur le contenu des cellules du parenchyme. Les feuilles des plantes aquatiques, qui sont dépourvues d'épiderme, et qui sont en général très-minces, empruntent l'air à l'eau qui le tient en dissolution; de telle sorte que les plantes submergées, selon l'ingénieuse remarque de M. Brongniart, respirent par un mode analogue à celui que présentent les poissons et les autres animaux qui respirent par des *branchies*.

Les plantes qui vivent perpétuellement dans l'obscurité, et qui, par conséquent, sont uniquement soumises à la respiration nocturne, subissent dans leur aspect extérieur des modifications particulières. Dans ces conditions anomales, elles perdent une grande partie de leur carbone, qui passe à l'état d'acide carbonique, et exhalent une plus grande quantité d'eau. Le résultat de ces deux phénomènes, c'est une élongation prononcée de la plante, une grande mollesse dans les tissus, et l'absence de la couleur verte.

Les sucs contenus dans une plante que l'on maintient dans l'obscurité se modifient d'une manière sensible. Souvent âcres dans les conditions normales de la végétation, ces liquides deviennent doux ou succulents. Ces faits sont mis largement à profit dans le jardinage maraîcher. Les jardiniers *étiolent* artificiellement les plantes. Pour faire blanchir le cœur des *Laitues*, ils lient les feuilles après les avoir rapprochées les unes contre les autres. Ils transforment l'amère *Chicorée* en *Barbe de capucin*, en la plantant dans une cave. Ces modifications artificielles des propriétés primitives par l'étiolement sont fréquemment réalisées et variées dans nos jardins potagers.

CIRCULATION.

La manière dont les liquides nourriciers circulent dans l'intérieur des plantes a été, parmi les botanistes, un long sujet de discussions et de travaux contradictoires. La science est encore loin d'être fixée sur ce point important de la physiologie végétale. Cependant, si l'on se borne à considérer les végétaux dicotylédones, les arbres de nos forêts, on peut énoncer des faits très-simples et sur lesquels tous les botanistes sont d'accord.

Suivons, dans un végétal dicotylédone, la marche des liquides, à partir du moment de leur absorption par les extrémités de la racine. Voyons la route que ces liquides suivent pour s'élever dans l'intérieur de la plante, et celle qu'ils prennent pour redescendre, après avoir subi, à travers le tissu perméable des feuilles, l'influence chimique de l'air ; en d'autres termes, suivons la marche de la *séve ascendante* et de la *séve descendante*.

Dès que l'eau qui imprègne la terre a pénétré dans les racines d'une plante, et qu'elle s'est mêlée aux sucs ou aux liquides qui sont contenus dans les cellules du végétal, elle constitue ce que les botanistes nomment la *séve*, liquide complexe, qui, à certaines époques de la vie de la plante, circule et voyage constamment dans ses canaux. Les forces qui ont déterminé la pénétration de l'eau dans la racine entraînent la séve dans la tige, et la poussent jusque dans ses dernières ramifications, c'est-à-dire jusqu'aux feuilles.

Quelle est la route suivie par la séve dans cette marche *ascendante?* Traverse-t-elle la moelle, ou l'écorce, ou le bois, ou bien ces trois parties ensemble?

Lorsqu'on abat des arbres au printemps, il est facile de voir que la séve qui s'écoule sort du bois. Lorsqu'on fait absorber à une plante des liquides colorés, ou qu'on plonge des rameaux de cette plante dans ces mêmes liquides, on voit aisément que ces liquides ne s'élèvent ni dans l'écorce, ni dans la moelle. C'est le bois (corps ligneux) qui leur livre manifestement passage. Ce passage s'effectue au travers de tous les éléments du corps ligneux : cellules, fibres et vaisseaux. La structure anatomique des vaisseaux du bois, leur grand nombre, leur fort calibre dans les tiges sarmenteuses et grêles, qui atteignent souvent une longueur considérable, et qui doivent être parcourues rapidement par une grande masse de liquides, afin de subvenir aux besoins de l'évaporation par les feuilles, tous ces faits généraux ne laisseraient *à priori* aucun doute possible sur le rôle des vaisseaux du bois dans la criculation. Il n'est rien d'ailleurs de plus aisé que de constater directement la présence de la séve dans l'intérieur du bois. Telle est donc la vraie route suivie par la *séve ascendante*.

Un physiologiste anglais, Hales, à qui l'on doit un grand nombre d'expériences propres à éclairer l'histoire du mouvement des sucs nourriciers dans les végétaux, voulut connaître avec quelle force la séve s'élève dans les tiges. Il adapta au sommet d'un chicot de *vigne*, au printemps, un tube à double courbure; dont une branche ascendante était soigneusement fixée sur la section transversale du cep, l'anse inférieure étant remplie de mercure. La séve, en s'écoulant, s'accumulait dans les branches intérieures de l'appareil, et repoussait peu à peu le mercure, dont la colonne soulevée finit par monter jusqu'à un mètre (fig. 131). Cet écoulement de séve avait donc lieu malgré le poids d'une colonne de mercure d'un mètre de hauteur, augmenté du poids de l'atmosphère. Hales a calculé que la force qui pousse la séve dans la vigne est cinq fois plus grande que celle qui pousse le sang dans une grosse artère chez le cheval.

Parvenue dans les feuilles, la séve est mise en contact avec l'air, par les innombrables ouvertures, ou *stomates*, qui communiquent avec les lacunes et méats creusés dans la substance du parenchyme. La respiration de la plante, c'est-à-dire l'action chimique que l'air exerce sur les liquides qui remplissent les feuilles, jointe à l'exhalation de vapeurs dont les mêmes organes sont le siége, transforme, modifie la séve ascendante, de même que chez les animaux l'air modifie le sang veineux dans les vaisseaux sanguins et dans le poumon, et le change en sang artériel. Ainsi c'est dans les feuilles, et par suite des phénomènes d'exhalation et de respiration dont elles sont le siége, que la séve ascendante change de nature, qu'elle s'élabore et se transforme en fluide nutritif.

Quelle est la route que suit, après cette importante modification vitale, la nouvelle séve, ou *séve descendante?* Tout porte à croire qu'elle circule dans l'écorce. Voici les faits qui autorisent cette opinion.

Si on lie fortement une tige ou une branche, de manière à comprimer l'écorce, il se fait *au-dessus* de la ligature un bourrelet, qui augmente de plus en plus, et qui paraît provenir de la *stase*, en cet endroit, des fluides nutritifs venus d'en haut; car la partie de l'arbre située au-dessous de la ligature ne prend aucun accroissement.

Les mêmes phénomènes se produisent lorsqu'on pratique sur le tronc des arbres des incisions annulaires ou en spirale. Du reste, des troncs d'arbres autour desquels se sont enroulées des plantes grimpantes ou volubiles nous offrent une démonstration, pour ainsi dire vulgaire, du fait physiologique que nous signalons. Il se fait au-dessus de la ligature produite naturellement par les plantes grimpantes ou volubiles un bourrelet, un épaississement produit par l'arrêt et le séjour des liquides qui descendent du sommet du végétal à travers l'écorce.

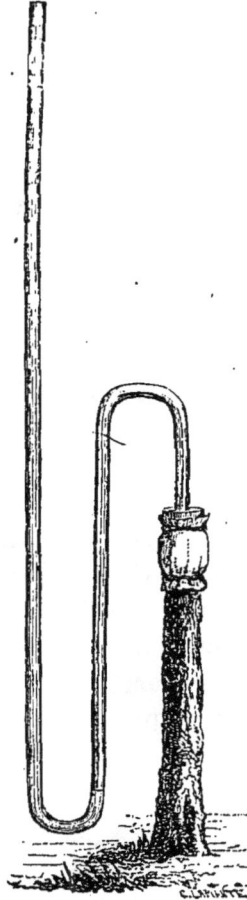

Fig. 131. Appareil de Hales pour mesurer la pression exercée par la séve sur les parois des vaisseaux.

Nous avons énuméré, en parlant de la structure des racines, les causes sous l'influence desquelles se fait l'ascension de la séve. Les causes qui détermineraient sa marche descendante nous sont, avouons-le, complétement inconnues. Il paraît probable que c'est dans les couches profondes de l'écorce, et particulièrement dans ces *fibres grillagées* du liber dont nous avons indiqué plus haut l'admirable structure, que cette séve che-

miné; ces fibres sont, en effet, très-riches en matières mucilagineuses et albuminoïdes. Quelques physiologistes considèrent
en outre les vaisseaux laticifères comme les réservoirs principaux et essentiels de la séve élaborée. Mais il faut avouer que
toute cette question est encore très-obscure.

C'est au printemps que la circulation de la séve se fait avec
une grande activité. Alors la plante est gorgée de matières nutritives, qui s'étaient conservées en dépôt pendant l'hiver.
Elle est pleine de liquides, et ces sucs s'écoulent et se répandent au dehors par la plus légère blessure. Au printemps, la
vigne et d'autres végétaux *pleurent*, selon l'expression pittoresque consacrée par l'usage. Mais lorsque les feuilles se sont
développées, l'active évaporation qui se fait à leur surface
entraîne les liquides à l'extrémité du végétal, d'où ils s'exhalent en vapeurs. Alors la vigne et autres plantes ne *pleurent*
plus quand on les blesse.

Quand les rameaux se sont développés et consolidés, le mouvement de la séve se ralentit. Il se réveille quelquefois vers
la fin de l'été, lorsque, le printemps ayant été hâtif, les matériaux que la plante avait préparés pour la végétation de
l'année suivante sont prêts trop tôt, et mis prématurément
en œuvre. Après la chute des feuilles et quand l'approche de
l'hiver abaisse la température extérieure, le mouvement de
la séve s'arrête totalement. L'arbre arrive peu à peu à un état
de repos presque absolu, qui n'est pas la mort, mais l'attente
du réveil.

MODE D'ACCROISSEMENT DES VÉGÉTAUX.

Les végétaux s'accroissent au moyen des matériaux nutritifs
élaborés que leur apporte la *séve descendante*. Il faudrait entrer
dans des développements bien longs et bien difficiles pour exposer toutes les études que les botanistes ont faites concernant
l'accroissement des végétaux. Nous serons forcé de nous borner
ici à exposer l'état actuel de nos connaissances sur le mode
d'accroissement des arbres de nos pays.

Les arbres s'allongent par le développement des bourgeons
qui les terminent. On voit les intervalles, d'abord très-courts,

qui séparent les points d'insertion des feuilles, devenir peu à peu de plus en plus grands, jusqu'à un certain degré de développement, qu'ils ne dépassent plus.

Mais comment se fait l'accroissement des arbres en diamètre ou en largeur? Ce point exige un plus long examen.

Si l'on étudie la structure intérieure d'un rameau d'une année, chez un arbre de nos bois, on trouve, vers la fin de cette année, que ce rameau est disposé comme il suit. On y voit une moelle, un cercle fibro-vasculaire muni de trachées à sa face interne, des rayons médullaires étroits traversant le cercle

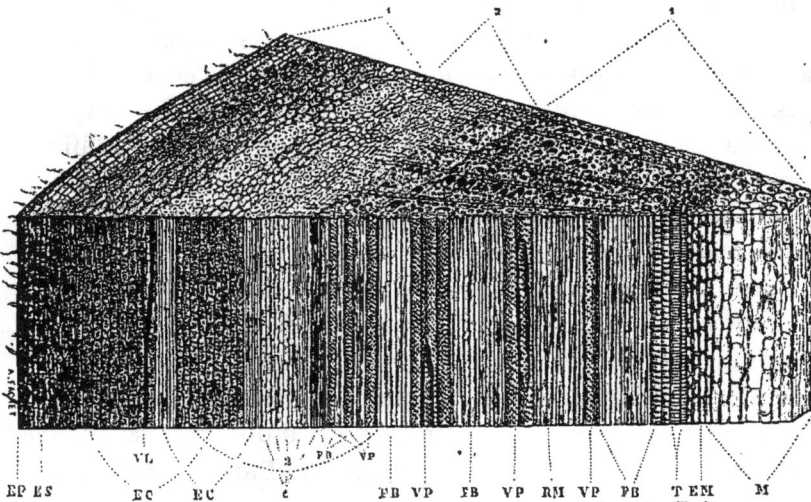

Fig. 132. Coupe horizontale et transversale d'une tige d'Érable d'un an et demi.

ligneux, pour se perdre dans l'écorce, qui est composée de l'épiderme, du suber, de l'enveloppe herbacée et du liber. Mais entre le système ligneux et le système cortical on peut constater, en outre, la présence d'une zone spéciale formée de cellules très-délicates, à parois molles et transparentes, et qui, au printemps, est comme baignée dans un liquide abondant provenant de la sève descendante et que divers botanistes désignent sous le nom de *cambium*.

Cette dernière couche est d'une importance capitale. En effet, insensiblement et par les seuls progrès de la végétation, on voit dans le cours de la seconde année cette zone intermédiaire, qui a reçu le nom de *zone génératrice* et qui est placée entre le système cortical et le système ligneux, devenir le siége d'une formation double : l'une corticale, l'autre ligneuse.

La figure 132, qui nous a servi à mettre en relief les divers éléments d'une tige d'arbre, montre fort bien aussi son mode de développement. La partie embrassée par l'accolade 1 représente le bois et l'écorce de la première année ; la partie embrassée par l'accolade 2, le bois de la seconde année. La *couche génératrice* est placée au point de séparation de ces deux éléments : elle est indiquée par la lettre *c*. Des cellules, des fibres, des vaisseaux résultent de la transformation des éléments délicats de ce tissu générateur. En d'autres termes, il se fait en ce point, par suite de la transformation du *cambium*, de l'écorce de dehors en dedans, — du bois, de dedans en dehors. Les rayons médullaires se continuent sans interruption et sans modification à travers les couches nouvelles ; mais il peut s'en former de nouveaux, qui, sans être en relation avec la moelle, se prolongent jusqu'à l'écorce.

Ce qui s'est passé pendant la deuxième année se renouvelle pendant la troisième, la quatrième, etc. Il résulte de là une conséquence fort utile dans la pratique. Comme il est permis de distinguer par certains caractères les couches successives qui se forment d'année en année, l'âge d'un arbre se trouve pour ainsi dire inscrit sur sa tranche. Dans le *Chêne*, par exemple, il est très-facile de distinguer les couches annuelles, et voici pourquoi. La transformation de la zone génératrice en bois se continue depuis le printemps jusqu'à l'automne, et par conséquent sous des influences climatériques assez différentes. Il se forme d'abord des gros vaisseaux à l'époque où la circulation de la séve est la plus active ; puis on ne voit plus apparaître que des vaisseaux d'un calibre beaucoup plus petit et moins nombreux. Vers la fin de l'année, quand la végétation se ralentit, il ne se forme plus que des fibres ligneuses.

Il résulte de ces différences extrêmes entre le bois de printemps et le bois d'automne, que le passage de ce dernier au premier est très-facile à saisir, et que les diverses formations annuelles apparaissent dès lors comme autant de zones concentriques.

En résumé, c'est par la *couche génératrice* que s'opère l'accroissement des arbres en diamètre.

Si l'accroissement annuel d'un arbre se faisait dans des conditions extérieures sensiblement égales pendant toute la durée de la végétation, on conçoit qu'il n'y aurait pas de ligne de démarcation entre chaque période annuelle de végétation et qu'il n'y aurait dès lors pas de zones concentriques. C'est ce qui a lieu dans certains arbres des pays chauds, dont la végétation n'éprouve ni accélération d'activité, ni temps d'arrêt assez prononcé. Ici l'âge des arbres ne se trouve en aucune façon inscrit, comme pour les arbres de nos climats, sur la section de la tige.

Nous devons faire ici deux remarques importantes. Le nouveau bois participe seulement à la nature de la partie extérieure du cercle ligneux; l'étui médullaire ne se renouvelle pas. D'autre part, de nouvelles cellules se forment constamment dans la partie moyenne de la *zone génératrice*, faute de quoi l'accroissement cesserait dès que toutes les cellules de cette zone seraient transformées en les éléments du nouveau bois et de la nouvelle écorce.

VII

FLEUR

Nous avons admiré la grandeur, la puissance du suprême Auteur de la nature dans la création des divers organes et appareils que nous venons de passer en revue : ces racines, à l'innombrable chevelu, qui, par une merveilleuse faculté, pour nous à peine explicable, pompent les liquides contenus dans la terre, et transportent dans les canaux du végétal le fluide nourricier ; — ces tiges et ces rameaux qui soutiennent la plante au milieu de l'air, destiné à l'alimenter ; — ces feuilles, organes, tout à la fois, de respiration, d'évaporation et d'excrétion, par lesquelles la plante absorbe l'air, ou rejette les vapeurs et les gaz inutiles à sa subsistance ; — ces vaisseaux, aux formes si variables, dans lesquels circulent la séve ascendante, qui s'élève au centre de la tige, et la séve élaborée qui descend dans les parties plus extérieures du tronc ; — ces stomates, ces cellules, en un mot tous ces appareils, toute cette mécanique vivante, par lesquels s'exercent les fonctions végétales. Cet admirable ensemble n'a qu'un seul but : la création des fleurs. Nous allons procéder à l'examen de cet appareil important du monde végétal. Cette étude nous montrera, à son tour, que si les racines, les tiges, les rameaux et les feuilles n'existent que pour la formation des fleurs, à leur tour les fleurs n'existent que pour la production des fruits, et les fruits eux-mêmes que pour la création des graines, terme ultime, but essentiel de la végétation ; car la nature, tant pour les plantes que pour les animaux, concentre tous ses efforts, dirige tous ses actes, dans le but de la reproduction de l'individu, et par conséquent de la conservation de l'espèce.

La douce impression que la seule vue des fleurs exerce sur notre âme est un sentiment si naturel qu'aucun homme ne saurait s'y soustraire. La vue d'un brillant parterre, l'aspect d'une prairie émaillée de fleurs, éveillent en nous les plus agréables sensations. C'est que la fleur ne peut être comparée à aucun des autres êtres de la nature ; rien ne saurait en donner l'idée, car elle sert elle-même de comparaison, de modèle idéal à tout ce qui se distingue par la beauté des formes, par l'élégance et la grâce. Ces organes, auxquels la nature a confié les plus importantes fonctions, sont précisément ceux qu'elle se plaît à embellir. Elle prodigue ses trésors, ses décorations les plus brillantes aux organes qui ont reçu la plus haute mission, c'est-à-dire le soin de la reproduction de l'espèce. Couleurs éclatantes et richement nuancées, suaves parfums, contours élégants, tissu délicat, port gracieux, sont prodigués aux fleurs les plus communes ; de sorte que l'époque de la floraison, c'est-à-dire de la reproduction de l'espèce, est aussi pour les plantes le temps des parures éclatantes et le moment le plus brillant de leur vie.

A la diversité et à l'élégance des formes, les fleurs joignent encore un précieux attribut, qui les met au-dessus de toute autre production naturelle. Outre ces dons précieux de la forme, le Créateur leur a donné en partage la douceur du parfum. Quelles délicieuses émanations s'exhalent de nos parterres ! Les grappes des *Lilas* embaument les allées. Le long d'un *Arbre de Judée*, aux fleurs élégantes, le *Chèvrefeuille* enroule ses tiges volubiles, et laisse exhaler son doux arome. Le *Jasmin* coquet, qui tapisse les murs et les treillages, dissémine dans l'air son parfum pénétrant. Des *Rosiers* embaument l'atmosphère. Des *Héliotropes*, des *Tubéreuses*, le *Réséda* et les diverses *Labiées*, y joignent leurs aromes. Une foule d'autres fleurs aux parfums moins pénétrants unissent et confondent leurs senteurs variées et chargent l'air de nos parterres de leurs enivrantes odeurs.

Il ne faut donc pas être surpris que l'on ait éprouvé de tout temps la plus sympathique attraction pour ces gracieux orne-

ments de nos parterres, de nos champs et de nos bois. L'art
leur emprunte ses plus séduisants modèles. Les harmonieuses
dispositions de la corolle régulière des fleurs, les formes bizarres, mais toujours élégantes, des corolles irrégulières,
servent encore de guide aux dessinateurs d'ornement. Les
fleurs ont toujours été le symbole du bonheur et de la joie.
Ornement inséparable des festins chez les anciens peuples,
elles servent, de nos jours, d'accessoire à nos fêtes, et se
montrent avec avantage sur la table de nos repas. Dans les
plaisirs champêtres, les guirlandes de fleurs sont le décor
obligé. C'est par des bouquets que l'on célèbre et consacre
les touchants anniversaires du cœur. La fleur d'*Oranger* couronne le front de la jeune épouse; et cette parure naturelle
ne pâlit jamais auprès des plus magnifiques atours. Dans
ses célébrations solennelles, la religion prodigue sur ses autels et ses tabernacles les modestes tributs de nos champs ;
elle décore ses autels de bouquets, de rameaux fleuris ; elle
jonche de fleurs le passage de ses processions pieuses. La
fleur qui a symbolisé les grandes périodes de la vie humaine,
symbolise également sa fin, et la triste *Immortelle* préside à
nos cérémonies funèbres. Ainsi, la naissance et la mort empruntent à la fleur leurs symboles attendrissants ou funestes.

Nos goûts et nos affections ont, en effet, de quoi se contenter
largement dans la variété prodigieuse, dans la diversité infinie des fleurs qui naissent sous nos pas. La terre est comme
un vaste jardin où s'étendent tour à tour les plus riantes
perspectives du royaume des plantes. Aucune partie du globe
n'est privée de cette décoration naturelle. Les fleurs poussent
sur l'humble gazon des prairies, comme à la cime des plus
hauts arbres ; elles décorent les montagnes et embellissent
les vallées ; elles émaillent nos champs et viennent égayer les
sombres retraites des bois.

La bonté du Créateur, sa sagesse infinie, ont su varier de
mille manières la parure des fleurs, tant pour l'harmonieuse
distribution des couleurs que pour le port et la figure. Parmi
les fleurs de nos parterres, les unes ont un air de noblesse et
de majesté ; les autres, moins fastueuses, se distinguent par
la régularité de leurs formes. Le *Lis* superbe dresse avec or-

gueil son majestueux calice, tandis que la modeste *Pervenche* nous charme par sa simplicité. Si de riches couleurs s'étalent sur les corolles d'une foule de plantes, d'autres, avec un aspect plus simple, attirent encore et charment nos regards ; et cette diversité infinie dans l'aspect des fleurs est la plus douce jouissance pour celui qui sait comprendre les grâces de la nature.

Cette variété singulière que nous admirons dans les fleurs, nous pouvons en jouir d'autant mieux qu'elles ne se produisent pas à nos yeux en un même moment. Chaque fleur paraît à une époque déterminée. Ces décorations champêtres se succèdent et se remplacent dans un ordre invariable. Cette fête de la nature a ses périodes réglées. C'est dans la froide saison, avant que les arbres ne se hasardent à développer leurs boutons, que le *Perce-neige* annonce le réveil de la nature endormie. Vient ensuite la timide fleur du *Safran*, la gracieuse *Primevère* et l'aimable *Violette*, qui éclosent avec les premières feuilles des bois. Les blanches corolles des Rosacées s'étalent au premier soleil du printemps : elles sont l'avant-garde de l'armée brillante des fleurs qui, aux jours de mai, vont envahir la campagne. C'est alors que chaque mois nous fait admirer une nouvelle merveille végétale. Une fleur est à peine flétrie qu'une autre se développe, pour la remplacer. La brillante *Anémone* arrondit son disque élégant, et bientôt la *Tulipe* étale avec orgueil son admirable corolle, sur laquelle la nature semble avoir épuisé les ressources de son incomparable pinceau. Le *Rhododendron* développe ses luxuriants rameaux, tout couverts de fleurs, aux nuances tendres et variées ; la *Renoncule* nous charme par la régularité de ses contours et l'harmonie de ses couleurs ; le *Lilas* décore nos clôtures de ses odorants panaches ; le *Narcisse*, le *Muguet*, l'*Impériale*, l'*Iris*, embellissent nos jardins. Tandis que les arbres fruitiers mêlent à la verdure naissante les plus tendres couleurs, le *Rosier* se couvre de feuilles, et la reine des fleurs ne tardera pas à venir réclamer les priviléges de son rang.

Aux jours d'été, la fête est dans tout son éclat : c'est le feu d'artifice de la floraison. Les *Lis*, les *Chèvrefeuilles*, les *Glaïeuls*, les *Pavots*, les *Fuchsia*, l'*Œillet*, l'*Hortensia*, etc., étalent à nos yeux les grâces qui les distinguent.

Ces enchantements continuent avec l'automne. C'est alors que l'orgueilleux *Dahlia*, les superbes *Hélianthes*, les jolis *Asters*, la *Reine-Marguerite*, la *Balsamine*, l'*Amarante*, les *Verveines*, les *Roses trémières*, le *Colchique*, l'*Œillet d'Inde* et cent autres espèces; viennent nous consoler de la fin des beaux jours, jusqu'à ce que l'hiver jette son froid manteau sur la campagne attristée, et suspende pour nous cette fête de la nature.

Dans les considérations qui précèdent, nous avons pris le mot de *fleur* dans un sens trop indéterminé. En poussant plus loin ces généralités, nous courrions le risque de commettre des inexactitudes, de tomber dans l'erreur banale des gens du monde au sujet de la désignation des fleurs. Séduit par le brillant éclat des couleurs qui ornent la corolle, le vulgaire n'applique le nom de fleur qu'à cette corolle même ; il ne voit la fleur que dans cette enveloppe brillante de beauté ; et lorsqu'une plante est privée de corolle, il s'imagine qu'elle est privée de fleur. Rien n'est plus faux que cette idée, nous n'avons pas besoin de le dire. Sauf une classe spéciale de végétaux, dont la reproduction se fait par des organes d'une autre structure, toute plante a ses fleurs, plus ou moins appréciables, puisque la fleur est l'instrument de la reproduction de l'individu. Seulement, de tous les éléments qui entrent dans la composition de la fleur, des diverses enveloppes qui la forment, plusieurs peuvent manquer, et la science permet de bien préciser dans tous les cas l'individualité de la fleur. Toutefois, l'erreur si familière aux gens du monde au sujet de la fleur nous avertit de la nécessité de bien fixer sur ce point les idées du lecteur. Étudions en conséquence avec attention cet organe, indispensable à la multiplication des plantes.

Et d'abord, quelle définition faut-il donner de la fleur, pour prétendre à une véritable exactitude et rester dans les termes scientifiques? Une définition rigoureuse de la fleur est plus difficile qu'on ne pourrait le penser.

Jean-Jacques Rousseau, le célèbre philosophe, qui dut à

l'étude et à la culture de la botanique les heures les plus douces de sa vie, et qui nous a laissé dans ses *Lettres sur la botanique* un livre plein d'attrait et plein de bonne science, s'exprime ainsi à propos des définitions que l'on peut donner de la fleur :

« Si je livrais mon imagination aux douces sensations que ce mot semble appeler, je pourrais faire un article agréable peut-être aux bergers, mais fort mauvais pour les botanistes. Écartons donc un moment les vives couleurs, les odeurs suaves, les formes élégantes, pour chercher premièrement à bien connaître l'être organisé qui les rassemble. Rien ne paraît d'abord plus facile. Qui est-ce qui croit avoir besoin qu'on lui apprenne ce que c'est qu'une fleur? Quand on ne me demande pas ce que c'est que le temps, disait saint Augustin, je le sais fort bien. Je ne le sais plus quand on me le demande. On pourrait en dire autant de la fleur et peut-être de la beauté même qui comme elle est la rapide proie du temps. On me présente une fleur, et l'on me dit voilà une fleur. C'est me la montrer, je l'avoue, mais ce n'est pas la définir; et cette inspection ne me suffira pas pour décider sur toute autre plante si ce que je vois est ou n'est pas la fleur, car il y a une multitude de végétaux qui n'ont dans aucune de leurs parties la couleur apparente que Ray et Tournefort ont fait entrer dans la définition de la fleur et qui pourtant portent des fleurs non moins réelles que celles du rosier, quoique bien moins apparentes. »

Bien que la définition de la fleur paraisse à Rousseau environnée de tant de difficultés, il n'hésite pas à proposer la suivante : « La fleur, dit-il, est une partie locale et passagère de la plante, qui précède la fécondation du germe, et dans laquelle ou par laquelle elle s'opère. » Définition irréprochable, qu'un siècle plus tard Moquin-Tandon modifiait à peine, en disant : « La fleur est cet appareil passager, plus ou moins compliqué, au moyen duquel la fécondation s'opère. »

Quelle est la composition, la conformation extérieure d'une fleur?

Lorsque cet appareil est le plus complet possible, il se compose de deux enveloppes, le *calice* et la *corolle*, et d'organes essentiels propres à assurer la reproduction de la plante, qui sont le *pistil*, lequel renfermera plus tard les graines, et les *étamines* destinées à féconder le pistil.

Le calice, la corolle, les étamines, le pistil, sont insérés sur un axe qui porte le nom de *réceptacle* et dont la forme varie suivant les plantes.

Les fleurs de toutes les plantes ne présentent pas les cinq ordres d'organes que nous venons de signaler. Il en est qui n'ont point d'étamines, il en est qui n'ont pas de pistil. Dans ces deux cas les fleurs sont *unisexuelles*. Dans le premier elles sont dites *femelles*, dans le second *mâles*. Le *Buis* a des fleurs uni-sexuées, les unes munies d'étamines sans pistil, les autres mu-nies de pistil sans étamines. D'autres fleurs sont dépourvues de corolle et même de calice et de corolle. Les premières sont *incomplètes*, les secondes *nues*. Le *Populage* ou *Souci d'eau*, qui étend au printemps ses magnifiques fleurs dorées au bord des eaux, est dépourvu de corolle ; la fleur du *Frêne* n'a ni corolle ni calice, elle est réduite aux organes de reproduction.

Enfin certaines fleurs n'ont ni calice, ni corolle, ni étami-nes ; ou bien ni calice, ni corolle, ni pistil. Elles sont à la fois incomplètes et nues. Telles sont celles du *Saule*, dont les unes se composent seulement de deux étamines, et les autres d'un pistil seulement.

Une fleur munie d'étamines et de pistils est dite *hermaphro-dite*, qu'elle soit, ou non, pourvue d'enveloppes florales. Il est un grand nombre de plantes qui ne donnent que des fleurs hermaphrodites. Il en est d'autres qui donnent à la fois sur le même pied des fleurs mâles, des fleurs femelles et des fleurs hermaphrodites : ce sont les plantes *polygames*. D'autres n'of-frent que des fleurs mâles ou des fleurs femelles ; mais celles-ci sont tantôt sur le même pied, tantôt sur des pieds diffé-rents. Dans le premier cas, qui est celui du *Châtaignier*, du *Coudrier*, du *Ricin*, la plante est dite *monoïque;* dans le second, qui est celui du *Chanvre*, du *Dattier*, de la *Mercuriale*, la plante est *dioïque.*

Les divers végétaux nous présentent dans leurs fleurs pres-que toutes les dimensions possibles. Il est des fleurs qui n'ont que quelques millimètres de diamètre et d'autres que leur grand volume a rendues célèbres. On trouve à Sumatra et dans les îles de la Sonde une plante parasite dont la fleur, qui constitue le végétal presque tout entier, a près de neuf pieds de circonférence : c'est le *Rafflesia Arnoldi* (fig. 133). Le calice de certaines *Aristoloches* des bords du Rio Magdalena est si vo-lumineux, que les habitants s'en servent comme d'un bonnet.

Les fleurs de la *Victoria regia*, que nous représentons dans la figure 134, ont une circonférence d'environ un mètre. Elles produisent d'admirables effets, lorsque, pendant les nuits magnifiques de ces contrées, elles étalent leurs immenses corolles à la surface de l'eau, sur les fleuves de la Guyane.

Les dimensions de la fleur ne sont pas en rapport avec celles des végétaux qui la produisent. La fleur de la plupart des grands végétaux de nos forêts est peu apparente, et ne compte guère que pour le botaniste. Elle est si petite qu'elle échappe généralement aux yeux des gens du monde, et qu'il

Fig. 133. Fleur du Rafflesia Arnoldi.

faut l'examiner à une très-forte loupe pour en faire l'étude. Au contraire, des végétaux de petite taille portent souvent des fleurs magnifiques. Elles font l'ornement et l'éclat des prairies, des bois et des parterres, par l'élégance de leurs formes et la beauté de leurs couleurs.

C'est spécialement sur la corolle que la nature a répandu toutes les richesses de son inépuisable palette. La corolle est aussi particulièrement le siége des plus suaves parfums du monde végétal.

Les plantes à fleurs odorantes sont plus communes dans

les pays secs que dans les contrées humides. Dans les collines arides et dénudées du midi de la France, le *Thym*, la *Sauge*,
les *Lavandes*, chargent l'air des plus vives senteurs, tandis
que les plaines humides de la Normandie n'exhalent aucun
arome végétal.

Avant que la fleur s'épanouisse, les diverses parties qui la
constituent sont intimement rapprochées et pressées les unes
contre les autres ; elles forment alors un *bouton*. Les boutons
de toutes les plantes *annuelles*, c'est-à-dire de celles qui germent, croissent, fleurissent et meurent dans la même année,
continuent de se développer jusqu'à leur entier épanouissement. Les boutons de certaines plantes ligneuses, comme le
Tilleul, se comportent de même. Mais il est d'autres plantes,
comme l'*Amandier*, le *Prunier*, le *Poirier*, etc., dans lesquelles
les boutons apparaissent pendant l'été, grandissent jusqu'à
l'automne, restent stationnaires pendant l'hiver, et s'épanouissent au printemps suivant aux premiers rayons du soleil. Ces
boutons sont *écailleux*, c'est-à-dire renfermés dans des bourgeons écailleux, qui portent le nom de *bourgeons à fleurs*, tandis que les boutons qui naissent et se développent dans la
belle saison sont *nus*.

Enfin le bouton s'entr'ouvre, s'épanouit et passe à l'état de
fleur. Cet épanouissement n'a pas lieu indifféremment à tous
les instants de la journée. Linné a dressé une liste de plantes
suivant l'heure à laquelle leurs fleurs s'épanouissent ; il appela cette liste l'*Horloge de Flore*.

De Candolle a vu s'épanouir en été, à Paris :
entre 3 et 4 heures du matin, le *Liseron des haies ;*
à 5 heures,   le *Pavot à tige nue* et la plupart
                         des *Chicoracées ;*

entre 5 et 6 heures,   la *Lampsane commune*, la *Belle de
                         jour ;*

à 6 heures,   plusieurs *Solanum ;*
entre 6 et 7 heures,   les *Laitrons*, les *Épervières ;*
à 7 heures,   les *Nénufars*, les *Laitues ;*
de 7 à 3 heures,   le *Miroir de Vénus*, le *Mésambryan-
                         thème barbu ;*

Fig. 134. Fleur de la *Victoria regia* sur un fleuve de la Guyane.

à 8 heures,	le *Mouron des champs ;*
à 9 heures,	le *Souci des champs ;*
de 9 à 10 heures,	la *Glaciale ;*
à 11 heures,	le *Pourpier,* la *Dame d'onze heures ;*
à midi,	la plupart des *Ficoïdes ;*
à 2 heures,	le *Scilla pomeridiana ;*
entre 5 et 6 heures,	le *Silène noctiflore ;*
entre 6 et 7 heures,	la *Belle de nuit ;*
entre 7 et 8 heures,	le *Cierge à grandes fleurs,* l'*OEno-thère odorant ;*
à 10 heures,	le *Convolvulus pourpre.*

Il est des fleurs qui restent épanouies plusieurs jours de suite. Il est des fleurs éphémères, qui s'ouvrent à une heure déterminée, se ferment pour toujours, et tombent dans la même journée, à une heure à peu près fixe. Les *Cistes,* les *Lins* épanouissent leurs fleurs vers 5 ou 6 heures du matin, et sont flétries avant midi. Le *Cierge à grandes fleurs* s'épanouit à 7 heures du soir et se ferme environ à minuit.

Certaines fleurs équinoxiales s'ouvrent à une heure déterminée, se referment le même jour à une heure fixe, puis se rouvrent et se ferment le lendemain et quelquefois plusieurs jours de suite aux mêmes heures. La *Dame d'onze heures* s'ouvre plusieurs jours de suite à 11 heures du matin et se referme à 3 heures. La *Ficoïde noctiflore* s'épanouit plusieurs jours de suite à 7 heures du soir, et se referme vers 6 ou 7 heures du matin.

« La régularité de ces phénomènes, dit de Candolle, a frappé tous les observateurs ; mais quoique leur cause tienne évidemment à l'action de la lumière, elle est cependant difficile à apprécier avec précision.... J'ai soumis des Belles de nuit à la lumière continue des lampes. J'ai obtenu par là une fleuraison tout à fait irrégulière ; mais ayant placé ces plantes dans un lieu éclairé pendant la nuit et obscur pendant le jour, j'ai vu d'abord leur fleuraison très-irrégulière. Puis elles se sont accoutumées à ce nouveau climat, et ont fini par s'épanouir le matin, c'est-à-dire à la fin de la journée que je leur faisais artificiellement, et se refermer le soir, c'est-à-dire à la fin de leur époque d'obscurité. »

Cependant la chaleur paraît avoir une certaine influence sur l'heure de l'épanouissement des fleurs et sur sa durée.

Aussi voit-on ces deux phénomènes varier selon les latitudes pour différents pays et selon les saisons pour le même pays. L'*Horloge de Flore*, dressée par Linné à Upsal, retarde sur l'horloge dressée par de Candolle à Paris.

Il est enfin un petit nombre de fleurs dont l'épanouissement est modifié par l'état de l'atmosphère et qu'on pourrait appeler *météoriques*. Le *Sonchus de Sibérie* ne se ferme pas, dit-on, le soir lorsqu'il doit pleuvoir le lendemain. Plusieurs Chicoracées ne s'ouvrent pas le matin quand il va pleuvoir. Le *Souci pluvial* se ferme quand le temps se dispose à la pluie. Mais sa fleur reste ouverte dans les pluies d'orage, qui le surprennent et le trompent pour ainsi dire.

Des faits du même ordre, mais peu nombreux, ont servi à dresser un *hygromètre de Flore*.

La période de la vie de la plante pendant laquelle l'épanouissement des fleurs a lieu, ou la *floraison*, varie beaucoup selon les espèces. Chez les *Pêchers*, les *Amandiers*, les *Abricotiers*, parmi les arbres ; chez les *Jacinthes*, les *Tulipes*, parmi les herbes, la floraison ne dure que quelques jours. Mais l'*Ellébore d'hiver* se couvre de fleurs tout l'hiver, et la *Bourse à pasteur* fleurit depuis le mois d'avril jusqu'en novembre.

L'époque à laquelle la floraison commence varie de même selon les espèces. Linné a dressé le tableau de la floraison des divers végétaux sous le climat d'Upsal, en Suède, pour l'année 1755, et il a donné à cette liste le nom de *Calendrier de Flore*. Mais ce calendrier varie nécessairement avec chaque climat, car l'époque de la floraison d'une plante doit avancer ou retarder suivant la latitude du pays. A Smyrne, l'*Amandier* fleurit dans la première moitié de février ; dans le midi de la France, il fleurit au commencement d'avril ; en Allemagne, dans la seconde moitié d'avril ; à Christiania, dans les premiers jours de juin.

Est-il nécessaire de faire remarquer ici combien une connaissance exacte des époques de la floraison est indispensable à ceux qui tiennent à voir les fleurs se succéder sans cesse et avec agrément dans leurs jardins ?

INFLORESCENCE.

On nomme *inflorescence* la disposition des fleurs sur le végétal.

Les fleurs peuvent être *sessiles*, selon le langage des botanistes, c'est-à-dire implantées immédiatement sur la tige, ou rattachées médiatement à la tige par un petit support, auquel on donne le nom de *pédoncule*.

Le *pédoncule* est ce que l'on nomme vulgairement la *queue* de la fleur, qui devient plus tard celle du fruit. Le pédoncule est donc aux fleurs ce que le pétiole est aux feuilles, c'est-à-dire un moyen d'attache sur la tige. Toutefois les analogies entre le pédoncule et le pétiole se bornent à la forme extérieure, car ces deux organes diffèrent essentiellement par leur organisation intime.

Ces fleurs, dont nous étudierons bientôt avec détail les parties constituantes, poussent-elles au hasard sur les tiges, les branches ou les rameaux qui les supportent? Quand on sait avec quelle régularité admirable, suivant quelles lois rigoureuses, les feuilles se disposent sur les rameaux, on est conduit à admettre *à priori* que l'ordonnance des fleurs sur les axes végétaux doit obéir à des lois bien déterminées. C'est en effet ce que nous présente la nature; ces lois, souvent faciles à reconnaître, sont quelquefois masquées, mais jamais enfreintes. Les fleurs sont toujours la terminaison d'un axe, tige ou rameau, et l'or-

Fig. 35. Inflorescence en grappe.
(Groseillier rouge).

dre qui préside à leur disposition sur la tige ou le rameau n'est que la répétition de l'ordre qui préside à la ramification de cette même plante.

Prenons, pour étudier l'*inflorescence*, quelques végétaux vulgaires, et examinons la disposition des fleurs dans chacun
d'eux. Dans le *Groseillier rouge* (fig. 135) l'axe floral porte, de
distance en distance, des feuilles modifiées, qu'on appelle

Fig. 136. Inflorescence en épi
(Verveine officinale.)

Fig. 137. Inflorescence en grappe
ramifiée. (Avoine.)

bractées; à l'aisselle de chacune de ces bractées naît le *pédoncule* terminé par une fleur. C'est là le type de la *grappe*.

L'inflorescence de la *Verveine* ou *Verveine officinale* (fig. 136)
ne se distingue de celle-ci que par la grande brièveté des pédoncules : elle constitue un *épi*.

L'*Avoine* (fig. 137) nous fournit un exemple des modifications
que peut subir la grappe. Sa fleur est une *grappe ramifiée.*

Fig. 138. Chaton mâle du Saule.

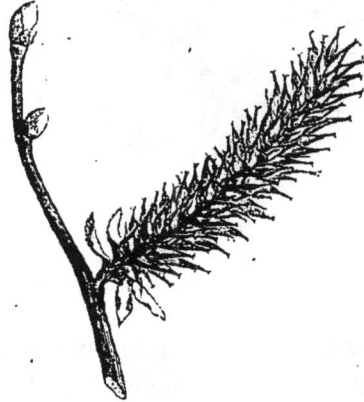

Fig. 139. Chaton femelle du même Saule

Fig. 140. Inflorescence en corymbe.
(Cerisier de Sainte-Lucie.)

Fig. 141. Inflorescence en ombelle simple
(Astrantia.)

L'*épi* prend le nom de *chaton* quand il est formé de fleurs
unisexuelles. Nous représentons ici, comme exemple (fig. 138
et 139), le *chaton mâle* et le *chaton femelle du Saule.*

Dans le *Cerisier de Sainte-Lucie* (fig. 140), les pédoncules nés sur l'axe principal s'allongent plus à la partie inférieure de cet axe que vers son sommet, en sorte que l'ensemble des

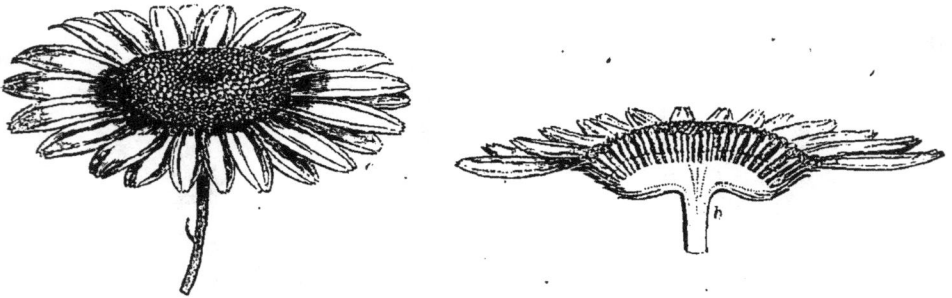

Fig. 142. Inflorescence en capitule. (Marguerite.)

fleurs forme comme une sorte de parasol à rayons inégaux : ce parasol s'appelle *corymbe*.

Dans l'*Astrantia* (fig. 141), l'axe de l'inflorescence est très-court, et porte à son extrémité élargie un certain nombre d'axes secondaires assez allongés et égaux entre eux, de façon que

Fig. 143. Corymbe composé. (Alisier des bois.)

les fleurs semblent partir du même point pour arriver à la même hauteur. Ici le parasol a des rayons égaux ; ce groupe de fleurs se nomme *ombelle*.

Dans la *Marguerite* (fig. 142), des fleurs sessiles et nombreu-

ses s'insèrent à la surface d'un axe élargi en une sorte de plateau pour former un *capitule*.

Tous ces modes d'inflorescence ne sont que des modifications
de l'un d'entre eux, que l'on peut prendre pour type : la grappe.
Ils paraissent atteindre parfois un certain degré de compli-
cation, sans que la simplicité de leur ordonnance soit pour

Fig. 144. Ombelle composée. (Cerfeuil.)   Fig. 145. Grappe composée. (Vigne.)

cela diminuée. Ainsi, dans l'*Alisier des bois* (fig. 143), des corymbes de fleurs se disposent eux-mêmes en corymbes. Dans
la *Carotte*, le *Cerfeuil* (fig. 144), les ombelles se disposent en
ombelles. Dans le *Troène*, dans la *Vigne* (fig. 145), l'inflorescence est formée de petites grappes, disposées elles-mêmes en

grappe. Dans le *Blé* (fig. 146), les épis se groupent en épi. Il existe donc des *corymbes composés*, des *ombelles composés*, des *grappes composées* ou *panicules* et des *épis composés*.

Dans tous les cas que nous avons mentionnés jusqu'ici, le

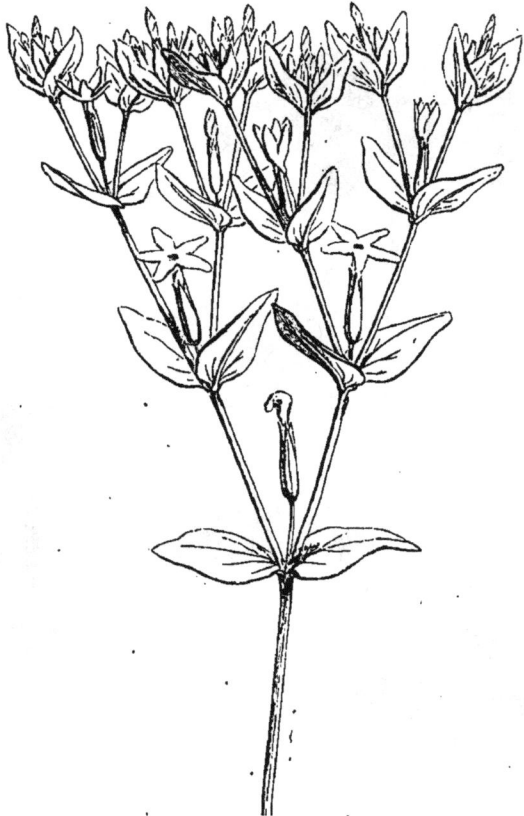

Fig. 146. -Épi composé. (Blé.)   Fig. 147. Inflorescence en cime. (Petite Centaurée.)

nombre des fleurs de même génération était indéterminé pour chaque groupe. Il n'en sera plus de même désormais.

Examinons, par exemple, le mode de distribution des fleurs dans la *petite Centaurée* (fig. 147). La tige se termine par une fleur ; un peu au-dessous de cette fleur, cette tige portait une paire de feuilles, et à l'aisselle de chacune d'elles est né un rameau secondaire, terminé de même par une fleur. Chacun de ces rameaux s'est comporté comme la tige, c'est-à-dire qu'il

a donné naissance à deux rameaux tertiaires terminés chacun
par une fleur, et ainsi de suite. On voit de cette façon qu'à
chaque ramification le nombre des axes, et par conséquent
celui des fleurs, est doublé. On voit de plus que la floraison
dans cette plante va de la base vers le sommet, ou, ce qui revient au même, du centre vers la circonférence. Cette sorte

Fig. 148. Inflorescence scorpioïde.
(Myosotis.)

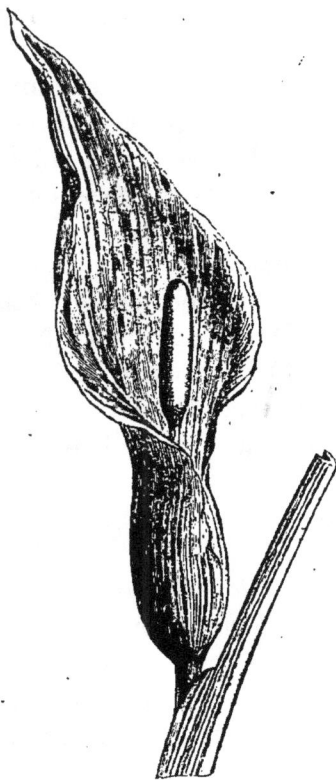

Fig. 149.
Spathe d'Arum maculatum.

d'inflorescence porte le nom de *cime*, et dans ce cas particulier elle est dite *dichotome*.

L'inflorescence du *Myosotis* ou de l'*Héliotrope* est également
une cime. Comme dans ces plantes l'axe multiplié de l'inflorescence va souvent jusqu'à former un véritable enroulement,
qu'on a comparé très-mal à propos à celui de la queue d'un
scorpion, la cime du *Myosotis*, de l'*Héliotrope*, etc., porte le nom
de *scorpioïde* (fig. 148).

Dans le *Marronnier* d'Inde, l'axe principal porte un nombre indéterminé de petites cimes scorpioïdes. C'est une inflorescence mixte entre les deux formes principales que nous avons indiquées jusqu'ici : c'est une *grappe de cimes scorpioïdes*.

On donne le nom général d'*involucre* à un ensemble plus ou moins considérable de bractées, disposées en verticille sur un ou plusieurs rangs, qui entourent et semblent protéger les fleurs (capitules des composées). Cependant, dans le groupe naturel des *Arums*, l'involucre est monophylle et se nomme *spathe*. Il enveloppe l'inflorescence avant l'épanouissement des fleurs. Nous représentons (fig. 149) le spathe de l'*Arum maculatum*.

Nous craindrions de fatiguer l'attention du lecteur en insistant davantage sur l'inflorescence, sujet que nous n'avons fait qu'effleurer, et qui a été l'objet des études les plus approfondies de la part des botanistes.

Mais arrivons à l'étude des parties constitutives de la fleur.

CALICE.

Le *calice* est l'enveloppe la plus extérieure de la fleur. Il n'a ni les formes élégantes, ni les couleurs variées de la corolle. Presque toujours il se confond, par son aspect et sa couleur, avec le pédoncule, dont il ne paraît qu'un simple prolongement, un épanouissement, qui se subdivise ensuite en plusieurs lobes.

Ces formes rustiques du calice conviennent d'ailleurs à ses fonctions. En général, ce n'est pas l'élégance ou la délicatesse, mais bien la force et la solidité, qui peuvent protéger ou défendre. Formant l'enveloppe la plus extérieure de la fleur, le calice doit être constitué de manière à résister aux actions du dehors. Il est vrai que le calice de quelques plantes, telles que le *Fuchsia*, l'*Hortensia*, rivalise d'élégance et de beauté avec la corolle ; mais ce sont là des exceptions aux faits habituels.

Le calice est donc l'enveloppe extérieure de la fleur ; ses diverses parties portent le nom de *sépales*.

Ces sépales ne sont que des feuilles modifiées. Qu'on jette les yeux sur un bouton de *Camellia* (fig. 150) ; la même struc- ture, la même nervation, pres- que la même forme, sont pro- pres à la fois aux cinq sépales de la fleur et aux bractées qui les accompagnent. Dans la *Pi- voine*, dans la *Digitale* (fig. 151), il y a une ressemblance ou une transition insensible entre les bractées et les sépales. Or on observe tous les passages d'as- pect, de forme, de grandeur, en- tre les bractées et les feuilles,

Fig. 150.   Fig. 151.
Calice du Camellia. Calice de la Digitale.

et nous sommes conduits, de cette manière, à considérer le calice des fleurs comme provenant de la modification des feuilles.

Le calice semble quelquefois ne former qu'un seul et même tout ; d'autres fois il paraît plus ou moins profondément di- visé. Dans le premier cas, il est dit *monosépale* ; dans le second, *polysépale*.

La fleur de la *Primevère* (fig. 152) a un calice *monosépale* ; celle du *Lin* (fig. 153) a un calice *polysépale*.

Les anciens auteurs considéraient le calice comme un or- gane unique, qui pouvait se dé- couper plus ou moins profon- dément. C'est à cette idée fausse que sont dues les expressions défectueuses de *lanières*, *décou- pures*, *lobes*, *dents*, par lesquelles on a indiqué les parties libres des folioles du calice réunies en un seul tout. Les découpures, en effet, ne se font point du haut en bas. Lorsqu'un calice quel- conque commence à naître, ses

Fig. 152.   Fig. 153.
Calice monosépale   Calice polysépale
de la Primevère.   du Lin.

éléments, ou *sépales*, sont toujours libres. Ils demeurent iso- lés jusqu'à la fin du développement si le calice doit être

polysépale ; mais ils sont soulevés, à un certain moment, par une sorte d'enceinte si le calice doit être monosépale.

Sans nous arrêter ici sur les formes diverses des sépales, nous nous contenterons de dire que ces organes deviennent, pour ainsi dire, méconnaissables dans les *Valérianes* (fig. 154), les *Seneçons* (fig. 155), et une foule d'autres plantes voisines de

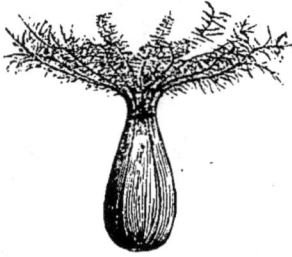

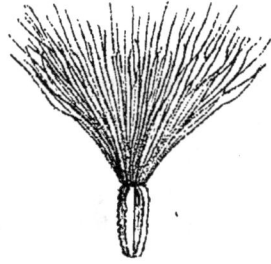

Fig. 154. Calice à aigrette de la Valériane.   Fig. 155. Calice à aigrette de Seneçon.

cette dernière. Ils se présentent, en effet, dans ces plantes, comme une touffe de soie ou de poils que l'on appelle *aigrette;* et si l'on n'arrivait peu à peu à cette curieuse modification par une série d'exemples convenables, il serait bien difficile, dans ce cas, de rapporter les sépales à leur véritable origine.

Le nombre des sépales du calice est extrêmement variable. On en compte deux dans la *Chélidoine*, trois dans l'*Éphémère de Virginie*, quatre dans l'*Épilobe*, cinq dans l'*Ellébore*, six dans l'*Épine-vinette*, un nombre plus considérable dans les *Cactus.*

Quant à leur disposition sur le réceptacle, les sépales sont, tantôt en *verticille*, c'est-à-dire plusieurs placés à la même hauteur si le réceptacle est conique, ou à égale distance du centre si le réceptacle est plat, tantôt disposés en *spirale*, c'est-à-dire placés à des hauteurs différentes, de façon que la ligne qui joint leurs points d'insertion soit une spirale.

Les sépales sont enfin égaux entre eux, insérés à la même hauteur, à la même distance, libres ou soudés ; ou bien ils ne présentent pas un accord parfait à ces divers points de vue, et déterminent ainsi les calices *réguliers* ou *irréguliers*. Celui de la *Lysimaque nummulaire* (fig. 156) est régulier, celui de l'*Aconit* (fig. 157) est irrégulier.

Dans le *Pavot*, le calice tombe avant l'épanouissement de la fleur; dans les *Renoncules*, il ne se détache qu'après la fécondation de la fleur; dans les *Physalis*, il persiste autour du fruit et prend beaucoup d'accroissement, en même temps qu'il se colore en jaune ou en rouge.

Ce dernier phénomène de coloration nous conduit à une remarque qui a son inté-

Fig. 156. Calice régulier de Lysimaque.

Fig. 157. Calice irrégulier de l'Aconit.

rêt. Dans un certain nombre de cas où le calice et la corolle existent simultanément dans la fleur, le calice devient coloré, et revêt ainsi l'apparence de la corolle. Le calice de la *Grenade*, celui du *Fuchsia* sont rouges; celui du *Pied d'Alouette*, celui de l'*Aconit* sont bleus.

Le calice peut être coloré lors même que la corolle manque. C'est ce qui s'observe dans le *Populage*.

COROLLE.

C'est particulièrement à la *corolle* que s'applique ce que nous avons dit du charme séduisant des fleurs; c'est sur cet organe que la nature prodigue les plus brillantes couleurs. Toufois, malgré la beauté et l'élégance de formes que nous admirons en elle, la corolle, quant à ses fonctions, n'est que l'enveloppe immédiate d'organes plus importants, qu'elle défend et protége, de concert avec le calice, contre l'action des causes extérieures. Quand le phénomène fondamental de la fécondation s'est opéré, quand l'ovaire, fécondé, commence à grossir, et peut opposer par lui-même une résistance suffisante, la nature, qui ne souffre rien d'inutile, fait disparaître cette élégante décoration. La corolle se fane, se flétrit et tombe. Si elle persiste quelquefois un certain temps après la fécondation, ce n'est probablement que pour réfléchir dans l'intérieur de son tube les rayons de la chaleur extérieure, pour les concentrer sur l'ovaire fécondé et en accélérer ainsi le développement.

La corolle est l'enveloppe immédiate des organes essentiels de la fleur. Elle se distingue généralement du calice en ce qu'elle est d'un tissu plus délicat. La corolle seule constitue la fleur pour les gens du monde ; mais pour le botaniste, une étamine et un pistil sont l'essence de la fleur, car, sous l'influence de l'étamine, le pistil doit donner un fruit, dont les graines perpétueront l'espèce.

. Les *pétales* sont les organes dont l'ensemble constitue la corolle. Ils tirent leur origine, comme les sépales, de feuilles modifiées. C'est ce qu'il est aisé d'établir. Dans certaines fleurs,

Fig. 158.
Pétale
du Dielytra.

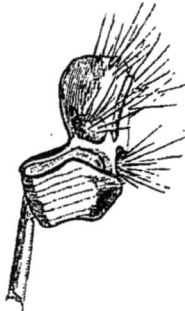

Fig. 159. Pétale
de la Nigelle
des champs.

Fig. 160.
Pétale
de l'Ancolie.

Fig. 161.
Pétale
de l'Aconit.

comme dans le *Calycanthus*, par exemple, on voit les pétales se nuancer si bien avec les sépales, que l'on ne saurait dire où finit le calice et où commence la corolle. En effet, les divisions externes de ces fleurs sont verdâtres, les internes sont pourprées, et il est impossible de rapporter les divisions intermédiaires plutôt à l'une qu'à l'autre des enveloppes florales. Comme les pétales se nuancent avec les sépales, ceux-ci avec les bractées, celles-ci avec les feuilles, il faut en conclure que les pétales sont bien réellement des feuilles modifiées.

De même que les feuilles, les pétales nous offrent les formes les plus diverses, les grandeurs les plus variées. Ce sont ordinairement des lames linéaires, oblongues, elliptiques, ovales, arrondies, etc.; quelquefois ils deviennent naviculaires, comme dans le *Blumenbachia insignis*. Tantôt ils prennent la forme d'une cuiller, comme dans le *Dielytra spectabilis* (fig. 158); tantôt ils offrent deux lèvres, comme dans la *Nigelle* (fig. 159); tantôt ils se prolongent en cornet, comme dans l'*Ancolie* (fig. 160); tantôt enfin ils se façonnent en casque, comme dans l'*Aconit* (fig. 161).

Les pétales sont, comme les feuilles, entiers ou découpés. Ils présentent, comme elles, une sorte de charpente, si l'on peut donner ce nom à ces arborisations vasculaires déliées, qu'on n'aperçoit souvent avec une netteté suffisante qu'en pla-

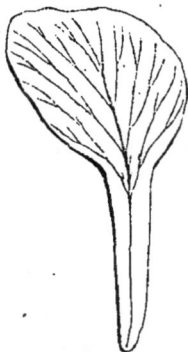

Fig. 162. Giroflée, pétale à onglet.

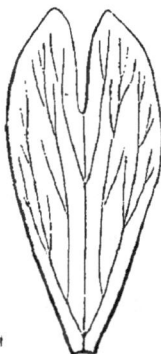

Fig. 163. Pétale sans onglet de Cerastium precox.

Fig. 164. Pétale d'Ellébore d'hiver.

çant le pétale entre l'œil et la lumière, c'est-à-dire en le regardant par transparence.

Ce sont les nervures qui déterminent la forme que revêt le pétale. Les trois figures 162, 163 et 164 donnent une idée des trois formes principales de distribution des nervures. On sait que dans la *Giroflée* le pétale s'allonge, à sa partie inférieure, en une partie effilée qu'on appelle *onglet*, la partie élargie du pétale prenant, dans ce dernier cas, le nom de *limbe*. Les pétales de *Cerastium precox* et de l'*Ellébore d'hiver* n'ont aucun onglet, et, comme on le voit, sont réduits au limbe.

Le nombre des pétales dans la corolle varie beaucoup. Parfois très-nombreux, et alors disposés en spirale, ils sont le plus souvent en petit nombre, et alors disposés en verticille.

Dans les *Cactus*, les pétales sont extrêmement nombreux et disposés en une spirale qui continue celle des sépales. Dans le *Géranium* (fig. 165), la *Violette*, la *Giroflée* (fig. 166), les pétales sont au nombre de cinq seulement, et disposés en verticille.

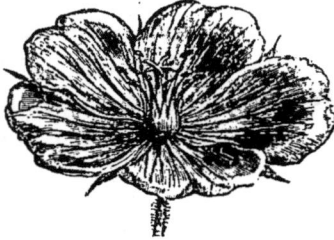

Fig. 165. Fleur de Géranium.   Fig. 166. Fleur de Giroflée.

De même qu'il existe des calices monosépales et polysépales, les corolles peuvent être monopétales ou polypétales. La fleur du *Géranium* (fig. 165), celle de la *Rose*, de l'*Œillet*, ont leurs pétales parfaitement distincts, de telle sorte qu'on peut détacher l'un d'entre eux sans intéresser les autres. Au contraire, les *Lilas* (fig. 167), la *Primevère*, la *Belladone*, ont leurs pétales

Fig. 167.
Corolle monopétale
de Lilas.

réunis entre eux par leurs bords, si bien qu'on ne peut enlever un pétale sans entamer l'un des voisins.

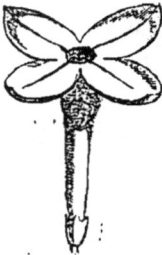

A l'origine du développement des fleurs, les pétales sont toujours libres. La transformation d'une corolle d'abord polypétale en une corolle monopétale se fait chez la jeune plante, comme nous l'avons indiqué déjà pour le calice, c'est-à-dire que les extrémités libres des pétales sont soulevées et réunies en un même tout par une membrane commune continue.

On a remarqué que les sépales se développent successivement sur le réceptacle, tandis que les pétales y apparaissent, au contraire, simultanément. Ce fait peut nous aider à résoudre un problème qui a fort préoccupé les anciens botanistes.

Dans le *Lis* (fig. 168), par exemple, les enveloppes florales se composent de six divisions, blanches, d'un tissu délicat, analogues à des pétales. L'ensemble de ces divisions constitue-t-il une corolle ? Nullement. Sans parler des différences de forme, de grandeur, de structure et de position, qui n'échappent point aux yeux d'un observateur attentif, on a pu constater que les pièces du verticille externe du *Lis* se développent successivement comme des sépales, et que les pièces du verticille interne se développent simultanément. On a conclu de cette observation, qu'en dépit des apparences, il y a dans le *Lis* un calice et une corolle, en d'autres termes, une *corolle pétaloïde*.

Dans les *Joncs*, à l'inverse de ce qui se passe dans le *Lis*, on trouve une sorte de double calice. Des considérations analogues à celles qui précèdent ont porté à accorder à ces plantes une véritable corolle. Il faut donc admettre que dans le *Lis* le calice est blanc et *pétaloïde*, et que dans le *Jonc* la corolle est verte et *sépaloïde*.

Fig. 168. Corolle pétaloïde du Lis.

Jetons un coup d'œil sur les formes principales de la corolle. Lorsqu'elle est monopétale et régulière, les six formes principales qu'affecte la corolle n'ont pas besoin d'être décrites autrement que par la figure que nous allons en donner et l'adjectif qui les qualifie.

La corolle est *infundibuliforme*, c'est-à-dire en *entonnoir*, dans le *Tabac* (fig. 169); *tubuleuse* dans la *grande Consoude* (fig. 170); *campanulée*, ou en forme de cloche, dans le *Liseron* (fig. 171) ou dans la *Campanule*; *hypocratériforme*, ou en forme de coupe, dans le *Lilas* (fig. 172) ou dans le *Jasmin*; *rosacée* dans la *Bourrache* (fig. 173) ou la *Lysimaque*; *urcéolée* dans l'*Arbousier* (fig. 174).

Lorsque la corolle est monopétale et irrégulière, ses formes principales se réduisent à trois. Dans la *Sauge* (fig. 175) ou le *Lamium*, etc., le limbe corollin, placé au sommet d'un tube

  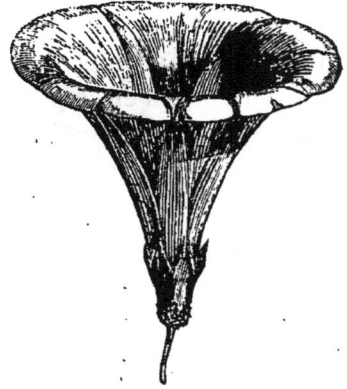

Fig. 169. Corolle
infundibuliforme du Tabac.　Fig. 170. Corolle tubuleuse de la grande Consoude.　Fig. 171. Corolle campanulee du Liseron.

plus ou moins allongé, se partage transversalement en deux parties qu'on appelle *lèvres ;* la lèvre supérieure, présentant deux divisions, est constituée par deux pétales réunis presque

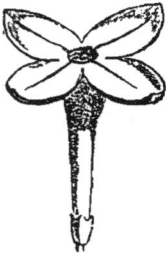  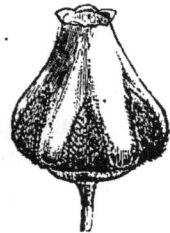

Fig. 172.
Corolle hypocratériforme
du Lilas.

Fig. 173.
Corolle rosacée
de la Bourrache.

Fig. 174.
Corolle urcéolée
de l'Arbousier.

jusqu'au sommet; la lèvre inférieure, présentant trois divisions, est constituée par trois pétales réunis plus ou moins haut. Cette corollè, dite *labiée*, caractérise un groupe très-important du règne végétal.

Dans le *Muflier* (fig. 176), la gorge de la corolle labiée, au lieu d'être largement ouverte, est fermée par un renflement de la lèvre supérieure.

« Parmi les monopétales irrégulières, dit Jean-Jacques Rousseau, il y a une famille dont la physionomie est si marquée qu'on en distingue aisément les membres à leur air. C'est celle à laquelle on donne le nom de fleurs en gueule, parce que ces fleurs sont fendues en deux lèvres dont l'ouverture, soit naturelle, soit produite par une légère compression des doigts, leur donne l'air d'une gueule béante. Cette famille se subdivise en deux sections ou lignées : l'une des fleurs en lèvres ou *labiées*, l'autre des fleurs en masque ou *personnées;* car le mot latin *persona* signifie un masque, nom très-convenable assurément à la plupart des gens qui portent parmi nous le nom de personnes. »

Dans la *Chicorée*, ou le *Pissenlit* (fig. 177), la corolle, cylindri-

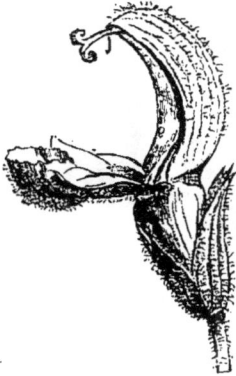

Fig. 175. Corolle bilabiée de la Sauge.

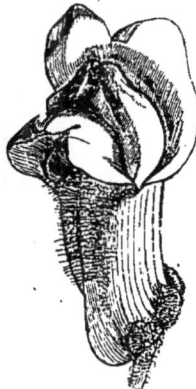

Fig. 176. Corolle du Muflier.

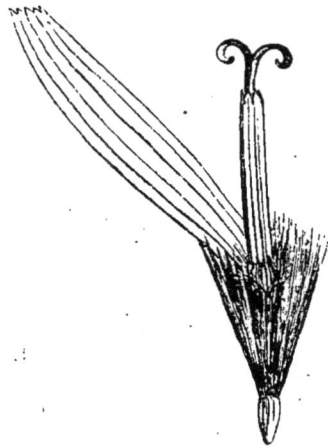

Fig. 177. Corolle ligulée du Pissenlit.

que à sa partie inférieure, se fend d'un côté, et s'étale en une languette plate, que terminent quelques petites dents. Cette corolle est dite *ligulée*. Cette forme de corolle appartient à un nombre considérable de plantes qui composent le plus vaste groupe naturel de tout le règne végétal, celui des Composées.

Tournefort avait distingué dans les corolles polypétales régulières trois formes principales, qu'on retrouve dans un grand nombre de fleurs, en général dans celles d'une même famille. Les corolles *cruciformes* ont quatre pétales disposés en croix et ordinairement munis d'un onglet, caractère propre aux plan-

tes du groupe des Crucifères. La figure 178 représente la corolle cruciforme de la *Moutarde*. Les corolles *caryophyllées* ont

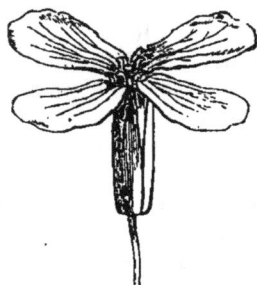

cinq pétales à onglet très-long caché
par le calice. La figure 179 représente
une corolle de ce genre, celle de l'*Œillet*.
Les corolles *rosacées* ont cinq pétales,
sans onglets et ouverts, disposés comme
dans la Rose simple (fig. 180).

Tournefort avait également classé toutes les modifications de la corolle polypétale irrégulière sous deux noms par-

Fig. 178. Corolle de Moutarde.

ticuliers : elles étaient *papilionacées* ou *anomales*. Le *Pois*

Fig. 179. Corolle d'Œillet.

Fig. 180 Corolle de Rose simple.

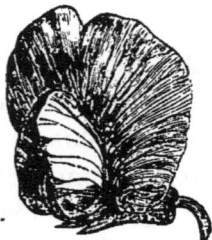

Fig. 181.
Corolle papilionacée du Pois.

Fig. 182.
Diverses parties de la corolle du Pois.

(fig. 181 et 182) a une corolle papilionacée, l'*Aconit* une corolle
anomale. Arrêtons-nous un instant sur la première forme.

« La première pièce de la corolle, dit encore Jean-Jacques Rousseau dans sa troisième *Lettre sur la Botanique*, est un grand et large pétale qui couvre les autres et occupe la partie supérieure de la corolle, à cause de quoi ce grand pétale a pris le nom de *pavillon*. On l'appelle aussi l'*étendard*. Il faudrait se boucher les yeux et l'esprit pour ne pas voir que ce pétale est là comme un parapluie pour garantir ceux qu'il couvre des principales injures de l'air.

« En enlevant ce pavillon, vous remarquerez qu'il est emboîté de chaque côté par une petite oreillette dans les pièces latérales de manière que sa situation ne puisse être dérangée par le vent.

« Le pavillon ôté laisse à découvert ces deux pièces latérales auxquelles il était adhérent par ses oreillettes. Vous trouverez, en les détachant, qu'emboîtées encore plus fortement avec celle qui reste, elles n'en peuvent être séparées sans quelque effort. Aussi les ailes ne sont guère moins utiles pour garantir les côtés de la fleur que le pavillon pour la couvrir.

« Les ailes ôtées vous laissent voir la dernière pièce de la corolle, pièce qui couvre et défend le centre de la fleur et l'enveloppe, surtout pardessus, aussi soigneusement que les trois autres pétales enveloppaient le dessus et les côtés. Cette dernière pièce, qu'à cause de sa forme on appelle la *nacelle*, est comme le coffre-fort dans lequel la nature a mis son trésor à l'abri des atteintes de l'air et de l'eau. »

Rousseau décrit ici la fleur du *Pois*, comme application des principes qu'il vient de poser.

ÉTAMINE.

L'étamine (fig. 183) se compose ordinairement de deux parties : une partie supérieure épaissie, et une partie inférieure, le plus souvent allongée et grêle. La première se nomme l'*anthère*, la seconde le *filet*. Le *filet* a bien moins d'importance que l'*anthère* et peut manquer souvent.

L'anthère ne constitue pas un corps plein ; elle est creuse à l'intérieur et remplie d'une fine poussière. Elle est généralement formée de deux moitiés semblables, creusées chacune d'une cavité, ou *loge* : ces *loges* sont séparées l'une de l'autre par un corps de structure, d'aspect, de développement très-divers, auquel on donne le nom de *connectif*. On comprend que si le filet et le connectif se continuent en conservant la même direction et à peu près la même épaisseur, comme on le voit dans l'*Iris* (fig. 183), l'anthère sera immobile ; mais il n'en sera plus de même si le connectif s'insère par un point seulement de sa surface sur l'extrémité amincie du filet, comme il arrive dans l'*Amaryllis* (fig. 184).

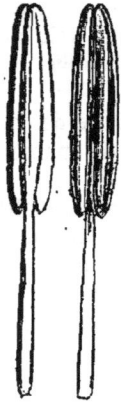

Nous avons dit plus haut que l'anthère est généralement formée de deux loges. Cependant, chez quelques plantes, les anthères sont uniloculaires, soit qu'il y ait eu primitivement deux loges qui se seraient confondues en une seule, soit qu'il n'y ait réellement qu'une seule loge, comme cela se présente dans les Épacridées, élégantes *Bruyères* de la Nouvelle-Hollande. Dans d'autres plantes, comme les *Lauriers*, les *Ephedra*, les anthères sont quadriloculaires.

Fig. 183.
Étamine
d'Iris.

Fig. 184.
Anthère
d'Amaryllis.

Les loges de l'anthère doivent s'ouvrir, pour permettre la sortie de la poussière fécondante qu'elles renferment, et qui porte le nom de *pollen*. Le plus souvent chaque loge présente un sillon longitudinal, suivant lequel se fait l'ouverture de l'anthère, ou la *déhiscence*, selon l'expression des botanistes. Quelquefois la fente ne s'étend que sur une petite longueur

Fig. 185. Étamine
de Pomme de terre
ou *solanum*.

Fig. 186.
Étamine de Berberis
(Épine-vinette).

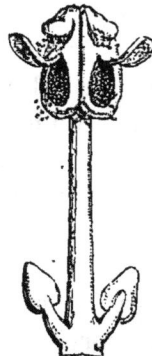

Fig. 187.
Anthère à quatre loges
du Laurier de Perse.

vers le sommet de la loge et constitue une sorte de pore. C'est ce qu'on voit dans les *Bruyères*, les *Solanum* (fig. 185).

Dans les *Épines-vinettes* (fig. 186), les *Lauriers* (fig. 187), on observe un mode de déhiscence très-remarquable et très-élégant. Une certaine portion des parois de l'anthère se circonscrit, se soulève de bas en haut, de manière à former autant de petits panneaux ou valvules. Il y a une valvule pour chaque loge dans les *Épines-vinettes;* il y a deux valvules pour chaque loge dans les *Lauriers*, comme le montrent les deux figures précédentes.

Le *pollen*, ou la poussière fécondante des végétaux, a donné lieu, quand on a su pénétrer dans sa structure intime, à des observations très-curieuses, que nous allons résumer.

Il faut, pour étudier les grains de pollen, faire usage d'un microscope à grossissement considérable. On trouve alors que les formes de ces grains varient beaucoup selon les espèces, et que ces formes sont souvent fort élégantes.

Le grain de pollen est, le plus habituellement, composé d'une sorte de sac double; le plus interne contient un liquide mucilagineux, auquel on a donné le nom de *fovilla*. Les figures 188 et 189 montrent les grains de pollen de la *Rose trémière* avec l'espèce de double sac ou de double enveloppe qui entoure chaque grain.

La membrane externe du globule de pollen est tantôt lisse, tantôt ponctuée, granulée, couverte de petits aiguillons, enfin réticulée. Elle offre des plis, des pores. Dans le pollen du *Blé* (fig. 190), il n'y a qu'un pore; dans l'*Onagre* (fig. 191), il y en a trois. Les figures 192, 193, 194 font voir les grains de pollen de l'*Ail*, du *Melon*, et ceux du *Phlox*. Le nombre des pores du grain de pollen peut s'élever jusqu'à cinq et même huit. Ces pores remplissent, comme nous le verrons bientôt, des fonctions importantes.

Lorsqu'on place un grain de pollen dans l'eau, il se gonfle, parce qu'il absorbe une certaine quantité de ce liquide; ses membranes se distendent, et la membrane interne fait bientôt saillie par les pores de la membrane externe. Les ampoules qui se forment ne tardent pas à crever, et la *fovilla* s'échappe brusquement en une sorte de fusée muqueuse et granuleuse. C'est là un phénomène anomal, mais très-curieux à observer-

Nous disons qu'il est anomal, parce que ce n'est pas ainsi que les choses se passent dans la nature. Lorsqu'un grain de pollen tombe sur la surface humide et visqueuse d'une partie du pistil que nous ne tarderons pas à décrire et qui porte le nom de *stigmate*, il se gonfle lentement; la membrane interne fait peu à peu saillie par un ou deux pores; ces saillies s'al-

Fig. 188.
Grain de pollen
de Rose trémière
(1re enveloppe.)

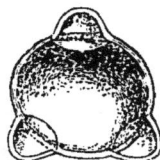

Fig. 189.
Grain de pollen
de Rose trémière
(2e enveloppe).

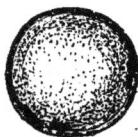

Fig. 190.
Grain de pollen du Blé.

Fig. 193.
Grain de pollen
du Melon.

Fig. 191.
Grain de pollen
de l'Onagre.

Fig. 192.
Grain de pollen
de l'Ail.

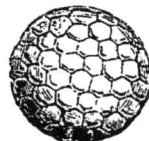

Fig. 194.
Grain de pollen du Phlox.

longent peu à peu et finissent par former un véritable tube, qu'on nomme *tube pollinique*.

La longueur de ces tubes est très-variable; elle atteint, dans certains cas, plusieurs centaines de fois celle du grain de pollen qui leur a donné naissance. Ce prodigieux allongement ne saurait évidemment provenir d'une simple élongation de la membrane interne du grain de pollen : il est le résultat d'une véritable végétation de cette membrane. Le *tube pollinique* se nourrit et s'accroît, c'est-à-dire végète, à mesure que, partant du stigmate, il pénètre dans les tissus qu'il est destiné à traverser. Nous reviendrons, du reste, avec détails sur le *tube pollinique* en parlant, dans le chapitre suivant, de la *fécondation*.

Bien que les grains de pollen soient presque toujours libres et distincts, il est des plantes chez lesquelles ces grains sont réunis entre eux et souvent d'une manière très-intime. Ainsi, dans les Orchidées (fig. 195), le pollen est aggloméré en masses

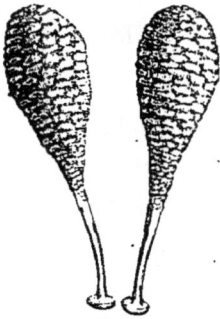  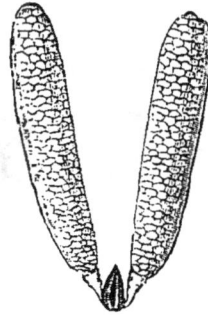

Fig. 195.	Fig. 196.	Fig. 197.
Masse pollinique	Masse pollinique	Masse pollinique
d'Orchis maculata.	du Planthanthera chloranta.	de l'Asclepias floribunda.

tantôt presque pulvérulentes à granules lâchement cohérents, tantôt formées de nombreuses petites masses anguleuses réunies au moyen d'une matière glutineuse. Dans le *Planthanthera chloranta* et l'*Asclepias floribunda*, les masses polliniques offrent la disposition représentée par les figures 196 et 197.

La forme de l'étamine et la structure du pollen nous étant connues, il importe d'entrer dans quelques détails sur le nombre et les rapports des étamines entre elles et avec les différentes parties de la fleur.

Le nombre des étamines, pour chaque fleur, varie suivant les espèces végétales.

Lorsqu'elles sont disposées en verticille, elles sont ordinairement en nombre défini, comme dans la *Vigne* (fig. 198) et la *Primevère*, qui en comptent cinq. Lorsqu'elles sont en spirale, elles sont ordinairement très-nombreuses, comme cela se voit dans le *Magnolia*, la *Renoncule*.

Les étamines peuvent être toutes de même grandeur, comme on le voit dans le *Lis*, la *Tulipe*, la *Bourrache*, ou bien inégales. Dans le *Géranium* il y a cinq étamines plus grandes que les autres, qui sont également au nombre de cinq. Dans la *Giroflée* fig. 199), qui porte six étamines, quatre sont plus grandes

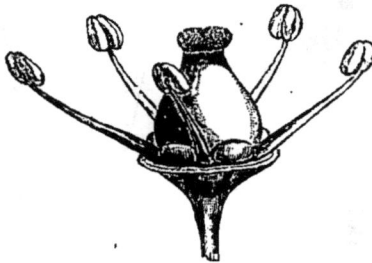

Fig. 198. Androcée de la Vigne.   Fig. 199. Androcée d'une Giroflée.

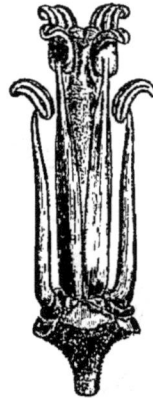

que les autres. Linné les appelait *tétradynames*. Dans les *Mufliers* (fig. 200) il y a quatre étamines, dont deux plus grandes. Linné les appelait étamines *didynames*.

Les étamines d'une même fleur peuvent être complétement indépendantes les unes des autres, ou plus ou moins réunies entre elles, soit par leurs filets, soit par leurs anthères. Dans la *Mauve* (fig. 201) et dans le *Lin*, toutes les étamines sont réunies entre elles par leurs filets en une seule phalange. Dans le *Haricot*, le *Polygala*, elles sont réunies en deux phalanges; dans le *Millepertuis d'Égypte* (fig. 202), en trois phalanges; dans le *Ricin* (fig. 203), en plusieurs phalanges. On dit, depuis Linné, que les étamines sont *monadelphes, diadelphes, triadelphes, polyadelphes*, suivant qu'elles forment une, deux, trois ou plusieurs phalanges.

Dans le *Pissenlit*, l'*Artichaut*, le *Chardon*, les étamines sont réunies toutes ensemble par leurs anthères, de manière à con-

-stituer une sorte de tube supporté par les filets libres : on les nomme *synanthérées* (fig. 204).

Enfin, les étamines peuvent contracter des adhérences avec les enveloppes florales. Dans la *Scille*, six étamines adhèrent par leur base avec les six divisions de la fleur. Dans la *Prime-*

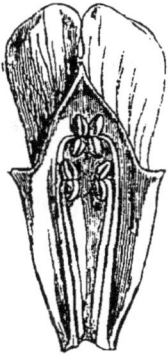

Fig. 200.
Androcée du Muflier.

Fig. 201.
Androcée de la Mauve.

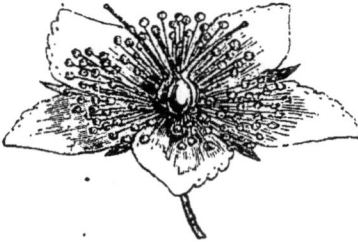

Fig. 202.
Androcée du Millepertuis.

Fig. 203.
Étamines du Ricin.

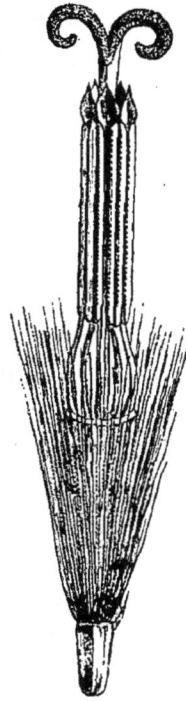

Fig. 204. Étamines en tube d'une Synanthérée.

vère, cinq étamines s'attachent sur le tube de la corolle, qui est monopétale.

Il nous reste à compléter ce qui a rapport à l'étamine, en dévoilant la véritable nature morphologique de cette partie de la fleur.

Les bractées, les sépales, les pétales sont, comme nous l'avons vu, des feuilles modifiées. Il paraît impossible, au premier abord, qu'il en soit de même pour les étamines. Cepen-

dant, effeuillez une fleur de *Nénufar blanc;* vous verrez peu à
peu, en avançant vers le centre de la fleur, les pétales diminuer de longueur et de largeur, et présenter, vers leur sommet, une anthère, d'abord rudimentaire, qui devient de plus
en plus complète à mesure que le support passe insensiblement de la forme de pétale à celle de filet. Dans l'*Ancolie*, sous
l'influence de la culture, on voit des étamines se transformer
peu à peu en cornets analogues à ceux qui constituent son
élégante corolle. Dans la *Rose*, on trouve souvent des organes
qui sont demi-pétales et demi-étamines.

Il est une très-curieuse monstruosité d'une espèce de *Rose*,
dans laquelle tous les organes de la fleur se transforment en
feuilles, de manière à constituer ce que les horticulteurs ont
nommé *Rose verte.* Dans la *Rose verte,* on peut suivre pas à pas
toutes les transformations possibles entre une étamine presque
parfaite et un pétale transformé lui-même en une petite feuille
verte.

Tous ces faits démontrent jusqu'à l'évidence que l'étamine
n'est autre chose qu'un pétale métamorphosé. Mais nous avons
déjà démontré l'analogie des pétales avec les sépales, des sépales avec les bractées, des bractées avec les feuilles. Donc les
étamines sont des feuilles métamorphosées.

Pour bien rappeler ce mode d'origine de l'étamine, on a
comparé le filet de l'étamine à l'onglet du pétale ou du pétiole
de la feuille; le limbe à la feuille elle-même, le pollen à une
modification spéciale du parenchyme de la feuille, enfin le connectif à la partie moyenne de la feuille, c'est-à-dire à la nervure médiane.

PISTIL.

A mesure que nous avançons dans l'étude des organes, nous
voyons la nature se rapprocher sans cesse de son but fondamental, qui est la propagation et la conservation de l'espèce.
Le pistil est l'organe essentiel de la reproduction des plantes,
c'est le plus précieux élément pour les générations futures.
Aussi la nature s'est-elle appliquée à grouper autour du pistil
tous les moyens de protection et de défense. Elle l'a placé au
centre de la fleur, abrité sous plusieurs enveloppes concentri-

ques, et défendu encore de l'extérieur par les filaments des étamines, qui forment autour de lui comme un rempart vivant. Ces diverses enveloppes florales persistent tant que le pistil a besoin d'être protégé ou abrité. Elles disparaissent après la fécondation, lorsque l'ovaire s'est fortifié par son propre développement.

Le pistil est l'organe femelle des végétaux, le *gynécée*, comme on le nomme quelquefois, par opposition à l'*androcée*, nom qui sert à désigner l'ensemble des étamines ou de l'organe mâle.

Le gynécée présente une des applications les plus remarquables de la doctrine des *métamorphoses végétales*, popularisée par le célèbre poëte allemand Goethe, qui fut en même temps un profond naturaliste. On comprend admirablement la structure, l'origine et les dispositions du *gynécée*, qu'il soit simple ou multiple, si on le considère comme constitué par la transformation d'une seule feuille, ou bien comme résultant de la réunion, de la fusion, de la combinaison de plusieurs feuilles en un seul organe.

De Candolle a nommé *carpelles* les organes élémentaires dont la réunion forme le pistil. Le carpelle est au pistil ce que le sépale est au calice, le pétale à la corolle, l'étamine à l'androcée. C'est la réunion des carpelles qui forme ordinairement le pistil, comme la réunion des pétales forme la corolle, comme la réunion des étamines forme l'androcée. Le sépale, le pétale, l'étamine ne sont que des feuilles modifiées; il en est de même du carpelle, qui prend naissance pendant les phases de la végétation, par la métamorphose des feuilles.

On distingue dans un pistil trois parties : l'*ovaire*, le *style* et le *stigmate*. Ces trois parties sont très-appréciables dans la figure 205, qui représente le pistil de la *Primevère de la Chine*. Le stigmate est représenté par les lettres *stig*, le style par les lettres *sty*, l'ovaire par la lettre *o*.

Fig. 205.
Pistil de Primevère
de la Chine.

L'*ovaire* est la partie du végétal qui doit contenir les graines, c'est-à-dire les *ovules*, lesquels, fécondés et développés, deviendront les *graines*. La partie, ordinairement un peu épaisse, qui supporte les ovules, porte le nom de *placenta;* elle est indiquée sur la figure par la lettre *p*, au-dessus du réceptacle *r.*

Le sommet de l'ovaire se prolonge en un filet, tantôt long, tantôt court, qu'on nomme le *style* et qui est l'analogue de la nervure moyenne de la feuille. Le style porte un appareil glanduleux, destiné à recevoir les grains de pollen et à favoriser la fécondation : c'est le *stigmate*.

Le *style* n'est point un cylindre plein, comme on pourrait le croire au premier abord ; son axe est, au contraire, occupé par une sorte de canal qui aboutit à l'ovaire, et descend jusqu'au voisinage des ovules.

Le *stigmate*, qui est la partie supérieure du pistil, et dont la forme est d'ailleurs très-variable, est essentiellement formé par une masse de cellules minces, transparentes, lâchement unies, enduites d'une matière mucilagineuse gluante. Il est ainsi parfaitement propre à recevoir et à retenir les grains de pollen.

Les carpelles ont plus de tendance à se souder entre eux que les organes plus extérieurs ; ce qui tient sans doute à leur plus grand rapprochement, déterminé soit par leur position, soit par la pression des organes extérieurs. Cette soudure peut avoir lieu par les ovaires seuls; par les ovaires, les styles et les stigmates; enfin par les stigmates seuls.

Lorsque deux ou plusieurs carpelles se soudent ensemble par les ovaires, il en résulte un ovaire composé de plusieurs ovaires partiels, qui y déterminent autant de loges qu'il y avait d'abord de carpelles. Dans l'*Ellébore fétide* (fig. 206), la soudure des ovaires a lieu par la base seulement; dans la *Nigelle des champs* (fig. 207), jusqu'à moitié de leur longueur. Mais le plus fréquemment la soudure se fait jusqu'au sommet.

Lorsque les styles sont soudés entre eux, au moins dans une partie notable de leur longueur, il résulte de cette cohérence un style en apparence unique, mais constitué réellement par autant de styles partiels qu'il y avait de carpelles. Dans ce cas, le nombre des stigmates libres doit, s'ils sont simples, indiquer le nombre des loges de l'ovaire. Les stigmates partiels peuvent également se souder, et constituer un stigmate en

Fig. 206.
Pistil d'Ellébore fétide.

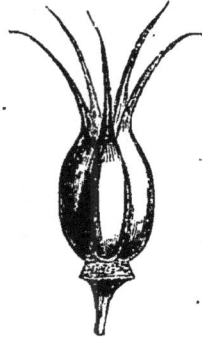

Fig. 207.
Ovaire de Nigelle des champs.

apparence unique, mais souvent divisé de manière à indiquer par le nombre de ses divisions le nombre des carpelles constituants du pistil.

Le nombre absolu des loges de l'ovaire pluriloculaire, tout en étant sujet à varier, est le plus généralement de 3 ; puis vient le nombre 2, le nombre 5 et rarement le nombre 4. Au reste, ce nombre n'est pas toujours constant aux divers âges de la fleur : il arrive quelquefois qu'il se multiplie par la formation de cloisons dont le développement est ultérieur, comme cela se voit dans les *Verveines*, les Labiées, qui primitivement n'ont que 2 loges, et plus tard en offrent 4, par le partage ultérieur des loges primitives en deux compartiments, comme cela se voit encore dans les *Lins*, dont les cinq loges primitives se partagent, à un moment donné, en deux par une cloison de nouvelle formation. Ces cloisons supplémentaires qui masquent ainsi la structure initiale de l'ovaire se nomment *fausses cloisons*.

L'ovaire est ordinairement apparent ou libre et on peut l'apercevoir en regardant au fond de la fleur : on l'appelle alors *ovaire supère*, comme dans les *Pavots* (fig. 208) et les *Lis*. D'autres fois, le sommet seul de l'ovaire se montre au fond de la fleur ; il est soudé avec le réceptacle, il faut regarder par-dessous la fleur pour l'apercevoir ; l'ovaire est dit alors *infère* ou adhérent, comme dans le *Caféier*, la *Garance* (fig. 209), les *Melons*.

Nous avons dit plus haut qu'on appelle *ovules* les petits corps attachés aux placentas, et qui, plus tard, deviendront des graines. Ces ovules se composent d'un mamelon central nommé *nucelle*, adhérant par sa base à un double sac qui n'offre qu'une ouverture très-petite correspondant au sommet libre du nucelle. Le sac extérieur se nomme *primine*, le sac intérieur *secondine*. L'ouverture de cette double enveloppe est le *micropyle*. Le point d'adhérence du *nucelle* avec ses téguments se nomme la *chalaze*. Il est des ovules qui n'ont pas de *primine*. Il en est qui n'ont ni *primine* ni *secondine*. Mais ces cas sont rares. Le point par lequel les ovules s'attachent, soit directement, soit indirectement, au placenta, par l'intermédiaire d'un petit cordon, ou *funicule*, porte le nom de *hile*.

Fig. 208.
Ovaire supère
du Pavot.

Fig. 209.
Ovaire infère
de la Garance.

Tous les ovules n'ont pas la même forme. L'ovule de la *Rhubarbe* (fig. 210) a la forme d'un œuf. Son hile est diamétrale-

Fig. 210.
Ovule orthotrope
de Rhubarbe.

Fig. 211.
Ovule anatrope
d'Ellébore.

Fig. 212.
Ovule campylitrope
de Haricot.

ment opposé au micropyle. Ce genre d'ovule se nomme *orthotrope*.

Dans l'*Ellébore*, au contraire, l'ovule a son point d'attache placé près du micropyle, et on remarque sur un de ses côtés un renflement en forme de cordon, qui s'étend sur toute sa longueur et porte le nom de *raphé* (fig. 211). Ce genre d'ovule s'appelle *anatrope*.

Dans le *Haricot* l'ovule a, de même, son point d'attache placé près du micropyle; mais comme il n'y a pas de raphé et qu'il est courbé en façon de rein, on dit qu'il est *campylitrope* (fig. 212).

Telles sont les trois formes principales des ovules. La seconde est la plus commune, la première est la plus rare.

RÉCEPTACLE.

Le calice, la corolle, les étamines, les pistils, s'insèrent sur l'extrémité du pédoncule floral, qui porte le nom de *réceptacle*. Sa forme est très-variable. Dans les *Renoncules* il est conique; le calice, la corolle, les étamines et le pistil s'insèrent et s'étagent successivement sur ses flancs, ces derniers organes occupant jusqu'à son sommet. Dans le *Myosurus* (fig. 213), il s'al-

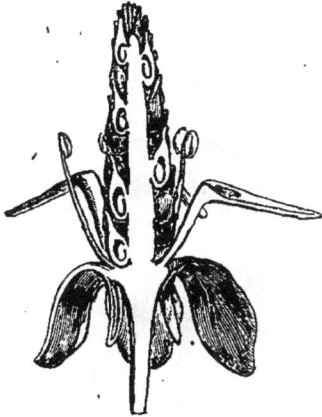

Fig. 213. Réceptacle du Myosurus.   Fig. 214. Réceptacle de la fleur de Pêcher.

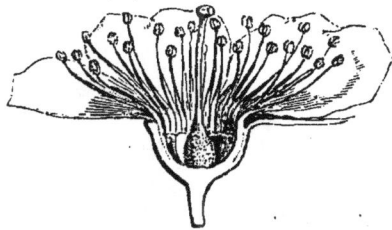

longe tellement qu'il ressemble à un petit épi dont les fleurs seraient les carpelles. Comme dans ces circonstances les étamines sont insérées au-dessous des pistils, on dit que les étamines sont *hypogynes*.

Dans le *Pêcher* (fig. 214), l'*Abricotier*, le réceptacle a la forme d'une coupe, au fond de laquelle se trouve le pistil, tandis que

sur ses bords s'insèrent le calice et les étamines. Celles-ci entourent le pistil, et sont dites *périgynes*.

Dans la *Rose* (fig. 215), le réceptacle se creuse tellement qu'il
prend la forme d'une bou-
teille, dont le fond est occupé par les carpelles et
sur les bords supérieurs
de laquelle s'insèrent les
sépales, les pétales et les
étamines. Celles-ci sont
encore périgynes.

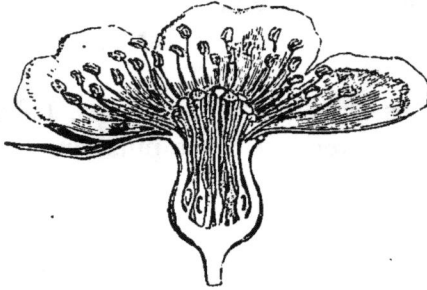

Dans tous les exemples
que nous avons cités jus-
qu'ici, le pistil ne contracte aucune adhérence avec le réceptacle. Aussi dans tous ces cas, dans celui même où le réceptacle est creusé en bouteille, l'ovaire est *libre* ou *supère*. Mais
il n'en est pas toujours ainsi. Le réceptacle creusé en coupe

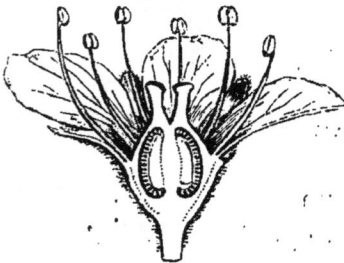

Fig. 215.
Réceptacle de la fleur de la Rose pimpinella.

Fig. 216. Ovaire adhérent. (Saxifrage.)   Fig. 217. Ovaire adhérent. (Fuchsia.)

se soude assez fréquemment avec la partie ovarienne des carpelles qu'il renferme, et cette soudure se fait plus ou moins

haut, de manière à présenter tous les degrés possibles d'adhérence. C'est ce qu'on voit dans la fleur des *Saxifrages* (fig. 216), du *Pommier*, du *Néflier*, des *Myrtes*, dans les fleurs du *Fuchsia* (fig. 217). L'ovaire est dit alors *adhérent*.

FRUIT.

Les fleurs n'ont qu'une existence éphémère. Après la fécondation, elles disparaissent; l'ovaire, fécondé et grossi, persiste seul. Les débris flétris et desséchés de la corolle jonchent le sol ou sont emportés par les vents. Mais si la plante a perdu ce qui lui prêtait son élégante décoration, si elle n'a plus cette parure brillante qui attirait et charmait nos yeux, le spectacle qui nous reste a bien son intérêt. C'est une décoration nouvelle qui remplace la première, et la vue n'a rien à regretter à ce changement de tableau. Aux blanches fleurs des Rosacées succèdent les jeunes fruits, aux teintes d'un vert engageant. En se dépouillant de leur corolle, les Sorbiers, les Néfliers, les Nerpruns étalent des fruits d'un rouge écarlate. Aux fleurs parfumées des Orangers succèdent les pommes d'or des Hespérides ; aux tendres corolles du Cerisier, le globe empourpré de la cerise. La verdure de nos moissons séchées par le soleil de juillet fait place aux épis jaunissants, courbés sous le poids de leur fruit dur et corné. Comment ne pas admirer le tendre duvet de la Pêche, les globes énormes des Cucurbitacées, la chair épaisse et succulente de la Prune savoureuse, la substance nutritive des Légumineuses ou les grappes vermeilles de la Vigne, que dore le soleil d'automne ! Si les fleurs éveillent en nous le sentiment du bonheur et de la joie, les fruits nous annoncent l'abondance et la richesse. L'homme contemple avec une juste satisfaction ce résultat, longtemps attendu, de ses soins et de ses travaux.

La fécondation des fleurs une fois opérée, la vie se concentre dans les ovules et dans l'ovaire qui les renferme et les protège. Ces deux parties continuent à croître, et offrent bientôt de nouveaux caractères. L'ovule devient la *raine*, l'ovaire de-

vient le *péricarpe*, et leur ensemble constitue le *fruit*. Le fruit
est donc l'ovaire qui a mûri, ou qui a *noué*, comme disent les
jardiniers.

L'aspect du fruit n'est pas le même suivant que l'ovaire était
libre ou adhérent. Dans le premier cas, le fruit n'offre à sa
surface que la cicatrice du style, et quelquefois, à sa base, les
restes du calice, de la corolle, de l'androcée. Dans le second
cas, le fruit présente à sa surface, et près de son sommet, les
restes ou les cicatrices d'insertion des sépales, des pétales, des
étamines. C'est ainsi qu'une pomme, un coing, une groseille,
qui résultent de la maturation d'un ovaire adhérent, sont munis
d'un *œil*, qui manque complétement à la prune, à la cerise, à
la pêche, parce que ces derniers fruits résultent de la maturation d'un ovaire libre.

« L'analogie des fruits avec les feuilles, dit A. de Jussieu, se montre
dans leur nutrition aussi bien que dans leurs caractères extérieurs.
Comme les feuilles, quoique à un degré plus faible, sous l'action de la
lumière ils prennent dans l'air environnant de l'acide carbonique en dégageant de l'oxygène; la nuit ils prennent de l'oxygène en dégageant de
l'acide carbonique. Leur vie passe par les mêmes phases; leurs tissus,
d'abord mous et riches en sucs, se solidifient graduellement, et, arrivés
à une certaine période, commencent à se dessécher, à perdre la couleur
verte pour en prendre une autre, soit celle de feuille morte, soit des
teintes différentes analogues à celles que certaines feuilles revêtent en
automne; et le péricarpe flétri continue à rester attaché à l'arbre ou
tombe en se désarticulant. »

Les fruits peuvent se diviser en deux grandes sections : les
fruits *secs* et les fruits *charnus*.

Fruits secs. — Parmi les fruits secs, il en est qui s'ouvrent à
la maturité, pour laisser échapper les graines; il en est, au
contraire, qui restent toujours clos. De là la division des fruits
secs en *déhiscents* et *indéhiscents*.

Les fruits du *Pissenlit*, de la *Chicorée*, du *Sarrasin*, du *Bleuet*
(fig. 218), de la *Renoncule* (fig. 219), sont secs et ne s'ouvrent
pas. La graine unique qu'ils contiennent n'adhère pas au
péricarpe : on nomme ce genre de fruit *akènes*.

L'Orme a pour fruit un akène; seulement, comme il est
entouré d'un repli membraneux en façon d'aile, on le nomme

samare. La figure 220 représente le samare de l'*Orme*, la figure 221 le samare de l'*Érable*.

Fig. 218.
Akène de Bleuet.

Fig. 219.
Akène de Renoncule.

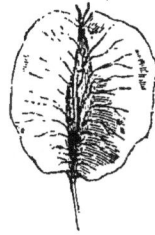

Fig. 220.
Samare de l'Orme.

Le fruit du *Blé*, de l'*Orge*, de l'*Avoine*, etc., est, comme l'akène, sec et indéhiscent; mais la graine unique qu'il renferme adhère au péricarpe, de manière à ne former qu'un seul corps avec lui : ce fruit s'appelle *caryopse*. La figure 222 représente le fruit ou le *caryopse* du *Blé*, selon le mot botanique.

Que de variété dans la manière dont s'ouvrent les fruits

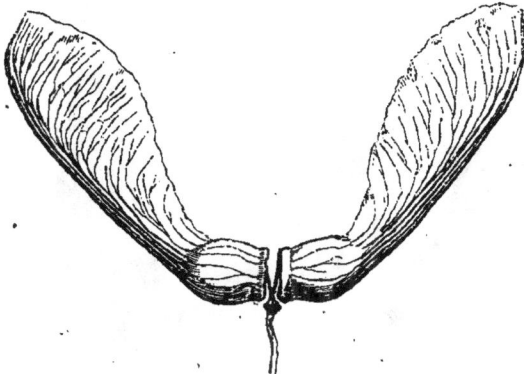

Fig. 221. Samare de l'Érable.

Fig. 222. Caryopse du Blé.

secs! Les uns s'ouvrent en deux valves, qui portent chacune un rang de graines sur un de leurs bords; telles sont les *gousses* du *Pois*, des *Haricots* (fig. 223), etc. Les autres se fendent longitudinalement d'un côté, et prennent, en s'étalant, la forme d'une feuille qui porterait des graines sur ses deux bords : c'est le *follicule*; tel est celui de l'*Aconit* (fig. 224).

Il est des fruits secs qui s'ouvrent en deux parties par une

12

fente horizontale circulaire, en sorte que la partie supérieure
du fruit se détache comme un opercule. Ce genre de fruit sec
se nomme *pyxide;* on le voit dans le *Mouron rouge,* la *Jusquiame*
(fig. 225). Chez d'autres, le péricarpe se détache en deux valves,
qui mettent à nu, par leur chute, un châssis formé par les
placentas garnis de leurs graines : ce genre de fruit se nomme
silique; tel est le fruit de la *Giroflée* (fig. 226).

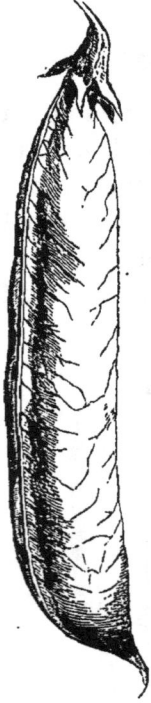

Fig. 224. Follicule d'Aconit.

Fig. 223.
Gousse de Haricot.

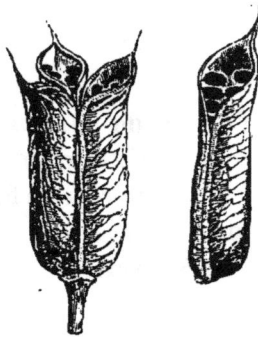

Fig. 225.
Pyxide de la Jusquiame.

Fig. 226.
Silique de la Giroflee.

Est-il rien de plus ingénieux que le mode de déhiscence de
la capsule du *Pavot* (fig. 227) ou du *Coquelicot?* L'ouverture de
ce fruit se fait par un certain nombre de petites valvules réflé-
chies, disposées en cercle au-dessous du sommet aplati du
fruit. Les graines y sont très-nombreuses ; mais grâce à l'élégante disposition que nous venons de rapporter, elles ne tom-

bent pour ainsi dire que une à une, lorsque le vent incline la capsule, qui forme ainsi une sorte de semoir naturel.

Le fruit de la *Digitale* (fig. 228), qui est aussi une *capsule*, s'ouvre en deux valves, par le décollement des cloi- sons, et chaque valve correspond à un carpelle (déhiscence *septicide*). La capsule de la *Tulipe* (fig. 229) s'ouvre en trois valves; chaque valve corres- pond à deux moitiés de carpelle, et porte une cloison sur son milieu (dé- hiscence *loculicide*).

Dans quelques plantes la disper- sion des graines est assurée par des moyens assez difficiles à expliquer. Tout le monde sait qu'il suffit de tou- cher le fruit des *Balsamines* pour que ses valves se roulent tout à coup sur elles-mêmes, et projettent les graines à une certaine distance. C'est cette propriété qui a fait donner à l'une des espèces de la famille de ces plantes le nom d'*Impatiente n'y touchez pas*.

Le fruit capsulaire et ligneux du *Sablier élastique* (fig. 231), arbre amé- ricain de la famille des Euphorbia- cées, est composé de 12 à 18 *coques* qui, par la dessiccation, s'ouvrent su- bitement, par le dos, en deux valves et se détachent de l'axe avec une

Fig. 227. Capsule du Pavot.

Fig. 228.
Capsule de la Digitale.

sorte de détonation. On a beau entourer un de ces fruits avec des fils de métal, la force de déformation est telle que les val- ves s'écartent encore l'une de l'autre. Enfin, pour prendre plus près de nous un dernier exemple, les graines des *Géranium*, (fig. 230) sont enfermées dans de petites loges membraneuses, qui sont enchâssées au bas d'un axe allongé et soutenues par un filet qui part du sommet de cet axe. A la maturité, ce filet se courbe en volute ou en spirale, et en soulève la loge avec la graine qu'elle contient dans sa cavité. C'est ainsi que le fruit du *Géranium bec de grue*, qu'on rencontre à chaque instant

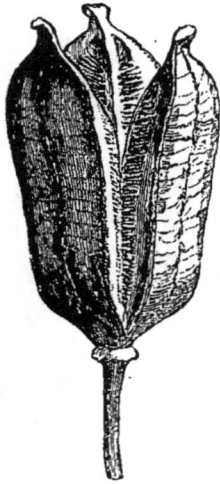

Fig. 229. Fruit de la Tulipe.

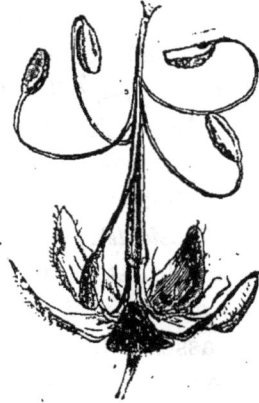

Fig. 230. Fruit du Géranium.

Fig. 231. Fruit du Sablier élastique.

aux environs de Paris, ressemble à une sorte de candélabre à cinq branches suspendues au sommet d'une colonne centrale.

Fruits charnus. — Quand le parenchyme des fruits prend un grand développement et qu'il se gonfle de liquides, le fruit devient *charnu*. L'homme tire de ce genre de fruits un si grand parti pour sa nourriture, qu'il a exclusivement appelé *arbres fruitiers* ceux qui fournissent ce produit végétal. D'après cette singulière erreur du langage, on croirait que l'*Abricotier*, le, *Pêcher*, etc., portent seuls des *fruits*. Il y a ici un étrange désaccord entre la science et le sentiment..

Le fruit *charnu* est coloré en vert dans les premières phases de son développement. Il dégage alors, comme toutes les parties vertes des végétaux, de l'oxygène pendant le jour, et de l'acide carbonique pendant la nuit. Mais bientôt son volume augmente; il reçoit par son pédoncule l'eau et les substances minérales indispensables à son développement. C'est dans cette première période que les principes immédiats solubles prennent naissance; leur proportion s'accroît à mesure que le fruit se développe. Ces corps solubles sont : le tannin, les acides organiques, qui varient suivant les différents fruits (acide malique, citrique, tartrique, etc.), le sucre, la gomme, la pectine, etc.

La formation de la pectine, substance qui compose les *gelées* des confitures de nos ménages, est due à la réaction des acides sur une matière insoluble dans l'eau, l'alcool et l'éther, et qui accompagne presque constamment la cellulose dans le tissu des végétaux.

Le sucre provient de la modification de certaines matières neutres, comme la gomme et l'amidon. En effet, l'amidon existe en grande quantité dans certains fruits verts, et il en disparaît complétement au moment de la maturité. Il est donc extrêmement probable que c'est cet amidon qui se transforme en sucre (glycose) sous l'influence des acides. Le tannin lui-même, qui existe dans presque tous les fruits verts, et qu'on ne retrouve plus dans un fruit mûr, se transforme en glycose sous l'influence des acides.

La disparition de l'acidité dans les fruits est le fait le plus curieux de la maturation. On a constaté que cette disparition n'est pas due à la saturation des acides par les bases minérales, que les acides ne sont pas masqués par le sucre ou les matières mucilagineuses qui existent dans le fruit mûr, mais qu'ils sont vraiment détruits pendant la maturité. C'est le tannin qui disparaît le premier, puis viennent les acides.

Le moment où le tannin et les acides ont disparu est celui que l'on choisit, en général, pour manger les fruits; si on attendait plus longtemps, le sucre lui-même disparaîtrait et le fruit serait fade.

Vers l'époque de la maturité, les fruits exhalent de l'acide carbonique. Ils ne présentent plus, dès lors, aucun dégagement d'oxygène pendant le jour, et *respirent*, pour ainsi dire, à la façon des animaux.

Le fruit peut enfin subir un troisième ordre de modification : nous voulons parler du *blésissement*. Cette modification nouvelle a également pour effet de faire disparaître du fruit les principes immédiats qu'il renferme. Une Nèfle, par exemple, d'abord très-acide et astringente, perd son acide et son tannin et ne devient comestible que lorsqu'elle est *blette*. Mais ce qui établit une grande différence entre la maturité et le *blésissement* d'un fruit, c'est que ce dernier état se manifeste seulement lorsque, la peau du fruit s'étant modifiée, l'air a pu pénétrer dans les cellules du péricarpe, les colorer en jaune et les détruire en partie.

Nous n'avons pas besoin de rappeler le rôle immense que jouent les fruits charnus dans la production des boissons alimentaires. Le jus du fruit de la *Vigne* qui a subi la fermentation nous donne le Vin ; le jus fermenté de nombreuses variétés de Pommes et de Poires nous donne le Cidre et le Poiré.

C'est dans les fruits charnus que l'on distingue le plus aisément les trois parties constitutives du *péricarpe*, c'est-à-dire de cette partie du fruit qui forme les parois de l'ovaire. Ces trois parties sont, en allant de dehors en dedans : l'*épicarpe* (ἐπί, au-dessus, καρπός, fruit), membrane épidermique plus ou moins épaisse, — le *mésocarpe* (μέσος, milieu, καρπός, fruit), qui constitue ordinairement la chair ou la pulpe des fruits, — et l'*endocarpe* (ἔνδον, en dedans, καρπός, fruit), qui forme souvent le noyau des fruits, mais dont la consistance varie, comme nous le verrons bientôt.

L'ovaire résultant de la transformation physiologique d'une feuille, et le fruit n'étant qu'un ovaire mûr, on peut considérer l'*épicarpe* et l'*endocarpe* comme représentant les deux épidermes de cette feuille, et le *mésocarpe* comme le parenchyme de cette feuille primitive.

La plupart des botanistes actuels n'admettent que deux classes de fruits charnus : les *drupes* et les *baies*.

La Pêche, la Cerise, la Prune, la Nèfle, la Cornouille, sont des drupes ; le Raisin, la Groseille, la Pomme, l'Orange, la Grenade, sont des baies.

Tous ces fruits sont plus ou moins charnus ou pulpeux. Ils sont de plus *indéhiscents*, mais il y a dans les drupes un ou plusieurs noyaux qui manquent dans les baies.

Jetons d'abord un coup d'œil sur les drupes.

Dans la Pêche, la Cerise et la Prune, qui résultent de la maturation d'un ovaire simple et supère, il est facile de distinguer trois parties : 1° une peau extérieure, plus ou moins épaisse, lisse ou veloutée, ou couverte d'une sécrétion cireuse, connue sous le nom de *velouté* : c'est l'*épicarpe* ; 2° une chair épaisse, pulpeuse, succulente : c'est le *mésocarpe* ; 3° un noyau ligneux, lisse ou creusé d'anfractuosités profondes, qui constitue la chambre solide et protectrice de la graine : c'est l'*endocarpe*. La figure 232, qui montre la forme du fruit de la Cerise,

Fig. 232. Cerise.

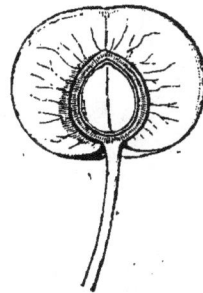

Fig. 233. Coupe d'une cerise.

et la figure 233, donnant une coupe verticale du même fruit, font voir les dispositions intérieures et extérieures de cette *drupe*.

Le fruit du *Néflier* résulte de la maturation d'un ovaire infère composé, à 5 loges, soudé avec une enveloppe extérieure que l'on considère comme une expansion du réceptacle floral. Aussi ce fruit est-il encore couronné par les sépales du calice. La même Nèfle présente cinq noyaux osseux plongés au sein d'une masse pulpeuse qui résulte de la transformation et de la fusion des parois ovariennes (moins les endocarpes ligneux) et de ce réceptacle envahisseur.

Le petit fruit oblong et rouge du *Cornouiller* est pareillement une drupe résultant de la maturation d'un ovaire infère et composé. Ici seulement les noyaux se sont soudés entre eux, de telle sorte qu'on en trouve au centre un seul qui présente deux ou trois loges contenant la semence.

Il résulte de ce que nous venons de dire, que dans la Pêche, la Cerise, la Prune, la partie comestible provient exclusivement de la maturation du péricarpe, ou des parois de l'ovaire, tandis que dans la Nèfle, ou le fruit du *Cornouiller*, la partie comestible résulte non-seulement de la maturation du péricarpe, mais aussi de la transformation du pédoncule de la fleur qui s'est accru et est devenu succulent.

Les *baies* sont, comme les drupes, des fruits charnus et indéhiscents, mais privés de noyau. Telles sont les baies de la *Vigne* ou du *Groseillier* (fig. 234). Il faut remarquer seulement, à l'occasion de ce dernier fruit, que sa partie comestible et pulpeuse n'appartient pas seulement au péricarpe, mais aussi aux graines, qui présentent un *testa* gélatineux assez développé. Les graines de la Grenade présentent aussi un *testa* rempli de pulpe.

Il est d'autres baies dont la structure est si particulière, qu'on leur a donné des noms spéciaux. Nous nous contenterons de mentionner ici les fruits des *Pommiers* et des *Orangers*.

La Pomme résulte de la maturation d'un ovaire infère et composé, à 5 loges. Il est enveloppé, comme le fruit du *Néflier* ou du *Cornouiller*, par une expansion du réceptacle floral. Cette enveloppe est devenue charnue et succulente, comme l'ovaire avec lequel elle est confondue et dont l'endocarpe

Fig. 234.
Baies du Groseillier.

seul, qui tapisse la cavité des cinq loges, est mince et cartilagineux. L'endocarpe constitue ces sortes d'écailles qui s'arrêtent souvent entre les dents lorsqu'on mange une pomme.

Le fruit de l'*Oranger* (fig. 235) résulte de la maturation d'un ovaire supère, composé et à plusieurs loges. La peau extérieure, colorée en jaune, à surface mamelonnée, parsemée de glandes qui sécrètent un liquide odorant, est l'*épicarpe*. La couche blanche, spongieuse et sèche, qui suit immédiatement la peau extérieure, est le *mésocarpe*. Enfin la mince membrane qui tapisse les *quartiers* est l'*endocarpe*. Ces quartiers eux-mêmes forment autant de loges contenant les graines vers leur angle interne, et remplies d'un tissu nouveau et particulier. Ce tissu se développe sur la paroi opposée de chaque loge. Il y. apparaît d'abord sous la forme de poils; ces petits organes se multipliant, encombrent peu à peu la cavité

Fig. 235. Coupe d'une Orange.

entière, se gorgent de sucs, et finissent par constituer un parenchyme succulent, c'est-à-dire la pulpe savoureuse de l'Orange.

Ainsi, dans cet admirable fruit, la partie comestible n'appartient pas au mésocarpe, comme dans la Cerise ou le Raisin ; on peut même dire qu'elle n'appartient qu'accessoirement au péricarpe, puisqu'on rejette les trois parties principales qui constituent ce tégument. La partie comestible est un tissu additionnel pour ainsi dire, et qui n'existe pas dans d'autres fruits.

On voit, par cet exemple, combien est variable la structure des fruits, et quelles difficultés doit présenter leur étude si l'on embrasse le règne végétal tout entier. Aussi bornerons-nous là ces considérations scientifiques sur les fruits secs et charnus. Seulement, pour compléter le rapide aperçu qui précède, nous

nous arrêterons un instant sur quelques fruits vulgaires, dont
les aspects divers et particuliers exigent quelques mots d'explication.

Qu'est-ce que la Fraise? La partie charnue, succulente, qui
la constitue essentiellement, est-elle le fruit? En aucune façon.
Les véritables fruits de la fraise (fig. 236) (et ils sont très-
nombreux) sont ces petits grains brunâtres, secs, insipides,
croquant sous la dent, qui restent au fond du vase, mêlés à
de petits fils noirâtres, quand on a arrosé les fraises avec du
vin. Les petits grains brunâtres sont des *akènes*, les petits fils
noirâtres sont les styles de la fleur séchée. Ce que nous man-
geons dans la Fraise, c'est le réceptacle de la fleur, qui peu à

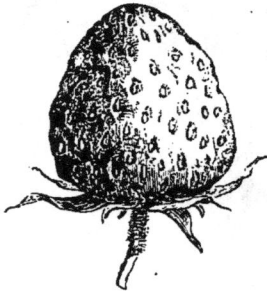

Fig. 236. Fraise.   Fig. 237. Framboise.

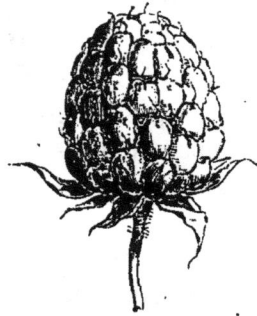

peu se gorge de sucs, augmente de volume, déborde les petits
akènes, les enchâsse dans son parenchyme, et prend, avec une
riche couleur, une odeur des plus suaves, une saveur douce,
aromatique et acidule.

Dans la *Framboise*, au contraire (fig. 237), le réceptacle est
sec et porte un certain nombre de fruits, qui loin d'être des
akènes, comme dans la Fraise, sont au contraire de petites
drupes. Le siége de la partie charnue et sapide est ici entièrement déplacé.

Dans la *Figue* (fig. 238), la partie comestible est, comme pour
la Fraise, constituée par un réceptacle fait en forme de gourde,
épaissi, charnu et succulent. Les véritables fruits, que le lecteur aura sans doute pris pour les graines elles-mêmes, et qui
sont des akènes, sont insérés à la face interne du réceptacle.

Mais la Figue présente cette différence avec la Fraise que, tandis que tous les fruits de la fraise appartiennent à une même fleur, tous les fruits d'une même figue appartiennent à autant de fleurs différentes.

La *Mûre* (fig. 239) n'est pas un fruit charnu proprement dit,

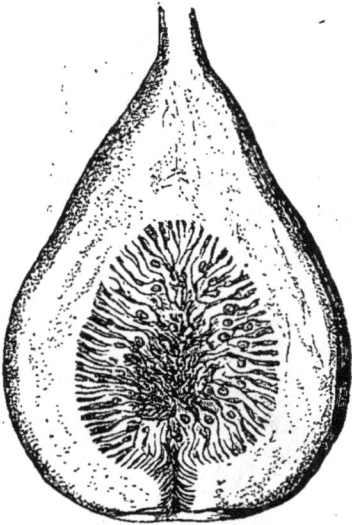

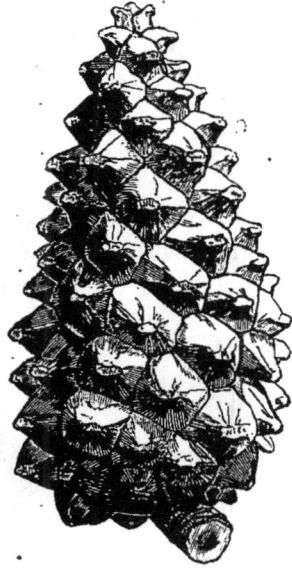

Fig. 238. Fruit composé de la Figue.   Fig. 239. Mûre.   Fig. 240. Cône du Pin.

c'est un *akène*, renfermé dans un calice persistant devenu charnu.

On appelle *cône*, le fruit propre à un groupe naturel de plantes désignées pour cela sous le nom de *Conifères*. Le *cône* est un fruit sec, composé d'un grand nombre d'akènes, ou de samares, cachés dans l'aisselle de bractées dures et très-développées. La figure 240 représente le *cône du Pin*.

GRAINE.

La graine est la partie essentielle du fruit. Elle présente au dehors un système d'enveloppes protectrices qui est ordinairement double; c'est à cette enveloppe défensive qu'elle doit les aspects les plus variés.

Les graines sont tantôt lisses, comme celles du *Tabac* (fig. 241), ou du *Poirier* (fig. 242); tantôt ridées, chagrinées, comme dans celles de la *Nigelle* (fig. 243); papilleuses, comme celles

Fig. 241.
Graine striée
du Tabac.

Fig. 242.
Graine lisse
du Poirier.

Fig. 243.
Graine plissée
·de la Nigelle.

Fig. 244.
Graine papilleuse
de la Stellaire.

Fig. 245. ·
Graine alvéolée
du Coquelicot.

de la *Stellaire* (fig. 244); alvéolées, comme celle du *Coquelicot* (fig. 245); ailées, comme celles du *Pin* (fig. 246); velues, comme celles du *Cotonnier* (fig. 248).

Fig. 246.
Graine ailée
du Pin.

Fig. 247.
Graine du Cotonnier
(coupe).

Fig. 248.
Graine du Cotonnier
(graine entière).

Toute la partie de la graine qui est ainsi recouverte et protégée par cet appareil tégumentaire, se nomme l'*amande*.

Le caractère essentiel de l'Amande, c'est de contenir l'*embryon*, c'est-à-dire un individu nouveau, une petite plante en miniature, qui présentera bientôt les caractères de la plante dont cet embryon est appelé à conserver l'espèce.

On distingue dans l'embryon une petite tige, ou *tigelle*, une petite racine, ou *radicule*; un petit bourgeon, ou *gemmule*. Entre la radicule et la gemmule, on trouve la première feuille, ou les deux premières feuilles de l'embryon; ces premières feuilles

se nomment *cotylédons*. La figure 249 montre ces diverses parties sur un embryon d'*Amandier*.

Quand la plante n'a qu'une seule feuille germinative, ou
qu'un seul cotylédon, comme le *Ricin* (fig. 250), le *Blé*, la *Tulipe*,

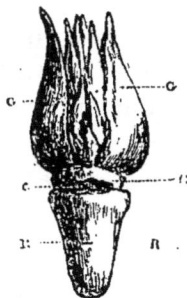

Fig. 249.
Gemmule,
radicule
et cotylédons.

Fig. 250.
Embryon
du Ricin
(monocotylédone).

Fig. 251.
Embryon du
Potamogéton
monocotylédone).

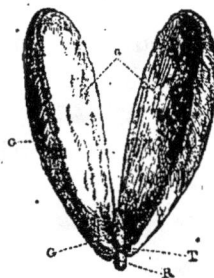

Fig. 252.
Embryon
de l'Amandier
(dicotylédone).

le *Palmier*, le *Potamogéton* (fig. 251), on dit que l'embryon est
monocotylé et la plante *monocotylédone*. Quand il y en a deux,
comme dans la *Rose*, l'*Amandier* (fig. 252), le *Haricot*, on dit qu'il
est *dicotylé*, et la plante *dicotylédone*.

Les cotylédons du *Ricin* (fig. 250) sont minces et offrent à
leur surface des nervures bien distinctes. Ils ressemblent à de
petites feuilles; mais ceux de l'*Amandier*, du *Haricot* sont épais,
charnus, et ne présentent, au premier abord, rien qui ressemble à une feuille. C'est qu'ils ont subi des modifications profondes et essentielles, appropriées aux fonctions qu'ils doivent
remplir dans l'acte de la germination.

Dans un grand nombre de cas, l'amande est exclusivement
constituée par l'embryon, c'est-à-dire que la graine tout entière n'est formée que de l'embryon et d'une enveloppe tégumentaire. Mais souvent aussi il se développe autour, ou à côté
de l'embryon, un corps accessoire, complétement indépendant,
sorte de réservoir de matière nutritive dans lequel l'embryon
puise les substances nécessaires à son premier développement.
Ce corps, c'est l'*albumen*. Quand l'albumen manque, ce sont les
cotylédons qui le remplacent dans ses fonctions de nourrice de
la jeune plante, et c'est dans ce but qu'ils subissent les modi-

fications dont nous venons de parler. Ainsi dans la graine du *Haricot*, qui ne possède pas d'albumen, les cotylédons, très-développés, sont tout gorgés de substances nutritives dont l'embryon tirera un excellent parti, et dont nous provoquons la formation dans le jardinage, car elle constitue pour l'homme un bon aliment. Dans la graine du *Ricin*, qui renferme un albumen volumineux, les cotylédons conservent les caractères propres aux organes qu'ils représentent, ils sont minces et foliacés.

L'albumen varie beaucoup dans son volume, dans sa nature, dans la position par rapport à l'embryon. Il est très-considérable dans le *Blé* (fig. 253) et dans le *Lierre* (fig. 254); il est réduit à une couche mince dans les *Ketmies*.

Fig. 253.
Caryopse du Blé.

Fig. 254. Coupe
de la graine du Lierre.

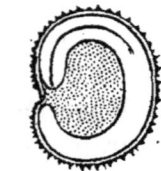

L'embryon est placé latéralement à la base de l'albumen dans le *Blé*. Il entoure complétement cet albumen dans la *Nielle des champs* (fig. 252); il en est, au contraire, entouré de toutes parts dans la graine de l'*Oxalis* (fig. 256).

Arrêtons-nous un moment sur la structure de l'albumen et sur la nature chimique des éléments qu'il renferme.

Fig. 255.
Coupe de la graine
de Nielle des champs.

Fig. 256.
Coupe de la graine
de l'Oxalis.

L'albumen est toujours exclusivement formé de tissu cellulaire. On n'y observe ni fibres, ni vaisseaux. Ces cellules ont tantôt des parois minces comme dans le *Ricin*, le *Blé* et les autres céréales; tantôt leurs parois sont très-fortement épaissies, comme on peut le voir dans le tissu corné et résistant du noyau de la

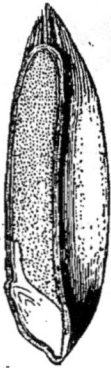

Datte (fig. 257), qui n'est autre chose que l'albumen de la graine.

Dans l'albumen du *Blé* et des autres céréales, c'est la fécule qui prédomine à l'intérieur des cellules de l'albumen.

La forme des grains amylacés, qui varie avec les espèces, n'est pas sans importance. Si l'on ajoute, en effet, à ce caractère quelques autres considérations tirées de leur grandeur et de la structure des grains d'amidon, on pourra reconnaître l'origine d'une fécule inconnue, par une simple observation microscopique, et, d'un coup d'œil, découvrir ainsi la falsification d'une farine.

Les grains d'amidon du *Blé* (fig. 258) sont lenticulaires,

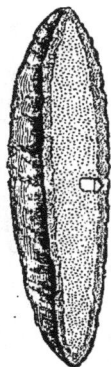

Fig. 257.
Graine coupée de Dattier.

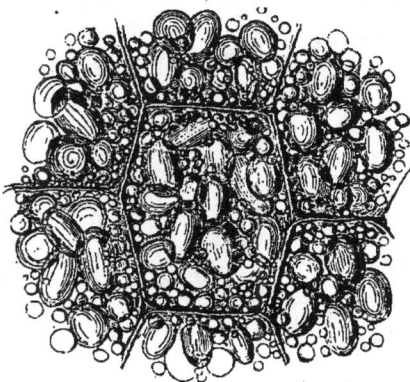

Fig. 258.
Granules d'amidon du Blé vu au microscope.

ellipsoïdes, ovoïdes; leur plus grand diamètre atteint à peine $0^{mm},0325$. Il est très-facile de les distinguer de ceux de la Pomme de terre (fig. 259), qui sont généralement plus volumineux, ovoïdes, munis d'une ponctuation autour de laquelle on observe des zones plus ou moins régulières et plus ou moins marquées.

Dans le *Maïs* (fig. 260), les granules amylacés de la partie cornée de l'albumen sont polyédriques, et offrent presque tous une ponctuation placée à leur centre.

Dans l'*Avoine*, les granules d'amidon sont de plusieurs sortes. Il en est de simples, dont le contour peut être arrondi, ovoïde, fusiforme. Il en est qui sont formés de deux, trois,

quatre ou d'un nombre un peu plus élevé, mais restreint,
d'éléments. Enfin il en est de composés, qui sont sphériques
ou ovoïdes, dont le diamètre peut atteindre jusqu'à cinq cen-
tièmes de millimètre et dont la surface est comme une mo-
saïque de segments polyédriques.

On trouve d'autres substances que l'amidon dans les cellules, à parois très-minces, de l'albumen du *Ricin*, comme
dans les cellules, à parois très-épaisses, de l'albumen de
la *Datte*. La matière grasse y abonde. Elles sont gorgées

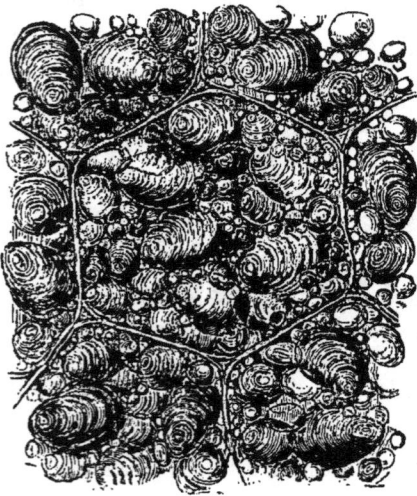

Fig. 259.
Granules de fécule de Pomme de terre.

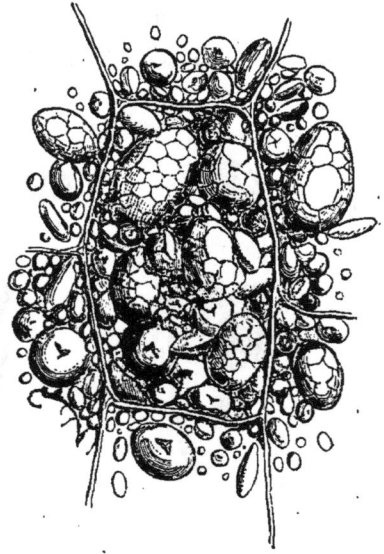

Fig. 260.
Granules d'amidon de Maïs.

de corpuscules d'une structure complexe, et dont la nature
chimique n'est pas encore complétement déterminée. Ces corpuscules, qui dans certaines plantes ne sont pas sans quelque
ressemblance avec des grains d'amidon, ont reçu le nom de
grains d'aleurone. Plus ou moins solubles dans l'eau, ils se
colorent en jaune par l'iode. Les grains d'amidon, au contraire, sont, comme on le sait, insolubles dans l'eau, et se
colorent en bleu par l'iode.

Après ces considérations morphologiques et anatomiques
sur la graine, nous avons à dire quelques mots sur le trans-

port, la vitalité, enfin sur le phénomène physiologique de la germination.

Le vent, les cours d'eau, les blocs de glace charriés par les mers septentrionales, l'action des animaux, enfin celle de l'homme, c'est-à-dire ses cultures, ses vaisseaux, ses marchandises, ses voyages, telles sont les causes, plus ou moins puissantes, qui opèrent le transport des graines d'un lieu à un autre.

Si l'on considère qu'une multitude de graines sont légères, velues, pourvues de sortes de petites ailes ou d'aigrettes, on comprendra que le vent soit la cause la plus générale et la plus ordinaire de la dissémination des germes végétaux sur toute la surface d'un pays. Les fleuves entraînent les graines des plantes à de grandes distances. Si leur cours va du nord au sud ou en sens inverse, ils portent les espèces végétales dans des climats où elles ne sauraient vivre; mais si le fleuve coule de l'est à l'ouest ou de l'ouest à l'est, les graines végétales, transportées par les eaux courantes d'un point à un autre du globe, pourront étendre beaucoup les limites ordinaires de la végétation de ces plantes.

Les courants marins qui longent les côtes, ou qui passent d'une terre à une autre terre voisine, transportent les graines d tape en étape, pour ainsi dire. Dans ce dernier cas; les graines restent peu de temps dans l'eau; par conséquent elles s'altèrent peu. En outre, la température graduée des localités successives qu'elles atteignent est favorable à leur acclimatation et à leur développement ultérieur.

Le rôle des glaçons dans le transport des graines végétales ne manque pas d'une certaine importance. Les navigateurs des mers polaires ont souvent rencontré des glaçons chargés d'une masse énorme de débris, mêlés de terre et de graines. Des plantes végètent sur ces débris. Si le glaçon vient à échouer sur une côte éloignée, il y dépose les graines, qui bientôt produisent des plantes, lesquelles se répandent ensuite dans la contrée.

La dissémination des graines est, dit-on, favorisée par les migrations lointaines des oiseaux granivores. Cependant l'influence des oiseaux, dans le cas qui nous occupe, nous paraît de peu d'importance. La plupart des oiseaux détruisent complétement les graines en les digérant : ce n'est que par exception que les graines traversent, sans être détruites, le tube intestinal de ces animaux.

« Les oiseaux omnivores, dit de Candolle, recherchent souvent les baies qui contiennent de petites graines dures, comme les raisins, les figues, les framboises, les fraises, l'asperge, le gui, etc. Leur estomac n'est pas aussi destructeur que celui des gallinacés, et il paraît que les petites graines peuvent traverser leur canal alimentaire sans s'altérer. Lorsque ces oiseaux sont voyageurs, ce qui n'est pas rare dans les régions tempérées et boréales, ils peuvent emporter fort loin des graines, en particulier lorsqu'ils quittent à l'automne les pays du nord pour gagner le midi; car, à cette époque, il y a beaucoup de fruits mûrs dans la campagne. Les grives, dont plusieurs changent de pays, soit en Europe, soit en Amérique, peuvent ainsi transporter des espèces. Lorsqu'elles avalent une trop grande quantité de fruits à noyau, elles les digèrent mal et peuvent en semer les noyaux. C'est une observation de Linné, lequel assure aussi que l'alouette sème beaucoup de graines dans les champs. »

C'est par le même procédé, c'est-à-dire par une digestion incomplète des graines qui ont servi à leur alimentation, que certains quadrupèdes, particulièrement les herbivores, peuvent quelquefois transporter des graines d'un pays à l'autre. C'est ce qui arrive pour les Rennes, animaux qui vivent en troupes dans les plaines de la Sibérie, et qui, à une certaine époque, émigrent par bandes considérables. Tel est aussi le rôle que jouent des troupeaux de bétail que l'homme conduit souvent à de grandes distances dans nos climats européens et en général dans tous les pays civilisés.

L'action de l'homme pour la dissémination des graines végétales se manifeste de mille manières. Nous emprunterons à M. Alphonse de Candolle quelques considérations intéressantes à ce sujet.

« Les premières peuplades qui se sont répandues sur chaque continent, dit ce savant botaniste, ont porté probablement avec elles quelques espèces de plantes utiles et surtout quelques-unes de ces graines qui s'attachent aux vêtements et aux animaux domestiques et qui se développent bien dans le voisinage des habitations, près des fumiers, des terrains brûlés et des décombres. Plus une population est faible, plus elle est étrangère aux arts de la civilisation, plus ces premiers transports de graines sont insignifiants. Ensuite la population devenant plus dense, plus civilisée, l'agriculture ayant pris naissance et étendu son domaine, les occasions de transport se multiplient. Les peuples chasseurs ou pasteurs parcourent sans doute d'assez vastes étendues de pays, mais les peuples cultivateurs préparent des terrains propres à recevoir des espèces nouvelles et, faisant venir les graines de leurs champs de pays plus ou moins éloignés, ils introduisent avec elles des plantes diverses dont plusieurs naturellement deviennent spontanées. Enfin, lorsque la guerre a créé de vastes empires et forcé les hommes à de nombreux voyages, lorsque la navigation s'est étendue, lorsque des terres nouvelles ont été mises en rapport avec les anciennes, que l'agriculture a pu exporter ses produits et que l'horticulture s'est mise à peupler les jardins de milliers d'espèces étrangères, alors les transports de graines sont devenus de plus en plus nombreux. Ils ont pris une influence tout à fait prépondérante sur les transports par des causes naturelles[1]. »

Le commerce, qui, par ses vaisseaux, porte aux extrémités du globe les produits des échanges des peuples, qui fournit à l'Europe les produits du Nouveau-Monde, et lui rend, en échange, les productions de l'Amérique, est quelquefois un agent indirect du transport des graines végétales. Les laines des moutons de Buenos-Ayres, du Mexique ou de la Plata, apportées en Europe, retiennent, engagées dans les toisons, des graines et des débris de plantes de ces contrées. Ces toisons arrivées en Europe, étant nettoyées, battues et lavées, les graines s'en détachent; elles peuvent alors germer sur ce nouveau terrain et transplanter sous nos climats des espèces végétales des régions situées au delà de l'Atlantique. Au bord de la rivière du Lez, près de Montpellier, dans un lieu nommé *Port-Juvénal*, les laines d'Amérique sont reçues, pour être nettoyées, purifiées et vendues aux fabricants de draps de Lodève. Or les graines des plantes d'Amérique apportées par ces toisons ont fini par germer dans les environs du *Port-Juvénal*, si bien que tous les botanistes célèbres de Montpellier, les de Candolle, les Dunal, les Delille, les Gordon, les Ch. Martins, ont vu et étudié dans cette petite région du midi de la France plusieurs espèces végétales empruntées à la flore de Buenos-Ayres ou du Mexique.

Combien de temps peut durer dans une graine la faculté de germer? Il est des graines qui perdent rapidement leur vie

1. *Géographie botanique.*

latente, ou, ce qui revient au même, leur faculté de germer.
Il en est d'autres qui, placées dans les mêmes circonstances,
conservent très-longtemps leur vitalité. Les graines de beaucoup de plantes de la tribu des Légumineuses germent encore
plusieurs années après la récolte. Tout le monde a entendu
dire que des graines de *Haricot* extraites, de nos jours, de
l'herbier de Tournefort, célèbre botaniste du dix-septième siècle, germèrent parfaitement. En 1824, on semait encore au
Jardin des Plantes de Paris des graines de *Mimosa pudica* ré-
coltées à Saint-Domingue en 1738.

Si les graines sont placées dans des conditions spéciales, à
l'abri des agents atmosphériques, dans une terre plus ou
moins sèche et tassée, par exemple dans des tombeaux ou des
catacombes, leur vitalité peut se conserver un temps prodigieux. C'est un fait d'observation constante, qu'après la destruction d'une forêt, on voit apparaître sur l'emplacement
qu'elle occupait jadis une végétation nouvelle. On a admis,
pour expliquer ce fait, que les graines des arbres enfouies à
l'époque de l'existence de la forêt s'étaient conservées dans
le sol, que leur vie avait été suspendue pendant un nombre
d'années considérable, et que, sortant alors de leur sommeil
léthargique, elles se développaient sous l'influence de conditions nouvelles et favorables à leur germination. Cette hypothèse est assez plausible dans un certain nombre de cas ;
toutefois, comme aucune expérience scientifique rigoureuse
n'a été faite à ce sujet, il se pourrait que, dans le cas dont il
s'agit, la renaissance des arbres soit due à un transport de
graines étrangères, qui auraient germé dès que le sol, devenu
libre, a été rendu à la lumière.

On cite des exemples presque merveilleux de la longévité
des graines. Lindley, savant botaniste anglais, affirme que des
graines de Framboises, trouvées dans un tombeau celtique
qui comptait environ dix-sept cents ans d'existence, ont parfaitement germé, et donné des *Framboisiers*, qui existent encore
aujourd'hui dans le jardin de la Société d'horticulture de
Londres. Ch. Desmoulins assure que des graines de *Luzerne
lupuline*, de *Bleuet* et d'*Héliotrope*, trouvées dans des tombeaux
romains, qui remontaient au deuxième ou au troisième siècle

de l'ère chrétienne, ont, non-seulement germé, mais donné naissance à des individus, qui ont ensuite fleuri et fructifié.

Il faut se tenir en garde contre de semblables prodiges. Si la nature, comme on l'a dit, est capable de tout, il ne faut ajouter foi qu'aux faits rigoureusement établis, et redouter les mystifications et les mauvais tours que la malignité du vulgaire cherche à jouer à l'infaillibilité des savants.

Nous allions oublier de parler de ces éternels grains de blé trouvés dans les tombeaux de l'ancienne Égypte. Il est reconnu aujourd'hui que l'on a abusé, dans cette affaire, de la confiance et de la crédulité des voyageurs. Une variété de blé dite *de Momie* circule, il est vrai, parmi les agriculteurs, mais aucun fait authentique ne justifie son nom.

Si la durée de la vitalité des graines est très-variable, comme on vient de le voir, le temps nécessaire pour leur germination ne l'est pas moins. Certaines graines, comme celles du *Cresson alénois*, du *Pavot*, des céréales, germent en quelques jours. D'autres, comme celles du *Pêcher*, de l'*Amandier*, du *Noisetier*, du *Rosier*, exigent pour *lever* un an, ou même deux. Ces différences tiennent en partie à la grosseur des graines, à la dureté, à la nature osseuse de leurs téguments, et à la présence d'un noyau autour de la graine.

Il est des graines qui semblent pour ainsi dire tellement pressées de se développer, qu'elles germent dans le fruit même qui les renferme. Ce cas se présente assez fréquemment dans les citrons, et chez certaines Cucurbitacées. L'embryon du *Manglier*, arbre qui habite les marécages, l'embouchure des fleuves et les rivages de la mer dans les régions équinoxiales de l'Amérique, se développe dans le fruit attaché encore aux branches, et souvent on voit pendre de ce fruit une racine de plus d'un pied de longueur.

VIII

FÉCONDATION ET GERMINATION

L'étude que nous venons de faire de la fleur et du fruit nous permet d'aborder maintenant deux grandes questions de la physiologie végétale : en premier lieu, l'influence des étamines sur le pistil, ou la *fécondation* dans les plantes ; en second lieu, la *germination*.

FÉCONDATION.

De tous les phénomènes de la vie des plantes, il n'en est pas de plus intéressant, de plus remarquable en lui-même, que la fécondation. Quand l'existence des sexes chez les végétaux fut, pour la première fois, mise en évidence, cette découverte causa un étonnement général. Si les preuves les plus convaincantes ne l'avaient établie, si l'observation la plus vulgaire n'eût permis à chacun d'en constater la réalité, on n'aurait pas manqué de la classer parmi les plus singulières créations sorties de l'imagination des poëtes. La démonstration de l'existence des deux sexes dans les végétaux jeta un trait d'union brillant et inattendu entre les animaux et les plantes ; elle combla en partie l'abîme qui avait existé jusque-là entre ces deux grandes classes d'êtres vivants ; elle devint enfin une source inépuisable de réflexions et de rapprochements, dans l'esprit des naturalistes et des penseurs. En voyant l'espèce d'attraction d'un sexe végétal pour l'autre, en observant ces phénomènes spontanés et divers de l'étamine et du pistil, on fut conduit à rapprocher les plantes des animaux, à leur accorder une certaine portion de sensibilité et de mouvement volontaire. Beau texte de méditations pour les admirateurs de la nature ! Mais nous n'avons pas à entrer ici dans le domaine de l'imagination et de la poésie : revenons à la pure observation des phénomènes qu'il nous reste à décrire.

Les anciens n'avaient que des idées très-vagues sur l'existence de la sexualité chez les végétaux. Cependant nous savons par Hérodote que, de son temps, les Babyloniens distinguaient déjà des *Palmiers* de deux sortes : ils répandaient le pollen des uns sur les fleurs des autres, pour déterminer la production des fruits de cet arbre précieux.

Césalpin, philosophe, médecin et naturaliste italien, qui, au seizième siècle, professait à Pise la médecine et la botanique, remarqua que certains pieds de *Mercuriale* et de *Chanvre* restaient stériles et que d'autres donnaient des fruits. Il considéra les premiers comme des pieds mâles et les seconds comme des pieds femelles.

Au dix-septième siècle, Néhémie Grew, savant anglais, membre de la Société Royale de Londres, qui publia en 1682 une *Anatomie des plantes*, mais surtout Jacques Camerarius, botaniste allemand, né à Tubingue, montrèrent avec précision l'usage des deux parties essentielles de la fleur et le rôle que chacune d'elles joue pour opérer la fécondation des germes. Dans une lettre devenue célèbre, *De sexu plantarum*, publiée en 1694, Camerarius mit en complète évidence le grand fait de l'existence des deux sexes chez les plantes comme chez les animaux. Cette découverte frappa au plus haut point l'esprit des naturalistes ; c'était là, en effet, une des plus éclatantes conquêtes dont se fussent encore enrichies les sciences naturelles.

Après les travaux de Camerarius, l'existence des sexes dans les végétaux fut généralement admise. Vainement Tournefort se montre encore incrédule. L'un de ses plus brillants élèves, Sébastien Vaillant, professe publiquement la théorie de la sexualité, au Jardin des Plantes de Paris. Enfin, en 1735, le célèbre Linné la rend populaire, en fondant sur les caractères sexuels des végétaux son vaste et admirable système de classification, dont nous aurons plus loin à apprécier toute l'importance.

Le pollen étant reconnu comme la substance destinée à féconder l'ovaire, il s'agissait de découvrir la manière dont les grains de pollen produisent la fécondation du germe végétal.

On crut d'abord que les grains de pollen s'ouvraient simplement sur le stigmate, et que les granules qu'ils contenaient, absorbés par ce stigmate, allaient former l'embryon, ou concourir à sa formation. C'était l'opinion la plus naturelle à concevoir *à priori*. Cependant l'observation prouva que les choses se passaient tout autrement, et d'une manière plus compliquée.

En 1823, un physicien et naturaliste italien, Amici, en observant le *Pourpier*, reconnut que les grains de pollen, loin de s'ouvrir, comme on le croyait, sur le stigmate, pour y répandre la matière fécondante, s'y changeaient peu à peu en une sorte de tube membraneux, qu'il désigna sous le nom de *tube* ou de *boyau pollinique*. La figure 261 fait voir les états successifs par lesquels passe le pollen quand il émet son *tube* ou *boyau* pollinique au moment de la fécondation.

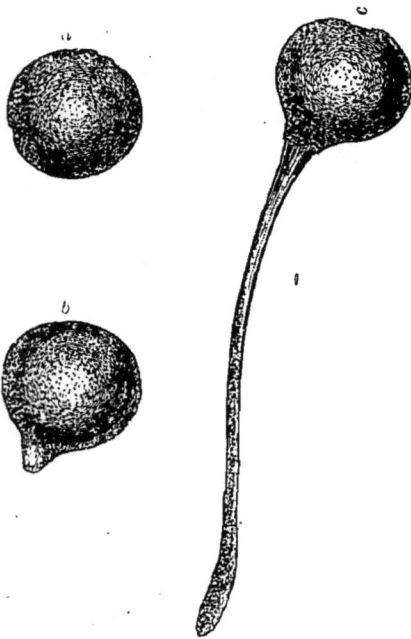

Fig. 261. Pollen emettant le tube pollinique.

En 1827, un célèbre botaniste français, M. Ad. Brongniart, dans des recherches considérables sur la fécondation, reconnut que le fait observé par Amici se produisait chez un grand nombre de plantes, et que, de plus, les tubes polliniques pénétraient ordinairement à une profondeur plus ou moins grande dans le style. Il cita le *Datura* comme une des plantes chez lesquelles le mode d'action du pollen sur le stigmate est le plus facile à observer.

« Ces sacs tubuleux, dit M. Ad. Brongniart, la plupart encore remplis de granules, se distinguent assez facilement par leur couleur brunâtre et leur opacité du reste du tissu du stigmate, et je ne saurais mieux comparer un de ces stigmates ainsi couvert de grains de pollen qu'à une pelote qui serait entièrement couverte d'épingles enfoncées jusqu'à la tête dans son intérieur. »

La figure 262 représente, d'après le beau mémoire de M. Brongniart, la coupe verticale d'un stigmate de *Datura*, fécondé et sillonné dans toute son épaisseur de *tubes* ou *boyaux pollini-ques*. Tel est l'aspect que présente le stigmate du *Datura* vu à un fort grossissement microscopique.

La figure 263 a pour but de montrer la même disposition chez la même plante, mais avec un grossissement plus fort. Les grains de pollen et le tube pollinique sont encore amplifiés, pour mieux faire saisir leur structure et la marche du tube à travers l'épaisseur du stigmate.

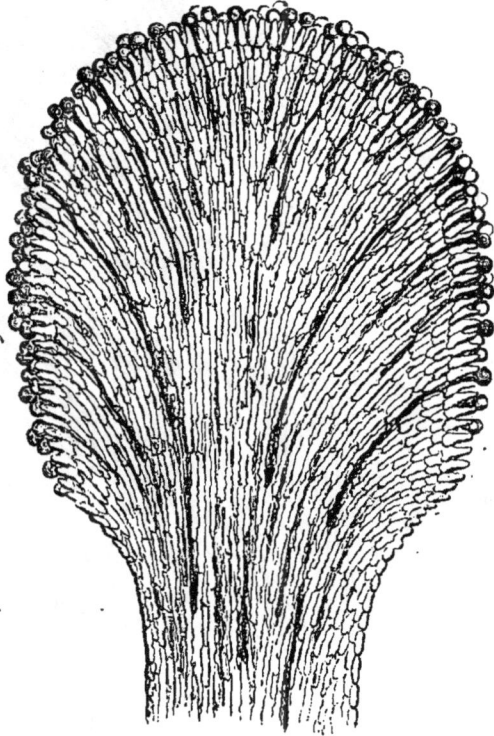

Fig. 262. Tube pollinique du Datura (coupe verticale).

Pour mieux faire comprendre cette curieuse particularité organique, nous re-présentons dans la figure 264 le même stigmate du *Datura* vu à l'extérieur, et ressemblant, comme l'a dit M. Brongniart, à une pelote garnie d'épingles.

Mais telle est la marche incessante de la science : de nos jours, ces premières et belles observations de M. Ad. Brongniart ont été poussées plus loin, et voici, d'après les travaux les plus récents, quel est le mode de progression du tube pol-linique.

Ce tube qui, comme M. Brongniart l'a fait voir, s'allonge par une sorte de végétation des plus remarquables, s'insinue dans les interstices du tissu cellulaire, que l'on a désigné, d'après cela, sous le nom de *tissu conducteur*, et par lequel il

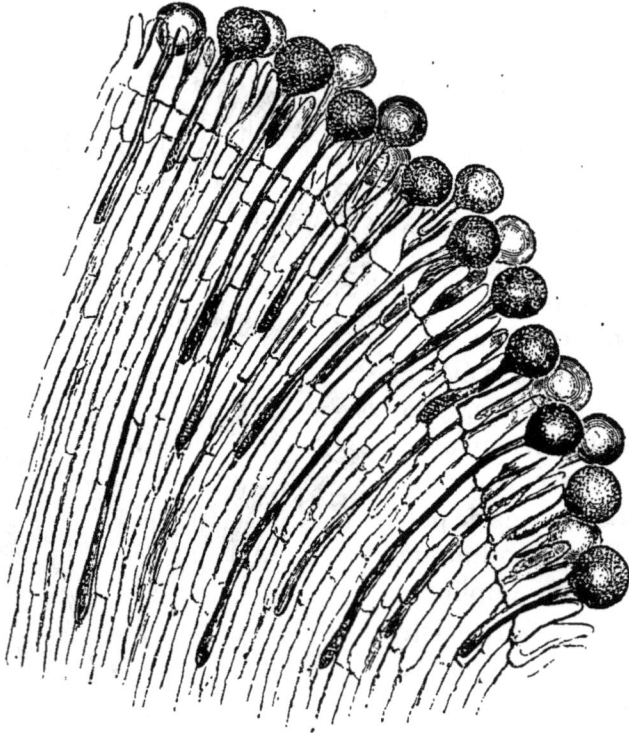

Fig. 263. **Tissu conducteur du pollen chez le Datura,** vu à un plus fort grossissement.

est sans doute nourri. Occupant le centre du style, ce tube parcourt ainsi toute sa longueur ; il entre dans l'ovaire, et s'y met en rapport avec les ovules, en pénétrant par leur ouver-ture micropylaire.

La figure 265 est une coupe du stigmate, du style et de l'ovaire, qui a pour but de mettre en évidence le long trajet que suivent les tubes polliniques pour pénétrer depuis le stigmate jusqu'à l'intérieur de l'ovaire, où ils viennent chacun se mettre en rapport avec l'ovule.

Nous représentons dans la figure 266 un des ovules, pris à part et grossi, pour mettre plus en relief le même phénomè-ne. L'ovule repré-senté sur cette figure est celui du *Viola tri-color*. L'extrémité du tube pollinique, en rapport avec le som-met du *nucelle*, va ainsi se mettre plus profondément en rapport avec une des cellules constituti-ves de ce nucelle, qui a pris un développe-ment excessif, et por-te le nom de *sac em-bryonnaire*, parce que c'est là que se déve-loppera l'embryon.

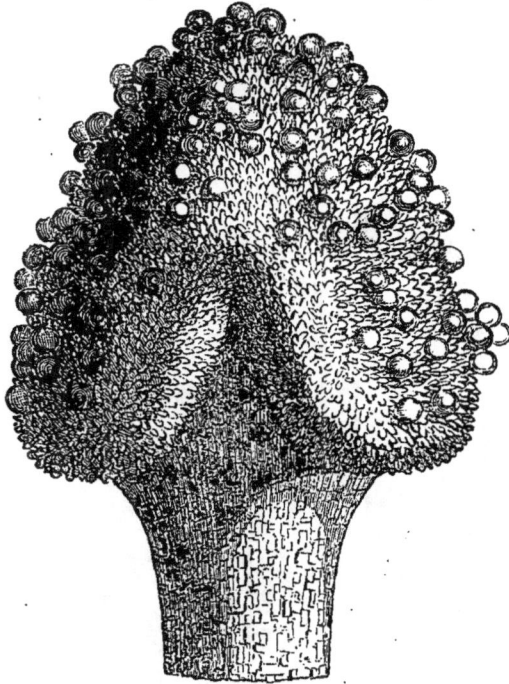

Fig. 264. Stigmate de Datura couvert de pollen.

Le même organe, au moment de la fécondation, est repre senté dans la figure 267, qui donne une coupe intérieure de l'ovule du *Polygonum* avant et après la fécondation ; A est l'ovule avant la fécondation, B le même organe après la fécondation. Sur l'ovule fécondé B, on voit le commence-ment de la formation du *sac embryonnaire* au point de termi-naison du tube pollinique.

Vers 1837, deux botanistes allemands, MM. Schleiden et Horkel, annoncèrent que l'embryon végétal préexiste en germe dans le grain du pollen, et qu'il se forme de l'extrémité même du tube pollinique, lorsque cette extrémité s'est logée dans le sac embryonnaire, refoulé devant elle. Cette théorie, qui re-produisait, et semblait prendre sur le fait, dans le règne vé-gétal, la célèbre hypothèse sur *l'emboîtement des germes*, émise par, Buffon pour le règne animal, a fait grand bruit de nos jours dans l'Europe savante. Plusieurs botanistes l'ont appuyée par leurs observations personnelles. Mais elle ne devait

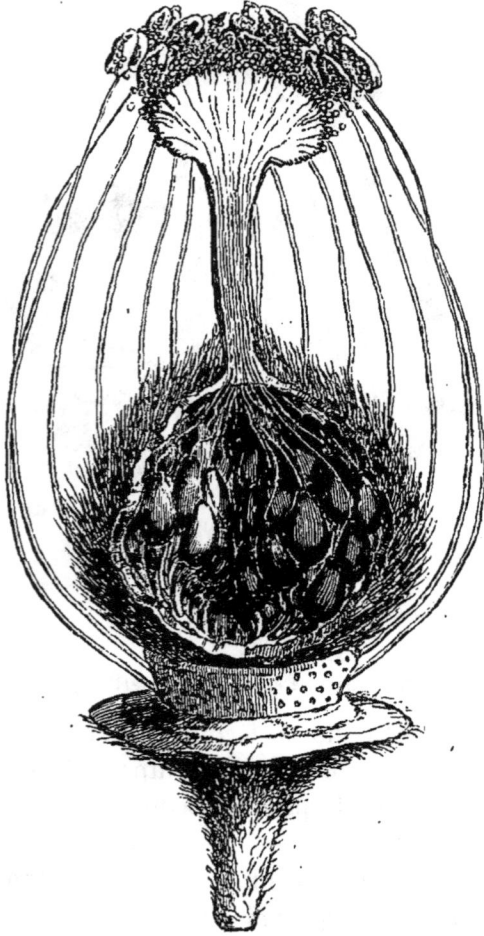

Fig. 265. Ovaire
montrant les ovules fécondés par le tube pollinique.

Fig. 266.
Ovule de la Viola tricolor.

pas résister longtemps aux investigations multipliées que l'importance de la question provoqua de toutes parts.

MM. Amici, Mohl, Unger, Hoffmeister, démontrèrent bientôt, en effet, que le tube pollinique, parvenu jusqu'au sac embryonnaire, y demeure appliqué à sa paroi externe, et qu'il *termine là son rôle et sa vie ;* tandis qu'une petite vésicule plongée dans le suc plastique dont le sac embryonnaire est rempli, absorbe, par endosmose, les éléments fécondateurs que le tube pollinique a sans doute laissés échapper au travers de sa membrane constitutive, et qu'il se développe alors pour former embryon.

La théorie de Schleiden sur la préexistence des germes végétaux a reçu le dernier coup lorsque, en 1849, M. Tulasne, un des plus habiles anatomistes français, publia ses magnifiques études d'embryogénie végétale.

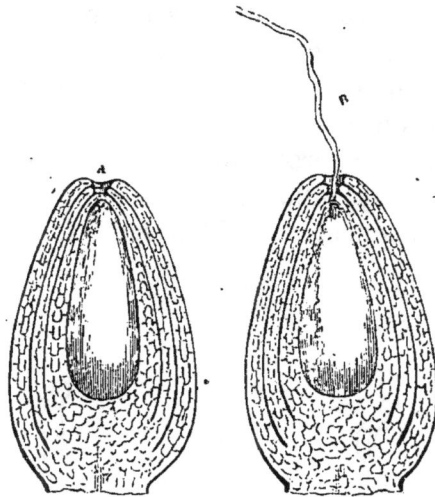

Fig. 267.

Coupe de l'ovule du Polygonum avant la fécondation.

Coupe de l'ovule du Polygonum après la fécondation.

M. Tulasne a toujours vu l'extrémité obtuse du tube pollinique s'appliquer sur la membrane du sac, sans y causer de dépression sensible et y adhérer fortement. A quelque distance du point de contact, se développe, sur la membrane du sac, une vésicule, à base circulaire, d'abord en forme d'ampoule, et qui par la multiplication cellulaire se transforme bientôt en embryon. La figure 268 montre, d'après le mémoire de M. Tulasne, la manière dont l'extrémité du tube pollinique vient s'introduire dans le *nucelle.* La figure 269 est une coupe intérieure du même organe, montrant la formation de la vésicule qui doit devenir l'embryon. La figure 270 fait voir que cette vésicule est devenue un petit globe de tissu parenchymateux, ébauche de l'embryon.

L'embryon ainsi formé peut acquérir un très-grand développement et absorber à son profit toute la matière plastique contenue dans le sac embryonnaire ; ou bien il ne prend que peu de volume, et cette matière plastique, devenue un tissu cellulaire permanent, constitue bientôt une partie accessoire,

mais importante, de la graine, partie connue sous le nom
d'*albumen*.

Nous venons d'exposer rapidement le rôle du pollen et de
l'ovule dans le grand phénomène qui doit assurer la perpé-
tuité de l'espèce ; mais dans cet aperçu des actes les plus in-
times de la fécondation végétale, nous avons présenté les faits
sans nous préoccuper des circonstances extérieures, c'est-à-
dire des influences venues du dehors, qui la préparent, la
déterminent et la favorisent. Nous devons maintenant entrer

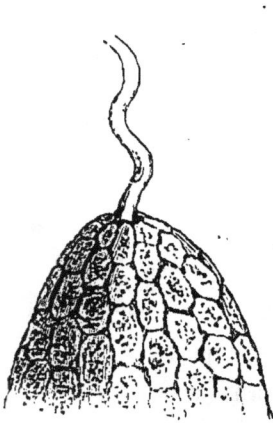

Fig. 268. Tube pollinique
s'introduisant
dans le nucelle même.

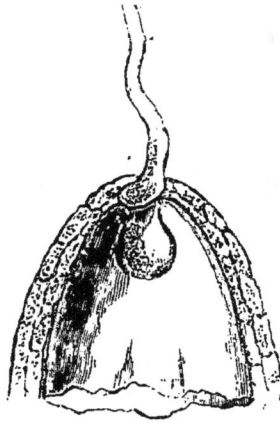

Fig. 269.
Tube pollinique qui a
traversé le nucelle.

Fig. 270. Formation
de la vésicule qui doit devenir
l'embryon.

dans quelques détails à ce sujet. Nous parlerons, en même
temps, de quelques phénomènes qui accompagnent la fécondation.

Dans un grand nombre de fleurs hermaphrodites, les étamines, à l'époque de la fécondation, élèvent leurs anthères
plus haut que le stigmate ; au moment de l'ouverture des anthères, le pollen tombe donc naturellement sur le stigmate.
Dans d'autres fleurs, les étamines portent leurs anthères
moins haut que le stigmate, mais la fleur est habituellement
penchée, comme dans le *Fuchsia* : le dépôt du pollen sur le
stigmate se fait donc alors sans obstacle.

Quand les étamines et les pistils ne se trouvent pas rappro-

chés l'un de l'autre, la nature met en œuvre les moyens nécessaires pour provoquer ce rapprochement. Aussi observe-
t-on chez les différentes plantes, à l'époque de la fécondation,
des mouvements très-curieux et très-variés dans les étamines.

Chez les *Orties*, les *Pariétaires*, les *Mûriers*, les filets de l'étamine sont courbés sur eux-mêmes, sous la pression de l'enveloppe florale. Mais dès que l'épanouissement a lieu, les
filets se déroulent et projettent le pollen à plus d'un mètre de
distance. Ce n'est là qu'un simple mouvement d'élasticité.

Dans la *Rue*, au moment de la fécondation, chacune des
nombreuses étamines qui constituent l'androcée s'infléchit
sur le stigmate ; elle y dépose du pollen, et se relève ensuite
pour prendre sa position première. Il y a ici un mouvement
individuel et vraiment spontané.

Dans la *Fleur de la Passion*, les styles sont d'abord dressés,
mais au moment de l'ouverture des anthères on les voit se
courber et s'abaisser vers les étamines, puis se redresser et
reprendre leur position première.

Si, dans la fleur de l'*Épine-vinette*, on vient à toucher une
étamine avec la pointe d'une épingle, on la voit, par un mouvement brusque, s'appliquer sur le pistil, puis reprendre, au
bout de peu de temps, sa position première, qu'elle quittera
de nouveau si l'on produit une nouvelle irritation. Il y a ici
un phénomène d'irritabilité qui n'existe point dans les cas
précédemment cités.

Les poils qui recouvrent les styles des *Campanules* présentent une propriété singulière. Ils se replient sur eux-mêmes,
comme un doigt de gant dont on refoule l'extrémité libre, et
dans ce retrait ils entraînent avec eux les grains de pollen,
dont ils déterminent la chute.

Dans une jolie petite plante de la Nouvelle-Hollande, connue
sous le nom de *Leschenanthia*, le stigmate a la forme d'une
coupe et il est bordé de poils assez longs. Au moment de l'ouverture des anthères, une partie du pollen tombe dans la
coupe stigmatique, qui se contracte comme pour les embrasser, tandis que les poils se rapprochent pour empêcher la
sortie de la poussière fécondante.

Dans les faits que nous venons de signaler, ce sont les organes mêmes qui sont en action pour produire la fécondation de la fleur. Mais cet acte physiologique est souvent facilité par le concours des agents extérieurs. Les vents peuvent transporter le pollen à une certaine distance, et favoriser ainsi beaucoup la fécondation dans les fleurs des plantes *monoïques, dioïques* ou *polygames*. Les insectes, par leurs mouvements d'une fleur à l'autre, deviennent souvent les instruments actifs de la fécondation végétale.

Dans les Orchidées, chez lesquelles le pollen a une structure si particulière, l'intervention des insectes paraît favorable, mais non indispensable, à la fécondation.

A l'époque où la doctrine de la sexualité des végétaux, popularisée par Linné, était combattue par quelques esprits arriérés, un patient observateur, Conrad Sprengel, épiait, pendant de longues heures, l'instant où un insecte, arrêté sur une fleur pour y puiser ses sucs odorants, déposait quelques grains de pollen sur le stigmate de cette fleur. Sprengel constatait de cette manière un fait naturel, intéressant sans aucun doute, mais il n'apportait aucun argument contre la doctrine de Linné, et l'ouvrage qu'il publia pour développer tous ses arguments contre la sexualité des végétaux, n'amena aucun changement dans le courant des idées nouvelles.

Dans certains climats, les oiseaux-mouches sont d'utiles auxiliaires de la fécondation des fleurs. Enfin, la main de l'homme intervient fréquemment pour pratiquer des fécondations artificielles. Nous citerons comme exemple la fécondation des *Dattiers*, qui est mise en pratique dans l'Algérie et dans tout l'Orient. Écoutons, à ce sujet, un botaniste qui a observé les choses sur les lieux :

« C'est vers le mois d'avril, dit M. Cosson, que le Dattier commence à fleurir et qu'on pratique la fécondation artificielle. Les spathes mâles sont fendues au moment où l'espèce de crépitation qu'elles produisent sous le doigt indique que le pollen des fleurs de la grappe est suffisamment développé, sans toutefois s'être échappé des anthères; la grappe est ensuite divisée par fragments portant chacun sept ou huit fleurs. Après avoir placé les fragments dans le capuchon de son burnous, l'ouvrier grimpe avec une agilité merveilleuse jusqu'au sommet de l'arbre femelle, en s'appuyant sur une anse de corde passée autour de ses reins et qui embrasse à la fois son corps et le tronc de l'arbre. Il se glisse ensuite avec une adresse extrême entre les pétioles des feuilles dont les aiguillons forts et acérés rendent cette opération assez dangereuse, et, après avoir fendu avec un couteau la spathe, il y insinue l'un des fragments qu'il entrelace avec les rameaux de la grappe femelle dont la fécondation est ainsi assurée. »

Un phénomène qui se montre assez fréquemment au moment de la floraison, et qui est en relation intime avec la fécondation, est celui de la production de la chaleur. M. Ad. Brongniart a fait à ce sujet des expériences qui sont restées célèbres. Au moment de l'épanouissement, les fleurs de la *Colocase odorante* présentèrent à cet observateur des accroissements de température qu'on pourrait presque comparer à des accès de fièvre quotidienne. Ces accès se répétaient six jours de suite et avec une forte intensité, presque à la même heure, car c'était entre 3 et 6 heures de l'après-midi que cette élévation de température présentait son maximum.

Des phénomènes analogues s'observent au moment de la fécondation sur les fleurs de nos *Gouets* vulgaires (*Arum vulgare*), de la splendide *Victoria regia*, des *Magnolia*, etc.

·Il est impossible de parler de la fécondation végétale sans citer la plante aquatique connue sous le nom de *Vallisneria spiralis*, qui fait depuis longtemps l'admiration des naturalistes, et que les poëtes ont chantée.

Le *Vallisneria* est une plante dioïque, c'est-à-dire à individus mâles et femelles existant séparément, qui vit dans les eaux tranquilles de quelques pays du midi de l'Europe, principalement de la France et de l'Italie (fig. 271). Dans l'individu femelle, le pédoncule de la fleur est très-long ; il a la forme d'un fil tordu sur lui-même en spirale. Peu de jours avant la fécondation, les tours de spire se déroulent, et le pédoncule s'allonge jusqu'à ce que la fleur femelle qui le termine atteigne le niveau de l'eau et vienne flotter à sa surface. La plante mâle présente, au contraire, un pédoncule très-court, qui n'est susceptible d'aucune extension ; il porte une multitude de petites fleurs, munies seulement d'étamines et enveloppées par une spathe transparente et fermée. A l'époque de l'épanouissement, la spathe se déchire, le pédoncule des fleurs mâles se coupe

14

vers sa partie supérieure, et les fleurs séparées de la tige s'é-
lèvent toutes fermées, ressemblant à de très-petites perles
blanches; elles s'arrêtent à la surface de l'eau et viennent
s'ouvrir près de la fleur femelle qui paraît les attendre. Quand
la fécondation a été opérée, le pédoncule de la fleur femelle se
resserre; il rapproche ses tours de spire, et ramène son ovaire
au fond de l'eau pour y mûrir ses graines.

Voilà le phénomène qui a toujours excité la juste admiration des naturalistes et des observateurs de tout ordre.

C'est au lycée de ma ville natale que j'ai été initié aux premiers éléments des sciences naturelles, par un jeune professeur qui excellait à inspirer à ses élèves le goût de ce genre
d'études, par M. Joly, aujourd'hui professeur à la Faculté des
sciences de Toulouse. Les circonstances admirables des noces
du *Vallisneria spiralis*, ou bien encore les merveilleuses évolutions du Nautile flottant sur la mer ou disparaissant dans ses
profondeurs, étaient le texte favori des entretiens de M. Joly,
pendant nos excursions de botanique et de géologie aux environs de Montpellier, dans le bois fleuri de la Valette, ou sur la
butte volcanique de Monferier. Trente ans se sont écoulés depuis ces heureuses journées de mon adolescence, et le souvenir en est aussi vif, aussi présent, que si j'entendais encore
retentir à mes oreilles les chaleureuses paroles de notre jeune
maître, nous racontant, sous le ciel radieux de nos campagnes, les merveilles de la nature et la puissance de Dieu.

GERMINATION.

Pour qu'une graine germe, il faut trois conditions : de la
chaleur, de l'air et de l'eau.

Pour que la germination s'établisse et se maintienne, la
température ne doit pas être trop inférieure à + 10 ou + 15
degrés centigrades, et elle ne doit pas atteindre + 40 ou + 45
degrés.

L'eau qui pénètre la graine, à l'intérieur du sol, ramollit,
gonfle toutes ses parties, et permet leur évolution intime.

L'air est aussi indispensable à une graine pour germer,
qu'il l'est aux animaux et aux végétaux pour vivre. Des

graines que l'on enfouit trop profondément dans la terre, et

Fig. 271. Les noces du Vallisneria spiralis.

que l'on soustrait ainsi au contact de l'air, ne germent point.

Quel est donc le rôle important que l'air atmosphérique joue dans l'acte de la germination? Le même que celui qu'il remplit dans la respiration des animaux. L'air agit sur les graines par son oxygène. La graine qui germe, exhale, comme l'animal, de l'acide carbonique. Elle prend le carbone dans sa propre substance, et ce carbone se combine à l'oxygène de l'air pour former de l'acide carbonique. Mais dès l'instant où, par les progrès de la germination, la jeune plante a donné de petites feuilles vertes, le phénomène chimique se renverse, pour ainsi dire. Pendant le jour et sous l'influence de la lumière, la jeune plante absorbe l'acide carbonique de l'air, et le remplace par l'oxygène ; sa respiration s'opère comme nous l'avons fait connaître en parlant de cet acte physiologique chez les végétaux colorés en vert.

Suivons maintenant la série des phénomènes que la germination d'une graine présente à l'observateur attentif.

Le premier effet apparent de la germination, c'est le gonflement de la graine et le ramollissement des enveloppes qui la recouvrent. Si la graine renferme un albumen, l'embryon, qui est en contact avec cet albumen, par la totalité ou la plus grande partie de son contour, absorbe les matières nutritives qu'il contient, et il grandit dans la même proportion que l'albumen décroît, puisqu'il se développe aux dépens de cette substance, emmagasinée dans ce but même par la prévoyante nature. Si la graine est dépourvue d'albumen, et que l'embryon remplisse déjà au moment de la dissémination toute la cavité de la graine, ce sont les cotylédons qui, farineux comme dans le Pois, ou charnus comme dans la Noix et le Colza, forment la plus grande partie de la masse embryonnaire, et jouent, à l'égard du reste de l'embryon, le rôle d'albumen. La figure 272 représente le premier effet de la germination sur une plante non pourvue d'albumen, le *Haricot*.

On a été assez longtemps sans comprendre comment l'amidon, qui constitue presque entièrement l'albumen du *Blé*, peut être absorbé par le jeune embryon, puisque les radicules des plantes n'absorbent que les matières solubles, et que l'amidon est entièrement insoluble dans l'eau froide. Mais on a fait de nos jours la découverte intéressante que l'amidon insoluble, devient soluble sous l'influence d'un agent énergique, qui se développe près des germes, au moment de la germination des graines : cet agent de dissolution a reçu le nom de *diastase*.

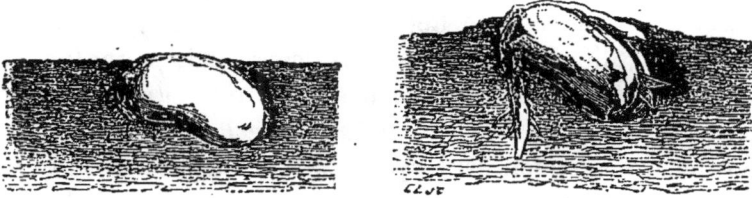

Fig. 272. Graine de Haricot en germination.

La matière amylacée transformée par la diastase en substance soluble porte le nom de *dextrine*. A son tour la dextrine se modifie sous l'influence de la diastase et passe à l'état de sucre.

Il est donc vrai de dire que la première nourriture de la jeune plante, c'est de l'eau sucrée.

On a cherché à savoir si le grain d'amidon en se transformant en dextrine ne présente pas de traces visibles d'une modification moléculaire aussi profonde : s'il disparaît subitement sous l'action de la diastase, ou s'il n'est transformé que graduellement en matière assimilable, de manière qu'on puisse suivre sous le microscope toutes les phases de cette altération. Il a été prouvé que cette modification ne s'opère que par des degrés successifs, et l'on a pu suivre les progrès de cette altération des granules

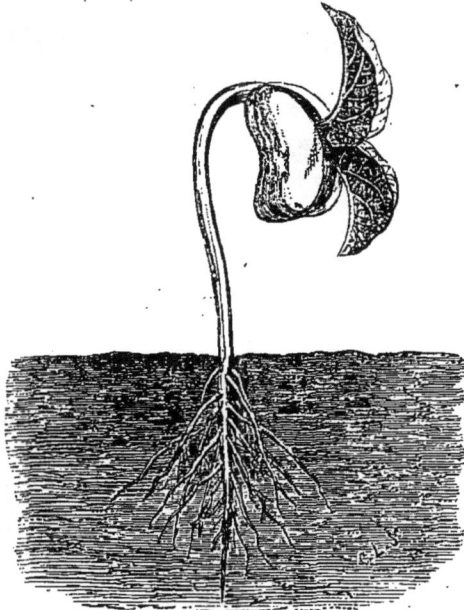

Fig. 273. Germination du Haricot d'Espagne, apparition des premières feuilles.

d'amidon dans la germination d'un certain nombre de plantes.

Revenons à l'évolution de l'embryon. Ainsi nourri et fortifié, soit aux dépens de l'albumen, soit aux dépens de ses propres cotylédons, l'embryon ne tarde pas à presser de toutes parts les téguments qui l'enveloppent, et qui finissent par se rompre et lui livrer passage. Cette rupture se fait tantôt d'une manière irrégulière, comme dans les *Haricots* d'Espagne (fig. 273), les *Fèves*, etc. ; tantôt d'une manière très-régulière, comme dans l'*Éphémère de Virginie*, le *Dattier*, le *Balisier*, etc. Dans ce dernier cas, en effet, l'embryon apparaît au dehors au travers d'une ouverture très-régulièrement découpée dans l'enveloppe tégumentaire de la graine. Cette ouverture est primitivement dissimulée par une sorte de disque ou d'opercule, que la petite racine de l'embryon soulève pour s'échapper au dehors et s'enfoncer dans le sol.

La figure 274 montre les états successifs par lesquels passe

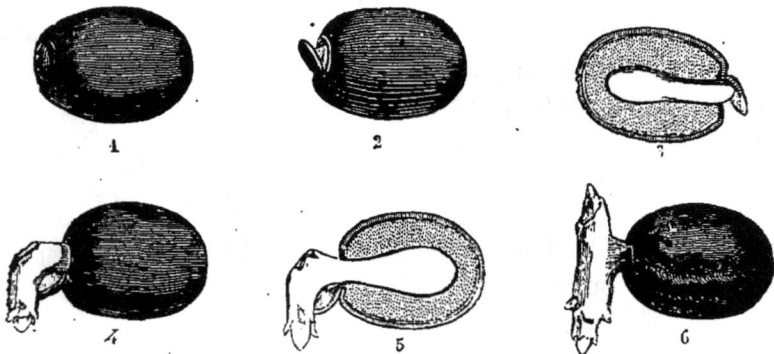

Fig. 274. Germination du Balisier.

une graine de *Balisier* en germination. Le petit opercule est soulevé et chassé (1) ; — le cotylédon se développe, s'allonge horizontalement et pousse la radicule au dehors (2) ; — celle-ci se dirige bientôt vers la terre (3) ; — la gemmule fait saillie hors de la fente cotylédonaire transformée en gaîne (4) ; — la radicule augmente de volume et le rudiment de la tigelle apparaît (5) ; — la tigelle se forme (6).

Les graines de la plupart des plantes monocotylédones sont pourvues d'un albumen, et, au moment de la germination, comme on le voit dans les *Palmiers*, les *Balisiers*, les *Éphémères de Virginie*, le limbe cotylédonaire reste inclus dans la graine. Quant aux végétaux dicotylédones, tantôt, comme dans le *Haricot d'Espagne*, le *Radis*, le *Tilleul*, les cotylédons se dégagent et sortent de terre, comme on le voit sur la figure 275 ; tantôt,

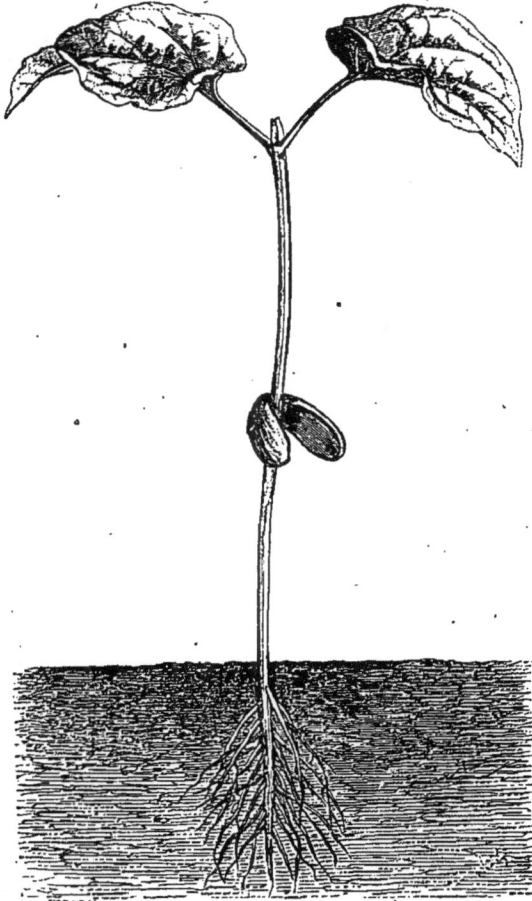

Fig. 275. Germination d'une graine sans albumen, montrant les cotylédons qui se sont élevés avec la tige.

comme dans le *Chêne*, le *Châtaignier*, le *Marronnier d'Inde*, ils restent dans le sol. Dans le premier cas, les cotylédons sont dits *épigés :* ils sont généralement minces et verts, et constituent en réalité les premières feuilles de la plante; dans le second, les cotylédons sont dits *hypogés :* ils sont épais et charnus.

DEUXIÈME PARTIE

CLASSIFICATION DES PLANTES

CLASSIFICATION

Chaque plante qui croît à la surface de la terre ou dans les eaux constitue une individualité distincte. L'examen attentif, la comparaison d'un certain nombre de ces individualités du monde végétal, conduiront tout observateur à reconnaître que plusieurs sont de tout point identiques, tandis que d'autres ne présentent que quelques caractères communs. Examinez les individus-plantes qui composent, par exemple, un champ d'avoine : chez tous, la racine, la tige, les feuilles, les fleurs, les fruits, offrent les mêmes caractères. Les graines de l'une quelconque de ces plantes donneront des plantes semblables à celles du champ. Tous les individus de ce champ appartiennent à une même *espèce*, à l'espèce *Avoine*.

L'*espèce* est donc la collection de tous les individus qui se ressemblent entre eux plus qu'ils ne ressemblent à d'autres, et qui par la génération reproduisent des individus semblables.

Ces espèces peuvent présenter, par suite de diverses influences, par l'action du climat, par la culture, des différences plus ou moins marquées, plus ou moins tenaces, qui les éloignent du type originaire. On leur donne, selon leur importance, les noms de *sous-variétés*, de *variétés* et de *races*. Le *Blé*, la *Vigne*, le *Poirier*, le *Pommier*, la plupart de nos légumes, ont donné, sous l'influence d'une culture longtemps prolongée, des plantes plus ou moins éloignées les unes des autres par la forme extérieure, mais qui ont conservé les caractères essentiels de l'espèce dont elles font partie : ce sont des *variétés* de *Blé*, de *Vigne*, de *Poirier*, de *Pommier*, etc.

La réunion d'un certain nombre d'espèces distinctes qui présentent le même aspect général, la même disposition dans les divers organes, la même structure de la fleur et du fruit, constitue un ensemble, un groupe, auquel on donne le nom de *genre*. La *Rose à cent feuilles*, la *Rose églantine* et la *Rose du Bengale*, sont trois espèces différentes d'un même groupe, ou *genre :* le genre *Rosier*. Le langage vulgaire, ou plutôt l'observation générale, avait créé, avant les études des savants, de véritables noms de genres. Les mots *Chêne, Peuplier, Orge*, sont des noms collectifs vulgaires, qui ont servi, avant la création des sciences naturelles, à désigner un certain groupe de plantes ; ce sont de véritables noms de genres qui ont été créés par le public, et que les botanistes ont acceptés, parce qu'ils étaient fondés sur une observation exacte. « Un homme dont les yeux et l'intelligence s'ouvriraient subitement, dit Pyramus de Candolle, remarquerait dans le règne végétal certains groupes supérieurs que nous appelons *genres* avant de discerner des espèces. »

C'est un botaniste français, Tournefort, qui le premier définit et limita nettement le genre dans les végétaux, et lui donna sa formule, déduite des caractères communs aux espèces qu'il renferme. La plupart des genres créés par Tournefort sont restés dans la science, ce qui montre toute la valeur des caractères qui avaient servi à les établir.

Professeur de botanique au Jardin des Plantes de Paris sous Louis XIV, Tournefort publia en 1694 ses *Éléments de Botanique*. Dans ce livre célèbre, Tournefort débrouille le chaos où la science des végétaux était plongée depuis Théophraste et Dioscoride. Séparant les genres et les espèces par des phrases caractéristiques, il décrit six cent quatre-vingt-dix-huit genres et dix mille cent quarante-six espèces. Il fait connaître, en même temps, un système de classification des plantes, éminemment séduisant, surtout si l'on se reporte au temps où ce système apparut. En effet, le botaniste français dirigeait l'attention et l'esprit de l'observateur sur la partie des plantes la plus propre à exciter son admiration, c'est-à-dire sur les différentes formes de la corolle de la fleur.

En choisissant les formes de la corolle comme base de sa classification, Tournefort a peut-être plus contribué aux progrès de la botanique que les plus savants naturalistes de son

Fig. 276. Tournefort.

époque. Il a su plaire en instruisant. En prenant pour objet de détermination scientifique les parties les plus séduisantes du végétal, celles qui nous charment et nous récréent, il fit autant d'adeptes de ceux qui jusque-là n'avaient vu dans la contemplation des plantes qu'une distraction agréable.

Jetons un coup d'œil sur ce système de classification, le premier que la science ait possédé.

Tournefort établit d'abord deux grandes divisions dans le règne végétal : les *herbes* et les *arbres*. Les fleurs des herbes sont munies ou non d'une corolle ; — elles sont simples ou composées ; — la corolle est monopétale ou polypétale ; — la corolle est régulière ou irrégulière. Ces considérations suffisent à Tournefort pour la classification des végétaux herbacés.

. Quant aux arbres, leur fleur est pourvue ou non d'une corolle, c'est-à-dire *apétalée* ou *pétalée ;* — les arbres *apétalés* ont les fleurs disposées ou non en chaton ; — les arbres *pétalés* ont la corolle *régulière* ou *irrégulière.*

Nous allons mettre sous les yeux du lecteur le tableau de la distribution des espèces végétales selon le·système de Tournefort, en commençant par les arbres.

ARBRES A. FLEURS.

Apétalées.............	{ APÉTALES proprement dits. { AMENTACÉES.	
Pétalées.{	(Monopétales................ MONOPÉTALES. { Polypétales...{ régulières ..... ROSACÉES. (non régulières.. PAPILIONACÉES.	

Les arbres forment donc cinq classes.

Dans la classe des *Apétales* venaient se ranger le Buis, le Pistachier, etc. ; dans la classe des *Amentacées*, le Chêne, le Noyer, le Saule, etc.

Le Lilas, le Sureau, le Catalpa, appartenaient aux *Monopétales ;* le Pommier, le Poirier, le Cerisier, etc., aux *Rosacées ;* l'Acacia, le faux Ébénier, etc., aux *Papilionacées.*

Les herbes formaient dix-sept classes. Les unes avaient des fleurs *apétalées*, les autres des fleurs *pétalées.*

Les herbes à fleurs sans corolle se subdivisaient en trois classes : 1º les herbes à fleurs pourvues d'étamines ; 2º les herbes qui manquent de fleurs et sont pourvues de graines ; 3º les plantes dont les fleurs et les fruits ne sont pas apparents. Le Blé, l'Orge, le Riz appartenaient aux herbes apétalées et à étamines ; les Fougères, les Lichens, aux herbes apétalées sans fleurs, mais pourvues de fruits ; les Mousses et les Champignons aux herbes apétalées sans fleurs ni fruits apparents.

Tournefort formait quatorze classes des herbes à fleurs pourvues de corolle. Les onze premières classes renfermaient les herbes à fleurs isolées et distinctes ; les trois autres renfermaient les herbes à fleurs réunies pour constituer des fleurs composées. C'étaient les *Flosculeuses*, les *Semi-flosculeuses*, les *Radiées* (Soleil, Grande Marguerite).

Le tableau suivant, qui met sous les yeux le groupement fait par Tournefort des herbes à fleurs simples, n'a pas besoin de commentaire, car le lecteur connaît déjà la valeur des termes qui caractérisent les classes.

Corolle monopétale	Régulière	*Campaniformes*	Campanule.
		Infundibuliformes	Tabac.
	Irrégulière	*Personnées*	Muflier.
		Labiées	Sauge.
Corolle polypétale	Régulière	*Cruciformes*	Giroflée.
		Rosacées	Rose.
		Ombellifères	Angélique.
		Caryophyllées	OEillet.
		Liliacées	Lis.
	Irrégulière	*Papilionacées*	Pois.
		Anomales	Violette.

Il n'est pas inutile de faire remarquer que Tournefort a divisé chaque classe en un nombre plus ou moins considérable de sections, basées sur la composition, sur la consistance du fruit, sur quelques modifications particulières de la forme de la corolle, etc.

Tel est le premier système connu de classification des plantes. Cette conception scientifique rencontra une grande faveur auprès des contemporains, en raison de sa simplicité. Cependant dans bien des cas ce système présentait de grandes difficultés d'application. La forme de la corolle n'est pas toujours si nettement appréciable qu'on puisse décider, d'après cette forme seule, à quelle classe appartient la plante examinée. Mais le plus grave défaut de ce système, c'est qu'il divisait le règne végétal en deux groupes qui, en réalité, n'existent pas : les *plantes herbacées* et les *arbres*. Cette division détruit les analogies naturelles, car la taille d'une plante n'a aucun rapport avec son organisation et sa structure.

Au reste, le nombre toujours croissant des espèces nouvelles inconnues du temps de Tournefort, et que l'on ne tarda pas à découvrir, mit en évidence le défaut de ce mode de distribution. La plus grande partie des espèces végétales qui furent découvertes après Tournefort ne purent entrer dans aucune de ses classes, et ce défaut, qui était visible pour tous les yeux, fit peu à peu tomber en défaveur le système du botaniste français.

Quarante ans après la publication du système de Tournefort parut celui de Linné. Ce nouveau mode de distribution des espèces végétales fut accueilli avec admiration ; il régna sans partage jusqu'à la fin du dix-huitième siècle, et de nos jours il conserve encore des partisans. En Allemagne, par exemple, plus d'un livre de botanique a toujours pour base le système de Linné, et bien des jardins d'école sont distribués d'après ses classes.

Le système de Linné repose sur la considération des organes de la fécondation, organes négligés jusque-là et dont les fonctions physiologiques, si longtemps ignorées, venaient, depuis peu, d'être mises en évidence. Linné introduisait, en même temps, dans la langue et la nomenclature botaniques une réforme admirable. Il définissait rigoureusement chacun des termes destinés à exprimer toutes les modifications d'organes employés comme caractères, et il réduisait le nom de toute plante à deux mots : le premier, *substantif*, désignant un genre ; le second, *adjectif*, désignant une espèce de ce genre. Avant Linné, en effet, on faisait suivre le nom du genre d'une phrase tout entière, destinée à caractériser l'espèce. A mesure que le nombre des espèces augmentait, les phrases s'allongeaient à perte de vue. C'est absolument la confusion qui s'introduirait dans la société et dans le langage, si au lieu de désigner, comme nous le faisons, chaque individu par un nom de famille et un nom de baptême, on supprimait le nom de baptême, pour y substituer l'énumération de plusieurs qualités distinctives de la personne ; comme si par exemple, au lieu de dire Durand (Pierre), Durand (Louis), Durand (Auguste), **nous disions :**

Durand le grand blond, Durand le bon chanteur, Durand le dissipé, etc., etc.

La nomenclature linnéenne, ou binaire, est donc un des plus grands titres de gloire de son immortel auteur. Dans les cadres du système de Linné on a pu faire entrer toutes les plantes découvertes après lui, et c'est là une preuve irrécusable du mérite de cette classification artificielle des espèces végétales.

Fig. 277. Linné.

Linné divise d'abord tous les végétaux connus en deux grands groupes : ceux dans lesquels les étamines et les pistils sont visibles, qu'il nomme *Phanérogames*, et ceux dans lesquels ces mêmes organes sont cachés, qu'il appelle *Cryptogames*. Ces derniers ne forment toutefois qu'une seule classe de son système, la vingt-quatrième.

15

Parmi les plantes dont l'ensemble constitue les vingt-trois autres classes, les unes ont les fleurs hermaphrodites, les autres sont unisexuées.

Les plantes à fleurs unisexuées ont les fleurs mâles et femelles réunies sur le même individu : il y a *unité d'habitation*, ou *monœcie*, comme l'indique le nom de la classe à laquelle se rapportent le Chêne, le Buis, le Maïs, le Ricin, etc., et qui forme la vingt et unième (la *Monœcie*). Les fleurs mâles et femelles sont sur deux individus différents : il y a *dualité d'habitation*, ou *diœcie*, comme l'indique le nom de la classe à laquelle appartiennent la Mercuriale, le Dattier, les Saules, etc., et qui est la vingt-deuxième (la *Diœcie*).

Une classe, qui n'est qu'une combinaison des deux précédentes, renferme les plantes qui offrent, sur un ou plusieurs individus, des fleurs mâles, femelles et hermaphrodites : c'est la vingt-troisième, ou *Polygamie*, dans laquelle viennent se ranger le Frêne, la Pariétaire, le Micocoulier, etc.

Les plantes à fleurs hermaphrodites ont les étamines et les pistils portés les uns sur les autres, comme les Orchidées, l'Aristoloche : elles constituent la vingtième classe (*Synandrie*) ; ou bien ces organes ne sont point adhérents entre eux.

Dans ce dernier cas, les étamines sont libres ou adhérentes entre elles.

Lorsqu'elles sont libres, elles sont ou égales entre elles ou inégales.

Si les étamines sont égales, leur nombre détermine les onze premières classes du système. La douzième et la treizième classe sont fondées sur le nombre et le mode d'insertion des étamines. Voici le nom de ces diverses classes :

1 *étamine* dans chaque fleur.	1re classe.	MONANDRIE (Hippuris, Canna).
Deux étamines	2e classe.	DIANDRIE (Jasmin, Lilas).
Trois étamines	3e classe.	TRIANDRIE (Blé, Orge, Iris).
Quatre étamines	4e classe.	TÉTRANDRIE (Garance, Caille-lait).
Cinq étamines.......:....	5e classe.	PENTANDRIE (Bourrache, Ciguë).
Six étamines............	6e classe.	HEXANDRIE (Lis, Muguet).
Sept étamines...........	7e classe.	HEPTANDRIE (Marronnier d'Inde).
Huit étamines............	8e classe.	OCTANDRIE (Bruyère).
Neuf étamines...........	9e classe.	ENNÉANDRIE (Laurier).
Dix étamines	10e classe.	DÉCANDRIE (OEillet, Lychnis).

Onze à dix-neuf étamines.. 11e classe. DODÉCANDRIE (Salicaire).

Vingt éta- (sur le calice.. 12e classe. ICOSANDRIE (Myrte, Rosier).

mines ou {sur le récep-

plus insérées(tacle....... 13e classe. POLYANDRIE (Anémone, Pavot).

Linné a fondé deux autres classes sur l'inégalité des étamines libres : la *Didynamie* (quatorzième classe), qui comprend le Thym, la Lavande, la Digitale, la Scrofulaire, plantes ayant quatre étamines, dont deux plus grandes ; la *Tétradynamie*, qui comprend la Giroflée, le Cresson, le Chou, qui ont six étamines, dont quatre plus grandes.

Lorsque les étamines sont adhérentes entre elles, cette adhérence a lieu par leurs anthères ou par leurs filets. Les plantes qui rentrent dans le premier cas, comme le Bleuet, le Pissenlit, la Grande Marguerite, appartiennent à la dix-neuvième classe (*Syngénésie*). Celles qui rentrent dans le second forment trois classes : la *Monadelphie* (seizième), dans laquelle tous les filets sont soudés en un seul corps, comme dans la Mauve ; — la *Diadelphie* (dix-septième), dans laquelle les filets sont soudés en deux corps, comme dans le Pois et le Polygala ; — la *Polyadelphie* (dix-huitième), dans laquelle les filets sont soudés en plusieurs corps, comme dans l'Oranger.

Les vingt-quatre classes étant ainsi fixées, Linné subdivise chacune d'elles, d'après des considérations tirées, pour les treize premières classes, du nombre des styles ou des stigmates distincts ; — pour la quatorzième (*Didynamie*), de la disposition des graines, tantôt nues (ou du moins qu'il considérait comme telles), tantôt renfermées dans un péricarpe ; — pour la quinzième (*Tétradynamie*), de la forme du fruit ; — pour les seizième, dix-septième, dix-huitième et vingtième, du nombre absolu des étamines ; — pour les deux suivantes, du nombre absolu des étamines ou de leur adhérence entre elles ; — pour la vingt-troisième classe (*Polygamie*), de la distribution des fleurs hermaphrodites et unisexuelles sur un même individu ou sur deux ou trois individus différents. La dix-neuvième classe (*Syngénésie*) est divisée comme il suit :

Fleurs toutes hermaphrodites fertiles, *Polygamie égale* (Salsifis, Laitue, Chardon).

Fleurs hermaphrodites fertiles dans le disque, fleurs femelles fertiles à la circonférence : *Polygamie superflue* (Tanaisie, Armoise, Seneçon).

Fleurs hermaphrodites fertiles dans le disque, fleurs neutres stériles à la circonférence : *Polygamie frustranée* (Centaurée, Soleil).

Fleurs hermaphrodites stériles dans le disque, fleurs femelles fertiles à la circonférence : *Polygamie nécessaire* (Souci).

Fleurs pourvues d'un calice propre et agrégées sous un calice commun : *Polygamie séparée* (Échinops).

Fleurs séparées : *Monogamie* (Jasione, Lobélie, Violette).

La classification des plantes que nous venons d'exposer a reçu le nom de *système artificiel*, parce qu'elle groupe les genres d'après un petit nombre de leurs rapports, et non d'après l'ensemble de ces rapports. Ce système permet plutôt de distinguer les genres les uns des autres, que de faire connaître chacun d'eux d'une manière intime. Il insiste beaucoup sur leurs différences, peu sur leurs ressemblances. Entre ces genres ainsi rapprochés il n'existe aucune analogie essentielle. Le *Jonc* prend place à côté de l'*Épine-vinette*, parce que ces plantes ont chacune six étamines et un seul style. La *Vigne* se range à côté de la *Pervenche*, parce que ces deux plantes ont cinq étamines et un style ; la *Carotte* s'associe au *Groseillier*, etc. Or il n'y a entre les plantes ainsi rapprochées aucun lien naturel, aucun rapport essentiel ; il n'y a que des traits de ressemblance isolés dans l'organisation, et qui peuvent également se trouver réunis dans une foule de plantes très-différentes.

Linné était doué d'un jugement trop sain, d'un tact trop exquis, pour ne pas sentir lui-même les défauts de ce mode artificiel de classification. Il devina, par la force de son génie, l'existence de groupes végétaux supérieurs aux genres, et liés entre eux par un grand ensemble de rapports. Il appela ces groupes *ordres naturels ;* c'est ce que l'on appela après lui *familles naturelles.* Bien plus, il essaya de distribuer les plantes d'après une classification naturelle, c'est-à-dire en véritables *familles.*

Après la mort et pendant la vie de Linné, bien des botanistes se sont efforcés de découvrir sur quel principe il avait fondé ses *ordres naturels*, c'est-à-dire ont cherché à retrouver la clef ou le principe caché de ses *ordres;* mais personne n'y a réussi. Linné lui-même ne paraît pas avoir eu à cet égard des vues bien arrêtées. Il créa ses ordres par une sorte d'instinct supérieur propre à l'homme de génie, par cette demi-divination que finit par acquérir tout naturaliste, tout savant qui possède une connaissance vaste et approfondie des êtres qu'il passe sa vie à observer.

Linné créa donc ses *ordres naturels,* sans avoir eu de plan bien prémédité, sans avoir consulté aucun ensemble bien défini d'organes. C'est ce que paraît prouver l'entretien suivant qu'il eut avec un de ses élèves, nommé Gisèke, entretien qui nous a été conservé, et qu'il ne sera pas sans intérêt de rapporter. Nous laisserons parler chaque interlocuteur :

« LINNÉ. Est-ce que vous croyez, mon cher Gisèke, pouvoir donner le caractère d'un seul de mes ordres?

GISÈKE. Oui, sans doute : par exemple celui des Ombellifères.

LINNÉ. Et quel est-il?

GISÈKE. Celui-là même d'être ombellifères, c'est-à-dire de porter des fleurs disposées en ombelle.

LINNÉ. Fort bien; mais ne vous rappelez-vous pas quelques plantes dont les fleurs sont aussi en ombelle et qui cependant n'appartiennent pas à cet ordre?

GISÈKE. Il est vrai, je me souviens de quelques-unes; j'ajouterai donc deux semences nues.

LINNÉ. Alors l'*Échinophore* ne sera pas de cet ordre, car elle n'a qu'une semence dans le centre du pédoncule, et cependant c'est une ombellifère; et où mettrez-vous l'*Eryngium?*

GISÈKE. Parmi les Agrégées.

LINNÉ. Point du tout. C'est très-certainement une ombellifère, car elle a un involucre, cinq étamines, deux pistils, etc. Quel sera donc son caractère?

GISÈKE. De telles plantes doivent être rejetées à la fin d'un ordre pour servir de passage à un autre. L'*Eryngium* joindrait les Ombellifères aux Agrégées.

LINNÉ. Oh! oh! ceci est autre chose, c'est tout autre chose de connaître les *passages* et de donner les *caractères.* Je les connais très-bien, et comme l'un doit être joint à l'autre.... Il y avait autrefois ici un de nos élèves nommé Fagraux, et qui maintenant est à Saint-Pétersbourg, jeune homme très-laborieux. Il s'entêta du projet de découvrir la clef de mes *ordres,* il y travailla près de trois années et m'envoya son rêve. Pour moi, j'en ris bien. Enfin je sais une chose, c'est que si je donnais une seconde édition de mon livre, je donnerais une seconde disposition de mes ordres. »

Dans une lettre de Linné au même botaniste, on trouve les lignes suivantes :

« Vous me demandez les caractères de mes ordres, mon cher Gisèke; *je vous avoue que je ne saurais les donner.* »

Magnol, célèbre professeur de botanique de l'École de Méde-

Fig. 278. Magnol.

cine de Montpellier, est le premier qui, dans un ouvrage intitulé *Prodromus historiæ generalis plantarum*, publié en 1689, ait imaginé le terme heureux de *famille*, pour désigner des groupes très-naturels de genres végétaux.

« Peu de livres en botanique et même en histoire naturelle, dit M. Flourens, ont eu plus de succès que le petit (je dis petit, car il n'a pas cent pages), que le petit livre de Magnol. La belle préface de ce petit livre. et il n'y a que la préface qui soit belle, n'a que treize pages, et le nom

Fig. 279. Bernard de Jussieu.

de Magnol sera immortel, tant il y a de force et de vie dans quelques idées supérieures, quand elles sont les premières et touchent à un grand problème. »

Citons quelques lignes de cette préface tant admirée par M. Flourens :

« Après avoir examiné, dit Magnol, les méthodes les plus usitées et trouvé celle de Morison insuffisante et défectueuse, celle de Roy trop difficile, j'ai cru apercevoir dans les plantes une affinité, suivant les degrés de laquelle on pourrait les ranger en diverses *familles* comme on range les animaux.... Cette relation entre les animaux et les végétaux m'a donné occasion de réduire les plantes en certaines familles, par comparaison aux familles des hommes ; et comme il m'a paru impossible de tirer les caractères de ces familles de la seule fructification, j'ai choisi les parties des plantes où se rencontrent les principales notes caractéristiques, telles que les racines, les tiges, les fleurs et les graines ; il y a même, dans nombre de plantes, une *certaine similitude*, une *certaine affinité qui ne consiste pas dans les parties considérées séparément, mais en total....* je ne doute pas que les caractères des familles ne puissent être tirés aussi *des premières feuilles du germe au sortir de la graine....* J'ai donc suivi l'ordre que gardent les parties des plantes dans lesquelles se trouvent les notes principales et distinctives des familles, et sans me borner à une seule partie, j'en ai souvent considéré plusieurs ensemble. »

Magnol établit 76 familles, mais il n'en donne pas les caractères. Ses principes de classification sont encore vagues et incertains. Ils ne font qu'annoncer l'œuvre du jour nouveau qui va bientôt se lever sur la science. La préface du *Prodromus historiæ plantarum*, dont nous avons cité quelques lignes, renferme comme en un brouillard l'idée mère de la méthode naturelle.

C'est à Bernard de Jussieu, sous-démonstrateur de botanique au Jardin des Plantes de Paris, qu'appartient la gloire d'avoir fondé cette méthode naturelle.

« Bernard de Jussieu, nous dit son neveu Laurent de Jussieu, regardait la botanique, non comme une science de mémoire ou de nomenclature, mais comme une science de combinaison fondée sur une connaissance approfondie de tous les caractères de chaque plante. Il rassemblait chaque jour des matériaux pour former cet ordre naturel qui est comme la pierre philosophale des botanistes. Il négligeait de publier ses premiers essais en cherchant à perfectionner son ouvrage. Il a peu écrit, mais beaucoup observé, et le fruit de son travail aurait peut-être été perdu pour la science sans une circonstance favorable qui l'obligea à mettre au jour son plan naturel sur l'arrangement des plantes.... »

Voici quelle fut cette circonstance. Louis XIV ayant vu à Saint-Germain les jardins dans lesquels le maréchal duc de Noailles faisait cultiver des arbres et des arbrisseaux exotiques, forma le dessein de créer à Trianon une école de Botanique. D'après le conseil de Lemonnier, premier médecin des en-

fants de France, et plus tard du roi, il choisit Bernard de
Jussieu pour disposer cette école.

« Forcé, nous dit Antoine-Laurent de Jussieu, d'adopter un arrangement, Bernard crut devoir substituer son plan nouveau aux méthodes
anciennes. Ces méthodes n'étaient, selon lui, que des tables raisonnées
dans lesquelles les plantes étaient disposées suivant un ordre convenu
pour la facilité de ceux qui les étudient. La science bornée à ces méthodes est une science factice bien éloignée de celle de l'ordre naturel
qui est la véritable, et qui consiste dans la connaissance des vrais rapports des plantes et de leur organisation. »

« Quand un homme, dit encore Laurent de Jussieu, a combiné les caractères des plantes au point de pouvoir dans une espèce inconnue déterminer l'existence de plusieurs par la présence d'un seul, de rapporter
sur-le-champ cette espèce à l'ordre qui lui convient ; quand il a détruit
ce préjugé flétrissant pour la botanique, que l'on ne regardait que comme
une science de mémoire et de nomenclature, et qu'il en a fait une science
de combinaisons qui fournit un aliment à l'esprit et à l'imagination, cet
homme peut être appelé le créateur ou du moins le restaurateur de là
science.

« D'autres en étendront peut-être les bornes, mais il en aura le premier montré la voie, tracé le plan, établi les principes. M. de Jussieu ne
les a consignés en effet dans aucun livre, mais dans le jardin de Trianon on reconnaît l'esprit de l'auteur. En examinant les caractères, Bernard avait remarqué que les uns étaient plus généraux que les autres, et
devaient fournir les premières divisions. Après les avoir appréciés, il
avait reconnu que la germination de la graine et la disposition respec-
tive des organes sexuels étaient les deux principaux et les plus invaria-
bles : il les adopta et en fit la base de l'arrangement qu'il établit à Trianon en 1759. »

Quatre ans plus tard, un autre botaniste français, naturaliste remarquable par l'originalité de ses vues et l'étendue de
ses conceptions, Michel Adanson, publiait tout un livre sur les
familles des plantes. Il proposait une marche particulière pour
arriver à la vraie méthode naturelle. Mais quelle était cette
marche? Classer toutes les plantes connues d'après un grand
nombre de systèmes artificiels, et d'après tous les points de
vue sous lesquels on peut considérer ces plantes ; ensuite,
ranger dans le même groupe celles qui se sont trouvées rapprochées dans le plus grand nombre des systèmes employés.

Adanson créa ainsi 65 systèmes artificiels ; de leur comparaison, il forma 58 familles. Michel Adanson a le premier tracé
les caractères précis et détaillés de toutes ces familles ; son tra-

vail, sous ce rapport, est bien supérieur à celui de ses prédé-
cesseurs.

Cependant, si Michel Adanson avait eu raison d'employer
tous leurs caractères pour classer les plantes, il avait eu, d'un
autre côté, le tort de donner la même importance à tous. Il

Fig. 280. Adanson.

comptait les caractères sans soupçonner qu'ils n'ont pas
une égale valeur. La somme des rapports ainsi calculée se
trouva souvent fausse, comme il arriverait pour une somme
que l'on évaluerait en ayant égard non au métal des pièces,
mais seulement à leur forme ou à leur volume.

C'est de 1789 que date la véritable création des familles naturelles végétales. C'est à cette époque qu'Antoine-Laurent de
Jussieu publia son immortel *Genera plantarum*. La publication
de cet ouvrage, le plus beau monument que l'esprit humain

Fig. 281. Antoine-Laurent de Jussieu.

ait élevé à la science des végétaux, marqua une ère nouvelle
pour la botanique. C'est la plus grande révolution qui ait jamais été opérée dans la science naturelle. Il ne faut pas oublier, en effet, qu'à cette époque la distribution méthodique
des animaux n'avait pas même été esquissée, et que la classi-

fication naturelle des plantes dut contribuer beaucoup à hâter la création de la classification zoologique.

Les catalogues des jardins de Trianon, dressés par Bernard de Jussieu, et les conversations de ce dernier avec son neveu, furent l'étincelle primitive d'où Laurent de Jussieu fit jaillir la lumière. Mais cette lumière devait resplendir sur la science des végétaux, et éclairer sa voie tout à la fois dans le présent et dans l'avenir. Nous laisserons le fils de l'immortel auteur du *Genera plantarum*, Adrien de Jussieu, exposer les véritables bases de la méthode naturelle, et les considérations qui guidèrent Antoine-Laurent de Jussieu.

« Antoine-Laurent de Jussieu, dit Adrien de Jussieu, admet, comme Adanson, que l'examen de toutes les parties d'une plante est nécessaire pour la classer; mais, tout en poursuivant cet examen complet, il ne chercha pas à en déduire théoriquement la coordination des genres, et pour les grouper en familles il imita les procédés suivis pour la formation des genres eux-mêmes. Les botanistes, frappés par la ressemblance complète et constante de certains individus, les avaient réunis en espèces; puis, d'après une ressemblance également constante, mais beaucoup moins complète, avaient réuni les espèces en genres. Les caractères qui peuvent varier dans une même espèce doivent dépendre de causes placées hors de la plante et non en elle-même, par exemple sa taille, sa consistance, certaines modifications de forme et de couleur, etc., qu'on voit changer avec le sol, le climat et sous d'autres influences purement circonstancielles. Les caractères spécifiques, au contraire, ceux que doit présenter tout individu pour être rapporté à certaine espèce, quelles que soient les circonstances où il se trouve, doivent tenir à la nature même de la plante. Parmi ces caractères, il y en a plusieurs plus solides encore que les autres, moins sujets à varier d'une plante à l'autre. Ce sont ceux qui, se retrouvant dans un certain nombre d'espèces, leur impriment une ressemblance assez frappante pour qu'on en constitue un genre. Ceux-là auront donc par leur généralité plus de valeur que les spécifiques et les spécifiques plus que les individuels.

« Mais comment est-on parvenu à estimer ces différentes valeurs? La nature elle-même avait indiqué à l'observateur les espèces et beaucoup de genres par les traits de ressemblance dont elle marque certains végétaux, puisque tous les botanistes, à peu près d'accord jusqu'à ce point, se séparaient plus loin, pour suivre chacun une route différente. Cependant il y a plusieurs grands groupes de végétaux liés entre eux par des traits d'une ressemblance tellement évidente qu'elle n'avait échappé à aucun, et qu'il n'est pas besoin d'être botaniste pour la reconnaître. Outre ces traits communs à toutes les espèces d'un de ces groupes, il y en a qui ne sont communs qu'à un certain nombre d'entre elles, de telle sorte qu'il peut être subdivisé en un grand nombre de groupes secondaires. Ceux-ci avaient été reconnus comme genres par les botanistes. On avait donc déjà quelques collections de genres évidemment plus semblables entre eux qu'ils ne l'étaient à ceux de tout autre groupe, ou en d'autres termes quelques familles incontestablement naturelles. Jussieu pensa que la clef de la méthode naturelle était là, puisque, en comparant les caractères d'une de ces familles à ceux des genres qui la composent, il obtiendrait la relation des uns aux autres, qu'en comparant plusieurs entre elles il verrait quels caractères communs à toutes les plantes d'une même famille varient de l'une à l'autre, qu'il arriverait ainsi à l'appréciation de la valeur de chaque caractère, et que cette valeur, une fois ainsi déterminée au moyen de ces groupes si clairement dessinés par la nature, pourrait être à son tour appliquée à la détermination de ceux auxquels elle n'a pas aussi nettement imprimé ce cachet de famille, et qui étaient les inconnues de ce grand problème. Il choisit donc sept familles universellement admises : celle qu'on connaît sous les noms de Graminées, Liliacées, Labiées, Composées, Ombellifères, Crucifères et Légumineuses. Il reconnut que la structure de l'embryon est identique dans toutes les plantes d'une de ces familles ; qu'il est monocotylédoné dans les Graminées et les Liliacées, dicotylédoné dans les cinq autres ; que la structure de la graine est identique aussi ; l'embryon monocotylédoné placé dans l'axe d'un albumen charnu chez les Liliacées, sur le côté d'un périsperme farineux chez les Graminées ; l'embryon dicotylédoné au sommet d'un albumen dur et corné chez les Ombellifères, dépourvu d'albumen chez les trois autres ; que les étamines qui peuvent varier par leur nombre dans une même famille, les Graminées par exemple, ne varient pas en général par leur mode d'insertion, hypogyne dans les Graminées, dans les Crucifères ; sur la corolle dans les Labiées et les Composées ; sur un disque épigynique dans les Ombellifères. Il obtenait ainsi la valeur de certains caractères qui ne devaient pas varier dans une même famille naturelle. Mais au-dessous de ceux-là s'en trouvaient d'autres plus variables qu'il chercha à apprécier de même, soit par l'étude d'autres familles indiquées par la nature même, soit dans celles qu'il formait en appliquant ces premières règles et plusieurs autres fondées sur l'observation. Nous ne pourrions le suivre ici dans les détails de ce long travail duquel résulte l'établissement de cent familles comprenant tous les végétaux alors connus.

« On voit dans tout ce qui précède l'emploi d'un principe qui avait échappé à Adanson : celui de la *subordination des caractères*, qui, dans la méthode de Jussieu, sont, suivant sa propre expression, pesés et non comptés. »

Lorsque les familles furent constituées, Antoine-Laurent de Jussieu les groupa en 15 classes, comme on le voit dans le tableau suivant :

EXEMPLES :

Acotylédones .... classe 1ʳᵉ (Lichen, Fougère).
Monoco- ⎰ étamines hypogynes .... — 2ᵉ (Blé, Avoine).
tylédones. ⎱ —   périgynes .... — 3ᵉ (Lis, Iris).
           —   épigynes .... — 4ᵉ (Orchis).

Dico-
tylédones.

apé-tales. ⎰ étamines épigynes ... — 5ᵉ (Aristoloche).
           ⎱ —   périgynes .. — 6ᵉ (Parelle).
           —   hypogynes . — 7ᵉ (Plantain).

mono-pétales..
corolle hypogyne.... — 8ᵉ (Mouron, Sauge).
—   périgyne..... — 9ᵉ (Campanule).
épigyne . ⎰ anthères soudées .. — 10ᵉ (Bleuet, Laitue).
          ⎱ anthères libres .... — 11ᵉ (Sureau, Scabieuse)

poly-pétales..
étamines épigynes... — 12ᵉ (Angélique).
—   hypogynes . — 13ᵉ (Ancolie, Pavot).
—   périgynes .. — 14ᵉ (Rosier, Pois).

Diclines irrégulières.................... — 15ᵉ (Euphorbe, Courge)

La première classe comprend les familles des *Champignons*, des *Algues*, des *Hépatiques*, des *Mousses*, des *Fougères*, c'est-à-dire les *Cryptogames*.

La seconde comprend les familles des *Aroïdes*, des *Massettes*, des *Souchets*, des *Graminées*.

La troisième celles des *Palmiers*, des *Asperges*, des *Joncs*, des *Bromélies*, des *Asphodèles*, des *Narcisses* et des *Iris*.

La quatrième celles des *Bananiers*, des *Balisiers*, des *Orchidées*, des *Hydrocharidées*.

Parmi les dicotylédones apétales, les *Aristoloches* rentrent dans la cinquième classe. Les *Chalefs*, les *Thymélées*, les *Protéacées*, les *Lauriers*, les *Polygonées*, les *Arroches*, sont les six familles de la sixième classe.

Dans la septième se rangent les *Amarantes*, les *Plantains*, les *Nyctages*, les *Dentelaires*.

Parmi les monopétales, les *Lysimaques*, les *Pédiculaires*, les *Acanthes*, les *Jasmins*, les *Gattiliers*, les *Labiées*, les *Scrofulaires*, les *Solanées*, les *Borraginées*, les *Liserons*, les *Polémoines*, les *Bignones*, les *Gentianes*, les *Apocynées*, les *Sapotilliers*, se placent dans la huitième classe.

A la neuvième appartiennent les *Plaqueminiers*, les *Rosages*, les *Bruyères*, les *Campanulacées*.

A la dixième appartiennent les *Chicoracées*, les *Cinarocéphales*, les *Corymbifères*.

A la onzième les *Dipsacées*, les *Rubiacées*, les *Chèvrefeuilles*.

Parmi les dicotylédones polypétales, les *Azalées*, les *Ombellifères*, entrent dans la douzième classe.

Les *Renonculacées*, les *Papavéracées*, les *Crucifères*, les *Câpriers*, les *Savonniers*, les *Érables*, les *Malpighies*, les *Millepertuis*, les *Guttiers*, les *Orangers*, les *Azédarachs*, les *Géraniums*, les *Vignes*, les *Malvacées*, les *Magnoliers*, les *Anones*, les *Ménispermes*, les *Vinettiers*, les *Tiliacées*, les *Cistes*, les *Rutacées*, les *Caryophyllées*, sont les vingt-deux familles de la treizième classe.

Les *Joubarbes*, les *Saxifrages*, les *Cactées*, les *Portulacées*, les *Ficoïdes*, les *Onagres*, les *Myrtes*, les *Mélastomes*, les *Salicaires*, les *Rosacées*, les *Légumineuses*, les *Térébinthacées*, les *Nerpruns*, sont les treize familles de la quatorzième classe.

Enfin à la quinzième classe, ou à celle des dycotylédones diclines, appartiennent les *Euphorbes*, les *Cucurbitacées*, les *Urticées*, les *Amentacées*, les *Conifères*.

Voilà comment Antoine-Laurent de Jussieu put distribuer 20 000 plantes en cent *ordres* ou *familles*, et subdiviser ces cent ordres en 1754 genres.

Depuis trente ou quarante ans, d'autres botanistes ont tenté des essais divers de classification naturelle. Si l'on énumère les plus importants de ces travaux, on verra qu'ils s'éloignent peu du *Génera* de 1789. Dans les classifications de de Candolle, d'Endlicher, de Lindley, de M. Brongniart, la distribution des plantes en familles est fondée, comme celle de Jussieu, sur la considération des cotylédons, de la corolle polypétale, monopétale ou manquant complétement, enfin sur le mode d'insertion des étamines. Les noms ont changé, mais les choses sont restées les mêmes. Si dans ses détails la série des familles offre certaines différences, c'est qu'une série linéaire est incompatible avec la méthode naturelle, et que les rapports des groupes entre eux peuvent être exprimés.de diverses manières, sans que cela porte atteinte aux principes généraux de la méthode naturelle. ,

« La formation des ordres naturels par de Jussieu, dit M. Ad. Brongniart, est encore aujourd'hui un modèle qui dirige les botanistes dans l'étude du règne végétal au point de vue des affinités qui lient ses diverses formes. Sans doute, beaucoup de ces ordres ont subi des modifications importantes dans leur étendue et dans leurs limites, le nombre en a été plus que doublé, mais le nombre des espèces du règne végétal que nous connaissons est plus que sextuplé depuis la publication du *Genera plantarum*. Beaucoup de points de l'organisation des végétaux à peine effleurés ou tout à fait ignorés ont été pris depuis lors en considération, et sont venus, non pas détruire, mais perfectionner l'œuvre des Jussieu. On est même étonné que les découvertes si nombreuses en anatomie et en organographie végétales, faites depuis le commencement de notre siècle, n'aient pas apporté plus de modifications dans la constitution des groupes naturels admis par l'auteur du *Genera*. C'est là qu'on reconnaît la sagacité du savant qui les avait établis et la bonté des principes qui le guidaient.... Quant à la formation des familles naturelles, les principes qui dirigent les botanistes modernes sont les mêmes qui dirigeaient A. L. de Jussieu, il y a quatre-vingts ans, quand il préparait son admirable ouvrage. »

La classification naturelle des plantes, la distribution des végétaux en familles bien limitées et fondées sur des rapports réels, a été, de nos jours, perfectionnée et assise sur des bases de plus en plus positives. On s'est attaché à démêler les caractères qui doivent dominer et ceux qui doivent être subordonnés dans chaque famille. Un grand nombre de botanistes, se répandant sur le globe entier, explorant les régions les plus lointaines, interrogeant les solitudes des forêts et des plaines que nul Européen n'avait encore visitées, ont étudié à fond les espèces exotiques. Les comparant aux espèces d'Europe, ils nous ont donné le moyen de bien préciser le genre, les tribus et les espèces de chaque famille naturelle. Des monographies d'un grand nombre de familles ont été tracées avec patience et profondeur. L'étude de l'évolution et de la formation des organes, la découverte du véritable mode de reproduction dans les cryptogames, inconnu au temps de Jussieu, celle des inflorescences, celle des ovules, des embryons et des fruits, ont fourni d'autres éléments pour perfectionner la délimitation des familles et la classification naturelle.

Auguste Pyramus de Candolle est un des botanistes de notre siècle qui ont le plus contribué à l'adoption générale des familles naturelles. Son ouvrage célèbre, *Essai sur les propriétés des plantes*, a confirmé, par la connaissance comparée de l'action physiologique et médicinale des végétaux, les rapports d'organisation physique qui enchaînent naturellement certaines plantes dans un même groupe. On lui doit le catalogue, immense par son étendue et la précision de ses détails, de toutes les plantes connues, le *Prodromus systematis naturalis regni vegetabilis*, continué

Fig. 282. Pyramus de Candolle.

de nos jours par ses élèves et en particulier par son fils Alph. de Candolle.

Robert Brown, célèbre botaniste anglais, a beaucoup contribué, de son côté, au perfectionnement de la méthode de classification naturelle des plantes. Son grand ouvrage sur la *Flore*

16

d'Australie a étendu avec un rare bonheur le cercle de nos études pour la comparaison des caractères qui sont le fondement des genres et des tribus des végétaux.

Le nombre des familles admises aujourd'hui par suite de l'ensemble des travaux des hommes éminents dont nous venons de rappeler les noms s'élève à environ trois cents.

Nous donnerons maintenant le tableau général de la distribution des végétaux en groupes naturels.

Tous les végétaux se divisent en deux grandes classes : les *Cryptogames* et les *Phanérogames*.

Les *Cryptogames* (de γάμος, noce, κρυπτός, caché) sont dépourvus de pistils et d'étamines; ils se reproduisent au moyen d'organes divers qui n'ont d'autre analogie que leurs fonctions avec ces organes fécondateurs et reproducteurs. Ils ne présentent pas de *cotylédons;* aussi les cryptogames peuvent-ils être désignés sous le nom d'*Acotylédones.*

Les *Phanérogames* (de γάμός, noce, φανερός, visible) ont des organes reproducteurs évidents, formés d'étamines et d'ovules, nus ou renfermés dans un pistil.

Selon que les Phanérogames ont un embryon muni d'un seul cotylédon ou de deux cotylédons, on les divise en deux grands groupes naturels : les *Monocotylédones* ou les *Dicotylédones*.

Désirant mettre sous les yeux du lecteur le tableau à peu près complet des familles naturelles, nous devons faire un choix parmi les classifications données par les botanistes. Nous donnerons la préférence à la classification publiée par Adrien de Jussieu, comme la plus généralement admise en France.

Adrien de Jussieu divise les Cryptogames en deux classes, les *Cryptogames cellulaires*, c'est-à-dire composés uniquement d'un tissu végétal non parcouru par des vaisseaux, et les *Cryptogames vasculaires*, c'est-à-dire pourvus de vaisseaux.

En ce qui concerne les *Phanérogames*, Adrien de Jussieu forme une seule classe, sans subdivision générale, des *Phanérogames monocotylédones*.

Quant aux *Phanérogames dicotylédones*, il les distribue en deux classes : les *Gymnospermées*, c'est-à-dire *plantes à graines nues* (γυμνός, nu, σπέρμα, graine), et les *Angiospermées*, c'est-à-dire *plantes à graines renfermées dans le fruit* (ἀγγεῖον, capsule, σπέρμα, graine). Les dicotylédones *gymnospermes* ne forment que cinq familles, qui comprennent ce que l'on nomme communément les arbres verts; les dicotylédones *angiospermes* se divisent en

Fig. 283. Robert Brown.

plusieurs groupes secondaires, dont les caractères distinctifs se tirent de différentes particularités des organes reproducteurs du végétal.

Cette courte explication préliminaire permettra de com-

prendre le tableau détaillé des familles naturelles établi par
Adrien de Jussieu, que nous pouvons mettre maintenant sous
les yeux du lecteur.

CLASSIFICATION D'ADRIEN DE JUSSIEU.

PLANTES CRYPTOGAMES OU ACOTYLÉDONES.

CELLULAIRES.

Algues — (Varech).
Characées — (Chara).
Champignons — (Agaric).

Lichens — (Peltigère).
Hépatiques — (Jungermannie).
Mousses — (Polytric).

VASCULAIRES.

Lycopodiacées — (Lycopode).
Équisétacées — (Prêle).

Fougères — (Polypode).
Rhizocarpées — (Pilulaire).

PLANTES PHANÉROGAMES MONOCOTYLÉDONES.

Naïadées — (Naïade).
Potamées — (Potamot).
Zostéracées — (Zostère).
Joncaginées — (Triglochin).
Alismacées — (Alisma).
Butomées — (Butome).
Hydrocharidées — (Hydrocharis).
———
Lemnacées — (Lenticule).
Pistiacées — (Pistia).
Aracées — (Arum).
Orontiacées — (Orontium).
Typhacées — (Typha).
Pandanées — (Pandanus).
Cyclanthées — (Cyclanthe).
Palmiers — (Dattier).
———
Graminées — (Avoine).
Cypéracées — (Carex).
———
Centrolépidées — (Centrolepis).
Restiacées — (Restio).
Ériocaulées — (Eriocaulon).
Xyridées — (Xyris).

Commelinées — (Éphémère).
———
Joncacées — (Jonc).
Pontédéracées — (Pontédérie).
Gilliésiées — (Gilliesia).
Liliacées — (Lis).
Smilacinées — (Smilax).
Mélanthacées — (Colchique).
———
Dioscorées — (Dioscore).
Taccacées — (Tacca).
Iridées — (Iris).
Amaryllidées — (Amaryllis).
Hypoxydées — (Hypoxys).
Hémodoracées — (Anisosanthe).
Broméliacées — (Ananas).
Musacées — (Bananier).
Cannées — (Balisier).
Zingibéracées — (Gingembre).
———
Burmanniacées — (Burmannia).
Apostasiées — (Apostasia).
Orchidées — (Orchis).

PHANÉROGAMES DICOTYLÉDONES.

GYMNOSPERMÉES (à graines nues).

Cycadées — (Zamia).
Abiétinées — (Pin).
Cupressinées — (Cyprès).

Taxinées — (If).
Gnétacées — (Ephedra).

ANGIOSPERMÉES (graines enfermées dans le fruit).

Diclines (fleurs soit monoïques, soit dioïques, soit polygames).

Casuarinées — (Casuarina).
Myricées — (Myrica).
Bétulinées — (Bouleau).
Cupulifères — (Chêne).
Juglandées — (Noyer).
Salicinées — (Saule).
Balsamifluées — (Liquidambar).
Platanées — (Platane).
Artocarpées — (Artocarpe).
Morées — (Mûrier).
Celtidées — (Celtis).
Urticées — (Ortie).
Cannabinées — (Chanvre)..
Cératophyllées — (Cornifle).
Chloranthacées — (Chloranthe).
Pipéracées — (Poivrier).
Saururées — (Saurure).
Antidesmées — (Antidesma).
Scépacées — (Scepa).

Péracées — (Pera).
Euphorbiacées — (Euphorbe).
Empétrées — (Camarine).

———

Lacistémées — (Lacistema).
Podostémées — (Podostemon).
Datiscées — (Datisca).
Bégoniacées — (Begonia).
Cucurbitacées — (Cucurbita).
Papayacées — (Papayer).
Pangiacées — (Hydnocarpe).
Népenthées — (Népenthès).

———

Balanophorées — (Balanophore).
Apodanthées — (Apodanthe).
Cytinées — (Cytinelle).
Rafflésiacées — (Rafflesia).
Hydnoracées — (Hydnore).

Apétales (sans corolle).

Aristolochiées — (Aristoloche).

———

Santalacées — (Santal).
Olacinées — (Olax).
Loranthacées — (Gui).
Protéacées — (Protée).
Éléagnées — (Chalef).
Thymélées — (Daphné).
Aquilarinées — (Aquilaire).
Pénéacées — (Penæa).
Monimiées — (Monimia).

Athérospermées — (Athérosperme).
Laurinées — (Laurier).
Gyrocarpées — (Gyrocarpe).

———

Polygonées — (Renouée).
Phytolaccées — (Phytolacca).
Nyctaginées — (Nyctage).
Amarantacées — (Amarante).
Atriplicées — (Chénopode).
Basellées — (Baselle).
Tétragoniées — (Tétragonie).

Polypétales.

Cyclospermées (embryon en cercle, κύκλος, σπέρμα).

Portulacées — (Pourpier).
Paronychiées — (Paronyque).
Caryophyllées — (OEillet).
Élatinées — (Élatine).

Hypogynes (étamines insérées sur le réceptacle sous l'ovaire, ὑπό, γυνή).

Frankéniacées — (Frankénie).
Réaumuriacées — (Reaumuria).
Tamariscinées — (Tamarin).
Sauvagésiées — (Sauvagesia).
Violariées — (Violette).
Cistinées — (Ciste).
Bixinées — (Bixa).
Résédacées — (Réséda).
Capparidées — (Capparis).
Crucifères — (Giroflée).
Fumariacées — (Fumeterre).
Papavéracées — (Pavot).
Sarracéniées — (Sarracenia).
Droséracées — (Drosera).
Nymphéacées — (Nénufar).
Nélombonées — (Nélombo.)
Hydropeltidées — (Cabomba).
Renonculacées — (Renoncule).
Dilléniacées — (Dillenia).
Magnoliacées — (Magnolia).
Anonacées — (Anona).
Myristicacées — (Myristica).
Schizandrées — (Schizandre).
Berbéridées — (Berberis).
Lardizabalées — (Lardizabala).
Ménispermées — (Cissampelos).
Coriariées — (Coriaires).
Ochnacées — (Ochna).
Simaroubées — (Quassia).
Zanthoxylées — (Zanthoxylon).
Diosmées — (Diosma).
Rutacées — (Rue).
Zygophyllées — (Fabagelle).

Oxalidées. — (Oxalis).
Vivianées — (Viviania).
Linées — (Lin).
Limnanthées — (Limnanthes).
Tropæolées — (Capucine).
Balsaminées — (Balsamine).
Géraniacées — (Géranium).
Malvacées — (Mauve).
Bombacées — (Bombax).
Sterculiacées — (Sterculier).
Byttnériacées — (Byttneria).
Tiliacées — (Tilleul).
Humiriacées — (Humirium).
Chlénacées — (Sarcolæna).
Ternstrœmiacées — (Camellia).
Diptérocarpées — (Diptérocarpe).
Rhizobolées — (Caryocar).
Guttifères — (Clusia).
Marcgraviacées — (Marcgravia).
Hypéricinées — (Millepertuis).
Vochysiées — (Vochysia).
Trémandrées — (Tremandra).
Polygalées — (Polygala).
Sapindacées — (Savonnier).
Hippocastanées — (Marronnier d'Inde).
Acérinées — (Érable).
Malpighiacées — (Malpighia).
Erythroxylées — (Erythroxylon).
Méliacées — (Mélia).
Cédrélées — (Cedrela).
Hespéridées — (Citronnier).
Burséracées — (Bursera).

Périgynes (étamines insérées au-dessus de la base du pistil, περί, γυνή).

Connaracées — (Connarus).
Spondiacées — (Spondias).
Anacardiacées — (Acajou).
Papilionacées — (Pois).

Césalpiniées — (Césalpinie)..
Mimosées — (Acacia).
Chrysobalanées — (Chrysobalane).
Amygdalées — (Amandier).
Spiréacées — (Spirée).
Dryadées — (Fraisier).
Neuradées — (Neurada).
Rosacées — (Rosier).
Pomacées — (Poirier).
Calycanthées — (Calycanthe).
Granatées — (Grenadier).
Myrtacées — (Myrte).
Lécythidées — (Lecythis).
Lythrariées — (Salicaire).
Mélastomacées — (Mélastome).
Mémécylées — (Mémécyle).
Napoléonées — (Napoleone).
Rhizophorées — (Manglier).
Combrétacées — (Combretum).
Haloragées — (Macre).
Onagrariées — (OEnothère).

———

Loasées — (Loasa).
Homalinées — (Homalium).
Turnéracées — (Turnera).

Samydées — (Samyda).
Moringées — (Moringa).
Malesherbiées — (Malesherbes).
Passiflorées — (Passiflore).
Ribésiacées — (Groseillier).
Cactées — (Cactus).
Mésambryanthémées — (Ficoïde).

———

Crassulacées — (Crassule).
Céphalotées — (Cephalotus).
Francoacées — (Francoa).
Saxifragées — (Saxifrage).
Hydrangéacées — (Hortensia).
Cunoniacées — (Cunonia).
Escalloniées — (Escallonia).
Philadelphées — (Seringat).
Hamamélidées — (Hamamelis).
Alangiées — (Alangium).
Cornées — (Cornouiller).
Garryacées — (Garrya).
Gunnéracées — (Gunnera).
Araliacées — (Lierre).
Ombellifères — (Angélique).
Bruniacées — (Brunia).

Péri-hypogynes (insertion soit périgyne, soit hypogyne, souvent ambiguë).

Stackhousiées — (Stackhousia).
Chaillétiacées — (Chailletia).
Rhamnées — (Nerprun).
Ampélidées — (Vigne).
Hippocratéacées — (Hippocratea).

Célastrinées — (Celastre).
Staphyléacées — (Staphylier).
Icacinées — (Icacina).
Pittosporées — (Pittospore).

Monopétales.

Semi-monopétalées (pétales libres dans quelques-unes).

Éricacées — (Bruyères).
Vacciniées — (Airelle).
Rhodoracées — (Rhododendron).
Épacridées — (Epacris).
Pyrolacées — (Pyrole).
Monotropées — (Monotrope).
Styracées — (Styrax).
Jasminées — (Jasmin).
Oléinées — (Olivier).

Ilicinées — (Houx).
Ebénacées — (Diospyros).
Sapotées — (Sapotillier).
Ægicérées — (Ægiceras).
Myrsinées — (Myrsine).
Primulacées — (Primevère).
Plombaginées — (Dentelaire).
Plantaginées — (Plantain).

Eu-monopétalées (corolle toujours monopétale et staminifère).

HYPOGYNES.

Utriculariées — (Utriculaire).
Globulariées — (Globulaire).
Sélaginées — (Selago).
Myoporinées — (Myopore).
Stilbinées — (Stilbe).
Verbénacées — (Verveine).
Labiées — (Lavande).
Acanthacées — (Acanthe).
Pédalinées — (Pedalium).
Bignoniacées — (Bignonia).
Crescentiées — (Calebassier).
Cyrtandracées — (Cyrtandra).
Gesnériacées — (Gesnère).
Orobanchées — (Orobanche).
Antirrhinées — (Muflier).

Solanées — (Morelle).
Cestrinées — (Cestrum).
Nolanées — (Nolane).
Borraginées — (Bourrache).
Ehrétiacées — (Ehretia).
Cordiacées — (Cordia).
Hydrophyllées — (Hydrophylle).
Hydroléacées — (Hydrolea).
Polémoniacées — (Polémoine).
Dichondracées — (Dichondra).
Convolvulacées — (Liseron).
Gentianées — (Gentiane).
Asclépiadées — (Asclepias).
Apocynées — (Apocyn).
Loganiacées — (Logania).

PÉRIGYNES.

Rubiacées — (Garance).
Caprifoliacées — (Chèvrefeuille).
Columelliacées — (Columellia).
Valérianées — (Valériane).
Dipsacées — (Cardère).
Sphénocléacées — (Sphénoclea).
Campanulacées — (Campanule).

Lobéliacées — (Lobélie).
Goodéniacées — (Goodenia).
Brunoniacées — (Brunonia).
Stylidiées — (Stylidier).
Calycérées — (Calycera).
Composées — (Chardon).

Ne pouvant songer à passer en revue le nombre immense de familles dont on vient de lire le tableau, nous ferons un choix des familles les plus importantes par leur rôle dans la nature, par leurs usages économiques, industriels et médicinaux. Ce sera l'objet du chapitre qui va suivre.

TROISIÈME PARTIE

FAMILLES NATURELLES

FAMILLES NATURELLES

D'après la classification d'Adrien de Jussieu, que nous suivons dans cet ouvrage, les plantes sont divisées en deux grands embranchements : les plantes *phanérogames* ou à organes reproducteurs apparents, et les plantes *cryptogames* ou à organes reproducteurs cachés. Nous commencerons la description des familles naturelles par celle des *phanérogames*, qui réunit le plus grand ensemble de plantes utiles ou connues de tous.

EMBRANCHEMENT DES PHANÉROGAMES.

PLANTES MONOCOTYLÉDONES.

GRAMINÉES.

L'importante famille des Graminées, à laquelle appartient l'*Avoine*, nous fournit le *Froment*, le *Riz*, le *Seigle*, l'*Orge*, le *Maïs*, la *Canne à sucre;* elle constitue, en outre, le gazon de nos prairies et de nos collines.

L'*Avoine* est une herbe annuelle, dont la tige forme inférieurement un rhizome court, d'où émanent des tiges secondaires. Les tiges sont interrompues par des nœuds brunâtres et renflés, qui sont pleins, tandis que les articles intermédiaires

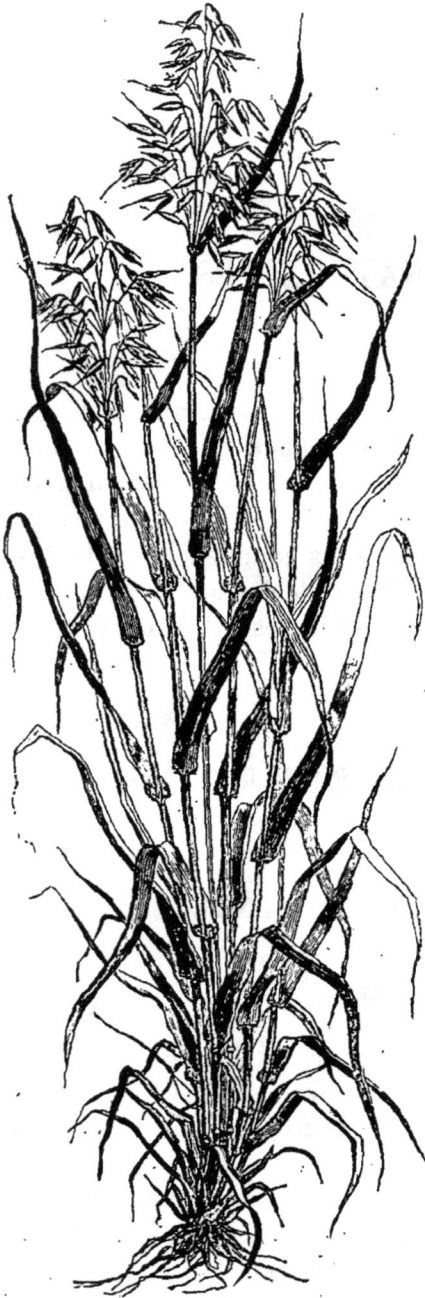

Fig. 24. Avoine cultivée.

aux nœuds sont creux. De ces nœuds naissent les feuilles. Leur pétiole forme une gaîne fendue d'un côté et embrassant la tige dans une longue étendue, avant de s'étaler en un limbe très-allongé, parcouru par des nervures parallèles et simples convergeant vers son sommet. A la limite qui sépare le limbe de la gaîne, on trouve une petite lame membraneuse blanchâtre et comme déchirée, qu'on appelle *ligule*.

L'inflorescence de l'*Avoine* (fig. 284) est une panicule lâche assez ample, à rameaux étalés dans tous les sens. Examinons de près un de ces petits appareils fructifères pendants qui, par suite de la délicatesse de leur pédoncule, oscillent si aisément lorsque le vent vient à raser la surface d'un champ d'avoine.

On trouve en dehors deux écailles pointues, à peu près égales, dont l'une est insérée un peu plus bas que l'autre et qui constituent l'enveloppe protectrice, ou *glume*, de trois fleurs distiques formant un petit épi ou *épillet* (fig. 284). La fleur inférieure est bien développée, la seconde beaucoup moins grosse, la troisième est rudimentaire et stérile. Analysons la fleur inférieure. Elle se compose essentiellement de trois étamines et d'un pistil. Les filets des étamines sont fins et les anthères en forme d'X, attachées par le dos et vacillantes. Le pistil se compose d'un ovaire velu, que surmontent deux styles plumeux. On ne trouve dans son intérieur qu'une seule loge contenant un ovule unique et anatrope. Ces organes essentiels sont protégés par un système de deux écailles dont l'externe ou inférieure porte sur son dos une soie raide, légèrement coudée, caduque, et dont l'interne, plus petite, est munie de deux nervures latérales. Ce système constitue la *glumelle*. On trouve même, un peu en dehors de l'étamine la plus extérieure, deux petits corps collatéraux et charnus, désignés sous le nom de *paléoles*.

Lorsque l'ovule a reçu l'influence des tubes polliniques, il se transforme en une graine, qui présente cette particularité de se confondre avec le fruit par son tégument, de manière à constituer ce que l'on nomme un *caryopse*. La plus grande partie de sa masse est constituée par un albumen farineux ; en dehors et en bas on aperçoit un petit corps distinct, enfoncé à sa surface, à peine saillant. C'est l'embryon, qui s'appuie sur l'albumen par une partie élargie en forme d'écusson, laquelle est une expansion latérale de la tigelle.

Le *Froment* (*Triticum vulgare*), originaire de Perse, a des épillets triflores regardant l'axe par leurs côtés et disposés, comme on sait, en épi.

Le *Riz* (*Oryza sativa*), originaire des Indes, présente une panicule à rameaux raides et dressés, à épillets uniflores ; sa fleur offre six étamines.

Le *Maïs* est *monoïque*, c'est-à-dire présente les deux sexes végétaux réunis sur le même pied. Ses fleurs à étamines sont disposées en panicule terminale ; les fleurs à pistil ont leurs épillets rapprochés en épi latéral enveloppé d'une grande spathe, qui n'est autre chose que le pétiole engainant d'une feuille privée de son limbe ; le stigmate de ces pistils est filiforme et très-long ; l'ensemble des stigmates forme comme une poignée de longs filaments qui pend négligemment vers le sol à la façon d'une touffe de cheveux.

C'est bien à tort qu'on a donné au *Maïs* les noms de *Blé de Turquie*, *Blé d'Espagne*, *Blé de Guinée*, *Millet des Indes*, car il est originaire de l'Amérique tropicale. Le *Maïs* est, après le *Riz* et le *Froment*, la plus utile des Graminées, comme aussi la plus universellement cultivée. Presque tous les peuples de l'Asie, de l'Afrique et de l'Amérique en font leur nourriture.

La *Canne à sucre* est une autre plante de la famille des Graminées, indigène aux Antilles, et qui fournit le sucre cristallisable pour les usages de l'économie domestique.

LILIACÉES.

Nous représentons dans la figure 285 la fleur du *Lis*, et dans la figure 286 le port de cette plante, qui nous servira de type pour cette famille.

Les enveloppes protectrices de la fleur du *Lis* (fig. 285) se composent de six folioles, dont l'ensemble forme une admirable coupe blanche et odorante. De ces six folioles, les trois extérieures constituent un calice *pétaloïde;* les trois intérieures, qui sont alternes avec les premières, et un peu différentes de forme et de couleur, constituent la corolle.

Fig. 285. Corolle pétaloïde du Lis.

L'androcée se compose de six étamines disposées sur deux verticilles, à filets blancs, à anthères allongées, biloculaires, fixées par leur dos, remplies d'un pollen jaune, et s'ouvrant longitudinalement.

Le pistil du *Lis* se compose de trois carpelles, comme on peut s'en assurer par l'examen de ses parties constitutives.

Fig. 286. Le Lis.

L'ovaire, qui est libre ou supère, présente extérieurement trois grosses côtes, et intérieurement trois loges, dont les cloisons répondent aux trois sillons extérieurs profonds. Ce sont trois feuilles carpellaires soudées entre elles par leurs bords contigus. Des ovules nombreux s'insèrent, en deux séries, à l'angle central des loges. Le style, épais au sommet, est couronné d'un stigmate à trois lobes. Le fruit mûr forme une capsule qui s'ouvre, non par décollement des cloisons, mais par le milieu du dos de chaque loge, c'est-à-dire par *déhiscence loculicide*. La graine présente un embryon droit dans l'axe d'un albumen charnu.

Le *Lis* est une plante vivace, à tige bulbeuse. Ce bulbe est écailleux (fig. 287), à feuilles inférieures lancéolées, les supérieures linéaires, les dernières ovales lancéolées. Ses fleurs forment une grappe blanche.

Cette plante a donné son nom à la belle et nombreuse famille des Liliacées, qui abonde surtout dans les régions tempérées et subtropicales de l'ancien continent.

Parmi les plantes intéressantes de cette famille, nous citerons les *Aloès*, qui croissent dans les régions chaudes de l'Océan, l'*Ail*, l'*Oignon*, la *Civette*, la *Scille*, l'*Échalote*, le *Poireau*, l'*Asperge;* parmi les Liliacées cultivées pour l'ornement des jardins, les *Tulipes*, les *Fritillaires*, les *Jacinthes*, les *Hémérocalles*, etc.

Fig. 287. Bulbe de Lis.

Nous croyons devoir mentionner ici l'un des représentants les plus extraordinaires de la famille des Liliacées, le *Dracœna*, ou *Dragonnier* de l'Inde orientale et des Canaries, si remarquable par son port, son vaste développement et le grand âge qu'il peut atteindre. Tous les voyageurs vont admirer à Ténériffe un *Dragonnier* gigantesque, qui, selon la légende, était adoré des Guanches, peuple primitif de l'île de Ténériffe. C'est peut-être le plus vieux de tous les végétaux connus. Nous reviendrons dans une autre partie de ce volume sur le Dragonnier d'Orotawa.

IRIDÉES.

Dans l'*Iris* (fig. 288) l'enveloppe extérieure de la fleur, ou le calice, est composée de trois pièces richement colorées, étalées en dehors. Les pétales, alternes avec les sépales, se recourbent vers le sommet de la fleur. Ces six divisions, qui étaient libres dans la jeune plante et disposées sur deux rangs, se réunissent plus tard, et forment un périanthe en apparence unique, et fait en forme de tube à la base. Si l'on abaisse les divisions externes de la fleur, on aperçoit trois étamines à filets larges et aplatis, à anthères allongées, bifurquées en forme de fer de flèche, s'ouvrant en avant par deux sillons longitudinaux, remplies de volumineux grains de pollen. Ces étamines, d'abord complétement indépendantes du périanthe, sont, à l'état adulte, unies à cet organe. Le pistil se compose d'un ovaire infère surmonté d'un style, soudé par la base avec le tube du périanthe, et terminé par trois lames pétaloïdes stigmatifères. L'ovaire présente trois loges, qui renferment des ovules nombreux anatropes, disposés sur deux séries, à l'angle interne de chaque loge. Le fruit est capsulaire et s'ouvre en trois panneaux portant une cloison sur le milieu. Les graines, horizontales et aplaties, offrent un embryon droit, placé dans l'axe d'un albumen charnu.

Nos *Iris* ont un rhizome horizontal, rameux, charnu, très-épais, une tige simple ou rameuse; des feuilles la plupart en fascicules radicaux, pliées longitudinalement et soudées dans presque toute leur longueur par les deux moitiés de leur face interne, la nervure moyenne correspondant au bord extérieur; les feuilles caulinaires sont alternes et engainantes. Une sorte de grappe composée réunit les fleurs, qui sont d'un grand volume et exhalent une odeur agréable.

La brillante famille des Iridées habite surtout les régions tempérées extratropicales. Parmi les espèces intéressantes qui la constituent, nous citerons : l'*Iris d'Allemagne*, que nous venons d'analyser; — l'*Iris de Florence*, dont le rhizome, doué d'une odeur de violette très-prononcée, est d'un grand usage dans la parfumerie; — le *Safran cultivé*, espèce indigène, dont

Fig. 288. Iris d'Allemagne.

les stigmates en forme de crête contiennent une huile volatile très-odorante, unie à un principe amer : on les emploie en médecine et dans la teinture; — les *Glaïeuls*, à fleur bilabiée, la plupart originaires de l'Afrique australe; — la *Tigridie queue de Paon*, dont les fleurs sont remarquables par leur grandeur, l'originalité de leur forme et la vivacité de leurs couleurs; — les *Ixia*, etc.

ORCHIDÉES.

Nous représentons comme type de la famille des Orchidées la plante, très-ré-pandue dans les campagnes du nord de la France, qui porte le nom vulgaire de *Pentecôte*, et le nom scientifique d'*Orchis maculata*, ou *Orchis taché* (fig. 289).

Les enveloppes de la fleur de l'*Orchis taché* se composent de six pièces pétaloïdes, disposées sur deux rangs et alternes entre elles (fig. 290). Des trois extérieures il y en a deux latérales un peu étalées ; celle du milieu est recourbée en avant, de manière à former une sorte de casque avec deux des divisions du verticille interne, qui sont semblables. La troisième divi-

Fig. 289. Orchis maculata.

sion a, au contraire, une forme toute particulière : elle s'é-

tale en dehors comme un large tablier pendant, et se prolonge en bas en un éperon creux : c'est le *labelle* de la fleur. La corolle est donc essentiellement irrégulière.

Lorsque les six pièces de l'enveloppe florale ont été enlevées, on a devant les yeux une colonne centrale qui offre en avant deux loges, dont les ouvertures longitudinales regardent le tablier. Au-dessous, on observe un godet à peu près carré, luisant et visqueux. Si avec une aiguille on entr'ouvre les loges dont il vient d'être question, on verra qu'il y a dans chacune d'elles un corps pyriforme, dont la partie supérieure, renflée, se compose de petites massules anguleuses, reliées entre elles par une sorte de réseau élastique et dont la partie inférieure s'allonge en une sorte de pédicule. Ces deux pédicules s'enchâssent par leur base dans les compartiments contigus d'une petite poche.

Si l'on abaisse l'un des corps pyriformes vers le godet, il y adhère avec

Fig. 290. Fleur de l'Orchis maculata.

force, et l'on peut aisément s'assurer que le phénomène se produit spontanément dans la nature, et que les massules polliniques émettent, sur cette surface visqueuse, des tubes très-fins qui ne tardent pas à pénétrer dans l'épaisseur de son tissu. Ce godet est donc un *stigmate*, ces corps pyriformes sont donc des *masses polliniques*, et les deux loges qui les renferment constituent une *anthère*. Ainsi, dans cette curieuse fleur, le style et l'androcée sont réunis pour former la colonne centrale, et il n'y a qu'une étamine.

Au-dessous du point d'insertion des divisions florales, la colonne se continue en une sorte de queue verdâtre, parcourue par six côtes longitudinales et tordue sur elle-même. C'est l'ovaire qui, comme on le voit, est infère. Cet ovaire offre une loge et renferme un très-grand nombre d'ovules extrêmement

petits, insérés sur trois placentas appliqués à la paroi interne
de l'ovaire. Le fruit est capsulaire et s'ouvre en trois valves
qui portent les placentas sur le milieu, pendant que les nervures médianes restent en place, réunies par leur base ainsi
que par leur sommet.

Examinons enfin les organes de végétation de la même
plante.

Sa partie souterraine présente deux griffes inégales (fig. 291),
dont l'une est ridée, flasque, et paraît épuisée de sucs, et dont
l'autre est plus blanche,
plus volumineuse, plus
ferme. La première, en
effet, a servi au développement de la tige aé-
rienne actuelle qui se
termine par une grappe
de fleurs, tandis que
l'autre doit fournir au
développement, qui se
fera l'année prochaine,
d'un jeune bourgeon
feuillu. Ces deux griffes,
en forme de palmes,
sont des racines nutri-
tives. Sur le haut de
ces racines on peut
même apercevoir en-
core un troisième petit

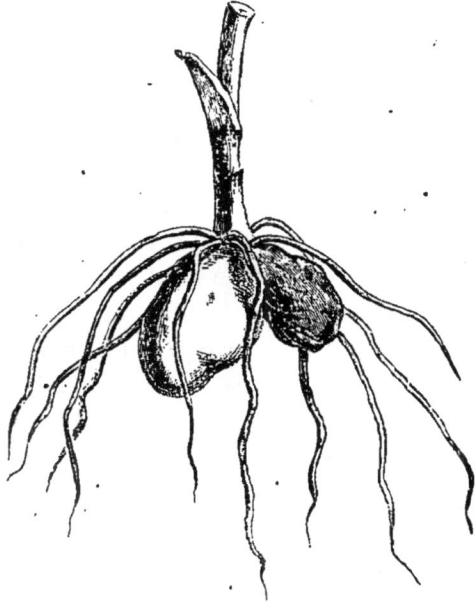

Fig. 291. Racine d'*Orchis maculata*.

bourgeon, qui ne se développera que deux ans après. Chez
d'autres espèces indigènes, la racine, au lieu d'être palmée,
est ovoïde. Ces deux sortes de productions radiculaires sont
toujours accompagnées de racines ordinaires, cylindriques,
dont l'absorption est la fonction principale. Les feuilles de
l'*Orchis maculata* sont engainantes, s'échelonnent en spirale
sur la tige; leur limbe, lancéolé, est ordinairement semé de
taches noires.

L'étude que nous venons de faire d'une des Orchidées que
l'on rencontre le plus fréquemment dans le nord de la France,

ne saurait donner une idée suffisante des·formes remarquables que nous offre ce magnifique groupe de plantes, ornement des forêts tropicales. Beaucoup d'Orchidées tropicales sont *épiphytes*, mais non parasites, c'est-à-dire qu'elles croissent, sans y puiser leur nourriture, dans les fentes des arbres, dans les angles des rameaux, pour s'y dresser ou s'y suspendre avec grâce. Leurs fleurs disposées en épi, en grappe, en corymbe, de petite ou de grande taille, sont souvent décorées des couleurs les plus riches et les plus variées, et répandent parfois un suave parfum; elles offrent toujours un aspect original. Certaines Orchidées ressemblent à une mouche, d'autres à une araignée; celles-ci à un papillon, celles-là à un homme qui serait pendu par la tête. La diversité de leur taille, de leur port, de leurs fleurs, leur étrange beauté, font de ce groupe naturel de plantes un des ornements les plus recherchés de nos serres.

Au point de vue pratique, les substances utiles que l'homme retire de cette famille sont le Salep et la Vanille.

Le Salep est une fécule fournie par les racines tubéreuses des *Orchis* et des *Ophrys*, qui en contiennent une abondante quantité, et un autre principe analogue à la gomme. Quant à la Vanille, c'est le fruit d'un arbre exotique, dont l'espèce est encore indécise.

« Le genre *Vanilla*, dit M. Duchartre, est encore aujourd'hui l'un des plus mal connus parmi tous ceux qui composent le règne végétal. L'incertitude est telle à son égard, qu'on ne sait à quelle espèce botanique attribuer les fruits préparés que le commerce nous apporte d'Amérique et surtout du Mexique. Un fait est cependant acquis aujourd'hui, c'est que les capsules du *Vanilla planifolia*, convenablement préparées, sont aussi riches en parfum que les meilleures de celles que le commerce nous apporte du Mexique. Or, comme cette espèce croît naturellement dans les parties de l'Amérique qui fournissent ce précieux produit, il est fort probable, sinon tout à fait certain, qu'une bonne portion de celui-ci provient de cette espèce aujourd'hui la mieux connue de toutes. »

PALMIERS.

Les *Palmiers* se placent au premier rang des espèces végétales, autant par la beauté majestueuse et l'élégance de leur

port, que par les services qu'ils rendent aux habitants des régions tropicales, auxquels ils fournissent tout à la fois le
pain, l'huile et le vin.

Nous étudierons le *Dattier* comme type de ce groupe de
végétaux.

Ce bel arbre (fig. 292), que l'on a désigné, avec raison, sous
le nom de *Prince du règne végétal*, élève jusqu'à 25 ou 30 mètres
son stipe droit et colomnaire. Il est couronné par une ample
touffe de quarante à cinquante feuilles, dont la longueur peut
atteindre 3 et 4 mètres, et qui présentent des folioles linéaires,
lancéolées, raides, en forme de glaive, disposées comme les
barbes d'une plume. De l'aisselle des feuilles naissent des
spathes coriaces, d'une seule pièce, qui s'ouvrent d'un seul
côté, pour donner passage à de longues panicules rameuses,
connues sous le nom de *régimes*, et qui portent de petites fleurs
qui sont mâles ou femelles. Notons bien que les spathes de
fleurs mâles et les spathes de fleurs femelles appartiennent
à des individus différents, car le *Dattier* est un arbre *dioïque*.
Personne n'ignore que pour faire produire des fruits à cet
arbre on a recours à la fécondation artificielle des fleurs femelles au moyen des fleurs mâles. Cette opération a été mise
en pratique en Orient dès les temps les plus reculés.

La fleur mâle du *Dattier* présente un petit calice à sépales
très-courts, une corolle à trois pétales beaucoup plus grands,
et six étamines, munies de longues anthères linéaires, dont les
deux loges s'ouvrent en dedans par deux fentes longitudinales.

La fleur femelle présente en dedans d'une double enveloppe
florale dont chaque verticille est formé de trois pièces, trois
pistils distincts, surmontés chacun d'un stigmate en forme de
crochet. De ces trois pistils un seul se développe, mûrit, et
devient une baie ovoïde allongée, à épiderme mince, d'un
rouge jaunâtre, à pulpe solide un peu visqueuse, à endocarpe
représenté par une mince pellicule enveloppant le noyau, qui
est la graine même. Cette graine est cylindrique, amincie à ses
deux extrémités, profondément sillonnée d'un côté sur toute
sa longueur et offrant de l'autre, en son milieu, une petite
empreinte circulaire véritable opercule, destiné à tomber au

moment de la germination pour laisser sortir la radicule de

Fig. 292. Dattier.

l'embryon, comme nous l'avons montré au chapitre de la *Ger-*

mination, à propos du *Balisier*. Cet opercule correspond en effet à une petite fossette dans laquelle cet embryon est placé de manière que son grand axe (si l'on peut parler de grand axe pour une si petite chose) est perpendiculaire à la surface de la graine. Celle-ci est du reste presque entièrement constituée, comme on le voit dans la figure 293, qui montre une coupe de la graine de Dattier, par un albumen dur, corné, et dont les cellules, à parois très-épaisses, sont gorgées de matières albuminoïdes et de matières grasses.

Le *Dattier*, propre à l'Arabie et au nord de l'Afrique, est l'arbre par excellence des oasis, celui qui doit, selon le langage imagé des Orientaux, plonger son pied dans l'eau et sa tête dans le feu du ciel. On le plante comme arbre d'ornement, en Corse, en Sardaigne, dans le nord de l'Italie, aux îles Ioniennes et dans la Grèce septentrionale. Mais dans ces contrées il ne mûrit pas, ou ne mûrit qu'incomplétement.

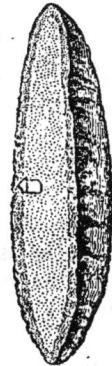

Fig. 293.
Graine
du Dattier.

Le tronc du *Dattier* fournit par incision un liquide sucré, nommé *lait de Palmier*, qui, après avoir subi la fermentation, prend une saveur vineuse. Distillé, ce liquide fournit un alcool de très-bon goût. Le stipe du même arbre procure aux indigènes leur combustible et leur bois de construction. Ses feuilles sont employées pour la couverture des maisons, et les nègres confectionnent avec ses folioles des paniers, des nattes, des chapeaux, etc.

Le cadre de cet ouvrage ne nous permet pas de présenter l'histoire des diverses espèces de Palmiers, si nombreuses et si intéressantes au triple point de vue de leur structure, de leur beauté, de leur utilité. Nous nous bornerons à signaler quelques espèces remarquables entre toutes par leurs formes.

Le *Cocotier* (*Cocos nucifera*) habite toute la zone torride et se plaît au voisinage des mers. Il s'élève à la hauteur de 30 mètres, et se couronne d'un chapiteau de feuilles *pennées*, c'est-à-dire en forme de plume, longues de 6 mètres. Son fruit est une drupe, grosse comme la tête d'un homme, à mésocarpe fibreux, à endocarpe osseux. La graine est presque entièrement formée d'un albumen à chair blanche et ferme à l'intérieur; le centre de cet albumen est occupé par une liqueur claire, agréable, rafraîchissante, une sorte de lait végétal. On retire du *Cocotier* une huile fixe qui sert à l'éclairage et à la préparation des aliments. Toutes les autres parties du *Cocotier* sont utiles à l'homme, soit pour le vêtir, soit pour l'abriter.

Nous empruntons à un ouvrage moderne le récit, allégorique ou réel, qui va suivre, et qui donne, sous une forme assez piquante, une idée du parti infiniment varié que les habitants des contrées chaudes de l'Amérique tirent du *Cocotier* et de ses produits :

« Un voyageur parcourait ces pays situés sous un ciel brûlant, où la fraîcheur et l'ombre sont si rares, et où l'on ne trouve qu'à des distances considérables quelque habitation où l'on puisse goûter un repos que la fatigue de la route rend si nécessaire. Accablé et haletant, ce pauvre voyageur aperçut une cabane entourée de quelques arbres au tronc droit, élevé et surmonté d'un gros bouquet de feuilles très-grandes, dont les unes relevées et les autres pendantes avaient un aspect élégant et agréable. Rien d'ailleurs, autour de cette cabane, n'annonçait un terrain cultivé. A cette vue qui ranime ses espérances, le voyageur rassemble ses forces épuisées, et bientôt il est reçu sous ce toit hospitalier. Son hôte lui offre d'abord une boisson aigrelette, qui le désaltère et le rafraîchit. Lorsque l'étranger eut pris quelque repos, l'Indien l'invita à partager son repas; il servit divers mets contenus dans une vaisselle brune, luisante et polie ; il servit aussi du vin d'une saveur extrêmement agréable. Vers la fin du repas, il offrit à son hôte des confitures succulentes, et lui fit goûter d'une fort bonne eau-de-vie. Le voyageur étonné demanda à l'Indien qui, dans ce pays désert, lui fournissait toutes ces choses. — « Mes Cocotiers, lui répondit-il. L'eau que je vous ai offerte à votre arrivée est tirée du fruit avant qu'il soit mûr, et il y a quelquefois des noix qui en contiennent trois ou quatre livres. Cette amande d'un si bon goût est le fruit dans sa maturité; ce lait, que vous trouvez si agréable, est tiré de cette amande; ce chou si délicat est le sommet d'un cocotier; mais on ne se donne pas souvent ce régal, parce que le cocotier dont on a ainsi coupé le chou meurt bientôt après. Ce vin dont vous êtes si content est aussi fourni par le cocotier; on fait pour cela des incisions aux jeunes tiges des fleurs[1], il en découle une liqueur blanche, qu'on recueille dans des vases, et qui est connue sous le nom de *vin de palmier*. Exposée au soleil, elle s'aigrit et donne du vinaigre. Par la distillation, on en obtient cette bonne eau-de-vie que vous avez goûtée. Ce même suc m'a encore fourni le sucre pour ces confitures que j'ai faites avec l'amande. Enfin toute cette vaisselle et ces ustensiles qui nous ser-

1. Il faudrait dire aux *spathes* des fleurs.

vent à table ont été faits avec la coque des noix de cocos. Ce n'est pas
tout : mon habitation elle-même je la dois tout entière à ces arbres précieux ; leur bois a servi à construire ma cabane, leurs feuilles sèches et
tressées en forment le toit ; arrangées en parasol, elles me garantissent
du soleil dans mes promenades ; ces vêtements qui me couvrent sont
tissés avec les filaments de ces feuilles ; ces nattes qui me servent à tant
d'usages différents en proviennent aussi. Les tamis que voilà, je les
trouve tout faits dans la partie du cocotïer d'où sort le feuillage ; avec
ces mêmes feuilles tressées, on fait encore des voiles de navire ; l'espèce
de bourre qui enveloppe la noix est bien préférable à l'étoupe pour calfeutrer les vaisseaux ; elle pourrit moins vite et se renfle en s'imbibant
d'eau. On en fait aussi de la ficelle, des câbles et toutes sortes de cordages. Enfin, je dois vous dire que l'huile délicate qui a assaisonné plusieurs de nos mets, et qui brûle dans ma lampe, s'obtient par expression
de l'amande fraîche. »

« L'étranger écoutait avec étonnement et admiration comment ce
pauvre Indien, n'ayant que des Cocotiers, avait néanmoins par eux absolument tout ce qui lui était nécessaire. Lorsque le voyageur se disposait
à partir, son hôte lui dit : « Je vais écrire à un ami que j'ai à la ville ;
vous vous chargerez, je vous prie, de mon message. — Oui ; et sera-ce
encore le Cocotier qui vous fournira ce qu'il vous faut? — Justement,
reprit l'Indien ; avec de la sciure des branches j'ai fait cette encre, et
avec les feuilles ce parchemin ; autrefois on en faisait toujours usage
pour les actes publics et les faits mémorables[1]. »

Dans les grandes serres du Muséum de Paris, de Kew, de
Pétersbourg, on cultive de nombreuses et magnifiques espèces
de *Palmiers;* ils y fleurissent et fructifient fréquemment. Nous
avons figuré, au commencement de cet ouvrage (page 8), l'un
des deux pieds de *Chamærops humilis* qui décorent l'entrée du
grand amphithéâtre du Jardin des Plantes de Paris.

Le *Chamærops humilis* est indigène dans l'Europe méridionale : les autres appartiennent exclusivement à la zone torride
et aux parties les plus chaudes de la zone tempérée. Les espèces
de *Chamærops* sont nombreuses dans l'Inde et dans l'archipel
Indien ; elles fourmillent dans l'Amérique équatoriale, mais
elles sont comparativement rares sur le continent africain à
cause des longues sécheresses propres à ce climat.

Une autre espèce de *Palmier* extrêmement répandue dans
l'Amérique centrale, et qui forme au Brésil des forêts immenses, est le *Mauritia flexuosa*, que représente la figure 294.

1. Bonifas-Guizot, *Botanique de la Jeunesse*, p. 236.

Le *Palmier avoira* (*Elaïs Guineensis*) est un arbre magnifique, originaire de la Guinée, d'où il a été transporté en Asie

Fig. 294. Mauritia flexuosa.

et en Amérique. Son fruit, de la grosseur d'une olive, d'un
jaune doré est gorgé d'une huile liquide connue sous le nom

d'*huile de palme*, qui sert à la fabrication du savon et qui, importée en Europe pour cette fabrication, est aujourd'hui un des principaux objets d'exportation de la côte occidentale d'Afrique.

Le *Sagoutier* (*Sagus rhumphii*), originaire des îles Moluques, contient dans son stipe, souvent volumineux, une fécule très-nourrissante.

L'*Arec* (*Areca catechu*), arbre de l'Inde et de Ceylan, fournit un cachou très-estimé. L'albumen de sa graine, coupé par tranches, saupoudré de chaux et enfermé dans une feuille de poivre bétel, compose un masticatoire très-usité chez les Indiens pour faciliter la digestion.

Une autre espèce d'*Arec* (*Areca oleracea*) est particulièrement recherchée à cause de l'excellence de sa pousse jeune, tendre, et déjà volumineuse, connue vulgairement sous le nom de *Chou palmiste*.

Les *Rotangs* (*Calamus*) ont des tiges grêles, grimpantes, peu ou point feuillues, qui s'étendent quelquefois le long des arbres, en passant d'une branche à l'autre sur une longueur de 150 à 170 mètres. On en fait des cannes flexibles et polies, connues en Europe sous le nom de *jonc*.

Citons encore le *Céroxyle des Andes* (*Ceroxylon Andicola*) dont le tronc s'élève, au Pérou, jusqu'à une hauteur de 60 mètres. Il produit une cire qui exsude de ses feuilles et de la base de leurs pétioles.

Nous mentionnerons, en terminant, les genres de Palmiers dont les espèces sont aujourd'hui les plus répandues dans les serres de l'Europe. Voici leurs noms : *Chamædorea, Oreodoxa, Areca, Seaforthia, Arenga, Caryota, Calamus, Borassus, Latania, Geonoma, Corypha, Livistona, Sabal, Chamærops, Thrinax, Phœnix, Cocos, Astrocaryum, Jubæa, Diplothemium, Martinezia, Acrocomia.*

PLANTES DYCOTYLÉDONES APÉTALES.

CONIFÈRES.

Les *Pins* sont des arbres à feuilles alternes, simples, raides et allongées, persistantes et fasciculées par deux, trois ou cinq,

Chacun des fascicules est un petit rameau dont l'axe est très-court et dont les feuilles inférieures sont transformées en gaine. Ces végétaux habitent les contrées froides des deux continents, où ils forment de vastes forêts. Ils sont *monoïques*, c'est-à-dire portent sur le même pied des fleurs mâles et femelles. Les fleurs mâles se composent d'un axe floral, le long duquel sont **insérées** des étamines en nombre considérable. Ces étamines offrent un court filet et une anthère à deux loges s'ouvrant en dehors par deux fentes longitudinales. Cette anthère est surmontée d'un connectif dilaté en façon de languette. Les fleurs femelles sont disposées en chaton, et se composent chacune d'un ovaire privé de style et de stigmate, étalé en façon d'écaille et portant à sa face interne deux ovules orthotropes suspendus.

Les figures 295 et 296 représentent les fleurs mâles et femelles

Fig. 295.
Fleur mâle du Pin sylvestre.

Fig. 296.
Fleur femelle du Pin sylvestre.

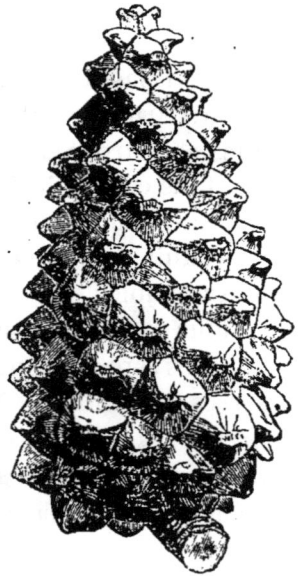

Fig. 297.
Fruit du Pin.

du *Pin*. Quand ces fleurs ont mûri, les écailles deviennent dures, ligneuses, épaissies en massue à leur sommet. Elles forment alors ce fruit composé, ce *cône*, qui a donné son nom

Fig. 298. Pin sylvestre.

à la famille tout entière des Conifères. La figure 297 représente le cône du Pin. Les écailles du cône du Pin finissent par
s'écarter ; les graines qu'il renferme peuvent alors s'échapper
et tomber sur le sol, pour la reproduction de l'espèce.

Nous citerons parmi les espèces de Pins à feuilles géminées,
le *Pin sylvestre* (fig. 298), le *Pin maritime*, le *Pin pignon*, dont les
graines sont comestibles, le *Pin de Corse;* et parmi les espèces à
cinq feuilles, le *Pin du lord*, qui peut atteindre jusqu'à 60 mètres
de hauteur.

Les *Sapins* ne diffèrent des *Pins* que par leur cône, qui est
muni d'écailles amincies, arrondies au sommet, non épaissies
en massue, et par leurs feuilles éparses ou distiques. Tels sont
le *Sapin pectiné*, dont les bourgeons sont employés en médecine et dont on retire l'essence de térébenthine ; le *Sapin élevé*,
vulgairement connu sous le nom d'*Epicea*, dont le bois est
estimé pour les constructions, et dont on extrait, par incision,
une résine nommé *galipot, poix-résine, poix de Bourgogne*.

Les *Mélèzes* (*Larix*) diffèrent des *Sapins* en ce que leurs feuilles
naissent par fascicules de bourgeons écailleux et deviennent
ensuite solitaires et éparses par suite de l'allongement du
bourgeon ; l'imbrication des écailles du cône est très-lâche. Les
feuilles de *Mélèze* persistent pendant un hiver.

Le *Mélèze* d'Europe atteint une hauteur de 30 à 35 mètres.
Son bois est rougeâtre, d'un tissu plus serré, d'une durée plus
considérable que celui du *Sapin*. Des fentes de son écorce suinte
une térébenthine très-pure, qui est employée dans les arts et
dans la médecine.

Les *Cèdres* se distinguent des *Mélèzes* en ce que leurs feuilles
persistent pendant plusieurs années après l'allongement du
bourgeon et que les écailles du cône sont plus étroitement imbriquées. Le *Cèdre du Liban* (fig. 299), arbre d'un aspect plein
de grandeur, étend à 40 mètres au-dessus du sol ses longs bras
horizontaux. Sur le revers de l'Atlas, au nord de l'Afrique, et
dans les contrées tempérées de l'Asie, le *Cèdre* forme des forêts
immenses, du plus majestueux et du plus imposant aspect.

Toutes les plantes dont nous venons de parler appartiennent
à une vaste section de la famille des Conifères, désignée sous

le nom d'*Abiétinées*, et offrent un grand nombre de caractères essentiels communs. Les arbres que nous avons maintenant à signaler, les *Thuya*, les *Ifs*, les *Genévriers*, s'éloignent, sous beaucoup de rapports, de la tribu des Abiétinées.

Les *Thuya* sont des plantes *monoïques*. Leurs fleurs mâles se composent d'un axe floral filiforme, sur lequel s'insèrent de nombreuses étamines, qui ressemblent à des clous portant au-dessous de leur tête quatre anthères uniloculaires. Les fleurs femelles sont disposées en chaton, dont chaque écaille porte deux ovules orthotropes dressés. Ceux-ci deviennent bientôt charnus et se soudent entre eux. Mais à la maturité ils se dessèchent, se dessoudent, et s'écartent, pour mettre en liberté les graines. Les *Thuya* sont des arbres verts, à rameaux comprimés, à très-petites feuilles imbriquées et serrées.

Les *Cyprès* se rapprochent beaucoup des *Thuyas*; ils s'en distinguent essentiellement par le grand nombre de graines qui se pressent à la base de chaque écaille.

Les *Ifs* sont des arbres à feuilles rapprochées, presque distiques, linéaires, aiguës, d'un vert foncé en dessus, et à fleurs dioïques. Les fleurs mâles se composent d'un axe floral allongé, le long duquel s'insère un nombre variable d'étamines. Elles ressemblent à des clous dont le connectif serait la tête. A la face inférieure de ce connectif sont adossées six à huit anthères biloculaires, disposées circulairement autour du filet. Les fleurs femelles, solitaires et ceintes de bractées imbriquées, se composent d'un ovule sessile, au centre d'un disque très-développé. A la maturité, ce disque devient charnu, et forme une petite cupule d'un rouge vif qui enveloppe lâchement la graine. L'arbre semble alors couvert de petites cerises.

Le *Genévrier commun* (*Juniperus communis*) est un arbrisseau indigène, à feuilles verticillées par trois, étalées, raides, et presque épineuses. Cet arbre est *monoïque*. Les écailles du chaton femelle, au nombre de six, présentent ce fait curieux qu'elles deviennent charnues et constituent par leur soudure une sorte de baie sphérique, noirâtre ou bleuâtre, contenant ordinairement trois graines osseuses. Dans quelques contrées du nord de l'Europe on fait fermenter ces fruits, et l'on en retire une espèce d'eau-de-vie connue sous le nom de *gin*. Le *Juni-*

Fig. 299. Cèdre du Liban.

perus Virginiana, nommé aussi *Cèdre rouge*, offre un bois odorant, léger, avec lequel on fabrique les petits cylindres dans
lesquels on renferme le graphite de nos crayons.

BÉTULINÉES.

Le *Bouleau* et l'*Aune* constituent la petite famille des Bétulinées.

L'*Aune glutineux*, qui habite le bord des eaux et les lieux
marécageux des bois, a des feuilles presque orbiculaires,
souvent tronquées au sommet, crénelées, dentées, coriaces,
glabres, d'un vert sombre en dessus, d'un vert pâle en dessous, couvertes, dans leur jeunesse, d'un enduit collant. Cet
arbre est *monoïque*. Dès le mois de février, et avant l'apparition des feuilles, il laisse pendre des chatons cylindriques allongés, composés de fleurs mâles, et il dresse vers le ciel des
chatons ovoïdes, composés de fleurs femelles.

A l'aisselle de chaque écaille du chaton mâle, on compte

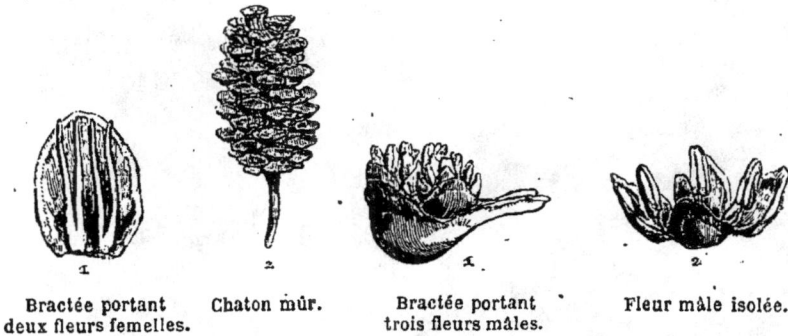

| Bractée portant deux fleurs femelles. | Chaton mûr. | Bractée portant trois fleurs mâles. | Fleur mâle isolée. |

Fig. 300. Fleurs de l'Aune.

trois fleurs, une médiane et deux latérales. Ces trois fleurs
se composent chacune d'un périanthe à quatre divisions
(fig. 300) et de quatre étamines opposées à ces divisions, à
anthères biloculaires s'ouvrant en dehors par deux fentes longitudinales. Elles sont entourées, indépendamment de l'écaille
du chaton, par quatre autres écailles secondaires, dont deux
sont à droite et deux à gauche.

. A l'aisselle de chaque écaille du chaton femelle de l'*Aune*

Fig. 301. Aune.

(fig. 301) on observe quatre écailles secondaires et deux fleurs.

Chacune de ces fleurs se compose d'un pistil unique, dont l'ovaire libre est surmonté d'un style court, divisé en deux branches stigmatiques. L'ovaire présente deux loges; dans chaque loge est suspendu un ovule anatrope. Les chatons fructifères sont en forme de cônes de Pin, à écailles persistantes, horizontales, étroitement juxtaposées et rendues cohérentes par une substance résineuse, s'écartant à la fin pour laisser échapper les fruits. Ces fruits sont comprimés, entourés de chaque côte d'une bordure coriace subéreuse ; ils sont uniloculaires et ne renferment qu'une graine.

Les *Bouleaux* (*Betula alba*) sont, comme les *Aunes*, des arbres *monoïques*. Leurs feuilles sont alternes, pétiolées, ovales, acuminées, dentées ou doublement dentées, vertes et luisantes en dessus, à face inférieure d'un vert pâle, glabre. Ce sont des arbres à tronc droit, à épiderme lisse, d'un blanc satiné, qui se détache facilement par lames circulaires, à rameaux flexibles, déliés et retombants.

Les *Bouleaux* fleurissent au mois d'avril. La couleur blanche de leur écorce produit, au milieu des forêts, les plus heureux effets de contraste avec les couleurs sombres des troncs des Chênes et des Ormes.

ULMACÉES.

L'*Orme champêtre* (*Ulmus campestris*), vulgairement connu sous le nom d'*Orme commun* (fig. 302), croît dans les bois montueux. On le plante fréquemment au bord des chemins et dans les promenades publiques. C'est habituellement un grand arbre, à tige nue, à cime abondamment fournie, conique, formée de fortes branches ascendantes, terminées par des rameaux rapprochés, garnis de ramules serrés et régulièrement distiques. Ses feuilles sont alternes, munies de deux stipules caduques, ovales, aiguës, irrégulièrement obliques à la base, doublement dentées, ordinairement pubescentes et rudes. Elles ne paraissent qu'après les fleurs, qui sont rougeâtres et disposées en fascicules sessiles. Chaque fleur, toujours dépourvue de corolle, se compose d'un calice à quatre ou cinq lobes, de quatre à cinq étamines opposées à ces lobes, à anthères

Fig. 302. Orme.

biloculaires, s'ouvrant en dehors par deux fentes longitudinales, et d'un ovaire libre, à deux loges, contenant un seul ovule anatrope. Le fruit de l'*Orme*, ou *samare* (fig. 303), est sec, comprimé, largement ailé, membraneux dans toute sa circonférence, échancré au sommet, indéhiscent et uniloculaire.

Le tronc à bois dur et serré de l'*Orme* fournit le meilleur bois de chauffage.

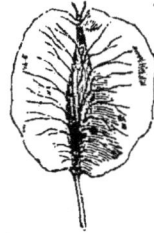

Fig. 303.
Samare ou fruit de l'Orme.

CUPULIFÈRES.

Le *Coudrier* (*Corylus avellana*) est un arbrisseau *monoïque* ordinairement assez élevé. Il est commun dans les bois, les taillis, les buissons; on le plante souvent dans les haies et les jardins. Ses rameaux sont dressés, effilés, flexibles, à feuilles simples, alternes, doublement dentées, quelquefois superficiellement lobées, accompagnées de deux stipules caduques. Les fleurs mâles sont en chatons pendants, disposés 1 à 3, à l'extrémité des rameaux, ou sur des ramuscules latéraux courts. Ces chatons commencent à paraître vers la fin de l'automne, avant la chute des feuilles, et fleurissent à la fin de l'hiver, avant le développement des feuilles nouvelles. Les fleurs mâles, contenues entre deux petites écailles, ont cinq étamines, à anthère uniloculaire, s'ouvrant en dehors. Les fleurs femelles se composent d'un calice, à limbe très-petit, denticulé, et d'un ovaire infère, à deux loges, contenant chacune un ovule anatrope suspendu. Cet ovaire est surmonté de deux longs styles, d'un rouge vif. A l'époque de la fructification, l'involucre a pris un grand développement, il est devenu foliacé, un peu charnu et campanulé à la base, ouvert au sommet, et contenant un fruit (noisette) qui est un akène par suite de l'avortement de l'une des loges et de l'ovule qu'elle renferme. La graine à testa membraneux, mince, contient sous un mince tégument un embryon dépourvu d'albumen, à cotylédons plans d'un côté et convexes de l'autre.

Le *Charme commun* (*Carpinus betulus*) est un arbre de taille moyenne, à écorce d'un gris cendré, lisse, mince. Il fleurit avec les premières feuilles, en avril et mai. Ses fleurs mâles sont disposées en chatons cylindriques, dont les écailles imbriquées protégent directement de six à vingt étamines à filets courts, bifurqués, à anthères unilobées, barbues au sommet. Les fleurs femelles, disposées en façon de grappes dont les bractées extérieures caduques portent chacune deux involucres uniflores, présentent une structure très-analogue à celle des fleurs du Coudrier. Il en est de même du fruit, qui est accompagné d'une cupule foliacée, veinée, réticulée, à trois lobes, dont le moyen est beaucoup plus grand que les deux autres.

L'importance principale du bois de *Charme* est dans sa puissance calorifique. C'est un excellent bois de chauffage. On l'utilise dans l'industrie pour la fabrication d'outils divers et de certaines pièces de machines qui, ayant à subir des frottements, doivent offrir une grande dureté.

Les *Chênes* (*Quercus*) sont des arbres *monoïques*, à feuilles alternes, simples, accompagnées chacune de deux stipules caduques. Les fleurs mâles sont disposées en chatons filiformes, grêles, interrompus et pendants (fig. 304). Chaque fleur présente un calice à six ou huit divisions, libres, inégales, frangées, et un nombre égal d'étamines opposées, à anthères biloculaires, s'ouvrant en dehors par deux fentes longitudinales. La fleur femelle (fig. 305) se compose d'un ovaire infère, surmonté d'un périanthe à trois ou six divisions, et d'un style court, qui se divise en trois branches stigmatiques. Elle est, en outre, entourée d'une sorte de petite coupe, ou *cupule*, formée par un repli du pédoncule sur lequel sont insérées un grand nombre de petites bractées imbriquées. Son ovaire présente trois loges, et dans chaque loge sont deux ovules anatropes. A la maturité deux de ces trois loges ont avorté avec leur contenu. Le fruit, que l'on désigne sous le nom de *gland* (fig. 306), de forme ovoïde ou oblongue, ombiliqué au sommet, à péricarpe coriace et luisant, devient, de cette façon, uniloculaire et monosperme. Cette graine présente sous ses téguments un embryon dépourvu d'albumen, dont les cotylédons, convexes en dehors, plans en dedans, sont charnus et farineux. Le fruit est enveloppé à sa base par la cupule dont nous avons parlé plus haut, indurée et ligneuse.

· Le genre Chêne appartient presque exclusivement à l'hémisphère boréal, dont· il habite les régions tempérées, ainsi˙

Fig. 304. Fleur mâle du Chêne.

que les hautes montagnes des contrées équatoriales. Les espèces qu'il renferme sont nombreuses et difficiles à distinguer. C'est au genre Chêne que se rapportent les arbres les

Fig. 305. Fleur femelle du Chêne.

Fig. 306. Fruit du Chêne.

plus majestueux de nos forêts, à tige robuste et à ramification puissante.

Le *Quercus sessiliflora (Chêne, Chêne rouvre, Rouvre)*, représenté par la figure 307, est un arbre de port et de taille variables, à feuilles pétiolées, oblongues, à peu près ovales, sinuées, à pédoncule fructifère plus court que les pétioles, à fruits arrivant à maturité dans l'année même de l'apparition des fleurs qui le sont produits.

Le *Quercus pedunculata*, ou *Chêne pédonculé*, est un arbre ordinairement très-élevé, pouvant atteindre 30 à 35 mètres et une énorme circonférence, grâce à sa puissante longévité. Ses feuilles sont brièvement pétiolées ou presque sessiles. Les pédoncules fructifères sont très-longs et les fruits mûrissent, comme ceux de l'espèce précédente, l'année même de l'apparition des fleurs qui les ont produits.

Le *Quercus cerris,* assez rare et disséminé en France, est remarquable par les écailles de sa cupule, qui sont linéaires, recourbées en dehors et contournées dans leur moitié supérieure. Dans cette espèce, les fleurs femelles restent stationnaires pendant une année à partir de leur apparition et ne complètent leur évolution qu'à l'automne de la deuxième année.

Le *Quercus ilex (Yeuse, Chêne vert)* est un arbre de 15 à 18 mètres de hauteur, dont les feuilles sont luisantes en dessus, grises ou blanchâtres et tomenteuses en dessous, dont les fruits sont sessiles ou portés par des pédoncules courts, tomenteux, à cupule tuberculeuse, écailleuse, cotonneuse. Il croît dans les lieux arides et découverts de la France méridionale. C'est un combustible de premier ordre. Le bois d'*Yeuse* est employé, en outre, dans les constructions navales, la menuiserie et l'ébénisterie.

Le *Quercus suber (Chêne-liége)*, dont nous avons déjà parlé au chapitre de l'Écorce, est assez voisin de l'*Yeuse*. Ses feuilles persistent jusqu'à la fin de la deuxième et même de la troisième année. C'est, comme nous l'avons dit, la partie subéreuse, très-développée, de son écorce, qui produit la substance désignée sous le nom de *liége*. Il croît sur les coteaux ou sur les montagnes de moyenne élévation, et s'écarte peu du bassin de la Méditerranée. Limité à quelques contrées du midi de la France, le *Chêne-liége* est l'essence dominante des forêts

Fig. 307. Le Chêne (*Quercus sessiliflora*).

de l'Algérie. Il y constitue, seul ou mélangé, des bois d'une grande étendue.

Le *Quercus coccifera* (*Chêne du kermès*) est un arbrisseau touffu de 2 à 3 mètres, à feuilles persistantes, petites, oblongues, cordées, dentées, épineuses, vertes et glabres, commun dans les lieux secs, pierreux et sablonneux de la région méditerranéenne. C'est sur ce petit Chêne que vit le kermès, insecte hémiptère, dont on retirait une belle teinture écarlate avant l'introduction en Europe et l'emploi de la cochenille du *Cactus nopal*.

Le *Hêtre* (*Fagus sylvatica*) est une des essences forestières les plus répandues et les plus importantes. Il atteint de grandes dimensions et peut s'élever jusqu'à 40 mètres. Sa tige, droite et circulaire, demeure apparente jusqu'à l'extrémité de sa cime. Elle est quelquefois nue sur une longueur de 20 mètres au-dessous des branches principales. Ses feuilles pétiolées, ovales ou ovales oblongues, ordinairement aiguës ou acuminées, lâchement dentées ou sinuées, ondulées, coriaces, d'un beau vert, à nervures saillantes, ciliées, soyeuses au bord, sont alternes et accompagnées de deux stipules brunâtres. Les fleurs, qui sont unisexuées, paraissent en même temps que les feuilles. Les fleurs mâles sont disposées en chatons globuleux, longuement pédonculés, pendants, à écailles très-petites, caduques. Les fleurs femelles sont enveloppées, au nombre de deux ou trois, dans un involucre commun à deux lobes, re couvert à l'extérieur d'une foule de filaments. Le fruit porte le nom de *faîne*. La graine contient un embryon sans albumen, dont les cotylédons sont irrégulièrement plissés en dedans et étroitement cohérents. L'huile qu'on retire de cette graine est comestible et bonne pour l'éclairage.

Le *Châtaignier* (*Castanea vulgaris*) est un grand arbre à végétation rapide et doué d'une grande longévité. Il peut atteindre une hauteur de 30 mètres, en présentant une circonférence énorme. Ses feuilles sont grandes, pétiolées, oblongues, lancéolées, aiguës, fortement dentées, coriaces, glabres, luisantes, à nervures secondaires parallèles très-saillantes, accompagnées de deux stipules caduques.

Les fleurs sont unisexuées et paraissent après les feuilles.

Les fleurs mâles forment de très-petits chatons. Chaque fleur mâle se compose d'un calice à cinq ou six divisions, avec autant ou plus d'étamines, à anthère biloculaire, s'ouvrant en dehors. Les fleurs femelles sont enveloppées, au nombre de deux à cinq, dans un involucre commun quadrilobé, soudé extérieurement avec des bractéoles nombreuses, linéaires, inégales. Chaque fleur femelle se compose d'un ovaire infère, surmonté d'un limbe calicinal à 5 à 8 lobes et d'un nombre égal de styles. Il renferme un pareil nombre de loges contenant deux ovules anatropes. A l'époque de la maturité, qui arrive en septembre ou octobre, l'involucre est épais, coriace, chargé en dehors d'épines vulnérantes, fasciculées, et renferme 1 à 5 fruits uniloculaires par avortement, connus sous le nom de *châtaignes*. Le péricarpe en est coriace et fibreux, tomenteux à la face interne. La graine, sous un tégument membraneux, contient un embryon sans albumen, dont les cotylédons sont volumineux, plissés, à fissures plus ou moins profondes, et, comme on le sait, farineux.

La châtaigne est le principal produit que l'on demande à cet arbre utile. Ce fruit fait la base de l'alimentation des populations pauvres du plateau central de la France.

Amélioré par la culture, le *Châtaignier* a donné le *Marronnier*, dont on connaît un grand nombre de variétés.

ARTOCARPÉES.

Le *Figuier* (*Ficus carica*) est originaire des régions méditerranéennes orientale et méridionale. Il fut introduit et cultivé en Europe dès la plus haute antiquité. On le rencontre fréquemment, croissant presque spontanément, dans le midi de la France. Le plus souvent à l'état d'arbrisseau, le *Figuier* peut aussi devenir un arbre de 4 à 5 mètres de hauteur. Les feuilles varient de forme sur le même individu. Elles présentent ordinairement de 3 à 7 lobes, inégaux et obtus. Les fleurs sont unisexuelles et placées sur les parois internes d'un réceptacle commun, percé à son sommet d'une petite ouverture, que protégent un grand nombre de bractées imbriquées. Les fleurs mâles ont un calice à 3 sépales, et 3 étamines opposées à ces

sépales, à anthères biloculaires s'ouvrant en dedans par deux
fentes longitudinales. Les fleurs femelles ont un calice formé
de 5 sépales et un pistil composé d'un ovaire supère, surmonté
d'un style qui se divise en deux branches stigmatiques. Cet
ovaire est uniloculaire et renferme un seul ovule. Le fruit
(pour le botaniste — car pour les gens du monde le véritable
fruit est ce réceptacle épaissi, charnu et succulent qui constitue la Figue), — le fruit, disons-nous, est un akène, et la graine
contient, sous ses téguments, un albumen charnu, dans lequel est un embryon recourbé.

CANNABINÉES.

Le *Chanvre* (*Cannabis sativa*, fig. 308 et 309) paraît originaire

Fig. 308. Chanvre mâle.

de la Perse, mais il est depuis longtemps acclimaté dans l'Europe entière. Tout le monde sait que l'un des éléments de son

écorce, la *fibre libérienne*, rend cette plante éminemment précieuse pour l'industrie humaine.

Le *Chanvre* est une plante *dioïque*, herbacée, annuelle, à feuilles inférieures opposées. Les feuilles supérieures, souvent alternes, sont profondément découpées en 5 à 7 segments lancéolés, acuminés ou linéaires, fortement dentés, rudes, d'un vert pâle en dessous; deux stipules latérales les accompagnent. Les fleurs mâles, disposées en grappe, se composent d'un calice à 5 divisions et de 5 étamines opposées à ces divisions, à anthères biloculaires s'ouvrant en dedans par deux fentes longitudinales. Les fleurs femelles, disposées en glomérules axillaires, feuillus, présentent un calice formé par deux divisions et un pistil composé d'un ovaire supère, surmonté d'un style court et de stigmates filiformes, très-

Fig. 309. Chanvre femelle.

longs. L'ovaire, uniloculaire, renferme un seul ovule. Le fruit est un akène. La graine, sans albumen, renferme un embryon plié sur lui-même.

C'est avec une autre espèce de *Chanvre*, le *Cannabis indica*, que les Indiens font une liqueur enivrante connue sous le nom de *haschich*. Les Orientaux en font un abus déplorable.

Le *Houblon* (*Humulus lupulus*), plante vivace, à tiges volubiles, à feuilles opposées, lobées en forme de palme, appartient à la même famille que le *Chanvre*. On le trouve en Europe, dans les haies, sur le bord des rivières. Le *Houblon* est cultivé en France, en Belgique, en Angleterre et en Allemagne. Les fleurs femelles sont disposées en épis, compactes, ovoïdes, figurant des cônes à la maturité par le développement des sépales et des bractées. Les fruits ou akènes sont recouverts d'une poussière granuleuse, d'un jaune verdâtre ou d'un jaune d'or, très-odorante, qui contient le principe actif que les chimistes ont nommé *lupulin*.

Les cônes de houblon servent à la fabrication de la bière. Ils sont toniques et un peu narcotiques.

SALICINÉES.

Les *Saules* et les *Peupliers* constituent cette petite famille.

Les *Saules* présentent un grand nombre d'espèces, dont la taille varie depuis celle d'une plante herbacée jusqu'à celle d'un grand arbre. La plupart croissent au bord des eaux et forment des *oseraies*, que l'on exploite à de courtes périodes, ou que l'on cultive en *têtards*. Les *Saules* abondent dans les régions tempérées ; ils décroissent sensiblement en nombre vers le midi de l'Europe et dans l'Algérie. Ils servent à consolider les bords des cours d'eau et des rivières, ainsi que les travaux d'endiguement. Le *Saule* fournit au vannier les matières que cet artisan met en œuvre.

Par les grandes dimensions qu'il peut acquérir, le *Saule blanc* (fig. 310) est l'espèce la plus importante du genre. Il forme des oseraies et des têtards très-productifs.

Le *Saule pleureur* (*Salix babylonica*), que nous avons déjà figuré page 75, est particulièrement recherché, pour la longueur, la flexibilité et les courbes de ses rameaux, qui lui donnent une physionomie d'une grâce mélancolique. Sa patrie est inconnue. Nous ne possédons que l'individu femelle.

Le *Saule réticulé* est un petit arbrisseau étalé, couché de 1 à 2 décimètres seulement, qui croît dans les Alpes et les Pyrénées.

Le *Saule herbacé* est un très-petit sous-arbrisseau, à tige souterraine, rampante, émettant des rameaux presque complètement herbacés. Il habite les Hautes-Alpes, les Pyrénées, le mont Dore en Auvergne.

Les Saules sont *dioïques*. Leurs fleurs sont en chaton et so-

Fig. 310. Saule blanc.

litaires, à l'aisselle de chaque écaille du chaton. Elles sont dépourvues d'enveloppes. Les figures 311 et 312 représentent les

chatons mâles et femelles du Saule ; les figures 313 et 314
montrent les fleurs isolées.

Les *Peupliers* sont très-voisins des *Saules*, et ne s'en distin-

Fig. 311. Chaton mâle du Saule blanc.   Fig. 312. Chaton femelle du Saule blanc.

guent, quant à la fleur, que par un plus grand nombre d'étamines, qui sont insérées à la face interne d'une sorte de godet.

Nous citerons parmi ces grands végétaux : Le *Peuplier noir*
(*Populus nigra*), vulgairement nommé *Peuplier suisse.* — Le *Peu-*

Fig. 313. Fleurs mâles du Saule blanc.   Fig. 314. Fleurs femelles du Saule blanc.

plier blanc (*Populus alba*) (*Ypréau, Blanc de Hollande*), bel arbre
à cime ample et fournie, à feuille remarquable par son extrême
blancheur en dessous, surtout sur les rejetons et sur les pousses les plus élevées. La figure 315 représente cette espèce. —

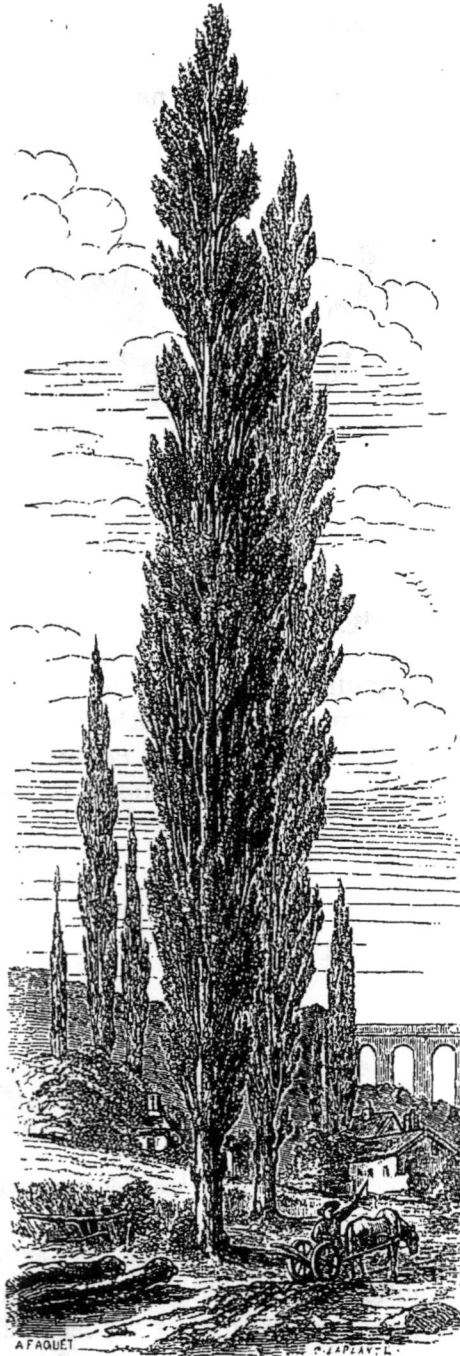

Fig. 315. Peuplier d'Italie.

Le *Tremble* (*Populus tremula*), la seule espèce véritablement forestière du genre, de moyenne taille, à feuilles très-mobiles, à cause de la longueur de la gracilité et de l'aplatissement du pétiole. — Le *Peuplier pyramidal*, originaire du Caucase et de la Perse, qui fut apporté d'Italie en France en 1749, si remarquable par des branches dressées qui aissent presque de la base du tronc et forment ensemble une cime longue, étroite, pyramidale; on ne connaît] que l'individu mâle.

PLANTES

DICOTYLÉDONES

MONOPÉTALES

CAMPANULACÉES.

La *Campanule carillon* (fig. 316), qui, par ses grandes corolles épanouies plusieurs à la fois, figure l'ensemble de cloches que l'on nomme *carillon*, est une plante du midi de

l'Europe. Sa tige est droite, rameuse supérieurement, à feuilles sessiles, ovales lancéolées, irrégulièrement crénelées, dentées, à fleurs inclinées, disposées en grappe lâche. Ses
fleurs sont régulières et
hermaphrodites. Le ca-
lice se compose de 5 sé-
pales. La corolle *campa-*
nulée est divisée dans sa
partie supérieure en 5
lobes, alternes avec les
sépales.

Les étamines sont au
nombre de 5, libres et
non insérées sur le tube
de la corolle ; leurs an-
thères sont biloculaires,
et les filets sont aplatis
et élargis inférieurement,
pour embrasser l'ovaire.
Le pistil se compose d'un
ovaire infère, surmonté
d'un style, divisé en 5
branches stigmatiques.
L'ovaire est à 5 loges. Le
fruit est une capsule, qui
s'ouvre par la base, en
5 petites loges.

Les Campanulacées
sont particulièrement

Fig. 316. Campanule carillon.

cultivées comme plantes d'agrément. Nous citerons comme
exemples la *Campanule à.feuille de pêcher*, espèce indigène,
doublant par la culture, et que l'on cultive souvent dans
nos plates-bandes ; — la *Campanule pyramidale*, dont la grappe
s'élève à plus de 1 mètre ; — le *Miroir de Vénus (Specularia)*,
dont les petites corolles, en forme de roue, violettes ou
blanches, brillent au milieu de nos blés ; — les *Jasiones*,
dont les petites fleurs bleues sont groupées en tête ; — le
Walhembergia à feuilles de lierre, charmante petite plante à

fleurs bleues solitaires, longuement pédonculée, à tige filiforme et couchée.

RUBIACÉES.

Cette famille est l'une des plus importantes du règne végétal, par le nombre de ses espèces et les services qu'elles rendent à l'homme. Avant de signaler les plus remarquables de
ces espèces, nous donnerons, comme type de cette famille,
une idée de la structure florale d'une espèce commune dans
nos champs, le *Sherardia arvensis* (fig. 317).

C'est une petite plante annuelle, à fleurs d'un rose lilas,
presque sessiles, disposées en glomérules. Ses fleurs sont hermaphrodites et régulières. Le calice présente 6 dents. La corolle
est monopétale, creusée en entonnoir, et divisée en 4 lobes. Il
y a 4 étamines, alternant avec ces lobes, insérées sur le tube
corollin, à anthères biloculaires, s'ouvrant en dedans par deux
fentes longitudinales. Le pistil se compose d'un ovaire infère,
surmonté d'un style divisé en 2 branches stigmatiques. Dans
chacune des loges se trouve un ovule anatrope ascendant. Le
fruit se divise en deux akènes, couronnés chacun par trois
dents du calice. Sous les téguments de la graine, on trouve un
embryon un peu courbé, dans un albumen corné. Les feuilles
sont simples, opposées, accompagnées de deux stipules latérales, qui ressemblent assez à des feuilles pour laisser croire
qu'il y a 6 feuilles verticillées sans stipules.

A côté des *Sherardia* se placent quelques genres, comme les
Aspérules (*Asperula*), les *Gratervns* (*Galium*), les *Garances* (*Rubia*).
Une espèce de *Rubia* (*Rubia tinctorum*) est cultivée dans le midi
de la France, pour ses racines, qui contiennent un principe
colorant d'un beau rouge, dont on fait un usage considérable
pour teindre les tissus.

Les *Caféiers* (*Coffæa*) forment une autre section de la famille
des Rubiacées. Ce sont des arbrisseaux toujours verts, dont
les feuilles lancéolées, ondulées et glabres, ressemblent à celles
du *Laurier*. Ces feuilles sont opposées et accompagnées chacune
de deux stipules latérales. Les fleurs sont blanches, odorifé-
rantes, agglomérées à l'aisselle des feuilles. Le calice est à
5 dents. La corolle est en entonnoir et à 5 lobes. Il y a 5 éta-

mines et un ovaire biloculaire infère, comme dans le *Sherar-dia*. Le fruit est une baie rouge, du volume d'une cerise, formée d'une pulpe douceâtre, peu épaisse, qui enveloppe deux noyaux accolés, dont la paroi est parcheminée. Chacun de ces

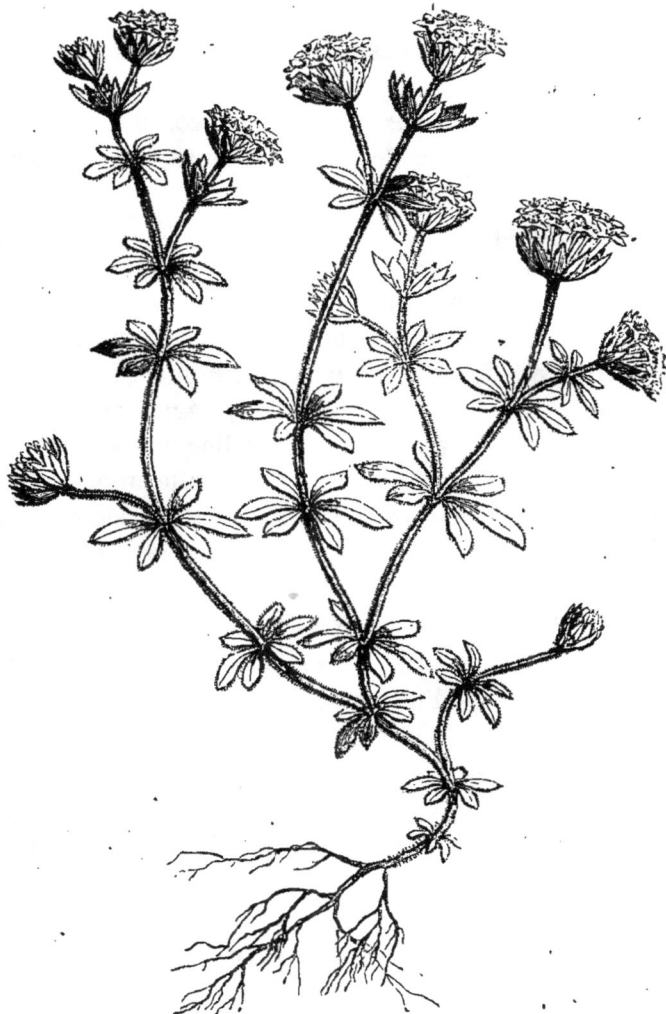

Fig. 317. Sherardia arvensis.

fruits renferme une graine, convexe extérieurement, plane et creusée d'un sillon du côté interne. L'embryon est court, droit et plan à la base d'un albumen corné, qui constitue la presque totalité de la graine.

Le *Caféier*, originaire de l'Abyssinie, fut transporté, au quinzième siècle, dans l'Arabie, qui devint pour cet arbrisseau comme une seconde patrie..

A côté des *Caféiers* se placent les *Cephælis*, petits arbrisseaux habitant les forêts vierges du Brésil, dont les racines, appartenant d'ailleurs à plusieurs espèces, sont connues sous le nom de *racines d'Ipécacuanha*, ou de *Cephælis Ipecacuanha*, et très-employées comme vomitives. C'est dans l'écorce de ces racines, dont la saveur est âcre et l'odeur nauséeuse, que résident les propriétés émétiques de la plante.

C'est encore à la grande famille des Rubiacées qu'appartiennent les *Quinquinas*, arbres ou arbrisseaux toujours verts, qui habitent les Andes tropicales, entre le 10e degré de latitude septentrionale et le 19e de latitude australe, à une hauteur de 7 à 800 mètres au-dessus du niveau de la mer.

Les *Quinquinas* ont les fleurs (fig. 318) régulières et hermaphrodites. Le calice est monosépale et à 5 dents. La corolle, monopétale en forme de coupe, est divisée en 5 lobes. Cinq étamines, alternes avec ces lobes, sont insérées sur le tube corollin et offrent des anthères à 2 loges qui s'ouvrent en dedans. Le pistil se compose d'un ovaire infère surmonté d'un style, divisé en deux branches stigmatiques. L'ovaire offre deux loges ; dans chaque loge est un gros placenta, chargé d'ovules anatropes. Le fruit est une capsule, qui s'ouvre de haut en bas en deux valves ; les graines sont ailées.

Fig. 318.
Fleur de Quinquina.

Tout le monde sait que c'est dans l'écorce des *Quinquinas* que résident les propriétés merveilleuses dont jouit cette plante pour la guérison des fièvres intermittentes. L'écorce du *Cinchona calisaya* paraît être, parmi celles de toutes les autres espèces, la plus riche en quinine.

Les *Quinquinas* forment au Pérou et au Brésil des forêts immenses, qui, depuis deux siècles, sont exploitées pour leur précieuse écorce.

M. Weddell, aide-naturaliste au Muséum d'histoire naturelle de Paris, a visité en 1847 les contrées du Pérou où croissent les *Quinquinas*. Il a résumé dans un travail justement célèbre ses observations sur la récolte, sur l'origine botanique des diverses écorces, etc. Nous emprunterons à son ouvrage la description des diverses opérations dont se compose la récolte de la précieuse écorce péruvienne.

« Dans les derniers jours de juin 1847, dit M. Weddell, je me mettais en marche pour la province de Casabaya. Elle est divisée par la Cordillère en deux régions distinctes : l'une de plateaux, l'autre comprenant une longue série de vallées parallèles.... Ce sont elles qui fournissent la majeure partie des quinquinas exportés aujourd'hui de la république péruvienne.... Il serait difficile de donner une idée de tous les trésors de végétation ensevelis dans ses solitudes. La soif de l'or les avait peuplées autrefois, mais la forêt y a repris partout son empire, et la hache du *cascarillero* en trouble seule aujourd'hui le silence.

« On donne le nom de *cascarilleros* aux hommes qui coupent le Quinquina dans les bois : ce sont des hommes élevés à ce dur métier depuis leur enfance, et accoutumés par instinct, pour ainsi dire, à se guider au milieu des forêts. Sans autre compas que cette intelligence particulière à l'homme de la nature, ils se dirigent aussi sûrement dans ces inextricables labyrinthes, que si l'horizon était ouvert devant eux. Mais combien de fois est-il arrivé à des gens moins expérimentés dans cet art, de se perdre et de n'être plus revus !

« Les coupeurs ne cherchent pas le Quinquina pour leur propre compte; le plus souvent ils sont enrôlés au service de quelque commerçant ou d'une petite compagnie, et un homme de confiance est envoyé avec eux à la forêt avec le titre de *majordome*.... Le premier soin de celui qui entreprend une spéculation de cette nature dans une région encore inexplorée, est de la faire reconnaître par des cascarilleros exercés : le devoir de ceux-ci est de pénétrer les forêts dans diverses directions, et de reconnaître jusqu'à quel point il peut être profitable de les exploiter.... Cette connaissance première est la partie la plus délicate de l'opération, et elle exige dans les hommes qui y sont employés une loyauté et une patience à toute épreuve; c'est sur leur rapport que se calculent les chances de réussite. Si elles sont favorables, on se met en devoir d'ouvrir un sentier jusqu'au point qui doit servir de centre d'opérations; dès ce moment, toute la partie de la forêt que commande le nouveau chemin devient provisoirement la propriété de son auteur, et aucun autre cascarillero ne peut y travailler.

« A peine le majordome est-il arrivé avec ses coupeurs dans le voisinage du point à exploiter, qu'il choisit un site favorable pour y établir son camp, autant que possible dans la proximité d'une source ou d'une rivière. Il y fait construire un hangar ou une maison légère pour abriter les provisions et les produits de la coupe ; et s'il prévoit qu'il doive rester longtemps dans le même lieu, il n'hésite pas à faire des semis de maïs et de quelques légumes. L'expérience, en effet, a démontré qu'un des plus grands succès de ce genre de travaux est l'abondance des vivres. Les cascarilleros, pendant ce temps, se sont répandus dans la forêt, un à un, ou par petites bandes, chacun portant, enveloppées dans son *poncho* (espèce de manteau), et suspendues au dos, des provisions pour plusieurs jours, et les couvertures qui constituent sa couche. C'est ici que ces pauvres gens ont besoin de mettre en pratique tout ce qu'ils ont de courage et de patience pour que leur travail soit fructeux. Obligé d'avoir constamment à la main sa hache ou son couteau pour se débarrasser des innombrables obstacles qui arrètent son progrès, le cascarillero est exposé, par la nature du terrain, à une infinité d'accidents qui trop souvent compromettent son existence même.

« Les Quinquinas constituent rarement des bois à eux seuls ; mais ils peuvent former des groupes plus ou moins serrés, épars çà et là au milieu de la forêt ; les Péruviens leur donnent le nom de *taches* (*manchas*). D'autres fois, et c'est ce qui a lieu le plus ordinairement, ils vivent complétement isolés. Quoi qu'il en soit, c'est à les découvrir que le cascarillero déploie toute son adresse. Si la position est favorable, c'est sur la cime des arbres qu'il promène les yeux ; alors aux plus légers indices il peut reconnaître la présence de ce qu'il recherche ; un léger chatoiement, propre aux feuilles de certaines espèces, une coloration particulière de ces mêmes organes, l'aspect produit par une grande masse d'inflorescences, lui feront reconnaître la cime d'un Quinquina à une distance prodigieuse. Dans d'autres circonstances, il doit se borner à l'inspection des troncs dont la couche externe de l'écorce présente des caractères remarquables ; souvent aussi les feuilles sèches qu'il rencontre en regardant à terre suffisent pour lui signaler le voisinage de l'objet de ses recherches ; et si c'est le vent qui les a amenées, il saura de quel côté elles sont venues. Un Indien est intéressant à considérer dans un mouvement semblable, allant et venant dans les étroites percées de la forêt, dardant la vue au travers du feuillage, en semblant flairer le terrain sur lequel il marche, comme un animal qui poursuit une proie ; se précipitant enfin tout à coup, lorsqu'il a cru reconnaître la forme qu'il guettait, pour ne s'arrêter qu'au pied du tronc dont il avait deviné, pour ainsi dire, la présence. — Il s'en faut de beaucoup cependant que les recherches du cascarillero soient toujours suivies d'un résultat favorable ; trop souvent il revient au camp les mains vides et ses provisions épuisées ; et que de fois, lorsqu'il a découvert sur le flanc de la montagne l'indice de l'arbre, ne s'en trouve-t-il pas séparé par un torrent ou un abîme ! Des journées alors se passent avant qu'il atteigne un objet que, pendant tout ce temps, il n'a pas perdu de vue.

« Pour dépouiller l'arbre de son écorce, on l'abat à coups de hache, un peu au-dessus de sa racine, en ayant soin, pour ne rien perdre, de dénuder d'abord le point que l'on doit attaquer ; et comme la partie la plus épaisse, la plus profitable par conséquent, se trouve tout à fait à sa base, on a l'habitude de creuser un peu la terre à son pourtour, afin que la décortication soit plus complète. Il est rare, même lorsque la section du

Fig. 319. Récolte de l'écorce de Quinquina dans une forêt du Pérou.

tronc est terminée, que l'arbre tombe immédiatement, étant soutenu soit par les lianes qui l'enlacent, soit par les arbres voisins; ce sont autant d'obstacles nouveaux que doit vaincre le cascarillero. Je me souviens d'avoir une fois coupé un gros tronc de Quinquina, dans l'espérance de mettre ses fleurs à ma portée, et, après avoir abattu trois arbres voisins, de l'avoir vu rester encore debout, maintenu dans cette position par des lianes qui s'étaient attachées à sa cime, et qui le soutenaient à la manière de haubans. Lorsque enfin l'arbre est à bas, et que les branches qui pourraient gêner ont été retranchées, on fait tomber le *périderme* en le massant, ou mieux en le percutant, soit avec un petit maillet de bois, soit avec le dos même de la hache; et la partie vide de l'écorce mise à nu est souvent encore nettoyée à l'aide de la brosse; puis, après avoir été divisée dans toute son épaisseur par des incisions uniformes qui circonscrivent les lanières ou planchettes que l'on veut arracher, elle est séparée du tronc au moyen d'un couteau, avec la pointe duquel on rase autant que possible la surface du bois, après avoir pénétré par une des incisions déjà pratiquées. L'écorce des branches se sépare comme celle du tronc, à cela près qu'elle ne se masse pas, l'usage voulant qu'on lui conserve sa croûte extérieure ou périderme.

« Les détails de desséchement varient un peu dans les deux cas : en effet, les planchettes plus minces de l'écorce des branches ou des petits troncs, destinées à faire du quinquina roulé ou *canuto*, sont exposées simplement au soleil, et prennent d'elles-mêmes la forme désirée, qui est celle d'un cylindre creux; mais celles qui proviennent des gros troncs, et que l'on destine à constituer le quinquina plat, ou ce que l'on nomme *tabla* ou *plancha*, doivent nécessairement être soumises, pendant la dessiccation, à une certaine pression, sans quoi elles se tordraient ou se soulèveraient plus ou moins comme les précédentes. A cet effet, après une première exposition au soleil, on les dispose les unes sur les autres en carrés croisés, comme sont disposées les planches dans quelques chantiers, afin qu'elles se conservent planes, et sur la pile quadrangulaire ainsi composée on charge quelque corps pesant. Le lendemain, les écorces sont remises pendant quelque temps au soleil, puis de nouveau rétablies en presse, et ainsi de suite; on laisse enfin se terminer le desséchement dans ce dernier état.

« Mais le travail du cascarillero n'est pas, à beaucoup près, fini même lorsque la préparation de son écorce est terminée. Il faut encore qu'il rapporte sa dépouille au camp; il faut enfin qu'avec un lourd fardeau sur les épaules il repasse par ces mêmes sentiers que, libre, il ne parcourait qu'avec difficulté. Cette phase de l'extraction coûte parfois un travail tellement pénible, qu'on ne peut vraiment pas s'en faire une idée. J'ai vu plus d'un district où il faut que le Quinquina soit porté de la sorte pendant quinze à vingt jours avant de sortir des bois qui l'ont produit, et, en voyant à quel prix on l'y payait, j'avais peine à concevoir comment il pouvait se trouver des hommes assez malheureux pour consentir à un travail aussi faiblement rétribué.

« Pour terminer, il me reste un mot à dire sur l'emballage des Quinquinas; c'est le majordome, que nous avons laissé dans son camp, qui s'occupe encore de ce soin. A mesure que les coupeurs lui rapportent les écorces, il leur fait subir un triage, et en forme des bottes, qui sont cousues dans de gros canevas de laine conditionnés ainsi ; les ballots sont transportés à dos d'homme, d'âne ou de mule, jusqu'aux dépôts dans les villes, où on les enveloppe de cuir frais, qui prend, en séchant, une grande solidité. Sous cette forme, ils sont nommés *surons*, et c'est ainsi qu'ils nous arrivent en Europe. »

La figure 319 représente, d'après l'ouvrage de M. Weddell, la récolte de l'écorce de *Quinquina* par les cascarilleros, dans une forêt du Pérou.

Après avoir mentionné les genres de Rubiacées particulièrement remarquables au point de vue de leur utilité, nous croyons devoir citer encore quelques belles espèces qui embellissent nos serres. Telles sont l'*Ixora coccinea*, bel arbrisseau de l'île de Ceylan, à feuilles persistantes, un peu charnues, à fleurs d'un rouge vif, disposées en un corymbe et qui conservent longtemps leur éclat ; — l'*Ixora odorata*, de Madagascar, dont les grandes corolles rouges et blanches exhalent une odeur suave ; — le *Rondeletia speciosa* de la Havane, à fleurs tubulées, d'un rouge écarlate en dehors, à gorge jaune-orangé ; — les *Rogiera* du Guatémala ; — les *Bouvardia*, du Mexique ; — le *Luculia gratissima* du Népaul, dont les corolles roses exhalent un parfum délicieux ; — le *Gardenia florida*, nommé vulgairement *Jasmin du Cap*, etc., etc.

COMPOSÉES.

Cette famille est la plus importante de toutes par le nombre immense de plantes qu'elle embrasse. Elle constitue à elle seule environ la dixième partie du règne végétal. Elle renferme aujourd'hui plus de neuf mille espèces. On trouve ces espèces dispersées dans tous les lieux de la terre, mais principalement dans les régions tempérées et chaudes, particulièrement dans celles de l'Amérique. Les herbes croissent dans les régions tempérées et chaudes ; les arbres dans les îles intertropicales et antarctiques.

Les fleurs ont, dans cette famille, une disposition tout à fait caractéristique. Elles sont rapprochées en capitules, de manière à figurer une fleur en apparence unique ; mais elles sont,

en réalité, formées de la réunion de plusieurs fleurs : de là le
nom de *Composées* donné à cette famille. Cette disposition est
facile à reconnaître et à comprendre sur ce *capitule*, vulgairement appelé *fleur* de *Marguerite*, que nous représentons dans
la figure 320, où l'on voit le capitule dans son ensemble (*a*),

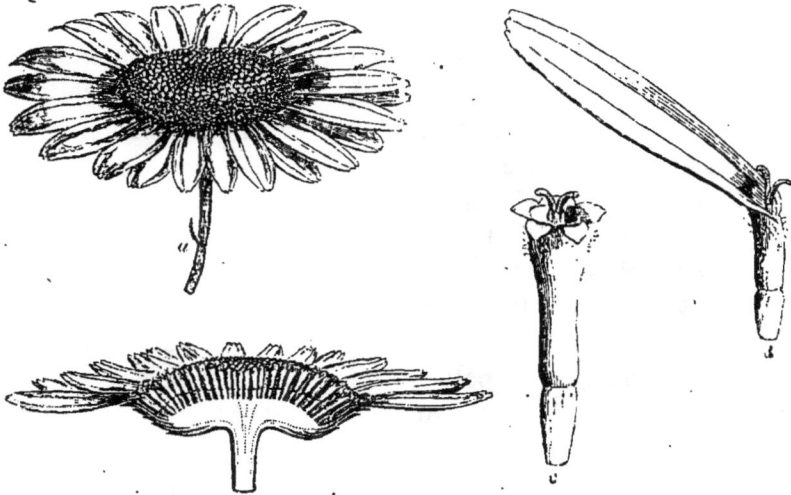

Fig. 320. Marguerite.

une coupe de ce capitule (*b*), enfin les fleurs isolées du centre
et de la circonférence de ce même capitule (*c* et *d*).

Les fleurs d'un même capitule peuvent être toutes de même
sorte : hermaphrodites, staminées, pistillées. Elles peuvent
être aussi de deux sortes : les extérieures neutres ou femelles,
les intérieures hermaphrodites ou mâles.

Le calice de ces fleurs a des formes très-variables. Il est
quelquefois si réduit qu'il semble nul. Ailleurs il forme un
godet, ou une couronne. On le voit se développer en arêtes, en
dents, en écailles; il dégénère même en espèces de soies qui
forment une aigrette.

La corolle est régulière ou irrégulière. Dans le premier cas,
elle est tubuleuse et son limbe offre ordinairement 5 lobes.
Dans le second, le limbe paraît fendu dans une grande étendue et déjeté au dehors, en une languette dentée au sommet,
ou bien il se partage en deux lèvres. Les corolles tubuleuses

20

se nomment *fleurons;* les corolles en languette se nomment *demi-fleurons.*

Les étamines sont insérées sur le tube de la corolle, et alternent avec ses divisions. Les filets sont généralement libres, mais les anthères sont soudées par leurs bords, en un tube qui engaine le style. Elles offrent deux loges, qui s'ouvrent en dedans.

Le pistil se compose d'un ovaire uniloculaire, contenant un seul ovule anatrope droit, et il est surmonté d'un style très-mince. Celui-ci se divise en deux branches dans les fleurs hermaphrodites et dans les fleurs femelles, mais il est indivis dans les fleurs mâles. Les branches du style sont munies de papilles stigmatiques et de poils collecteurs. Avant l'épanouissement, le style est plus court que les étamines ; mais à l'époque de la fécondation il grandit rapidement et s'élève dans le cylindre creux formé par les anthères. A mesure qu'il s'élève, les poils collecteurs balayent le pollen que lui offrent les anthères béantes et apparaissent bientôt au dehors chargés de cette précieuse poussière. On a remarqué que les fleurs femelles sont dépourvues de poils collecteurs, que les fleurs mâles n'ont pas de papilles stigmatiques, que les fleurs neutres n'ont ni papilles stigmatiques ni poils collecteurs.

Le fruit est un akène, souvent muni d'une aigrette, propre à favoriser sa dissémination. La graine, solitaire, renferme un embryon droit, dépourvu d'albumen.

Tournefort avait séparé les Composées en *Semi-flosculeuses,* celles où le capitule est entièrement composé de fleurs à corolle ligulée ou à demi-fleurons ; — *Flosculeuses,* celles où le capitule est entièrement composé de fleurs à corolles tubuleuses ou en fleurons ; — et *Radiées,* celles où le capitule est formé de fleurs centrales tubuleuses et de fleurs périphériques ligulées.

De Candolle, dans son *Prodrome,* partage les Composées en trois grandes séries : 1º les *Liguliflores,* ou *Chicoracées,* qui ont la corolle ligulée, et répondent aux *Semi-flosculeuses* de Tournefort; 2º les *Labiatiflores,* dont les corolles irrégulières sont divisées en deux lèvres; 3º les *Tubuliflores,* dont les capitules sont ou entièrement formés de fleurons, ou pourvus à la circonférence de demi-fleurons, et qui répondent aux *Flosculeuses* et aux *Radiées* de Tournefort.

Les *Liguliflores*, ou *Chicoracées*, possèdent un suc laiteux, con tenu dans un système de vaisseaux laticifères et contenant des principes amers, résineux, narcotiques. Les propriétés et les vertus de ces espèces varient en raison des proportions relatives de ces divers principes, selon l'âge des plantes et le développement différent des divers organes.

La *Chicorée*, ou *Chicorée sauvage* (*Cichorium intybus*), est une espèce indigène, dont les racines sont usitées en médecine. La

Fig. 321. Chicorée.   Fig. 322. Fleur isolée de Chicorée.

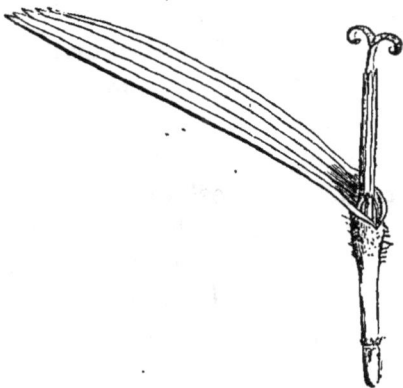

figure 321 représente la *Chicorée sauvage*, la figure 322 une fleur isolée du capitule de cette plante.

Les racines de la *Chicorée cultivée*, séchées et torréfiées, sont employées par les Français barbares pour remplacer le Café. On mange cuites et en salade les jeunes feuilles de la même plante.

La *Chicorée endive*, plante méditerranéenne, moins amère, est mieux appropriée aux usages de l'alimentation.

Les espèces du genre *Laitue* (*Lactuca*) ont un suc amer, âcre, d'une odeur vireuse. On retire de la *Laitue cultivée* (*Lactuca sativa*) un suc dont on compose, par l'évaporation, un extrait pharmaceutique, nommé *lactucarium*, ou *thridace*, qui est doué d'une action narcotique, et qui est parfois employé en médecine au même titre que l'opium. On mange en salade sur nos tables les jeunes feuilles de la *Laitue*, dont on cultive diverses variétés dans les jardins potagers.

Nous citerons encore dans ce même embranchement des Composées : les *Scorsonères* (*Scorsonera*), les *Salsifis* (*Tragopogon*) et les *Pissenlits* (*Taraxacum*).

Les *Tubuliflores flosculeuses*, nommées aussi *Carduacées*, contiennent un principe amer, qui leur donne des propriétés stimulantes. Certaines Carduacées sont employées en médecine, comme les *Lappa*, ou *Bardanes*. D'autres ont joui longtemps d'une grande faveur pour l'usage médical, mais sont aujourd'hui délaissées, comme le *Chardon béni* (*Cnicus benedictus*), le *Chardon marie* (*Silybum marianum*) ; la *Centaurée jacée* et le *Chardon étoilé* ; le *Bleuet* (*Centaurea cyanus*) ; la *Carline acaule* (*Carlina acaulis*). Il en est qui fournissent des principes propres à la teinture, comme le *Carthame* (*Carthamus tinctorius*), plante annuelle, originaire de l'Inde, et que l'on cultive aujourd'hui en Asie, en Amérique et dans presque toute l'Europe. La couleur tirée du *Carthame* est peu solide, mais ses nuances sont très-belles et très-variées. Mêlée avec du talc, elle compose un fard, avec lequel les femmes aiment à se colorer le visage. Quelques Carduacées sont comestibles. Tels sont l'*Artichaut* (*Cynara scolymus*), dont on mange la base des bractées de l'involucre et le réceptacle commun, en rejetant le *foin*, c'est-à-dire les très-jeunes fleurs ; le *Cardon* (*Cynara carduncellus*), dont on mange la nervure médiane des feuilles, blanchies et rendues charnues par l'étiolement.

Les *Tubuliflores radiées* comprennent des plantes dans lesquelles un principe amer est ordinairement combiné avec une résine ou une huile volatile, tandis que la racine contient une matière plus ou moins analogue à la fécule, connue sous le nom d'*inuline*. Selon les proportions de ces divers principes, ces espèces sont toniques, d'autres stimulantes, d'autres astringentes. Nous citerons les *Armoises* (*Artemisia absinthium*, *Artemisia vulgaris*, etc.), la *Tanaisie* (*Tanacetum vulgare*), les *Achillea* ou *Mille-feuilles*, les *Ptarmiques*, dont plusieurs espèces alpines font partie du *thé suisse*; les diverses *Camomilles*, telles que la *Camomille romaine* ou *Anthemis nobilis*, dont nous représentons (fig. 323) un échantillon à capitules devenus totalement semi-flosculeux par la culture, la *Camomille commune* ou *Matricaria camomilla*, la *Camomille puante* ou *Maruta cotula*; la *Matricaire* (*Pyrethrum parthenium*), l'*Arnica des montagnes*, l'*Aunée* (*Inula helenium*), etc., etc.

C'est à la grande division des *Tubuliflores radiées* qu'appartiennent particulièrement les Composées

Fig. 323. Camomille.

cultivées pour l'ornement des jardins. Tels sont les *Chrysanthèmes*, belles espèces, dont plusieurs croissent naturellement en France, comme la *grande Marguerite des prés* et la *Marguerite dorée;* — les *Astères*, plantes vivaces et automnales, la plupart originaires de l'Amérique septentrionale; — les *Cinéraires;* — les *Gnaphales*, qui comprennent beaucoup de plantes d'ornement désignées sous le nom vulgaire d'*Immortelles;* —

les *Zinnia;* — les *Tagètes* ou *Œillets d'Inde;* les *Dahlia,* dont l'espèce ornementale, originaire du Mexique, avait des fleurs
simples, et dont les variétés à fleurs doubles se sont peu à
peu multipliées à l'infini dans nos parterres, etc., etc.

OLÉINÉES.

Les *Lilas*, les *Oliviers*, les *Frênes*, sont les plantes particulièrement intéressantes de la famille des Oléinées.

Les Lilas ont les fleurs régulières et hermaphrodites. Leur
calice, monosépale, présente quatre dents. Leur corolle est hypocratériforme; son tube, très-allongé, est surmonté d'un limbe
étalé, à quatre lobes. Deux étamines seulement, à anthères biloculaires, s'ouvrant en dehors par deux fentes longitudinales,
sont insérées sur le tube de la corolle. Le pistil se compose
d'un ovaire supère, surmonté d'un style, divisé en deux branches stigmatiques. Cet ovaire présente deux loges contenant
chacune deux ovules anatropes suspendus. Le fruit est une
capsule, qui s'ouvre en deux valves portant la cloison sur leur
milieu et ne contenant qu'une seule graine. Celle-ci est pour-.
vue d'un albumen charnu et d'un embryon droit.

Les Lilas sont des arbustes originaires de l'Asie. Leurs feuilles
sont opposées et simples; on en cultive deux espèces dans les
jardins, le *Lilas commun* (*Syringa vulgaris*) et le *Lilas de Perse*
(*Syringa persica*).

L'*Olivier* est un arbre de moyenne grandeur, d'un aspect
triste et sans beauté. Ses feuilles sont oblongues ou lancéolées, entières, glabres supérieurement, blanchâtres, écailleuses
inférieurement. Les fleurs de cet arbre forment des grappes
axillaires, droites pendant la floraison, penchées à la maturité.
Ses fruits sont des drupes, avec noyau uniloculaire par suite
de l'avortement d'une loge. Le péricarpe de cette drupe contient une huile fixe, qui tient le premier rang parmi les huiles
destinées aux usages alimentaires.

Les *Troënes* sont, comme les *Oliviers*, assez voisins des *Lilas*.
Leurs feuilles sont astringentes, et leurs baies, que mangent
les oiseaux, fournissent une couleur noire, applicable à la

teinture des étoffes. Les paysans fabriquent une encre à écrire
avec les fruits écrasés du *Troëne*.

Fig. 324. Frêne commun.

Les *Frênes* appartiennent aussi à la famille des Oléinées. Pour
faire connaitre la structure des *Frênes*, nous en étudierons deux
espèces.

Le *Frêne à fleurs* (*Fraxinus ornus*) est un arbre de 7 à 8 mètres de hauteur, qui contribue à orner les maquis de la Corse. Croissant presque spontanément dans la France méridionale, il est cultivé comme arbre d'ornement. Les feuilles composées du *Frêne à fleurs* offrent de 7 à 9 folioles, sessiles, lancéolées, dentées, vertes et glabres en dessus, un peu plus pâles en dessous, et barbues inférieurement le long de la nervure médiane. Les fleurs paraissent avec les feuilles; elles sont régulières et hermaphrodites. Le calice se divise en 4 dents, et la corolle, blanche, présente 4 pétales linéaires très-longs. Il y a 2 étamines et 1 pistil à 2 loges contenant chacune deux ovules anatropes appendus comme dans les *Lilas*. Mais le fruit est une samare ailée.

Cette espèce de *Frêne*, et d'autres voisines, laissent couler des fissures ou des blessures faites à leur tronc, pendant la saison chaude de l'année, un suc qui se concrète à l'air. Connu sous le nom de *manne*, ce suc concrété est doux et nutritif quand il est frais; avec l'âge il devient purgatif, et sert comme tel en médecine. C'est de la Sicile que l'on retire la manne la plus estimée. Elle est fournie par différentes espèces de *Frênes*.

Le *Frêne commun* (*Fraxinus excelsior*, fig. 324) est un grand arbre qui, dans de bonnes conditions, peut atteindre et dépasser 90 mètres de hauteur, avec un tronc de 8 mètres de circonférence. Il croît dans les bois de plaines, de collines ou de montagnes peu élevées. Il fleurit en avril et mai. Ses feuilles présentent de 9 à 15 folioles opposées, presque sessiles, lancéolées, glabres en dessus, velues en dessous à la base de chaque côté de la nervure moyenne. Les fleurs du *Frêne commun*, contrairement à ce que nous avons vu dans le *Frêne à fleurs*, sont complétement dépourvues d'enveloppes. Elles se composent donc seulement de 2 étamines et d'un pistil. Les fleurs et le fruit ressemblent aux mêmes organes du *Fraxinus ornus*.

GENTIANÉES.

Pour donner une idée de la famille des Gentianées, il nous suffira d'exposer les caractères de l'un des genres qui la con-

stituent, la *Petite Centaurée* (*Erythræa centaurium*), par exemple
(fig. 325).

C'est une petite plante commune dans les bois, les prairies, les clairières. Ses feuilles sont opposées, sessiles, entières ; ses fleurs, de couleur
rose, sont disposées .en cime. .
Ces fleurs sont régulières et
hermaphrodites. Le calice, tubuleux, offre 5 divisions linéaires. La corolle est en forme
d'entonnoir, à tube très-long
et à limbe à 5 divisions. 5 étamines sont insérées sur le tube
de la corolle, et leurs anthères
s'ouvrent en dedans par deux
fentes longitudinales. Avant
l'épanouissement de la fleur
elles sont droites ; mais elles
se contournent en spirale après
l'émission du pollen. Le pistil
se compose d'un ovaire supère, surmonté d'un style filiforme divisé en 2 branches,

Fig. 325. Petite Centaurée.

arrondies au sommet. Cet ovaire est uniloculaire et renferme
deux placentas pariétaux portant un grand nombre d'ovules
anatropes. Le fruit est une capsule s'ouvrant en deux valves,
qui portent les graines sur leurs bords. Celles-ci renferment
un très-petit embryon dans un albumen charnu.

Le genre *Gentiane* (*Gentiana*) ne diffère du précédent que par
des caractères secondaires tirés de la forme de l'ovaire, des
placentas, des étamines, etc.

On emploie en médecine, comme tonique amer, la racine de
la *Gentiane jaune*, belle espèce qui croît ordinairement dans les
montagnes des Alpes et en Bourgogne, et dont les fleurs nombreuses, grandes et de couleur jaune, sont fasciculées et comme
verticillées.

Les autres espèces de *Gentianes* sont aujourd'hui à peu près
abandonnées par la médecine, mais les botanistes et les ama-

teurs en font grand cas pour leur élégance et la vivacité de leur couleur.

Citons encore, comme appartenant à la même famille, deux des plus gracieux ornements de nos rivières et de nos étangs : le *Trèfle d'eau* ou *Menyanthes trifoliata*, dont les fleurs disposées en grappe et d'un blanc de neige sont teintes, à l'extérieur, de rose ou de pourpre, et garnies, sur les parois intérieures de leur corolle, de filaments délicats roulés en dedans et d'une blancheur éblouissante ; et le *Villarsia nymphoïdes*, rival élégant du *Nénufar*.

BORRAGINÉES.

La grande *Consoude* (*Symphitum officinale*, fig. 326), que nous prendrons pour type de cette famille, est une herbe à feuilles simples, alternes, sans stipules. Les feuilles radicales sont très-amples, ovales aiguës ou lancéolées, longuement pétiolées. Les feuilles caulinaires, lancéolées, à limbe décurrent, toutes rudes et pubescentes. Les fleurs, disposées en cime, sont assez grandes, penchées, blanchâtres, jaunâtres ou violacées, régulières et hermaphrodites. Le calice offre 5 sépales lancéolés. La corolle est tubuleuse, à limbe campanulé urcéolé, à lobes triangulaires, courts, réfléchis en dehors. Au-dessous de ces 5 lobes, la gorge est munie de 5 écailles lancéolées, formant un cône, blanches, planes, chargées, au bord, de papilles cristallines transparentes. 5 étamines sont insérées sur le tube de la corolle et alternent avec ses lobes. Le fruit se compose de 4 akènes.

A côté des *Symphitum* viennent se grouper d'autres genres, qui en sont très-voisins, comme la *Bourrache* (*Borrago officinalis*), dont les corolles rosacées, purpurines dans le bouton, deviennent d'un très-joli bleu après l'épanouissement ; — la *Buglosse* (*Anchusa officinalis*) ; — la *Pulmonaire* (*Pulmonaria officinalis*), jadis employée en médecine, mais abandonnée aujourd'hui ; — le *Myosotis*, qui doit à sa fraîche et délicate beauté les noms d'*Œil de perdrix*, *Souviens-toi de moi*, etc. ; — la *Vipérine* ou *Echium vulgare* qui se distingue particulièrement par l'étrange irrégularité de sa corolle et l'inégalité de longueur de ses étamines ; — les *Héliotropes*, reconnaissables à leur style, et à leur fruit drupacé à 4 noyaux distincts.

L'*Héliotrope d'Europe* est sans odeur ; mais celui du Pérou, que Joseph de Jussieu introduisit en France, en 1740, est par-

Fig. 326. Grande Consoude.

ticulièrement recherché pour ses fleurs bleuâtres, dont la suave odeur rappelle beaucoup celle de la *Vanille*.

LABIÉES.

L'*Ortie blanche* (*Lamium album*, fig. 327) est une plante her-bacée, vivace, qu'on rencontre fréquemment dans les lieux herbeux, sur le bord des chemins. Elle va nous servir de type pour l'étude de la nombreuse famille des Labiées.

La tige de l'*Ortie* et ses branches sont carrées ; ses feuilles

Fig. 327. Ortie blanche.

sont simples, opposées, ovales, longuement acuminées, iné-galement dentées, un peu ridées. L'inflorescence se compose de petites cimes, contractées, à fleurs sessiles formant dès

lors ce que les botanistes nomment des *glomérules*, qui naissent
à l'aisselle des feuilles supérieures. Les fleurs sont hermaphrodites et irrégulières. Le calice est monosépale. La corolle est
assez grande, blanche, un peu jaunâtre en dedans, monopétale et bilabiée. Les étamines sont au nombre de 4, de longueur inégale, deux petites et deux grandes, et insérées sur
la corolle. Le pistil se compose d'un ovaire supère, dont la
surface externe et supérieure présente 4 bosses, et d'un style
qui s'insère au milieu des quatre bosses, et se termine par
deux branches couvertes de papilles stigmatiques. Chaque
bosse est une loge de l'ovaire, et cette loge renferme un ovule
anatrope. A la maturité, chaque loge devient un akène. La
graine renferme un embryon droit, entouré d'un albumen
charnu, très-peu développé.

Toutes les Labiées ont les mêmes caractères de végétation et
de fructification que l'*Ortie blanche*, à quelques différences près,
qui portent sur la forme du calice, sur celle de la corolle, sur
le nombre et les dimensions relatives des étamines. Ainsi les
Sauges et les *Romarins*, au lieu d'avoir un calice à 5 dents égales,
ou presque égales, ont un calice bilabié ; les *Menthes*, au lieu
d'avoir une corolle bilabiée, l'ont campanulée ou infundibuliforme, à lobes presque égaux.

Les *Sauges* n'ont que deux étamines. Ces étamines offrent
une anthère d'une structure extrêmement remarquable. Le
connectif est très-allongé et placé perpendiculairement au filet,
comme le fléau d'une balance. A l'une des extrémités de ce
fléau est une loge pleine de pollen ; à l'autre extrémité est un
appendice qui représente l'autre loge avortée.

La plupart des espèces de la famille, extrêmement naturelle,
des Labiées, sont douées de propriétés stimulantes, dues à une
huile essentielle aromatique, qui réside dans les glandes placées sous l'épiderme. Tels sont la *Sauge officinale*, et plusieurs
autres espèces du même genre, — le *Romarin* (*Rosmarinus officinalis*), — le *Serpolet* (*Thymus serpyllum*), — la *Menthe poivrée*
(*Mentha piperita*), — la *Mélisse* (*Melissa officinalis*), dont l'infusion
aqueuse, l'eau distillée ou l'essence obtenue par distillation,
sont très-usitées en médecine.

Le *Lierre terrestre* (*Glechoma hederacea*) et l'*Hyssope* (*Hyssopus officinalis*), qui sont aussi consacrés à l'usage médical, agissent à la fois comme amers et aromatiques. On emploie aussi quelquefois en médecine le *Teucrium Chamœdrys*, plante dans laquelle domine presque exclusivement le principe amer.

On cultive dans nos jardins, comme plantes aromatiques, les *Lavandes* (*Lavandula vera* et *Lavandula spica*); — le *Basilic* (*Ocymum basilicum*); — la *Mélisse* (*Melissa officinalis*); — la *Marjolaine* (*Origanum majorana*); — la *Sarriette* (*Satureia hortensis*); — le *Thym* (*Thymus vulgaris*). Plusieurs Sauges exotiques, comme la *Sauge écarlate*, la *Sauge grandiflore*, font l'ornement de nos parterres. On y cultive encore, parmi les plantes de cette famille, la *Monarde didyme*, la *Physostégie de Virginie*, le *Leonurus queue de lion*, la *Phlomide tubéreuse*, etc., etc.

SOLANÉES.

Le genre des *Solanum*, auquel appartiennent la *Pomme de terre* (*Solanum tuberosum*), la *Douce-amère* (*Solanum dulcamara*), la *Morelle* (*Solanum nigrum*), a donné son nom au groupe des Solanées. Nous étudierons le *Solanum tuberosum* comme type de cette famille.

Le calice des *Solanum* (fig. 328) est monosépale, à cinq divisions. La corolle, monopétale, en forme de roue ou de godet, présente cinq lobes alternant avec les divisions du calice. Elle porte cinq étamines à filets courts, à anthères biloculaires, s'ouvrant au sommet par deux pores. Le pistil se compose d'un ovaire supère, surmonté d'un style allongé, que termine un stigmate obtus. Cet ovaire présente deux loges, et sur la cloison qui les sépare s'insère, pour chaque loge, un gros placenta, chargé d'ovules anatropes. Le fruit est une baie, contenant un grand nombre de graines comprimées, munies d'un albumen charnu et d'un embryon recourbé sur lui-même.

Fig. 328. Fleur de Pomme de terre.

Les *Solanum* sont des plantes à feuilles alternes, simples et

sans stipules, dont la tige est herbacée, sous-ligneuse ou ligneuse et l'inflorescence très-variée.

La *Morelle tubéreuse* (*Solanum tuberosum*), que nous venons de
décrire, est connue dans le monde entier sous le nom de *Pomme*

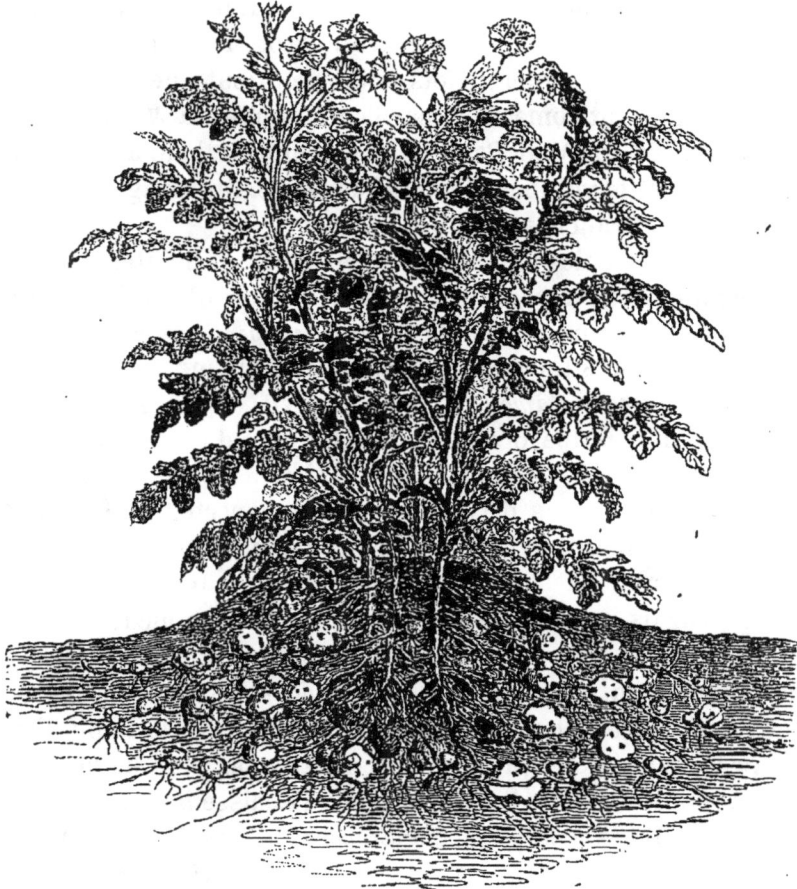

Fig. 329. Pomme de terre (*Solanum tuberosum*).

de terre (fig. 329). Cette utile Solanée est originaire des Cordillères du Pérou et du Chili. Nous avons déjà dit que ses tubercules, dont on fait aujourd'hui un usage universel comme
substance alimentaire, ne sont pas des racines, mais de véritables rameaux souterrains.

Comme plantes intéressantes du genre *Solanum*, nous citerons : la *Morelle noire* (*Solanum nigrum*), qui croît abondamment

le long des murs des villages et dans les lieux cultivés ; son fruit contient un principe actif, cristallisable, vomitif d'abord, puis narcotique ; — la *Mélongène* ou *Aubergine* (*Solanum melongena*), herbe originaire de l'Asie tropicale, répandue par la culture dans la région méditerranéenne de l'Europe, aujourd'hui naturalisée en Amérique : son fruit, gros, lisse, ovoïde, ordinairement violet, quelquefois jaune, contient une chair blanche, qui devient comestible par la cuisson ; — la *Morelle ovifère* (*Solanum oviferum*) ou *Poule pondeuse*, dont la baie a la forme, la couleur et le volume d'un œuf de poule. On mange ses baies coupées par tranches et frites, etc.

Autour des Solanum se groupent diverses plantes intéressantes que nous devons mentionner. Citons d'abord les *Lycopersicum*, dont une espèce, la *Tomate* (*Lycopersicum esculentum*), est cultivée dans tous les jardins et produit un fruit nommé *tomate* ou *pomme d'amour*, d'un rouge vif, à lobes arrondis, rempli d'une pulpe orangée, aigrelette, et d'un parfum très-agréable. — La *Belladone* (*Atropa belladona*), herbe vivace, élégante de port, mais de physionomie suspecte, au feuillage sombre, aux fleurs livides, aux fruits ressemblant à de petites cerises noires. La saveur douceâtre de ses fruits est trompeuse, car ils constituent un violent poison. La médecine tire parti, dans un grand nombre de circonstances, des propriétés narcotiques ou calmantes de la *Belladone*. Le suc exprimé de ses feuilles produit une remarquable dilatation de la pupille, propriété singulière qu'on utilise dans l'opération de la cataracte, pour faciliter l'extraction ou l'abaissement du cristallin. — La *Mandragore* (*Mandragora officinalis*), dont les propriétés sont analogues à celles de la *Belladone* et qui était employée jadis par les prétendus magiciens et faux sorciers pour produire des hallucinations et troubler la raison. — Les *Physalis*, dont la baie peu succulente, légèrement aigrelette, est renfermée dans un calice accrescent, qui finit par se boursoufler et prend une couleur rouge. — Les *Piments* (*Capsicum*), dont les baies luisantes, vertes d'abord et rouges à la maturité, contiennent un principe résineux balsamique, très-âcre, ce qui fait rechercher ses fruits comme condiment dans toutes les contrées du globe.

Les *Tabacs* (*Nicotiana*) appartiennent à une autre section de la famille des Solanées. Leurs anthères s'ouvrent par deux fentes longitudinales. Leur fruit est sec ; c'est une capsule qui s'ouvre en deux valves, en laissant dans le milieu la cloison placentaire, chargée de graines. Le *Tabac* est l'herbe fameuse qui a fait la conquête du monde : dans toutes les parties du globe on l'aspire en fumée. Ce n'est pas ici toutefois le lieu de nous étendre sur ce sujet.

Les *Jusquiames* (*Hyoscyamus*) se distinguent des Solanum et de leurs congénères, ainsi que des Tabacs, par leur fruit capsulaire, qui s'ouvre circulairement à la façon d'une petite boîte.

Citons enfin les *Stramoines* ou *Datura*, dont la capsule, incomplétement quadriloculaire, est ordinairement chargée d'épines ou de tubercules.

PRIMULACÉES.

Les *Primevères* (*Primula*) sont des plantes herbacées, à feuilles simples, alternes et sans stipules. Leur tige est souterraine, et les feuilles forment à la surface du sol une rosette, d'où partent les fleurs, portées sur une hampe. La plupart des espèces de cette famille sont originaires de l'Europe et de l'Asie.

La *Primevère officinale* (fig. 330) croît dans nos bois et nos pâturages. La *Primevère farineuse* et la *Primevère auricule* (*Oreille d'ours*) croissent dans les Alpes. La *Primevère grandiflore* est une espèce indigène, fréquemment cultivée dans les jardins. Ses fleurs offrent des couleurs variées : on cultive la jaune, la purpurine, la blanche, etc. La *Primevère de la Chine* figure agréablement en hiver dans nos jardinières d'appartement.

Le calice des fleurs de *Primevère* est monosépale, et forme un tube, terminé par cinq dents au sommet. La corolle est monopétale, hypocratériforme ; son limbe présente 5 lobes, alternes avec les dents du calice ; 5 étamines s'insèrent sur le tube de la corolle et leurs deux loges s'ouvrent en dedans, par deux fentes longitudinales. Le pistil présente un ovaire

supère, surmonté d'un style, plus ou moins allongé. L'ovaire
est uniloculaire et présente dans son intérieur un gros placenta central, chargé d'un grand nombre d'ovules. Le fruit
est une capsule, qui s'ouvre à son sommet en cinq valves,.

Fig. 330. Primevère officinale.

pour laisser tomber des graines munies d'un albumen charnu,.
enveloppant un embryon droit.

Auprès des *Primevères*, nous placerons les *Cyclamen*, si carac-
térisés par leur élégante corolle à lobes réfléchis, et par leur
tige souterraine, renflée de manière à ressembler à un petit.

pain de munition, d'où leur nom vulgaire de *pain de pourceau ;* et les *Lysimaques,* à corolle en forme de roue. Une belle espèce, le *Lysimachia vulgaris,* croît au bord des eaux, en France.

Un peu plus loin des *Primevères,* viennent se ranger les *Mourons (Anagallis),* dont le fruit s'ouvre en travers, comme une boîte à savonnette. Le *Mouron des oiseaux,* qui sert à la nourriture des oiseaux de volière, n'appartient pas au genre *Anagallis,* mais bien à une petite espèce de la famille de Caryophyllées connue sous le nom de *Stellaria media.*

ÉRICINÉES.

Les *Bruyères* sont des arbrisseaux à feuilles alternes ou opposées, simples et sans stipules. Quelques espèces croissent en Europe, mais le plus grand nombre est originaire du cap de Bonne-Espérance. La *Bruyère cendrée* ou *Bruyère franche (Erica cinerea),* la *Bruyère commune* ou *Brande (Calluna vulgaris,* fig. 331), sont très-répandues aux environs de Paris. La *Bruyère en arbre (Erica arborea),* propre à la région méditerranéenne, domine toutes les autres espèces par sa hauteur, qui peut atteindre jusqu'à 4 ou 5 mètres. Ses fleurs sont nombreuses et leur odeur suave se répand à une grande distance. La *Bruyère à balai (Erica scoparia),* qu'on trouve dans le Nord, l'Ouest et le Midi, tire son nom de son emploi vulgaire ; elle croît au sein des bois, dans les lieux stériles et incultes.

Les *Erica* sont les fleurs régulières. Leur calice est monosépale et divisé en quatre parties, d'ordinaire peu profondes. La corolle de forme variée, globuleuse ou urcéolée, tubuleuse, ou bien en

Fig. 331. Bruyère.

forme de cloche ou de patère, présente 4 lobes, alternant avec les divisions du calice. Ce n'est pas la corolle qui porte, comme cela est ordinaire, les 8 étamines qui composent l'androcée : ces étamines s'insèrent sur le réceptacle. Le pistil se compose d'un ovaire supère, surmonté d'un style très-étroit, et d'un stigmate en forme de godet ou de bouclier. L'ovaire présente quatre loges, dans l'angle interne desquelles se trouve un placenta, chargé d'ovules anatropes. Il devient un fruit capsulaire, s'ouvrant par le dos ; les graines, ovales, réticulées, contiennent un embryon droit dans un albumen charnu.

A côté des *Erica* et des *Calluna* viennent se ranger les *Rhododendrons* et les *Azalées*, auxquels nous devons de si belles espèces d'ornement.

Nos *Airelles*, dont les baies sont acidulées, sucrées, légèrement astringentes, et qui sont employées comme aliment, appartiennent au genre *Vaccinium*. Leur corolle est en forme de grelot ; on y trouve 8 étamines, qui s'ouvrent par le haut ; mais l'ovaire est infère.

La petite famille des Épacridées, qui pendant l'hiver embellit les serres européennes de diverses et délicieuses espèces d'*Epacris*, propres surtout à la Nouvelle-Hollande, est très-voisine de celle des Éricinées. Elle s'en distingue surtout par des anthères uniloculaires.

PLANTES DICOTYLÉDONES POLYPÉTALES.

OMBELLIFÈRES.

L'*Angélique* (fig. 332), jolie plante herbacée cultivée dans nos jardins, est vivace et croît dans les montagnes du sud et de l'est de la France. Sa racine, assez volumineuse, est pivotante. Sa tige, d'un vert bleuâtre, parvient à plus d'un mètre de hauteur. Cette tige est creuse, comme le pétiole des feuilles, qui sont grandes et découpées. Les fleurs de l'*Angélique* forment de petites ombellules, disposées elles-mêmes en ombelles. Elles sont petites et de couleur verdâtre. Le calice présente un limbe formé de 5 dents, très-petites. La corolle se compose de 5 pétales libres, elliptiques, entiers, courbés en de, dans. Il y a 5 étamines alternant avec les pétales, saillantes

attachées au filet par leur dos, s'ouvrant en dedans par deux
fentes longitudinales. Le pistil se compose d'un ovaire infère,
surmonté de deux styles divergents, terminés par un petit
stigmate ovoïde. Cet ovaire présente deux loges ; chaque loge
renferme un ovule anatrope suspendu. A la maturité, le fruit,
qui est ailé, constitue deux akènes (un pour chaque loge),

Fig. 332. Angélique.

lesquels finissent par se séparer et demeurent suspendus à
l'extrémité de deux filets qui sont des prolongements du ré
ceptacle. Chaque akène renferme une graine presque entièrement formée d'un albumen corné, vers l'extrémité supérieure
duquel est niché un petit embryon cylindrique.

La famille des Ombellifères est une des plus importantes
du règne végétal, autant par le nombre des espèces qui la

composent que par les propriétés médicinales et économiques propres à ces plantes. Un des traits caractéristiques de l'organisation des Ombellifères consiste dans la présence, au sein du fruit ou de la graine, de réservoirs ou canaux, qui contiennent des huiles volatiles aromatiques.

L'*Angélique* (*Archangelica officinalis*), que nous venons d'examiner, renferme en abondance un suc aromatique et stimulant. On la cultive principalement pour les confiseurs, qui préparent avec ses jeunes tiges des conserves sucrées, parfumées, dépouillées de l'amertume et de l'âcreté de la plante. L'*Angélique sylvestre*, qui croît aux environs de Paris, au bord des eaux et dans les lieux marécageux, a des propriétés analogues, mais à un moindre degré. Il en est de même de l'*Impératoire* et de la *Livêche*.

Un grand nombre d'Ombellifères cultivées dans toute l'Europe fournissent des fruits d'une saveur chaude et aromatique, qui ont été employés de temps immémorial comme condiment. Tels sont l'*Anis* (*Pimpinella anisum*), le *Cumin* (*Cuminum cyminum*), l'*Aneth* (*Anethum graveolens*), la *Coriandre* (*Coriandrum sativum*), le *Carvi* (*Carum carvi*), le *Fenouil* (*Fœniculum vulgare*), etc.

Plusieurs Ombellifères occupent dans nos potagers une place importante. La racine de la *Carotte sauvage* (*Daucus carota*), si commune dans nos prairies, est petite, dure, fibreuse, d'une saveur âcre. Cette racine, à l'état agreste, ne saurait être mangée ; mais sous l'influence de la culture elle devient charnue, volumineuse, féculente et sucrée, tout en demeurant aromatique.

Le *Panais* (*Pastinaca sativa*) croît spontanément dans les prairies de toute l'Europe. Il a, comme la *Carotte*, une racine pivotante, que la culture a rendue alimentaire, mais dont la chair est pâteuse et légèrement amère.

L'*Ache odorante* (*Apium graveolens*) prend le nom de *Céleri* lorsqu'elle est cultivée. Ses racines, très-âcres à l'état sauvage, et d'une odeur forte, prennent, sous l'influence de la culture, une saveur plus douce. Ses longs pétioles, quand ils ont été décolorés et attendris par le séjour de la plante dans l'obscurité, ne sont pas indignes de paraître sur nos tables.

Le *Persil* (*Petroselimum sativum*), indigène dans le midi de
l'Europe, est maintenant cultivé partout, à cause de ses
feuilles. Il en est de même du *Cerfeuil* (*Scandix cerefolium*).

Quelques ombellifères ont des propriétés vénéneuses ou
narcotiques. Il faut citer en première ligne à cet égard la
grande Ciguë ou *Ciguë officinale* (*Conium maculatum*). On la
trouve sur le bord des chemins, dans les décombres, les ci-
metières, au voisinage des habitations. Sa racine est en
forme de fuseau et de couleur blanche. Sa tige herbacée
droite, rameuse, haute de 1 à 2 mètres, *glabre*, c'est-à-dire sans
poils, cylindrique, glauque, un peu striée, est marquée de
taches d'une couleur pourpre foncée. Ses feuilles sont alternes, très-grandes, découpées, à folioles allongées, profondément dentées. Ses fleurs sont blanches, petites, disposées en
ombelles terminales, composées d'environ 10 à 12 rayons. Les
pétales sont presque égaux, à peu près en forme de cœur,
sessiles. Le fruit, globuleux, offre sur chacune de ses deux
moitiés latérales cinq côtes saillantes et crénelées, en sorte
qu'il paraît tout couvert de petites aspérités ou de tubercules
arrondis.

Toutes les parties de la *grande Ciguë*, froissée entre les
doigts, exhalent une odeur herbacée, vireuse et désagréable.
Personne n'ignore que cette plante constitue un poison violent pour l'homme et pour beaucoup d'animaux. Les moyens
propres à combattre l'empoisonnement par la *grande Ciguë*
consistent à provoquer le vomissement et à administrer ensuite des boissons toniques. La *Ciguë* a été connue depuis les
temps les plus reculés. C'est en buvant le suc de cette plante
que Socrate et Phocion furent récompensés des services qu'ils
avaient rendus à la Grèce.

La *Ciguë vireuse* (*Cicuta virosa*) est encore plus active et plus
délétère que la *grande Ciguë*; elle est heureusement très-rare
dans les environs de Paris, où elle croît sur les bords des
étangs, des fossés et des marais tourbeux.

Citons enfin l'*Œthusa cynapium*, ou *petite Ciguë*, qui se trouve
communément dans les lieux cultivés.

Dans les potagers, on peut facilement prendre la *petite Ciguë*,
lorsqu'elle n'est point encore suffisamment développée, ou en

fleurs, pour le *Persil*, auquel elle ressemble beaucoup. On la distingue de cette herbe potagère aux caractères suivants. Les feuilles du *Persil* sont deux fois divisées, ses folioles sont larges, partagées en 3 lobes sub-cunéiformes et dentés ; la *petite Ciguë* a les feuilles trois fois divisées, ses folioles sont plus nombreuses, plus étroites, aiguës, incisées et dentées. D'ailleurs, l'odeur du *Persil* est agréable et aromatique, tandis que celle de la *Ciguë* est nauséabonde et vireuse. Si les deux plantes sont en fleur, on les distinguera au premier coup d'œil, car les fleurs du *Persil* sont jaunâtres, tandis que celles de la *Ciguë* sont blanches. La tige présente aussi pour ces deux plantes des caractères différentiels : celle de la *petite Ciguë* est presque lisse, rougeâtre inférieurement, et un peu maculée de rouge foncé ; la tige de notre légume aromatique est, au contraire, cannelée et de couleur verte.

La *petite Ciguë* renferme un alcaloïde organique, la cicutine, qui agit comme les poisons narcotico-âcres.

AMPÉLIDÉES.

La *Vigne* (*Vitis vinifera*) est un arbrisseau sarmenteux, originaire de la Mingrélie et de la Géorgie, entre les montagnes du Caucase, de l'Ararat et du Taurus. Ses feuilles sont cordiformes, à 5 lobes sinués-dentés. La *Vigne* peut se cramponner aux objets le long desquels elle grimpe, à l'aide de vrilles, qui naissent des rameaux, juste en face du point où sont insérées les feuilles. Les fleurs de la *Vigne* sont disposées en une panicule multiflore, que tout le monde a vue au printemps. Ses fleurs, très-petites et verdâtres, ont une odeur douce, qui, au printemps, parfume les campagnes du midi de la France, où cet arbuste est cultivé sur d'immenses surfaces.

Quelle est l'organisation des fleurs de la *Vigne* (fig. 333)? Le calice est très-court, et se compose de 5 dents, à peine visibles. La corolle est formée de 5 pétales cohérents au sommet, et se détachant par le bas tout d'une pièce, comme une petite calotte, après la floraison. A ces 5 pétales sont opposées 5 étamines à filets libres, à anthères biloculaires s'ouvrant en dedans par deux fentes longitudinales et attachées sur le filet par leur dos. Au centre de la fleur se dresse un ovaire libre, entouré, à sa base, par un disque glanduleux, et surmonté d'un stigmate sessile à tête aplatie. Cet ovaire est divisé en deux loges et chaque loge renferme deux ovules collatéraux ascendants à la base de la cloison et anatropes. Chacun de ces ovaires devient une baie globuleuse qui est le *grain* de raisin et qui contient (lorsqu'il n'y a pas eu d'avortement) quatre graines ou *pepins*. Ces graines, dont le test est osseux, renferment un très-petit embryon, droit, dans l'axe d'un albumen charnu très-abondant.

Nous ne reviendrons pas ici sur les variétés de la *Vigne*, sur les limites actuelles de sa culture, sur la préparation des vins, etc.,

Fig. 333. Fleur de la Vigne.

détails que nous avons exposés dans un autre ouvrage, *le Savant du foyer*. Nous ajouterons seulement que les congénères américaines de la *Vigne* produisent des baies acerbes, et qu'une espèce appartenant au genre *Cissus*, voisin des *Vitis*, et particulièrement connue sous le nom de *Vigne vierge*, sert à former d'élégants berceaux, ou à tapisser la nudité de nos murs d'un magnifique manteau de feuilles d'un beau vert luisant, qui deviennent pourpres à l'automne.

RIBÉSIACÉES.

Les *Groseilliers* (fig. 334) sont des arbrisseaux souvent armés d'épines placées au-dessous de la feuille. Celles-ci sont alternes ou fasciculées, à limbe palmilobé, à pétiole dilaté à la base. Les fleurs sont disposées en grappes axillaires dans les espèces dépourvues d'aiguillons; solitaires, ou peu nombreuses, dans les espèces à aiguillon. Leur calice est monosépale, à 5 divisions, et la corolle a 5 pétales libres alternant avec les sépales; 5 étamines *périgynes* sont opposées aux sépales. Leurs filets sont libres, leurs anthères biloculaires, s'ouvrant en dedans par deux fentes longitudinales. Le pistil se compose d'un ovaire infère, surmonté de deux styles courts, à stigmates obtus. A l'intérieur de l'ovaire, qui est uniloculaire, on observe deux placentas, chargés d'ovules nombreux, horizonaux et anatropes. Le fruit est une baie, couronnée par le limbe persistant du cet lice et les pétales desséchés. Les graines qu'il renferme (dont le tégument externe devient gélatineux, tandis que l'interne est crustacé) contiennent un albumen presque corné, très-abondant, à la base duquel se trouve un très-petit embryon droit.

Fig. 334. Fleur de Groseillier rouge.

Plusieurs espèces de *Groseilliers* sont cultivées dans les jardins comme plantes d'ornement, tels sont les *Ribes aureum*, *Ribes sanguineum*, etc., ou comme plantes alimentaires, tels sont le *Ribes uva. crispa*, ou *Groseillier à maquereau*, le *Ribes ru-*

brum ou *Groseillier à grappes* et le *Ribes nigrum* ou *Cassis*. Le premier est un arbuste très-épineux, surtout à l'état sauvage ; ses fleurs sont solitaires ou géminées, et varient beaucoup dans les jardins pour la grosseur et la couleur des fruits. Le second n'est pas épineux ; ses fruits en grappe sont rouges ou blancs. Le troisième a des grappes lâches de baies noires, contenant, ainsi que les feuilles, un principe résineux aromatique.

RENONCULACÉES.

Pour donner une idée suffisante de cette importante famille, nous étudierons successivement l'*Ancolie*, l'*Ellébore*, le *Pied d'alouette*, l'*Aconit*, la *Renoncule*, la *Clématite* et la *Pivoine*.

Les gens de la campagne, frappés de la forme et de l'élégance de l'*Ancolie* (fig. 335), ont nommé ses fleurs *Gants de Notre-Dame*. Ses pétales sont façonnés en forme de cornets creux, recourbés à leur extrémité. Il y en a 5, qui alternent avec autant de sépales, plans et pétaloïdes. Les étamines sont nombreuses, disposées en 10 phalanges, dont 5 alternent avec les pétales et 5 alternent avec les sépales. Leurs anthères sont appliquées contre les filets par toute leur face intérieure et s'ouvrent par deux fentes latérales. 10 de ces étamines, représentées seulement par des filets dilatés sous forme d'écailles membraneuses d'un blanc argenté, plissées sur leurs bords, s'appliquent sur le pistil. Ce dernier organe se compose de 5 ovaires libres, uniloculaires, contenant plusieurs ovules anatropes, insérés sur deux séries verticales contiguës. Ces ovaires se changent, à la maturité, en 5 follicules libres. Les graines qu'ils renferment contiennent un embryon très-petit, placé à la base d'un albumen corné très-abondant. Quant aux organes de la végétation, les tiges sont solitaires, ou plus ou moins nombreuses, droites, pluriflores, rameuses supérieurement. Les feuilles, la plupart radicales, sont longuement pétiolées, à divisions de premier ordre longuement pétiolulées et à lobes incisés.

Voilà l'*Ancolie* (*Aquilegia vulgaris*) dans sa simplicité primitive, telle qu'on peut la trouver dans les bois montueux, sur la lisière des forêts, à Bondy, Montmorency, Saint-Germain,

Versailles, etc. Mais la culture a opéré dans l'*Ancolie* des modifications bien curieuses. On voit fréquemmeat, en effet les,

Fig. 335. Ancolie.

5 pétales en cornet en renfermer d'autres, emboîtés par séries, pendant que 5 autres séries semblables se trouvent vis-à-vis

des sépales. Il peut même arriver que la fleur soit entièrement composée de séries de cornets emboîtés les uns dans les autres. Dans d'autres variétés, au contraire, au lieu de cornets creux, on ne trouve plus que des pétales ovales et presque plans, souvent en nombre considérable. Comme dans tous ces cas les étamines deviennent d'autant plus rares que les pétales surnuméraires deviennent plus nombreux, on est porté à penser que la formation de ces pétales n'est point sans quelque relation avec la métamorphose des étamines.

Les *Ellébores* ont un calice à 5 sépales, une corolle à 5-10 pétales, courts, tubuleux, bilabiés, des étamines en nombre indéfini et des pistils dont le nombre varie de 2 à 10. Ils sont un peu cohérents à la base, et l'ovaire contient deux séries d'ovules, comme dans le genre *Ancolie*. Le fruit est également un follicule.

Pour donner au lecteur une idée de l'aspect des plantes propres à ce genre, nous lui présenterons le *Pied de Griffon* ou *Ellébore fétide* (*Helleborus fœtidus*), assez commun dans les lieux pierreux, sur les bords des chemins, dans les clairières des bois, aux environs de Paris. C'est une plante à odeur vireuse, dont la souche épaisse, ordinairement verticale, se termine par une racine pivotante. Les tiges, qui persistent pendant l'hiver, sont longues de 3 à 7 décimètres, robustes, droites, nues dans leur partie inférieure, feuillues supérieurement; elles se partagent en rameaux florifères. Les feuilles, toutes caulinaires, très-coriaces, d'un vert foncé, sont pétiolées, à segments lancéolés, étroits, dentés, ordinairement libres jusqu'à la base. Les fleurs sont penchées, disposées en corymbe rameux. Les sépales sont concaves, dressés, verdâtres, souvent bordés de pourpre. Les follicules sont oblongs, terminés en un long bec.

Tous les *Ellébores* intéressent les amateurs de jardins, parce que la plupart fleurissent pendant l'hiver; tels sont en particulier l'*Ellébore noir* ou *Rose de Noël*, et le *petit Ellébore jaune* connu des botanistes sous le nom d'*Eranthis hyemalis*, qui fleurit dès que les neiges commencent à fondre.

Les *Dauphinelles* (*Delphinium*) ont un calice à 5 sépales pétaloïdes, inégaux, le supérieur redressé en cornet pointu, en éperon, ou comme la queue d'un dauphin, ce qui leur a fait donner leur nom. Les pétales, au nombre de quatre dans certaines espèces, sont réduits à un seul dans d'autres, par suite de phénomènes d'avortement et de soudure; car à l'origine il y a toujours huit pétales, dont six se développent par paire en face de trois des sépales, et dont deux se développent isolément en face des deux autres sépales. Quoi qu'il en soit, les deux pétales supérieurs dans un cas, le pétale unique et supérieur dans l'autre cas, se prolongent en un cornet pointu, inclus dans l'éperon du calice. Les étamines, très-nombreuses, sont disposées en huit séries, opposées aux huit pétales originaires. Les carpelles, au nombre de un à cinq, libres, sessiles, verticillés et qui se changent plus tard en follicules, occupent le centre de la fleur.

On trouve fréquemment aux environs de Paris, dans les moissons, dans les champs cultivés, le *Delphinium consolida*, connu vulgairement sous le nom de *Pied d'alouette des champs*, *Pied d'alouette sauvage*, *Éperon de chevalier*. Sa tige est grêle, droite, à rameaux nombreux; ses feuilles, découpées en petites lanières; ses fleurs, bleues ou blanches, en grappes courtes, forment une panicule.

On cultive de fort belles espèces de *Dauphinelles* dans les jardins, telles que les *Delphinum elatum*, *Delphinum grandiflorum*, etc., espèces vivaces, originaires de la Sibérie; une des plus élégantes est le *Delphinium Ajacis*, plante originaire d'Orient et d'Algérie, qu'on rencontre souvent dans le voisinage des jardins, d'où elle a disséminé ses graines.

Le genre *Aconit* (*Aconitum*) offre cinq sépales pétaloïdes, inégaux, dont le supérieur façonné en forme de casque (fig. 336) recouvre la corolle. Ce dernier organe se compose de 2 à 8 pétales, dont les deux supérieurs offrent un onglet allongé, et se terminent en capuchon renversé, tandis que les inférieurs sont très-petits, filiformes, souvent nuls. Les étamines, nombreuses, sont disposées en séries, comme dans les *Dauphinelles*; on trouve au centre de la fleur 3 à 5 pistils qui deviennent des follicules.

L'*Aconit* est une herbe narcotico-âcre, très-vénéneuse, mais qui, appliquée avec discernement, constitue un médicament éminemment utile. On l'emploie contre les névralgies, les paralysies, les rhumatismes, l'infection purulente, etc.

L'espèce la plus vénéneuse est l'*Aconit ferox*, qui croît dans l'Himalaya, en Asie. L'*Aconit napellus* est notre espèce officinale. Elle est très-rare aux environs de Paris, mais les touristes la rencontrent fréquemment dans les montagnes de la Suisse et du Jura. Elle élève à 12 décimètres de hauteur ses

Fig. 336. Fleur de l'Aconit napel.

Fig. 337. Renoncule.

tiges droites, simples, un peu rameuses supérieurement, munies de feuilles d'un vert foncé et luisantes en dessus, d'un vert pâle en dessous, à 5-7 segments, divisés en lobes oblongs, incisés. Ses fleurs (fig. 336), qui sont bleues et d'un aspect élégant, forment des grappes allongées; on voit deux petites bractées au-dessous de chaque fleur.

Les *Renoncules* (*Ranunculus*, fig. 337) ont le calice coloré en vert et composé de cinq sépales. La corolle présente cinq pétales, munis, à la base interne de leur onglet, d'une écaille, ou d'une fossette nectarifère. Les étamines et les pistils sont très-nombreux. Les premières offrent la structure ordinaire; mais les seconds, qui sont disposés en tête globuleuse ou oblongue et prolongés en un bec court, renferment un seul ovule, ascendant et anatrope. Ils deviennent plus tard des akènes.

Beaucoup d'espèces de ce genre possèdent une propriété vésicante, c'est-à-dire qu'appliquées sur la peau, elles y produisent une irritation qui va jusqu'à déterminer la destruction de l'épiderme et la formation d'une petite plaie : telles sont les *Ranunculus flammula* (*petite Douve*), *lingua* (*grande Douve*), *arvensis* (*Bassinet des champs*), *bulbosus* (*pied de Corbin, pied de Coq*), *acris* (*Bassinet, Bassin d'or*), *sceleratus* (*scélérate*), qui sont communes aux environs de Paris. Quand on distille ces plantes avec de l'eau, le liquide condensé et recueilli contient un principe très-âcre. Les animaux ne touchent pas aux *Renoncules*, quand elles sont fraîches ; cependant ces plantes desséchées sont bonnes pour faire du foin.

A côté des *Renoncules*, nous citerons les *Anémones*, les *Hépatiques*, les *Adonis*.

Les *Clématites* (*Clematis*) ont un calice à quatre divisions pétaloïdes et sont dépourvues de corolle. Les étamines et les pistils sont nombreux comme dans les *Renoncules*. Ces pistils sont uniloculaires ; ils deviennent des akènes à graine renversée et surmontés d'une sorte de queue plumeuse, résultant de l'accroissement du style après la floraison. Les feuilles des *Clématites* sont opposées, et leur tige ordinairement ligneuse, sarmenteuse, grimpante.

Dans les haies, les buissons, les taillis du nord de la France, on trouve souvent le *Clematis vitalba* (vulgairement *Herbe aux gueux*), dont les feuilles pilées, appliquées sur le corps, produisent la rubéfaction, la vésication et l'ulcération de la peau. Les mendiants se servent quelquefois de cette plante pour se procurer des ulcères artificiels et momentanés : de là son nom vulgaire. On rencontre quelquefois dans le voisinage des jardins le *Clematis flammula* (vulgairement *Clématite odorante*), que l'on plante assez souvent pour garnir les palissades et les berceaux, et qui se distingue de l'espèce précédente par ses sépales tomenteux seulement aux bords. On entoure fréquemment les bosquets de *Clematis viticella*, dont les sépales sont violets, pourpres ou roses, et dont la fleur double par la culture.

On voit quelquefois à côté de cette dernière espèce l'*Atragène des Alpes*, remarquable par la beauté de ses grandes fleurs, d'un bleu violet. Le genre *Atragène* se distingue du genre *Clematis* par l'existence d'une corolle composée de pétales nombreux plus courts que les sépales.

Les *Pivoines* (*Pæonia*) ont le calice foliacé, coriace, persistant, à sépales inégaux. La corolle se compose de cinq, six, dix pétales orbiculaires, presque égaux. Les pistils, en nombre variable, renferment un grand nombre d'ovules. Les fruits sont des follicules coriaces. Le réceptacle se gonfle en un disque charnu, qui peut former comme une sorte de sac. Les graines sont munies d'un arille assez peu développé.

Les *Pivoines* sont des plantes herbacées, vivaces ou suffrutescentes, à feuilles alternes. Elles font, dès le printemps, l'ornement de nos jardins. Tous nos lecteurs connaissent la *Pivoine mouton* (vulgairement *Pivoine en arbre*), dont les pétales sont tantôt blancs, marqués à la base d'une tache pourpre, tantôt rosés et qui doublent par la culture. Les Chinois, qui la cultivent depuis quinze cents ans, en ont obtenu plus de deux cents variétés. La *Pivoine* a été introduite en France au commencement du siècle actuel.

Citons encore la *Pivoine officinale*, à pétales rouges, ou roses, ou panachés, dont les fleurs doublent facilement, et qui était jadis fameuse dans la sorcellerie ; la *Pivoine corail* (vulgairement *Pivoine mâle*), etc.

PAPAVÉRACÉES.

Les *Pavots* ont un calice à deux sépales caduques, une corolle à quatre pétales, de nombreuses étamines, munies d'un long filet et dont les anthères s'ouvrent latéralement par deux fentes longitudinales. L'ovaire, uniloculaire, est partagé presque complétement par plusieurs lames placentaires qui, partant des parois, s'avancent presque jusqu'au centre, et portent un grand nombre d'ovules anatropes, insérés sur toute leur surface. Le stigmate se penche sur l'ovaire en une sorte de collerette, dont le bord est découpé en autant de dents qu'il y a de placentas pariétaux, et porte un nombre égal de crêtes veloutées papilleuses. Le fruit est une capsule ovale, oblongue, ou qui s'ouvre par de petites valvules placées au-dessous du stigmate. Les graines, très-petites, renferment un minime embryon placé à la base d'un albumen charnu et oléagineux.

Les *Pavots* sont des herbes à suc laiteux blanc, à feuilles

22

dentées ; les feuilles partant de la racine sont pétiolées, les feuilles partant de la tige sont sessiles ou embrassantes. Leurs pédoncules solitaires, uniflores, sont penchés avant la floraison.

Nous signalerons particulièrement trois espèces de *Pavots*.

1° Le *Coquelicot*, ou *Pavot-coq* (*Papaver rhœas*), est très-commun dans les champs de blé, dont il forme, avec les *Bleuets*, le plus gracieux ornement. Ses pétales mucilagineux, amers, sont émollients et légèrement narcotiques.

2° Le *Pavot du Levant*, ou *Pavot de Tournefort*, à pétales de couleur écarlate ou orange, à onglet de couleur noir pourpre, ne diffère que peu du *Pavot à bractées* (*Papaver bracteatum*).

3° Le *Pavot somnifère* (*Papaver somniferum*), dont on distingue deux variétés : l'une nommée *Pavot blanc* (fig. 338), parce que ses graines sont ordinairement blanches, et particulière ment cultivée pour en extraire l'opium ; l'autre nommée *Pavot noir*, parce que ses graines sont noires, et qui fournit l'huile douce connue sous le nom d'*huile d'œillette*.

Tout le monde sait que l'opium n'est autre chose que le suc épaissi du *Pavot blanc*. Ce suc découle de plaies faites aux ovaires, peu de temps avant leur maturation.

La *Chélidoine* ou *Grande Éclaire* (*Chelidonium majus*) appartient à la famille des Papavéracées. C'est une plante vivace, à suc d'un jaune rougeâtre, qui jouit encore d'une certaine réputation pour la guérison des verrues. Ses tiges sont droites, rameuses, pubescentes, à longs poils épars, étalés. Ses feuilles ont trois à sept segments ovales, lobés, à lobes incisés, crénelés, glauques en dessous. Ses fleurs, qui sont jaunes et disposées en ombelle simple, diffèrent très-notablement de celles du *Pavot* par la structure du pistil. Cet organe se compose, en effet, d'un ovaire uniloculaire, offrant seulement deux placentas pariétaux, et surmonté d'un style court, à stigmate bilobé. Le fruit est une capsule linéaire et s'ouvre en deux valves qui se détachent de la base au sommet, en laissant persister le châssis formé par les placentas. Les graines présentent en outre cette particularité remarquable, d'être munies d'une petite excroissance celluleuse blanche, en façon de cimier.

Citons encore dans cette famille, l'*Escholtzia Californica*, herbe vivace, à fleurs solitaires, grandes, d'un jaune d'or, se

Fig. 338. Pavot somnifère.

fermant par les temps pluvieux, et dont les sépales cohérents par la base se détachent d'une seule pièce à la façon d'un petit chapeau pointu.

CRUCIFÈRES.

Cette famille est une des plus naturelles du règne végétal. Etudier un des genres qui la composent, c'est les étudier tous. Prenons pour type la fleur d'une *Giroflée* (fig. 339).

Cette fleur est régulière. Le calice se compose de quatre sépales libres, droits, dont les deux latéraux sont bombés à la base. La corolle présente quatre pétales, alternant avec les sépales, unguiculés, à limbe étalé, entier. Les étamines sont *tétradynames*, c'est-à-dire au nombre de six, dont quatre plus grandes et deux plus petites, et hypogynes. Leurs anthères sont biloculaires et s'ouvrent en dedans, par deux fentes longitudinales. A leur base se trouve un disque composé de glandes, dont deux d'un vert foncé

Fig. 339. Giroflée.

éc enchâssent pour ainsi dire le pied des deux petites étamines, tandis que les quatre autres, beaucoup plus petites, sont placées en dehors des longues étamines. Le pistil se compose d'un ovaire très-allongé, surmonté d'un style assez court, dont le stigmate est bilobé. Cet ovaire présente deux loges à l'état adulte. Il était cependant, dans le jeune âge, uniloculaire, avec deux placentas pariétaux, chargés d'ovules. Ce n'est qu'à une certaine période du développement qu'une lame, partie de l'un de ces deux placentas pariétaux, et s'avançant vers l'intérieur, a rencontré la lame provenant du placenta opposé, s'est soudée avec elle, et a constitué ainsi une cloison, qui a divisé la cavité ovarienne en deux compartiments. A la maturité, cet ovaire est devenu une *silique*, dont les graines, dépourvues d'albumen, renferment un embryon à cotylédons plans et à radicule latérale, c'est-à-dire repliée sur la commissure des cotylédons.

Nous avons déjà dit que toutes les Crucifères sont construites sur un grand type commun. Cependant quelques caractères secondaires tirés de la régularité ou de l'irrégularité de la corolle, de la forme du fruit et de l'embryon, etc., servent à distinguer les genres. C'est ainsi que les *Iberis* ont deux pétales beaucoup plus grands que les autres ; — que le fruit, qui est une silique dans la *Giroflée*, est une silicule dans les *Thlaspi;* — qu'il devient lomentacé dans les *Raphanus,* monosperme et indéhiscent dans l'*Isatis,* etc. Quant à l'embryon, la radicule ne se replie pas toujours sur l'intervalle des deux cotylédons, comme dans la *Giroflée;* elle peut se replier sur leur dos, comme dans l'*Isatis.* Ces cotylédons peuvent n'être pas plans, mais pliés longitudinalement, enroulés sur eux-mêmes, etc.

Parmi les plantes remarquables appartenant à cette vaste famille végétale, nous nous contenterons de citer : le *Cochlearia officinal* (*Cochlearia officinalis*), qui est le plus puissant des antiscorbutiques ; — le *Cresson alénois* (*Lepidium sativum*) ; — le *Cresson de fontaine*) *Nasturtium officinale*) ; — le *Raifort* (*Cochlearia armoracia*) ; le *Radis* (*Raphanus sativus*), dont les deux variétés (*Radis noir* et *Petite Rave*) paraissent sur nos tables ; le *Chou rave* (*Brassica rapa*), dont la racine charnue est un peu âcre et presque sucrée ; — le *Colza* (*Brassica oleifera*), dont les graines fournissent une huile employée pour l'éclairage ; — le *Chou potager* (*Brassica oleracea*), qui nous donne le *Chou vert*, le *Chou cabus*, le *Chou-fleur*, le *Brocoli*, etc. ; — la *Moutarde noire* (*Sinapis nigra*), dont les graines renferment une huile fixe et une huile volatile très-âcre, à laquelle il faut rapporter leur vertu excitante ; — la *Guède* (*Isatis tinctoria*), dont la racine fournit un principe colorant bleu, nommé *pastel;* — diverses espèces d'*Eris*, de *Lunaires;* — l'*Alyssum saxatile* (*Corbeille d'or*) ; les *Matthiola* (*Quarantaine*) ; les *Cheiranthus;* — les *Hesperis* (*Juliennes*), qui sont cultivés comme plantes d'ornement.

Presque toutes les plantes de la famille des Crucifères contiennent un suc d'une saveur âcre et piquante, due à la présence d'une huile volatile, qui tantôt préexiste toute formée, tantôt peut se développer sous l'influence de l'eau chaude, comme on l'observe dans la graine de *Moutarde*. La présence de cette huile âcre et excitante communique à la plupart des plantes de la famille des Crucifères des vertus antiscorbutiques dont la médecine tire parti.

Certaines Crucifères sont employées comme aliments, à cause des principes mucilagineux et sucrés qu'elles renferment, et qui corrigent l'âcreté de leur suc. D'autres fournissent, par leurs graines, une huile, que l'on utilise pour l'éclairage. On cultive très-peu de plantes de cette famille pour l'ornement des jardins.

VIOLARIÉES.

La *Violette* (fig. 340), type de cette famille, a des fleurs irrégulières, accompagnées chacune de deux bractées. Le calice a cinq sépales, et chacun de ces sépales présente à sa base un petit appendice qui descend au delà de son point d'insertion. La corolle se compose de cinq pétales ; l'inférieur, échancré, plus grand, se termine, à sa base, par un éperon court et obtus, et il se dirige en bas, avec les deux latéraux qui sont entiers et barbus ; les deux supérieurs, également entiers, sont dirigés en haut. Il y a cinq étamines, alternant avec les pétales. Elles sont presque sessiles, légèrement soudées entre elles par leurs anthères. Elles sont biloculaires et s'ouvrent en dedans, par deux fentes longitudinales. Chaque anthère est surmontée d'une petite languette mince et jaune, qui est un prolongement du connectif. En outre, deux de ces étamines, les antérieures, sont pourvues à leur base d'une sorte de queue, qui se loge dans le cornet creux du pétale inférieur. Le pistil se compose d'un ovaire libre, surmonté d'un style ascendant, renflé un peu au-dessus de sa base, et terminé par un stigmate effilé en bec. A l'intérieur de l'ovaire, qui est

Fig. 340. Violette.

uniloculaire, on remarque trois placentas pariétaux chargés d'ovules droits, anatropes.

Le fruit est une capsule qui s'ouvre en trois valves, portant chacune un placenta dans leur milieu. Les graines contiennent un embryon droit, dans l'axe d'un albumen charnu.

La *Violette* est une plante *acaule*, ou sans tige, dont la hauteur ne dépasse pas de 1 à 2 décimètres. Ses feuilles radicales, ou portées sur des stolons, sont aiguës ou ovales, crénelées ou en forme de cœur. Les stipules sont ovales, acuminées ou lancéolées. Les fleurs, à odeur suave, d'un violet foncé ou d'un bleu rougeâtre, sont portées chacune sur un pédoncule grêle, qui se réfléchit au sommet.

Telle est pour le botaniste la *Violette* (*Viola odorata*), dont les poëtes donneraient assurément une autre description.

Tout le monde sait qu'on en trouve aux environs de Paris d'autres espèces qui, au grand désappointement des promeneurs, sont inodores ; telles sont la *Violette sylvestre*, la *Violette de chien*, etc.

Qu'est-ce que la *Pensée?* Cette jolie plante appartient aussi au genre *Viola*, mais à une section de ce genre. En effet, dans les *Pensées*, les pétales supérieurs et latéraux sont dirigés en haut ; l'inférieur seul est dirigé en bas, et de plus, le stigmate est urcéolé, globuleux.

La *Pensée* (*Viola tricolor*) présente deux variétés : l'une, la *Pensée sauvage*, dont la corolle ne dépasse pas le calice ; l'autre, la *Pensée des jardins*, dont les pétales dépassent plus ou moins le calice. La culture fait considérablement varier les couleurs et les dimensions de la *Pensée*.

JUGLANDÉES.

Le *Noyer commun* (*Juglans regia*, fig. 341) est un grand arbre, à écorce blanchâtre, plus ou moins gercée suivant l'âge, à tige cylindrique, nue, se partageant en grosses branches, qui forment une cime ample et arrondie. Les feuilles sont alternes, glabres, coriaces, composées, à 7 ou 9 folioles ovales aiguës, superficiellement sinuées, d'une couleur vert sombre. Le *Noyer* est indigène dans le Caucase, la Perse et l'Inde. Cet arbre ne prospère et ne fructifie abondamment que lorsqu'il est isolé.

Le *Noyer* est *monoïque*. Les fleurs mâles et femelles sont disposées en chaton ; seulement dans les chatons femelles les fleurs sont peu nombreuses. Les chatons mâles, à écailles lâchement imbriquées, sont pendants, cylindriques, très-caduques, placés à l'aisselle des feuilles qui sont tombées l'année précédente. A l'aisselle de chaque écaille, on observe une

fleur, qui se compose d'un périanthe à six divisions et d'un
nombre variable d'étamines, dont les anthères, à deux loges,
s'ouvrent en dehors par deux fentes longitudinales.

Fig. 341. Noyer.

Les fleurs femelles, agrégées 1 à 4, au sommet des jeunes
rameaux, offrent une enveloppe extérieure très-courte, à peine

dentée, et une enveloppe intérieure à quatre divisions. Au centre de la fleur s'élève un style court, qui se divise bientôt en deux lames stigmatiques. L'ovaire est infère, uniloculaire et ne renferme qu'un seul ovule. Il est subdivisé par de fausses cloisons partant du placenta, en quatre loges incomplètes au sommet et à la base, et en deux loges incomplètes dans le reste de son étendue. Le fruit est une drupe, dont la partie charnue fibreuse (le *brou*) se déchire en fragments irréguliers, et dont le noyau, très-dur, ligneux, est composé de deux valves concaves, irrégulièrement creusées de sillons anastomosés. La graine est très-inégalement bosselée, tortueuse, quadrilobée au sommet et à la base, à lobes séparés par des cloisons. Son tégument propre extérieur, d'abord blanchâtre, puis d'un jaune plus ou moins foncé, est d'une remarquable astringence. L'embryon, dépourvu d'albumen, est droit. Les cotylédons épais, charnus, huileux, bilobés, semblent figurer les circonvolutions et les anfractuosités du cerveau des animaux vertébrés. Ce sont ces cotylédons qui forment la partie comestible de la *noix*.

TILIACÉES.

Les *Tilleuls* sont de grands arbres, à bois blanc et léger. Leurs feuilles sont ovales, brusquement acuminées, dentées, pubescentes ou glabres. Elles sont alternes, distiques, munies de stipules caduques. Les fleurs présentent ce caractère remarquable, d'être disposées en corymbes axillaires, pauciflores, à pédoncule soudé, dans sa moitié inférieure, avec une bractée membraneuse et blanchâtre.

Le *Tilleul commun* ou *Tilleul de Hollande* (*Tilia platyphylla*, fig. 342) est disséminé dans les bois de plaines, de collines et de montagnes ; il ne dépasse pas l'altitude de 40 mètres. On le plante dans les parcs et les promenades publiques. Ses bourgeons sont velus. Ses feuilles adultes sont un peu pubescentes à leur face inférieure.

Le *Tilleul sylvestre* (*Tilia sylvestris*), qu'on trouve planté çà et là dans les parcs et sur nos promenades, et qui, de plus, est assez commun dans les bois des environs de Paris, se distin-

Fig. 342. Tilleul.

gue aisément de la première espèce, par ses bourgeons glabres, ses feuilles adultes, souvent très-petites, à face inférieure
glabre, ne présentant de poils qu'aux angles de ramification
des nervures. Mais arrivons à la description de la fleur (fig. 343).

Le calice offre cinq sépales lancéolés, la corolle cinq pétales
plus longs que
les sépales. Les
étamines sont
hypogynes, très-
nombreuses, li-
bres ou irrégu-
lièrement polya-
delphes à leur
base. Leurs filets,
allongés, portent
deux loges, s'ou-
vrant en dehors
par deux fentes
longitudinales.
L'ovaire est libre
et présente ordi-
nairement cinq

Fig. 343. Fleur de Tilleul.

loges bi-ovulées, à ovules anatropes. Le style est simple et
le stigmate a cinq lobes. Le fruit est une capsule coriace, in-
déhiscente, uniloculaire par la disparition des cloisons et ne
contenant qu'une ou deux graines par avortement. Les graines
renferment, au sein d'un albumen charnu, un embryon à
cotylédons presque enroulés, foliacés.

Les fleurs du *Tilleul* contiennent une huile volatile, du sucre,
du mucilage, de la gomme et du tannin. On les emploie en
médecine comme antispasmodiques.

De tous les végétaux indigènes, les *Tilleuls* sont ceux dont
le *liber* est le plus fortement organisé. Aussi l'emploie-t-on à
faire des cordages. Le bois, qui se laisse facilement travailler,
est mis en œuvre par les menuisiers, les tourneurs et les
sculpteurs.

On cultive dans nos serres le *Sparmannia africana*, joli arbrisseau du cap de Bonne-Espérance, à feuillage toujours

vert, à fleurs blanches disposées en ombelles et dont les anthères sont irritables.

GÉRANIACÉES.

Pour donner au lecteur une idée suffisante de cette famille,
dont il rencontre à chaque instant des espèces sous ses pas,
soit dans la campagne, soit dans les jardins, nous étudierons
successivement les genres *Geranium, Erodium* et *Pelargonium*.

Les *Geranium* ont un calice à cinq sépales, une corolle hypogyne à cinq pétales libres, un androcée composé de dix étamines, dont cinq grandes et cinq petites. Ces dernières sont
extérieures et opposées aux pétales ; les grandes étamines ont
à leur base une glande nectarifère. Les filets de ces étamines
sont légèrement soudés à leur base, et portent des anthères à
deux loges, s'ouvrant en dedans par deux fentes longitudinales. Le pistil se compose d'un ovaire à cinq loges, surmonté
de cinq styles, plus ou moins soudés dans leur partie
moyenne, mais libres vers leur sommet et portant le stigmate
le long de leur bord interne. Chaque loge de l'ovaire contient
deux ovules anatropes ascendants. Le fruit est une capsule à
cinq loges, ne contenant qu'une seule graine par suite d'avortement et se détachant avec élasticité d'une sorte d'axe central
de la base au sommet. La graine renferme sous ses téguments
un embryon sans albumen, dont les cotylédons flexueux
s'emboîtent l'un dans l'autre.

On voit fréquemment dans les haies, les buissons, dans les
lieux frais, sur les vieux murs, l'*Herbe à Robert* ou le *Bec de
grue* (*Geranium Robertianum*, fig. 344), qui exhale une odeur
forte, et fleurit du mois d'avril au mois d'août. Cette plante,
qui a quelques usages en médecine, est annuelle, à tiges ascendantes diffuses ou droites, souvent rougeâtres, velues, à
poils étalés, glanduleuses, surtout au sommet. Les feuilles
sont divisées en 3 à 5 segments pétiolulés. Les pédoncules
sont plus longs que les feuilles. Les pétales sont purpurins et
veinés de blanc.

Les *Erodium*, dont une espèce, l'*Erodium à feuilles de ciguë*
(*Erodium cicutarium*), est très-commune dans les environs de

Paris, ont le calice et la corolle des *Geranium*. Mais, des dix étamines, cinq seulement sont fécondes. Celles qui sont stériles, c'est-à-dire dépourvues d'anthères, sont petites, à filets aplatis, et sont opposées aux pétales dans le verticille extérieur. Le fruit diffère aussi par quelques particularités de celui des *Geranium*.

Les *Pelargonium* sont particulièrement remarquables par l'irrégularité de leurs fleurs. Dans le calice, le sépale posté-

Fig. 344. Géranium Bec de grue.

rieur se prolonge, à sa base, en un éperon ou cornet nectarifère creux et étroit, adhérent au pédoncule. La corolle porte des pétales généralement inégaux : les deux du haut sont souvent plus grands, les trois autres dissemblables entre eux. Quant à l'androcée, tandis que dans les *Erodium* le verticille extérieur a avorté complétement, dans les *Pelargonium*, au contraire, trois des étamines seulement de ce verticille sont stériles.

Les *Pelargonium* sont des plantes originaires du cap de Bonne-Espérance. Une huile volatile qu'elles renferment leur donne une odeur forte, quelquefois désagréable. On en cultive en Europe un grand nombre d'espèces, que l'horticulture a variées à l'infini. Nous citerons entre autres : le *Pelargonium à feuilles zonées* (*Pelargonium zonale*), dont les feuilles sont marquées d'une bande brunâtre et dont les pétales sont rouges ou rougeâtres, ou roses ou blanchâtres ; le *Pelargonium inquinans*, dont les feuilles visqueuses, cotonneuses, tachent les doigts en brun de rouille et dont les pétales sont écarlates ou carnés, et le *Pelargonium odoratissimum*.

MALVACÉES.

La *Mauve sylvestre* (fig. 345) a des tiges droites, ascendantes ou étalées, rameuses, velues, hérissées, surtout au sommet. Les feuilles inférieures sont à peu près orbiculaires, en forme de cœur ou tronquées à la base, à 5 - 7 lobes peu profonds, obtus ; les supérieures offrent de 3 à 5 lobes plus profonds ordinairement. Les fleurs, à corolle purpurine veinée passant au violet, sont disposées en fascicules axillaires. Quelle est l'organisation de ces fleurs ?

Le calice offre cinq divisions et il est muni extérieurement d'un involucre à trois divisions. Cinq pétales alternes, cohérents par la base de leurs onglets, constituent la corolle. Les étamines, très-nombreuses, sont monadelphes. Elles se présentent comme si leurs filets inégaux, libres seulement dans leur partie supérieure, étaient soudés dans le reste de leur longueur, en un tube qui recouvre l'ovaire. Ces filets sont surmontés d'une anthère unilobée, s'ouvrant par une fente demi-circulaire. Le pistil se compose d'un ovaire multiloculaire, surmonté d'autant de styles qu'il y a de loges. Ces derniers organes sont filiformes, soudés dans leur partie inférieure, et constituent comme une sorte de pinceau. Un ovule ascendant est inséré à l'angle central de chaque loge. Le fruit est composé d'un grand nombre de petites coques, à une seule graine, réunies circulairement autour d'un axe central commun. Les graines renferment sous leur tégument un em-

bryon courbe dans un albumen mucilagineux assez abondant,
à cotylédons pliés et emboîtés l'un dans l'autre.

Fig. 345. Mauve sylvestre.

Les fleurs de la *Mauve* sont très-employées comme adoucis-
santes.

23

La *Guimauve officinale* (*Althæa officinalis*) a des tiges de 6 à 12 décimètres, droites et tomenteuses, comme les feuilles, qui sont ovales, dentées et peu profondément lobées. Les fleurs, d'un rose pâle, sont ordinairement fasciculées à l'aiselle des feuilles, rapprochées au sommet des tiges et des rameaux. La racine de la *Guimauve*, pivotante, fusiforme, charnue, blanche, de la grosseur du doigt, simple ou quelquefois rameuse, est un des médicaments les plus usités. Elle tient le premier rang comme substance émolliente.

Nous citerons parmi les autres espèces les plus remarquables appartenant à la famille des Malvacées, les *Cotonniers* (*Gossypium*), dont plusieurs espèces sont cultivées en grand dans toute la zone intertropicale, tant en Amérique qu'en Asie et dans le nord de l'Afrique, pour les poils qui recouvrent le *testa* de leurs graines, et qui forment la matière textile connue sous le nom de *coton*[1] ; — les *Ketmies* (*Hibiscus*), qui offrent un ovaire à 5 loges, un fruit capsulaire à 5 valves, et dont plusieurs espèces font l'agrément de nos jardins : l'une d'entre elles, l'*Hibiscus esculentus*, fournit par ses jeunes capsules mucilagineuses un ragoût visqueux et un peu fade, recherché en Amérique. Les *Malope*, les *Sida*, les *Abutilon*, sont des membres, intéressants à divers titres, de la grande famille des Malvacées, qui abonde surtout dans les régions tropicales.

ROSACÉES.

Les Rosacées, autrefois réunies en une seule famille, constituent aujourd'hui toute une classe, comprenant divers groupes. La *Rose*, la *Ronce*, la *Spirée*, le *Pommier* et l'*Amandier* sont les types de ces groupes, ou *tribus*, que nous allons successivement passer en revue.

Tribu des Rosacées. — Les *Roses* ont un calice formé de cinq lanières foliacées, qui alternent avec cinq pétales. Les étamines, périgynes, sont nombreuses et leurs filets libres portent des anthères à deux loges, qui s'ouvrent en dedans par deux

---

1. Voir sur le coton, sa culture, son produit, etc., notre ouvrage *le Savant du foyer*, 3ᵉ édition, p. 184-198.

fentes longitudinales. Tous ces organes sont insérés sur le bord supérieur d'un réceptacle, sphérique ou ovoïde, resserré à la gorge. Au fond de ce réceptacle, qui ressemble à une ampoule ou à une petite bouteille, se dressent un grand nombre de pistils, libres, dont l'ovaire est uniloculaire, à ovule unique, anatrope, à style allongé, surmonté d'un stigmate

Fig. 346. Rose rouge.

obtus. A la maturité, ces pistils sont devenus des akènes, qu'enveloppe le réceptacle, devenu charnu : la graine renferme un embryon droit, dépourvu d'albumen.

Les *Rosiers* sont des arbrisseaux souvent munis d'aiguillons, à feuilles alternes, à stipules attenant au pétiole, à fleurs terminales solitaires ou en bouquet, d'une beauté noble, d'une odeur suave et sans égale. La Rose a depuis longtemps conquis le sceptre de la beauté sur les plus belles fleurs des jardins et des champs.

Les nombreuses espèces du genre *Rosier* se sont croisées à l'infini dans nos jardins, et ont produit des milliers de formes, dont la détermination est très-difficile. Nous nous contenterons de signaler ici : le *Rosier sauvage*, ou *Églantier* (*Rosa canina*), espèce indigène, commune sur la lisière des bois, dont les fruits, d'un rouge de corail, renferment une pulpe jaunâtre, acidule et astringente ; — le *Rosier rouge* (*Rosa gallica*), représenté dans la figure 346, dont les pétales sont employés en médecine comme astringents, et désignés alors sous le nom de *Rose de Provins :* la *Rose rouge* a été apportée de Syrie en France, à l'époque des croisades ; — le *Rosier à cent feuilles* (*Rosa centifolia*), originaire du Caucase, dont l'admirable fleur orne tous les jardins ; — la *Rose de Damas* (*Rosa damascena*), nommée aussi *Rose des quatre saisons*, qui conserve encore quelques étamines non changées en pétales, dont l'odeur est très-suave, et qui sert à préparer par distillation l'*eau de rose ;* — le *Rosier musqué* (*Rosa moschata*), dont on extrait, ainsi que des deux espèces précédentes, l'huile volatile nommée *essence de rose*, etc., etc.

Tribu des Ronces. — Les *Ronces* (*Rubus*, fig. 347) offrent, comme les *Rosiers*, 5 sépales, 5 pétales, des étamines et des pistils nombreux. Mais ici le réceptacle, loin d'être creusé en forme de bouteille, se relève en façon de disque ou de cône, sur lequel s'échelonnent les pistils. Ceux-ci se changent, à l'époque de la maturité, en petites drupes, groupées ensemble sur un réceptacle spongieux et persistant.

Les *Ronces* sont des arbrisseaux sarmenteux et pourvus d'aiguillons, à feuilles alternes, simples, ternées, digitées, à stipules tenant au pétiole, à fleurs terminales ou axillaires, rarement solitaires, disposées en panicule ou en corymbe. On trouve aux environs de Paris la *Ronce* proprement dite (*Mûre des haies*, *Rubus fruticosus*), la *Ronce à fleur bleue* (*Rubus cæsius*), représentée dans la figure précédente, la *Ronce framboisier* ou *Framboisier* (*Rubus idæus*).

Dans la *Fraise* le calice est composé de cinq sépales soudés à la base, et muni d'un calicule à cinq divisions. Les étamines, qui sont nombreuses, s'insèrent sur le bord d'un réceptacle en forme de coupe, dont la base se relève en fond de bouteille. Des pistils nombreux, uniloculaires, s'insèrent sur la partie convexe du réceptacle, surmontés d'un style latéral; ils se changent, à l'époque de la maturité, en akènes qui, comme nous l'avons déjà expliqué, sont implantés sur le réceptacle, devenu charnu et succulent.

Fig. 347. Ronce à fleur bleue.

Les *Fraisiers* sont des herbes vivaces, gazonnantes, à stolons, à feuilles alternes trifoliolées, quelquefois simples par avortement, à stipules tenant au pétiole.

Le *Fragaria vesca*, qui est si commun aux environs de Paris, fournit plusieurs variétés connues sous les noms de *Fraise des bois, Fraise de tous les mois, Fraise buisson, Fraise fressan*. Nous devons au *Fragaria chilensis* une variété connue sous le nom de *Fraise Ananas*, dont le fruit est droit, rosé, blanc en dedans, gros comme un œuf de pigeon. La *Fraise des collines* (*Fragaria collina*), vulgairement connue sous le nom de *Craquelin, Fraisier breslingue*, est assez rare aux environs de Paris. Son fruit, d'un rouge vif, ovoïde, rétréci à la base, presque dépourvu de carpelles et luisant dans sa partie inférieure, se détache assez difficilement du fond du calice.

Tribu des Spiréacées. — Les *Spirées* (*Spiræa*), qui ont, comme les genres précédents, un calice et une corolle à cinq parties et de nombreuses étamines, offrent ordinairement cinq pistils, rarement 3-12. Ils sont sessiles, au fond d'un réceptacle creusé en une coupe peu profonde, et renferment, dans une cavité unique, deux séries d'ovules anatropes, ordinairement suspendus. A la maturité, ils deviennent des follicules, qui s'ouvrent par le sommet, en deux valves.

Les *Spirées* sont des herbes, des sous-arbrisseaux ou des arbrisseaux, à feuilles alternes, simples ou composées, à stipules adhérentes au pétiole, à fleurs axillaires et terminales, disposées en grappes, en corymbes, en panicules, en fascicules, blanches ou roses.

On trouve fréquemment aux environs de Paris la *Spirée filipendule* (*Spiræa filipendula*), la *Spirée ulmaire* ou *Reine des prés* (*Spiræa ulmaria*), qui étale au bord des eaux ou dans les prés humides ses corymbes de délicates fleurs blanches. C'est dans les bois montueux que croît la *Spirée barbe de chèvre* (*Spiræa aruncus*), dont la racine était vantée jadis comme tonique et fébrifuge.

Ces trois espèces sont des herbes vivaces. Nous citerons parmi les espèces ligneuses, la *Spirée de Lindley*, la *Spirée à feuilles de saule*, la *Spirée élégante*, la *Spirée à feuilles d'obier*, etc., qui entrent dans la culture d'ornement.

Tribu des Pomacées. — Le *Pommier* et le *Poirier* sont deux sous-genres du genre *Pyrus*, ou de la tribu des Pomacées.

Le *Pommier* présente un calice à cinq lobes, une corolle à cinq pétales, à peu près orbiculaires, étalés, et un grand nombre d'étamines. L'ovaire est infère, et présente ordinairement cinq loges à deux ovules collatéraux, ascendants et anatropes. Il y a cinq styles libres, ou un peu cohérents à leur base.

Dans les *Poiriers* le fruit est à peu près conique ou globuleux, non ombiliqué à sa base. La chair est sucrée et présente, vers le cœur, des granules pierreux. Dans les *Pommiers* le fruit est ordinairement globuleux, toujours ombiliqué à la base, et ne s'amincissant pas vers le pédoncule. L'endocarpe est coriace, cartilagineux comme dans la Poire. La chair est acidule et jamais pierreuse.

Le *Pommier commun* croît spontanément dans les forêts de l'Europe. Sa cime, arrondie, est plus large que haute. Ses feuilles sont ovales, dentées, aiguës, plus ou moins cotonneuses à leur face inférieure. Ses fleurs, grandes, roses ou blanches, forment des espèces de petits bouquets, au sommet des jeunes rameaux.

Le *Pommier* se modifie beaucoup par la culture. Il nous a donné les *Reinettes*, les *Calvilles*, les *Pigeonnets*, les *Apis*, etc. Le *Malus acerba*, espèce très-voisine de la précédente, est vulgairement connu sous le nom de *Pommier à cidre*. Il est assez commun dans les forêts. Sa culture remplace celle de la vigne dans la plus grande partie de la Bretagne, de la Normandie, de la Picardie, etc.

Le *Poirier commun* croît naturellement dans les forêts d'une grande partie de l'Europe. C'est un arbre à rameaux épineux, qui peut atteindre 10 à 12 mètres de hauteur. Les feuilles, portées sur de longs pétioles, sont ovales, dentelées et sans poils. Les fleurs sont blanches et disposées en corymbes. Les fruits, âpres à l'état sauvage, comme ceux du *Pommier*, se sont améliorés et ont beaucoup varié par la culture. Ils nous donnent les poires dites *Beurrés*, *Doyennés*, *Bergamotes*, *Saint-Germain*, *Sucré vert*, *Bon-Chrétien*, *Messire-Jean*, etc., etc.

Dans le même groupe que le genre *Pyrus*, c'est-à-dire dans la tribu des *Pomacées*, viennent se ranger : le genre *Mespilus*, ou *Néflier*, dont l'ovaire infère (comme celui de tous les genres voisins que nous allons signaler) présente cinq loges bi-ovulées à ovules collatéraux, droits et anatropes ; dont le fruit, couronné par les cinq lanières calicinales, renferme cinq noyaux osseux ; — le genre *Cydonia* ou *Coignassier*, dont les cinq loges ovariennes renferment plusieurs ovules ascendants, et dont le fruit est d'une odeur si caractéristique et d'une saveur si âpre ; — les genres *Sorbus* ou *Sorbier ;* — *Cratægus* ou *Aubépine Eriobotrya*, dont une espèce, le *Néflier du Japon*, fournit un fruit jaune, à chair blanche, fondante, sucrée-acidule, comestible, etc., etc.

Tribu des Amygdalées. — L'*Amandier* (*Amygdalus communis*) est le type de la tribu des Amygdalées, dans la grande classe des Rosacées. Cet arbre, indigène en Afrique, est aujourd'hui cultivé dans l'Europe entière. Les rameaux sont allongés, d'un vert clair, très-lisses et un peu glauques. Les feuilles sont alternes, lancéolées, dentées en scie. Les fleurs paraissent avant les feuilles : elles sont grandes, solitaires ou géminées le long des rameaux. Un réceptacle, creusé en forme de coupe, porte sur ses bords cinq sépales, cinq pétales, quinze à trente étamines, et il abrite un ovaire sessile, uniloculaire, contenant deux ovules anatropes collatéraux, suspendus au sommet de son unique cavité. Il est surmonté d'un style terminal. Le fruit est une drupe oblongue, comprimée, à chair fibreuse, coriace, sèche, incomplétement bivalve, s'ouvrant irrégulièrement. Son noyau est rugueux, crevassé, dur. Il renferme ordinairement une seule graine, par suite de l'avortement des autres.

L'*Amandier* présente deux variétés, dont l'une a les graines douces et l'autre amères.

Le *Pêcher* (*Amygdalus persica*) ne diffère essentiellement de l'*Amandier* que par son fruit, dont la chair est épaisse, charnue, succulente, et par la structure de son noyau, qui est creusé d'anfractuosités profondes. Cette espèce, originaire de la Perse, nous offre trois variétés intéressantes. Dans les deux premières, les fruits sont duvetés ; dans la troisième, ils sont lisses. La première variété a la chair adhérente au noyau et ferme ; elle comprend les *Pavies blanc, jaune, rouge, monstrueux*. Dans la seconde variété, la chair est fondante et se détache facilement du noyau ; ce sont là les *pêches* proprement dites, dont les diverses races ont donné des fruits aussi remarquables par leur saveur que par leur beauté. La troisième variété est fort distincte des précédentes par sa pellicule, qui est lisse et non tomenteuse. Elle comprend la *pêche violette*, dont la chair se détache facilement du noyau, et le *brugnon*, dont la chair adhère au noyau.

Le genre *Prunus*, dont la fleur présente des caractères identiques à ceux de la fleur du genre *Amygdalus*, en diffère surtout par la structure du fruit. Il comprend l'*Abricotier*, le *Prunier* et le *Cerisier*.

L'*Abricotier* (*Prunus armeniaca*) donne une drupe veloutée, dont le noyau, lisse, offre un bord obtus et un autre bord muni d'une carène longée par deux sillons latéraux. La patrie de cet arbre est l'Arménie. Il est de moyenne grandeur, à feuilles à peu près en forme de cœur, arrondies, terminées en pointe et dentées. Les fleurs sont blanches et disposées par petits faisceaux, très-rapprochés à la partie supérieure des rameaux. Nous citerons l'*Abricot precoce*, dont le fruit de couleur jaunâtre, gros comme une noix, a une chair safranée, dure et un peu amère ; — l'*Abricot angoumois*, de grosseur moyenne, dont la chair est rouge et parfumée ; — l'*Abricot commun ;* — l'*Abricot-pêche*, le plus gros de tous, dont la chair est jaune, fondante, et d'une saveur toute particulière.

Le fruit du *Prunier* est glabre, couvert d'une efflorescence glauque. Le noyau présente un bord arrondi et creusé d'un sillon, et un autre bord longé par deux sillons latéraux. Tous les *Pruniers* cultivés à fruit alimentaire ont pour souche mère deux espèces qui n'en font peut-être qu'une : les *Prunus insititia* et *domestica.*

Le *Prunier domestique* est un arbre de 3 à 7 mètres de haut, très-rameux, à rameaux étalés, à feuilles elliptiques, aiguës, crénelées, dentées. Ses fleurs, d'un blanc verdâtre, paraissent avant les feuilles. On le rencontre dans les haies et sur les bords des bois de toute la France, mais jamais dans l'intérieur des forêts, ce qui fait supposer qu'il n'est pas indigène. Le *Prunus insititia* est un arbrisseau de 2 à 5 mètres, à rameaux quelquefois épineux. On le trouve en France dans les mêmes stations.

Les variétés de *Pruniers* les plus estimées paraissent originaires de l'Orient, et probablement de Damas ; le nombre de ces variétés est très-considérable. Les unes ont le fruit arrondi, jaune, comme dans la *Mirabelle,* la *Prune drap-d'or.* Chez d'autres, le fruit est arrondi, vert, taché de pourpre, comme la *Reine-Claude.* Chez ceux-ci, il est ovale et globuleux, bleuâtre ou violacé, comme le *Damas noir tardif, Damas violet,* etc. ; chez ceux-là, il est presque arrondi et couleur de cire, comme la *Sainte-Catherine,* le *Perdrigon blanc,* etc. Il en est dont la chair, douce, est à peine sapide. Un arome fin et délicat place les autres au premier rang des meilleurs fruits.

Le *Cerisier* (*Prunus cerasus*) donne un fruit (drupe) à surface glabre, sans efflorescence glauque. C'est un arbre assez élevé, à tronc droit, cylindrique, couvert d'une écorce lisse et luisante, à feuilles ovales, aiguës, dentées et fermes. Les fleurs du *Cerisier,* blanches et précoces, forment des panicules.

Cette espèce comprend plusieurs variétés, parmi lesquelles nous citerons le *Cerisier guindoux,* dont les fruits variés par la culture fournissent la *Cerise de Montmorency*, le *Guindoux de Paris;* — la *Cerise d'Italie;* — le *Cerisier Gobet* (*Cerise à courte queue, gros Gobet, Griotte rouge, Cerise de Kent*) ; — le *Griottier* (*grosse Griotte, Griotte noire*).

Une autre espèce de *Cerisier* est le *Cerisier tardif* (*Prunus semperflorens*), dont les fleurs et les fruits paraissent ensemble, en automne.

Le *Merisier* (*Prunus avium*) donne des fruits connus sous le nom de *merises*, qui servent à la fabrication de l'*eau de cerises* (kirschwasser) et du ratafia.

Le *Bigarreautier*, espèce voisine de la précédente, donne des fruits en cœur (*bigarreaux*) assez gros, noirs, rouges ou jaunes, à chair se séparant difficilement du noyau. C'est le contraire qui a lieu dans le fruit du *Guignier*, espèce très-voisine de celle-ci, et qui nous donne les fruits variés connus sous les noms de *Guigne rouge, Cerise de Pentecôte*, etc.

CRASSULACÉES.

Cette famille comprend les plantes communément appelées *grasses*, en raison de l'abondance d'eau qu'elles renferment dans leur tissu et de leurs formes généralement épaisses.

L'*Orpin* (*Sedum acre*, fig. 348) nous servira de type. C'est une petite plante grasse, très-commune sur les vieux murs, les toits de chaume, les endroits pierreux et sablonneux qui sont exposés au soleil. Une souche grêle, couchée et rampante, donne çà et là des rameaux droits, couverts de feuilles courtes, sessiles, charnues, qui ressemblent à de petits œufs, cependant un peu aplaties en dessus, et portant cinq ou six fleurs, disposées en une sorte de cime scorpioïde.

Quelle est l'organisation de chacune de ces fleurs? On y trouve un *calice*, composé de 5 pièces charnues, 5 pétales libres; des *étamines* en nombre double des pétales, à filet aplati, pointu au sommet, à anthère biloculaire, introrse; enfin un pistil, composé de 5 carpelles libres, uniloculaires, renfermant plusieurs ovules anatropes, horizontaux, insérés à la suture ventrale de chaque carpelle. A la maturité, ces carpelles deviennent secs et s'ouvrent en dedans par cette suture, de manière à constituer autant de follicules, qui renferment des graines extrêmement petites.

Cette petite herbe peut être considérée, avons-nous dit, comme type des plantes grasses ou de la famille des Crassulacées, ces singuliers végétaux qui peuvent vivre dans les terrains les plus arides, et s'y maintiennent frais, à cause de la masse de liquides qui se trouve mise en réserve dans leur tissu charnu, et de leur transpiration presque nulle.

Le genre *Crassula*, qui a donné son nom à la famille qui nous occupe, est remarquable par la structure de sa fleur,

Fig. 348. Sedum acre.

que l'on prend souvent comme type de symétrie florale. Cette fleur présente, en effet, 5 sépales, 5 pétales alternes avec les sépales, 5 étamines alternes avec les pétales, et 5 carpelles alternes avec les étamines.

La *Jôubarbe des toits* appartient au genre *Sempervivum*, dont le calice offre 6-20 divisions, la corolle 6-20 pétales, l'androcée 12-40 étamines, le pistil 6-20 carpelles. Tout le monde a vu s'élever, au-dessus du toit des chaumières, cette belle plante, à feuilles succulentes, disposées en rosette, du centre desquelles s'élève une tige droite, cylindrique, garnie de feuilles épaisses et terminée par des épis scorpioïdes de fleurs purpurines.

Nous citerons parmi les nombreuses espèces exotiques que cette famille fournit à l'horticulture, la *Crassule écarlate* et la *Crassule blanche* du Cap ; — le *Rochea à feuilles en faux* de la même région botanique, arbrisseau chargé de fleurs rouges, odorantes et de longue durée ;—le *Cotylédon orbiculaire* du Cap, à feuilles glauques, farineuses, bordées de rouge, à corolle à limbe rougeâtre roulé en dehors ; — l'*Echeveria écarlate*, du Mexique, à feuilles en rosette, épaisses, à fleurs d'un rouge vif disposées en cime.

CACTÉES.

Cette famille compose un groupe plus naturel que le précédent.

Les *Cactées* sont des plantes originaires de l'Amérique. Elles sont à la fois charnues et ligneuses. Leur tige, simple ou rameuse, présente les formes les plus variées et l'aspect souvent le plus étrange. Tantôt elle se dresse comme une longue colonne cannelée ; tantôt elle se ramasse en une sphère massive. Elle s'effile en rameaux cylindriques, ou s'aplatit en façon de raquette. Rien en un mot n'est plus varié que l'aspect des nombreux *Cactus* qui croissent naturellement en Amérique avec une étrange profusion, et que l'art a rassemblés en grandes quantités, dans nos jardins d'étude ou d'agrément. La tige des Cactées est ordinairement dépourvue de feuilles, dont l'existence n'est que rappelée pour ainsi dire par un coussinet, situé sous le bourgeon. Cependant le genre *Pereskia* offre de véritables feuilles pétiolées, grandes et oblongues, caduques en hiver. Les bourgeons, situés à l'aisselle de la feuille, sont de deux ordres : l'inférieur est garni d'épines, le supérieur se développe en rameaux et en fleurs.

La figure 349 représente un Cactus cultivé dans nos jardins, le *Mamillaria elephantidens*.

Les fleurs des *Cactus* sont régulières et hermaphrodites. Leurs enveloppes se composent d'un grand nombre de divisions, dont les plus extérieures ont beaucoup d'analogie avec les sépales, et les plus intérieures ressemblent à des pétales. On ne saurait toutefois trouver la limite précise entre le calice et la corolle. Les étamines sont très-nombreuses, et offrent des anthères biloculaires et introrses. L'ovaire est infère, et surmonté d'un style allongé, divisé en plusieurs branches stigmatiques. Cet ovaire est uniloculaire et présente, à son intérieur, autant de placentas pariétaux qu'il y avait de branches stigmatiques. Sur chacun de ces placentas on trouve un grand nombre d'ovules anatropes. Le fruit est une baie pulpeuse. Les graines sont nichées dans la pulpe, et offrent un embryon droit ou arqué et un albumen peu abondant ou nul.

Fig. 349. Mamillaria elephantidens.

Citons maintenant quelques types intéressants de cette famille.

Les *Opuntia* ont la tige plus ou moins aplatie, à articles ovales ou oblongs, portant des faisceaux d'aiguilles ou de soies, sans nervure médiane. Les fleurs des *Opuntia* sont grandes et magnifiques. Rien n'est curieux comme ces larges corolles, revêtues des plus vives couleurs, qui sont plantées et comme clouées sur la tige robuste, épineuse et grossière de ces plantes rustiques. Ces fleurs naissent des faisceaux d'aiguilles ou des bords des articles; elles sont blanches, rouges ou jaunes, selon les espèces. Leurs étamines sont douées d'une véritable irritabilité. Les fruits, de taille et de couleur variables, sont comestibles.

C'est sur l'*Opuntia commun*, originaire de l'Amérique boréale, et qui s'est naturalisé dans le midi de l'Europe, que vit la Cochenille, petit insecte employé dans les arts pour la fabrication du carmin.

L'*Opuntia figue d'Inde*, de l'Amérique méridionale, a des fruits volumineux et comestibles. Il est naturalisé depuis longtemps dans tout le midi de l'Europe, en Espagne, en Italie, en Sicile, en Grèce, etc., où on le cultive pour en faire des haies et des clôtures.

Les *Cereus*, ou *Cierges*, ont la tige continue, anguleuse, à angles chargés d'épines fasciculées. Leurs fleurs sont grandes et belles. Celles du *Cierge du Pérou* sont solitaires, longues de 16 centimètres, blanches en dedans, verdâtres le long du tube, et roses sur le limbe extérieur.

C'est au genre *Cereus* qu'appartient une espèce gigantesque indigène au Mexique et en Californie, et dont la tige flanquée de ses rameaux ressemble à un immense candélabre de 15 mètres de hauteur. Nous représentons (fig. 350) le *Cierge gigantesque* du Mexique, d'après un ouvrage américain, le *Reports of explorations of Mississipi*.

Les *Echinocactus*, originaires d'Amérique, sont fréquemment cultivés dans ce pays. Leur tige, ramassée en forme d'œuf ou de sphère, offre des côtes longitudinales, séparées par des sillons droits. Ces côtes sont munies, sur toute la longueur de leur arête, de mamelons cotonneux et blancs, pourvus d'épines courtes et divergentes. C'est du milieu de ces tubercules épineux que naissent les fleurs, toujours grandes et belles, qui durent plusieurs jours. L'*Echinocactus d'Otto*, qui est fréquemment cultivé, est originaire du Mexique.

Les *Melocactus* ont la tige globuleuse, ovoïde ou pyramidale, avec des côtes séparées par des sillons droits. Cette tige est surmontée d'une sorte de pompon laineux, formé de mamelons très-serrés, à l'aisselle desquels naissent des fleurs, petites et d'une durée éphémère. Le *Melocactus commun*, cultivé dans nos jardins comme plante d'ornement, est originaire des Antilles.

Citons enfin les *Mamillaria*, dont nous avons représenté plus haut une espèce. Les tubercules épineux de ce *Cactus* sont

Fig. 350. Cierge gigantesque du Mexique.

disposés en spirale autour de la tige ; ses fleurs, qui persistent longtemps, surmontent souvent le tronc, en lui formant une sorte de couronne.

CUCURBITACÉES.

Le *Melon* est une espèce du genre *Cucumis*. Ses formes varient extrêmement. Sa patrie est l'Inde, du pied de l'Himalaya au cap Comorin. Sa culture paraît être aussi ancienne en Asie que celle de tous les autres végétaux alimentaires.

Fig. 351. Fleurs du Melon (mâles et femelles).

Quels sont les caractères du genre *Cucumis?* Les fleurs (fig. 351) sont monoïques. Les fleurs mâles sont solitaires à l'aisselle des feuilles, ou le plus souvent fasciculées par le raccourcissement du pédoncule commun. Le calice est tubuleux,

24

campanulé, à cinq dents; cinq pétales ovales, aigus, étalés, constituent la corolle; il y a trois étamines libres, dont deux entières biloculaires, l'autre uniloculaire, à loges d'anthères flexueuses, à connectif prolongé au-dessus des anthères en un appendice papilleux, simple dans l'étamine, uniloculaire, bilobé ou bifide dans les autres. Les fleurs femelles sont solitaires, et se composent d'un calice à cinq dents, d'une corolle, analogue à celle de la fleur staminée, d'un ovaire infère à trois loges, surmonté d'un style court, et de trois stigmates épais. L'ovaire était à l'origine uniloculaire, et présentait trois placentas pariétaux, chargés chacun de deux séries d'ovules, qui se sont avancés vers le centre de la cavité et s'y sont réunis pour devenir bientôt charnus. Le fruit est une baie charnue, verruqueuse ou lisse. Les graines sont ovales, plus ou moins comprimées, et contiennent un embryon droit, dépourvu d'albumen.

Les *Cucumis* sont des herbes à feuilles simples, alternes, accompagnées chacune d'une vrille latérale.

Le *Melon* est un *Cucumis* annuel, à feuilles cordées à la base, tantôt réniformes, tantôt à 3, 5, 7 lobes, à sinus arrondis. Ses fruits, dont les formes varient beaucoup, renferment une chair le plus souvent douce; ils ne sont jamais pourvus d'aiguillons. C'est principalement sur les modifications du fruit qu'on a fondé la classification des *Melons* en plusieurs tribus, divisées elles-mêmes en groupes secondaires, que nous allons énumérer rapidement.

Les *Cantaloups* constituent un groupe assez bien caractérisé. Dans les variétés principales, les fruits ont de grandes dimensions. Leur forme varie de celle d'une sphère très-déprimée à celle d'un ovoïde oblong, à côtes plus ou moins prononcées et séparées par des sillons étroits, à peau lisse ou verruqueuse. La chair du *Melon* proprement dit est épaisse, d'un rouge orangé, fine, fondante et sucrée. Tous ces melons passent au jaune en mûrissant, et ils exhalent alors une odeur suave.

Un autre groupe est celui des *Melons brodés*, qui comprend le *Melon maraîcher* proprement dit et le *Melon de Coulommiers*, cultivés sur une grande échelle aux environs de Paris, etc.

On range dans un troisième groupe les *Melons sucrins*. Les *Sucrins* ont la chair blanche ou verdâtre, un parfum plus doux et cependant plus pénétrant que celui des Cantaloups, une chair fine, fondante et sucrée.

Les *Melons d'hiver* forment un quatrième groupe, dont le plus beau représentant européen est notre *Melon d'hiver de Provence*, ou *Melon de Cavaillon*. Sa peau est mince et sa chair très-épaisse, ferme, blanche, jaune pâle ou verdâtre, suivant la variété, sans parfum, mais fondante et très-sucrée. Fort estimé dans le midi de la France et de l'Europe, où on le cultive sur une immense échelle, cet excellent fruit encombre les marchés du midi de la France pendant une partie de l'été et de l'automne. On commence à l'introduire à Paris. Mais il est temps de nous arrêter dans l'énumération de ces fruits alimentaires, pour ne pas dépasser les bornes de cet ouvrage.

Une autre espèce du genre *Cucumis*, le *Cucumis sativus*, est vulgairement connue sous le nom de *Concombre*. On confit dans le vinaigre le jeune fruit du *Concombre*, pour servir de condiment : il porte sur nos tables le nom de *cornichon*.

Bien d'autres genres de la famille des Cucurbitacées seraient dignes d'un examen attentif. Nous devons ici nous contenter de citer : les *Cucurbita* ou *Courges*, qui nous donnent le *Potiron* (*Cucurbita maxima*); — le *Bonnet de prêtre* ou *d'électeur* (*Cucurbita melo-pepo*); — la *Courge de Saint-Jean* (*Cucurbita pepo*), etc. — Les *Lagenaria*, dont le fruit est parfois déprimé en son milieu et forme ainsi deux renflements : l'un inférieur, plus petit, l'autre supérieur, plus gros (*Gourde de pèlerin*), ou bien est ventru inférieurement au-dessous d'un col oblong (*Cougourde*), ou bien encore est allongé en forme de massue (*Gourde massue, Gourde trompette*); — les *Citrullus*, qui nous donnent la *Pastèque* ou *Melon d'eau* (*Citrullus vulgaris*), à fruit très-gros, globuleux, lisse, vert, à chair sucrée et acidulée, parfumée, très-rafraîchissante ; — la *Coloquinte* (*Cucumis colocynthis*), à fruit globuleux, glabre, jaune, dont l'écorce est mince, la chair très-amère, purgative et vomitive ; — les *Bryonia*, dont une espèce (*Bryonia dioica*), vulgairement connue sous le nom de *Bryone couleuvrée*, décore les haies de ses charmants petits fruits globuleux, rouges, ou quelquefois jaunes.

CARYOPHYLLÉES.

Le calice des *Œillets* (fig. 352) est le plus souvent tubuleux, cylindrique, à cinq dents, et muni, à sa base, de deux ou plusieurs petites bractées. La corolle se compose de cinq pétales libres, hypogynes, à onglet linéaire allongé, à limbe crénelé, denté. Les étamines sont en nombre double des pétales; leurs anthères sont biloculaires, attachées par le dos et s'ouvrant en dedans par deux fentes longitudinales. Le pistil se compose d'un ovaire uniloculaire, renfermant un grand nombre d'ovules courbes et surmonté de deux styles très-minces. Le fruit est une capsule, s'ouvrant au sommet par des valves en nombre double de celui des styles. Un embryon droit est appliqué dans la graine à la surface d'un périsperme farineux.

Les *Œillets* sont des herbes ou des sous-arbrisseaux à tige noueuse, articulée, à feuilles opposées, à fleurs terminales, disposées en cime, quelquefois solitaires. On en cultive dans les jardins plusieurs espèces.

Fig. 352. Œillet-giroflée.

L'*Œillet-giroflée* (*Dianthus caryophyllus*) a des fleurs rouges, roses, blanches, quelquefois panachées ou doubles. L'*Œillet de poëte* (*Dianthus barbatus*) a des fleurs en corymbe serré, protégées par des bractées minces et pointues, qui égalent en longueur le tube du calice. L'*Œillet mignardise* (*Dianthus moschatus*) a des pétales odorants, d'un rose pâle, très-droits, barbus et qui varient par la culture. L'*Œillet superbe* est vraiment digne de ce nom. Rousseau disait dans une lettre, en parlant de cette belle fleur :

« Avez-vous vu le *Dianthus superbus?* Je vous l'envoie à tout hasard. C'est réellement un bien bel œillet, et d'une odeur bien suave, quoique faible. J'ai pu recueillir de la graine bien aisément ; car il croît en abondance dans un pré qui est sous mes fenêtres. Il ne devrait être permis qu'aux chevaux du Soleil de se nourrir d'un pareil foin. »

Parmi les espèces principales appartenant à la famille des Caryophyllées, nous citerons les suivantes : la *Saponaire officinale* (*Saponaria officinalis*), plante indigène, dont la racine contient une matière qui mousse avec l'eau, comme le savon, une résine molle et de la gomme, et à laquelle on attribue des propriétés médicinales ; — le *Lychnis dioica* ou *Compagnon blanc*, que le voyageur rencontre presque à chaque pas sur sa route ; — le *Lychnis flos cuculi*, dont les pétales rouges sont très-découpés, et qui fait, au printemps, l'ornement de nos prairies ; — le *Lychnis coronaria*, ou *Coquelourde*, plante à fleur purpurine, à tige cotonneuse, blanchâtre ; — la *Nielle des blés* (*Lychnis githago*), qui abonde dans nos moissons ; — les *Gypsophyles* (*Gypsophyla elegans* et *paniculata*), dont les petites fleurs blanches se balancent dans nos jardins, sur des pédicelles d'une délicatesse extrême ; — les *Silènes*, — les *Sagines*, — les *Alsines*, — les *Stellaires*, — les *Ceraistes*, etc.

PAPILIONACÉES.

L'*Acacia*, ou mieux le *Robinia* (*Robinia pseudo-acacia*), qui nous servira de type pour cette famille, est originaire de l'Amérique du Nord. Il fut cultivé pour la première fois en France, en 1601, par Robin. C'est un arbre de grande taille, qui se termine par une cime arrondie, ample, à branches étalées. Son écorce, roussâtre, est marquée de crevasses longitudinales profondes. Ses rameaux sont munis d'épines en forme d'aiguillons robustes. Ses feuilles sont composées de folioles nombreuses, oblongues. Ses fleurs blanches, très-odorantes, sont disposées en grappes bien fournies et pendantes (fig. 353).

Quelle est la structure d'une fleur d'*Acacia?* Le calice, qui

se compose de 5 pétales, est à peu près campanulé, presque
bilobé, à lèvre supérieure tronquée ou échancrée, bidentée, à
lèvre inférieure trifide. La corolle se compose de 5 pétales.
Selon l'expression admise en botanique, elle est dite *papilionacée*. La partie de la corolle nommée l'*étendard* est orbiculaire,
étalée en arrière, dépassant à peine les *ailes*, qui sont libres, et
la *carène* aiguë. Les étamines sont au nombre de 10 ; il y en a

Fig. 353. Fleur d'Acacia (Robinia).

9 soudées ensemble et une seule de libre. Leurs anthères sont
biloculaires et s'ouvrent en dedans, par deux fentes longitudinales. L'ovaire, uniloculaire, renferme une vingtaine d'ovules.
Le style est très-mince et le stigmate obtus. Le fruit, qui forme
un caractère important dans cette famille, est une *gousse*. Les
graines, de forme ovoïde, comprimées, d'un brun foncé, luisant, renferment un embryon dépourvu d'albumen.

La famille des Papilionacées renferme un grand nombre d'espèces alimentaires ou médicinales. Parmi les espèces cultivées en grand pour leurs graines féculentes alimentaires, il suffit de citer le *Haricot* (*Phaseolus vulgaris*); — le *Pois* (*Pisum sativum*); — la *Lentille* (*Vicia lens*); — la *Fève* (*Faba vulgaris*); — l'*Arachide souterraine* (*Arachis hypogæa*), dont le fruit, qui pénètre dans la terre à une profondeur de deux pouces, renferme des graines huileuses, très-sapides, très-nutritives. L'*Arachide* est originaire du Brésil, d'où elle s'est répandue dans toutes les contrées chaudes du globe.

Parmi les espèces de Papilionacées cultivées comme fourrage, ou qui forment des prairies artificielles, les plus importantes sont les *Trèfles* (*Trifolium pratense, Trifolium repens, Trifolium incarnatum*), la *Luzerne* (*Medicago sativa*) et le *Sainfoin* (*Onobrychis sativa*).

Parmi nos Papilionacées indigènes douées de quelques propriétés médicinales ou économiques, nous citerons l'*Astragalus glycyphyllos*, ou *Fausse Réglisse*, dont les feuilles, d'une saveur sucrée et nauséeuse, étaient autrefois employées en médecine; — l'*Anthyllis vulneraria*, qui est douée de propriétés astringentes; — le *Genêt d'Espagne* (*Spartium junceum*); — le *Genêt à balai* (*Sarothamnus scoparius*); — le *Faux Ébénier* (*Cytisus Laburnum*); — le *Baguenaudier* (*Colutea arborescens*), qui renferme un principe amer, âcre, émétique et purgatif; — la *Réglisse glabre* (*Glycyrrhiza glabra*), dont la racine renferme des principes sucrés, et dont le suc épaissi fournit à la pharmacie l'extrait béchique et pectoral si connu sous le nom de *suc de réglisse*.

On fait aujourd'hui rentrer la famille des Papilionacées dans la classe des *Légumineuses*, qui renferme deux autres groupes que nous ne saurions entièrement passer sous silence. Ce sont les *Césalpiniées*, dont les fleurs sont presque régulières, et les *Mimosées*, remarquables par la régularité de leur corolle et leurs étamines, souvent en nombre indéfini.

Aux Césalpiniées appartiennent le *Caroubier*, la *Casse*, le *Gainier;* aux Mimosées appartiennent les vrais *Acacias* et les *Mimosa*.

Le *Caroubier* est un arbre assez commun sur les bords de la Méditerranée. Son fruit est mangé par les pauvres gens du midi de la France, et surtout par les enfants. Il contient une pulpe abondante, d'un goût de miel, qui est peu nutritive et même laxative pour l'homme. Elle est bonne pour l'engraissement des troupeaux. Des industriels de Paris ont essayé récemment d'introduire dans l'alimentation le fruit du *Caroubier*, légèrement torréfié, auquel ils ont décerné le nom de *Karouba*, pour lui donner l'apparence d'une origine orientale. C'est une pauvre drogue. Le charlatanisme aura grand'peine à faire de ce fruit, laxatif et d'une saveur désagréable, une matière alimentaire, ou un rival du café.

Le fruit de la *Casse* (*Cassia fistula*), arbre indien, contient, comme le *Caroubier*, une pulpe sucrée et gélatineuse, qui est adoucissante, laxative, et souvent employée en médecine.

Les feuilles des *Cassia obovata, acutifolia, lanceolata, æthiopica*, espèces d'Afrique, contiennent le principe purgatif connu sous le nom de *Séné*.

Le *Gainier* (*Cercis siliquastrum*), plus connu sous le nom d'*Arbre de Judée*, est un arbre qui se couvre au printemps, un peu avant la naissance des feuilles, de fleurs d'un rose vif. C'est sous un arbre de cette espèce que Judas donna à N. S. Jésus-Christ le baiser de la trahison.

L'*Acacia catechu*, arbre de l'Inde, fournit un suc épaissi, souble dans l'eau, connu sous le nom de *cachou*, et qui tient le premier rang parmi les toniques astringents. C'est aussi au genre Acacia qu'appartiennent les arbres à gomme. Les *Acacia vera, arabica*, fournissent la gomme arabique; les *Acacia verek, albida* et *Adansonii*, fournissent la gomme du Sénégal.

Quant aux *Mimosées*, nous nous contenterons de rappeler au souvenir du lecteur ce que nous avons dit des mouvements singuliers et si remarquables que présente la *Mimosa pudica*, ou *Sensitive*.

Encore quelques mots sur les plantes tinctoriales que nous fournit la classe des Légumineuses. En tête de ce groupe se place l'*Indigofera tinctoria*, arbrisseau qui croît spontanément dans l'Asie tropicale, et qui est maintenant cultivé dans toutes les régions appartenant à la même zone. De ses feuilles convenablement traitées, on retire la précieuse matière colorante qui porte le nom d'*indigo*. Le *Cæsalpinia echinata* fournit le *bois de Fernambouc,* qui contient un principe colorant rouge. Le *bois de Campêche* provient de .l'*Hæmatoxylon campechianum;* la décoction des copeaux de cet arbre exotique sert à obtenir sur les étoffes la teinture en noir et en violet.

Signalons enfin, comme plantes d'ornement, quelques-unes des espèces les plus élégantes de ce vaste groupe. Telles sont l'*Inga élégant,* — l'*Acacia Julibrissin* ou *arbre de soie,* — la *Casse du Maryland,* — le *Févier à trois épines,* — le *Virgilia à bois jaune,* — le *Sophora du Japon,* — le *Haricot d'Espagne,* — l'*Erythrine crête de coq,* — le *Pois de senteur,* — le *Faux Ébénier,* — les *Lupins,* etc.

EMBRANCHEMENT DES CRYPTOGAMES

Après l'étude des plantes phanérogames, c'est-à-dire à organes apparents de reproduction, nous passons à un second grand embranchement du règne végétal, aux Cryptogames (de κρυπτός, caché, γάμος, noce), c'est-à-dire aux plantes dont les organes reproducteurs sont, non pas invisibles, comme on l'a admis longtemps, mais peu apparents, et qui exigent, pour être discernés, la connaissance exacte de l'organisation de ces êtres. Nous soumettrons à une étude attentive ce groupe important de végétaux, parce que l'exposé de l'organisation, de la structure, du développement des Cryptogames n'a pas encore été tenté dans un ouvrage élémentaire. La plupart des particularités que nous aurons à signaler ici sont des observations toutes récentes de la science. La nouveauté et l'intérêt des faits que nous aurons à passer en revue nous feront pardonner l'étendue relative de ces descriptions.

Si quelques personnes s'étonnaient de l'importance donnée dans cet ouvrage à des êtres aussi inférieurs, nous ferions remarquer que nous avons été séduit par la richesse de leur organisation et par les particularités, vraiment prodigieuses, de leur vie intime. N'est-il pas d'ailleurs utile de faire connaître autrement que par leur nom des plantes dont quelques-unes ont été ou sont encore de véritables fléaux pour nos cultures ?

Le grand embranchement des Cryptogames renferme les végétaux qui sont dépourvus d'étamines, de pistils, et dont l'embryon est simple, homogène et sans organes distincts. Un grand nombre sont délicats et de dimensions microscopiques. Leurs organes reproducteurs ne peuvent être distingués qu'à l'aide de la loupe ou du microscope. Cependant ces êtres si petits, si humbles, et en apparence oubliés dans la création, remplissent un rôle fondamental dans les vues de la nature.

Ils constituent l'origine première et comme la source de toute
végétation. En désagrégeant les rochers, les Cryptogames produisent la terre végétale, qu'ils engraissent des produits de
leur destruction. Ce sol nourrit bientôt d'autres Cryptogames
plus complexes, et ces êtres inférieurs sont remplacés, peu à
peu, par des espèces végétales d'une organisation plus élevée.
Tout sol primitivement stérile, toute terre récemment émergée
du sein des eaux, sert d'abord d'asile à des Lichens crustacés
et à des Lichens foliacés. Plus tard, des Mousses, des Fougères
s'y développent; et l'on voit enfin apparaître des végétaux
supérieurs, c'est-à-dire des Phanérogames. Tout porte à croire
que telle a été aussi la série successive des créations végétales
sur notre globe, quand il s'est refroidi assez pour donner
accès à la vie organique, ou quand les îles et les continents
se sont élevés au-dessus de l'océan universel de l'ancien
monde.

Ainsi les végétaux les plus élevés n'ont apparu et n'apparaissent que sur les débris des végétaux les plus infimes.

Mais d'un autre côté, et par un de ces frappants contrastes
dont la nature nous offre plus d'un exemple, les végétaux d'un
ordre supérieur, quand ils sont frappés de mort, quelquefois
même pendant leur existence, sont souvent la proie des Cryptogames, qui s'attachent, comme à l'envi, à ces princes de
l'organisation végétale, et les dévorent jusqu'au bout. L'action destructive des Cryptogames s'exerce partout; elle ne
respecte pas plus les ouvrages des hommes que ceux de la
nature.

Produire et détruire la vie, telle est donc la double et provi-
dentielle mission dévolue aux Cryptogames. Toutefois cette
œuvre multiple de création et de mort ne leur est départie
qu'à deux conditions. La première condition, c'est de vivre le
plus promptement possible; la seconde, c'est de multiplier à
l'infini et avec une rapidité prodigieuse. Il est des Champignons
qui produisent soixante millions d'utricules par minute! Les
capsules de certaines Moisissures renferment des semences
dont il faudrait plusieurs milliers pour atteindre, en grosseur,
à une tête d'épingle. Ces semences flottent libres et invisibles
dans l'air, qui en est en quelque sorte saturé.

Chez les Cryptogames, les organes de la reproduction diffèrent d'une manière fondamentale de ces mêmes organes
considérés dans les végétaux phanérogames. Ici plus de pistil,
d'étamine ni d'ovaire; aucune fleur, dans le sens qu'on attache
à ce mot. Les organes reproducteurs, que l'on désigne sous le
nom de *spores*, sont disséminés de la manière la plus variable,
tantôt dans toute l'étendue, tantôt en certaines parties du végétal. Ces *spores* sont quelquefois renfermées dans des réceptacles particuliers, nommés *sporanges*; d'autres fois elles sont
dépourvues de toute enveloppe. Du reste, la reproduction des
Cryptogames s'opère souvent par des dispositions organiques
toutes particulières, qui ne sauraient être résumées d'une manière générale et que l'on ne peut exposer que pour chaque
cas.

Étudier toutes les familles qui composent l'embranchement
des Cryptogames, serait une œuvre immense. Nous nous bornerons à considérer avec quelque attention quelques types de
cinq familles : des familles des Algues, des Champignons, des
Lichens, des Mousses et des Fougères.

LES ALGUES.

De tous les végétaux connus, les *Algues* présentent l'organisation la plus simple. Il en est qui se réduisent à une simple
cellule vivante. On pourrait dire que les Algues sont aux végétaux ce que les Zoophytes sont aux animaux.

Les Algues sont des plantes aquatiques. Elles croissent dans
les marais, les lacs, les ruisseaux, les fleuves, les sources
thermales et les mers. Elles n'ont ni feuilles ni axe bien déterminés. Les unes ne sont que des filaments d'égale dimension,
dans toute leur étendue; les autres, plus ou moins élargies et
plus ou moins découpées à leur partie supérieure, se resserrent
en une sorte de tige à leur partie inférieure et se terminent,
à la base, en une espèce de griffe, à l'aide de laquelle elles se
fixent et se cramponnent sur des corps solides, ce qui les empêche d'être à la merci des flots. Les Algues sont rouges,
jaunes, brunes ou vertes, selon les espèces.

Une certaine relation paraît exister entre la grandeur des

Algues et l'étendue des mers qu'elles habitent. Dans les mers de peu d'étendue vivent de petites Algues; dans les Océans, des Algues gigantesques, et d'autant plus gigantesques que les Océans sont eux-mêmes plus considérables. Dans la Méditerranée, par exemple, habitent des *Ulva*, des *Ceramium*, des *Caulerpa*; dans l'océan Atlantique, des *Sargassum*, des *Cystoceyra*; dans l'océan Arctique, des *Fucus* immenses, des *Laminaria*. Enfin, l'océan Antarctique renferme des Algues de si grandes dimensions, qu'on les a comparées à des arbres marins : tel est le *Durvillea* (*Laminaria buccinaris*), qui entravait la marche des navires de l'amiral Dumont d'Urville. Tout le monde a vu sur les cartes géographiques la *Mer des Sargasses*, qui occupe les parties centrales de l'océan Atlantique. Le grand banc de *Sargasses* de l'Atlantique se trouve entre le 19e et le 34e degré de latitude, entre les Açores, les Canaries et les îles du cap Vert. Son étendue est à peu près six fois celle de la France. Les *Sargassum* se présentent, sur plusieurs points de l'océan Atlantique, comme d'immenses prairies flottantes arrachées des profondeurs du bassin de la mer. Pour donner une idée des dimensions de quelques espèces d'Algues arborescentes qui forment ces forêts sous-marines, nous citerons le *Macrocystis pirifera*, qui peut atteindre l'énorme longueur de 500 mètres.

La structure intérieure des Algues est celluleuse. Dans ces plantes il n'existe aucune trace de vaisseau, et par suite aucune circulation. Leur mode de reproduction est extrêmement varié. Ce n'est que depuis une vingtaine d'années que, grâce à des moyens d'investigation précis, on est arrivé à des renseignements exacts sur ce sujet.

Entrer dans des considérations générales sur la végétation et la reproduction des Algues serait peu avantageux dans un ouvrage comme celui-ci. Au lieu de présenter des généralités sur ces faits, nous choisirons un certain nombre de types connus. L'histoire de ces quelques êtres, pris comme exemples, éclairera d'un jour suffisant la famille tout entière.

Le Nostoc. — Vers la fin de l'année, en automne, dans les jours humides, ou après une ondée de pluie, on rencontre fréquemment, sur le bord des chemins ou dans les allées des jardins,

de petites masses gélatineuses, verdâtres, plus ou moins globuleuses et plissées : ce sont diverses espèces de *Nostoc*. Nous
allons faire connaître l'organisation de ces curieuses plantes,
d'après l'étude que M. Thuret a faite du *Nostoc verruqueux*, qui
croît dans les ruisseaux des environs de Paris, attaché aux
pierres submergées, sur lesquelles plusieurs individus agglo-
mérés forment comme des tapis d'un vert presque noir.

Chaque *Nostoc* est une sorte de vessie irrégulière (fig. 354)

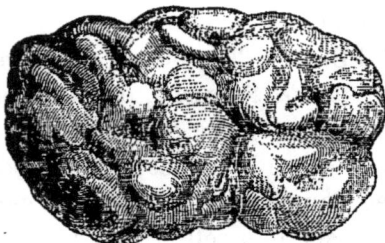

Fig. 354. Nostoc verruqueux.

plissée, arrondie, ferme, remplie d'une gelée verdâtre,
dont l'aspect et la consistance
rappellent parfaitement la
pulpe d'un grain de raisin.
Au sein d'une matière gélatineuse très-abondante se
trouvent des filaments nombreux, composés de globules
sphériques, placés bout à bout comme les grains d'un chape-
let, et formés d'une matière granuleuse d'un vert bleuâtre.

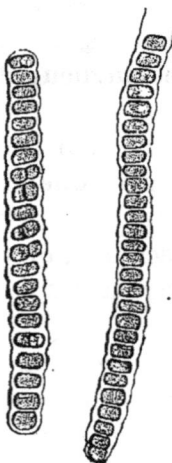

Fig. 355.
Chapelets contenus
dans le Nostoc.

La figure 355 représente les sortes de chapelets qui occupent l'intérieur du *Nostoc* et
accompagnent la matière mucilagineuse.
Lorsque la plante est parvenue à tout son
développement, la pellicule interne, formée
par le mucilage épaissi, se crève et laisse
échapper une gelée verte, formée de mucilage et de chapelets. Ceux-ci se répandent
dans l'eau avec d'autant plus de facilité,
qu'ils sont doués à cette époque d'un mouvement spontané très-sensible.

« Pour bien observer ce phénomène, dit M. Thuret, le moyen le plus simple est de déposer de beaux
échantillons fraîchement recueillis dans une assiette
pleine d'eau. Au bout de deux ou trois jours, la
pellicule externe se rompt, les chapelets se répan-
dent dans l'eau.... Si alors on a recours au microscope, on verra que
ces chapelets, originairement très-longs et contournés de mille manières,
se sont divisés en nombreux fragments de longueur inégale, presque
tous droits ou à peine flexueux, qui se meuvent dans le sens de leur

longueur et semblent ramper sur les lames de verre du porte-objet. Leur marche est lente, mais bien sensible.... Si l'on continue les observations pendant quelques jours, on verra les chapelets, devenus immobiles, augmenter de grosseur en même temps qu'il se développe un mucilage dont ils sont entourés comme d'une gaîne transparente. Bientôt les grains, considérablement élargis, se divisent pour en former deux autres, mais latéralement. Cette formation se répète plusieurs fois, et il semblerait naturel d'y chercher l'origine de nouveaux chapelets. Malheureusement, l'augmentation du nombre des grains, en diminuant la transparence, ne permet plus d'en suivre l'accroissement avec la même facilité. »

On voit que ces plantes sont d'une organisation tout à fait rudimentaire, et que leur mode de reproduction, qui consiste dans la *segmentation*, dans la *division* de l'individu en individus nouveaux, semble les rapprocher des animaux inférieurs, plutôt que des végétaux.

Le *Nostoc*, sans doute en raison de l'extrême promptitude de sa végétation, avait beaucoup attiré l'attention des alchimistes, qui mentionnent souvent cette plante, et la font entrer dans plusieurs de leurs recettes pour la prétendue transmutation des métaux.

Le *Vaucheria*. — Les touffes du *Vaucheria* sont formées d'un réseau de filaments cylindriques, rameux, continus, qui renferment des granules verts et un mucilage incolore. Cette petite plante, commune dans les marais, est très-remarquable par ses divers modes de reproduction. Elle a été l'objet des études les plus intéressantes de la part de MM. Thuret et Pringsheim. Ses spores reproductrices sont, comme on va le voir, douées, à une certaine époque de leur existence, d'un véritable mouvement. On croirait voir des animaux marcher. Ce fait bien remarquable montre combien il est souvent difficile d'établir des différences précises entre les animaux et les plantes, et de poser des limites absolues à ce que l'on nommait autrefois les règnes de la nature.

Voici de quelle manière étrange se fait la reproduction du *Vaucheria*.

L'extrémité des filaments de cette Algue se renfle en forme de massue, et la matière verte s'y condense, au point de prendre une teinte noirâtre. La figure 356 représente les altérations successives que présente l'extrémité du *Vaucheria* au moment où s'opère le travail qui prépare la reproduction. Nous avons indiqué par les lettres *a*, *b*, *c*, *d*, *e*, ces divers états de modification progressive. On voit, selon M. Thuret, les granules s'écarter peu à peu les uns des autres vers la base du renflement, en laissant un espace vide. Puis les granules se rapprochent et se rejoignent de nouveau. Mais alors un grand changement a eu lieu, car cette opération singulière détermine la séparation de la plante mère et du *corps reproducteur*, ou *spore*. Désormais la *spore*, revêtue d'une membrane propre,

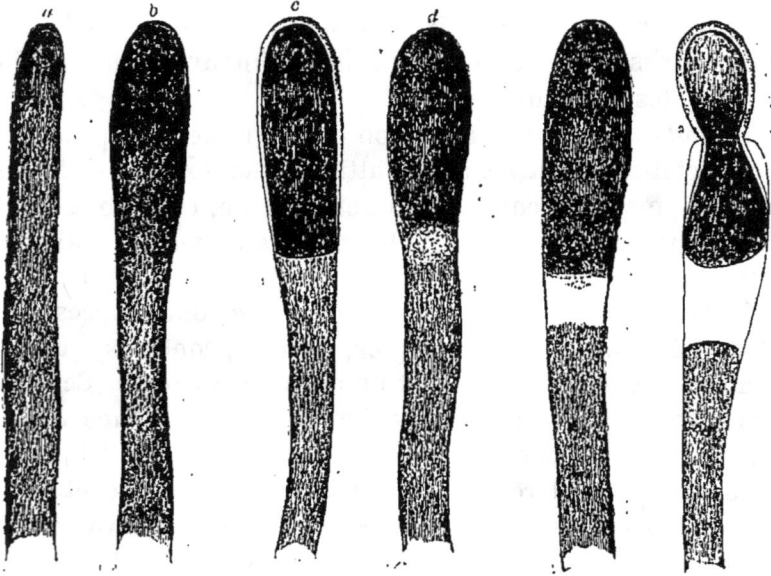

Fig. 356.
Vaucheria.

Fig. 357. Spore de Vaucheria
s'échappant au dehors.

possède une organisation distincte. C'est alors que le moment de la crise approche. L'extrémité supérieure de cette spore fait tout à coup hernie (fig. 357). En même temps, elle commence à tourner sur son grand axe ; si bien que l'on voit tous les granules qu'elle contient, passer rapidement de droite à gauche et de gauche à droite, comme s'ils se mouvaient à l'intérieur d'un cylindre transparent. L'étroite ouverture par où la spore cherche à sortir détermine un étranglement très-marqué. En peu d'instants, elle réussit à se dégager, et s'élance rapidement dans l'eau.

Une fois détachée de l'individu mère, la spore (fig. 358) ne cesse pas de tourner sur elle-même ; mais sa marche est assez irrégulière, plus vive et plus lente dans une direction ou dans une autre. En général, elle gagne immédiatement les bords de la lame de verre sur laquelle l'observation se fait, comme si elle cherchait à s'échapper ; quelquefois elle s'arrête, puis un instant après elle reprend sa course.

Toute la surface de cette spore est couverte de *cils vibratiles* (fig. 359) qui sont invisibles à cause de la rapidité de leurs

Fig 358. Spore de Vaucheria.

Fig. 359. Spore de Vaucheria, avec ses cils vibratiles.

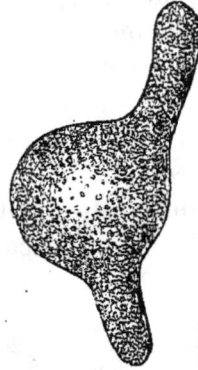

Fig. 360. Jeune Vaucheria.

mouvements. Pour les bien voir, il faut les arrêter au moyen de quelque réactif, tel que l'opium ou l'iode. Les effets de ces deux réactifs sont très-remarquables. L'opium diminue assez les mouvements de la spore du *Vaucheria* pour que le jeu de ces organes soit nettement perceptible. L'iode les arrête brusquement, et les rend visibles par ce brusque arrêt. L'eau iodée dont s'est servi M. Thuret ne contenait que $\frac{1}{7000}$ d'iode.

Cet observateur a pu suivre les mouvements d'une spore de *Vaucheria* dans l'eau pendant plus de deux heures. Enfin, les cils cessent de se mouvoir, la spore reste immobile, et elle ne tarde pas à germer (fig. 360), pour donner naissance à une Algue, à un nouveau *Vaucheria*.

Voilà un bien étonnant phénomène. Ces jeunes êtres sont-ils vraiment des plantes ? Les botanistes allemands les appellent des *zoospores*. Ils les identifient avec les animaux, faisant

25

remarquer que les animaux seuls ont des organes de mouvement, et que les *cils vibratiles* dont est pourvue la spore du *Vaucheria*, sont de véritables organes de mouvement.

Ainsi, d'après certains naturalistes allemands, dès le début de leur vie, les Algues seraient de véritables animaux, qui deviendraient des plantes en se fixant et commençant à germer. Les botanistes français sont plus timides dans leur vue ; ils n'osent pas prononcer sur l'animalité de ces êtres. Nous devons nous borner à exposer ici les deux opinions.

Quand la spore est devenue immobile, elle se développe régulièrement. Il est facile de suivre sous le microscope les progrès de cette germination. L'allongement des filaments s'opère pour ainsi dire à vue d'œil. M. Thuret assure avoir mesuré plus d'une fois un accroissement de $\frac{3}{40}$ de millimètre en une heure.

Outre cette multiplication non sexuelle par des *zoospores*, on a récemment découvert dans cette même plante une véritable

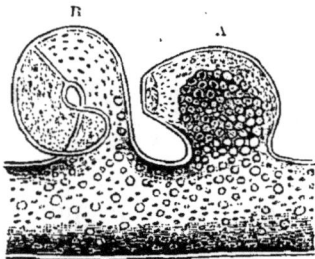

Fig. 361. La cornicule et le sporange du Vaucheria un peu avant la fécondation.

reproduction sexuelle, opérée à l'aide de deux organes distincts, nés à peu de distance l'un de l'autre sur les filaments. L'un (fig. 361, A) est une sorte de rameau court, recourbé sur lui-même en colimaçon, et qu'on nomme *cornicule;* l'autre (B) est une sorte d'ampoule légèrement amincie en façon de bec, et qu'on nomme *sporange.* Ces deux organes sont séparés l'un de l'autre sur le tube qui les porte, par une cloison transversale. Dans l'intérieur du sporange, et vers sa base, on trouve des grains verts, tandis que vers son bec se présente une matière incolore, très-finement granuleuse. Dans la portion extrême de la cornicule, qui est limitée par une mince cloison, on trouve un grand nombre de petits bâtonnets, plus ou moins enveloppés d'un mucilage incolore.

Tel est l'état des choses lorsque la fécondation va s'opérer. A ce moment la membrane du sporange se rompt à son bec, et la matière contenue dans cette espèce de sac sort par l'ouverture (fig. 362). Immédiatement après que le sporange s'est ouvert, la cornicule, par une coïncidence merveilleuse, s'ouvre aussi à son extrémité et verse son contenu à l'extérieur. D'innombrables corpuscules, extrêmement petits, en forme de bâtonnets, c'est-à-dire des *anthérozoïdes*, sortent donc par l'orifice de la cornicule. Ils pénètrent dans l'ouverture adjacente du sporange (fig. 363) et la remplissent presque entièrement.

Arrivés à la surface de la couche muqueuse et granuleuse, qui les empêche, à cause de sa consistance, de pénétrer plus avant,

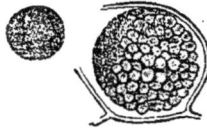

Fig. 362.
Anthérozoïde de Vaucheria.

Fig. 363. Anthérozoïde de Vaucheria pénétrant dans le sporange.

ils s'avancent, reviennent en arrière et continuent ce mouvement de va-et-vient pendant plus d'une demi-heure, offrant à l'observateur le spectacle le plus singulier. Bientôt il se forme, en avant de la couche muqueuse, une cloison, qui empêche l'action ultérieure des corpuscules locomoteurs de s'exercer davantage sur elle. Leurs mouvements durent encore pendant une heure ; mais ils deviennent de plus en plus lents, pour cesser enfin tout à fait, et ils disparaissent complétement au bout de quelques heures.

C'est après l'introduction des *anthérozoïdes* dans le sporange qu'une grosse cellule, ou *spore*, se forme dans l'intérieur du sporange qu'elle remplit complétement. D'abord verte, cette cellule pâlit peu à peu, et présente dans son intérieur plusieurs corps plus gros et d'un brun sombre (fig. 364). Bientôt elle s'isole du tube, parce que la membrane du sporange commence à se décomposer. Au bout d'un temps assez long (trois mois environ), cette spore commence à re-

Fig. 364.

devenir verte, et peu à peu elle s'allonge en un jeune tube de *Vaucheria* qui deviendra parfaitement semblable à la plante mère (fig. 365 et 366).

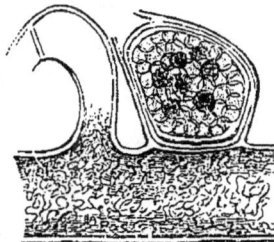

Tel est le double et singulier mode de fécondation dans le

Vaucheria. Il avait été jadis entrevu par Vaucher, qui reconnut le premier et soupçonna l'importance des cornicules. Mais nous

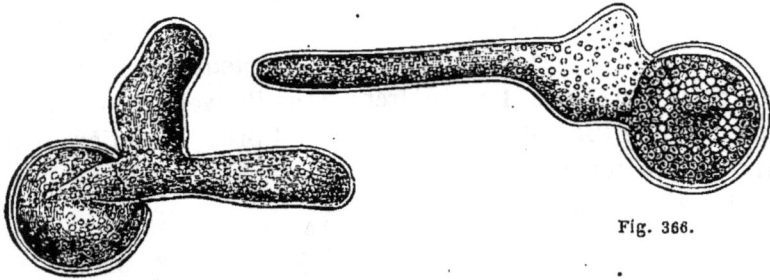

Fig. 366.

Fig. 365. Spores de Vaucheria en germination.

devons la relation complète et circonstanciée que nous venons de présenter ici, à M. Pringsheim, habile anatomiste allemand.

Le *Sphæroplea.* — Le *Sphæroplea annulina* est une Algue d'eau douce, qui se compose de longs filaments, formés de cellules plus ou moins allongées, et associés bout à bout. Ces cellules contiennent, à l'état adulte, de la chlorophylle, un liquide aqueux et des granules de fécule, le tout réparti de telle façon que l'élément liquide forme de gros utricules ou vacuoles, alignées comme les perles d'un collier (fig. 367, A).

Au mois d'avril, le contenu de certaines cellules se modifie, de manière à prendre un aspect spumeux par la multiplication des vacuoles (fig. 367, B); puis, par la condensation de la matière verte et des grains d'amidon, la forme de la figure C *a*, et par la disparition de la plupart des vacuoles celle de la partie *b* de la même figure, où de grandes vacuoles aplaties représentent des logettes superposées. Bientôt ces mêmes cellules contiennent un grand nombre de masses globuleuses et libres (fig. 367, D). Ces masses sont de jeunes spores molles, élastiques et dépourvues de membrane.

Longtemps avant que le contenu des cellules ait subi les transformations que nous venons d'indiquer, la membrane propre des cellules offre, en certains points, de petites ouvertures dont le diamètre varie de $\frac{1}{500}$ à $\frac{1}{300}$ de ligne (fig. 367, D et E, *o*).

Mais toutes les cellules du même filament de *Sphæroplea* ne présentent pas les modifications qui viennent d'être décrites,

et dont le résultat final est de les convertir en sporanges, remplis d'une multitude de spores. Il se passe, en même temps,
des phénomènes très-différents. Les anneaux interposés aux

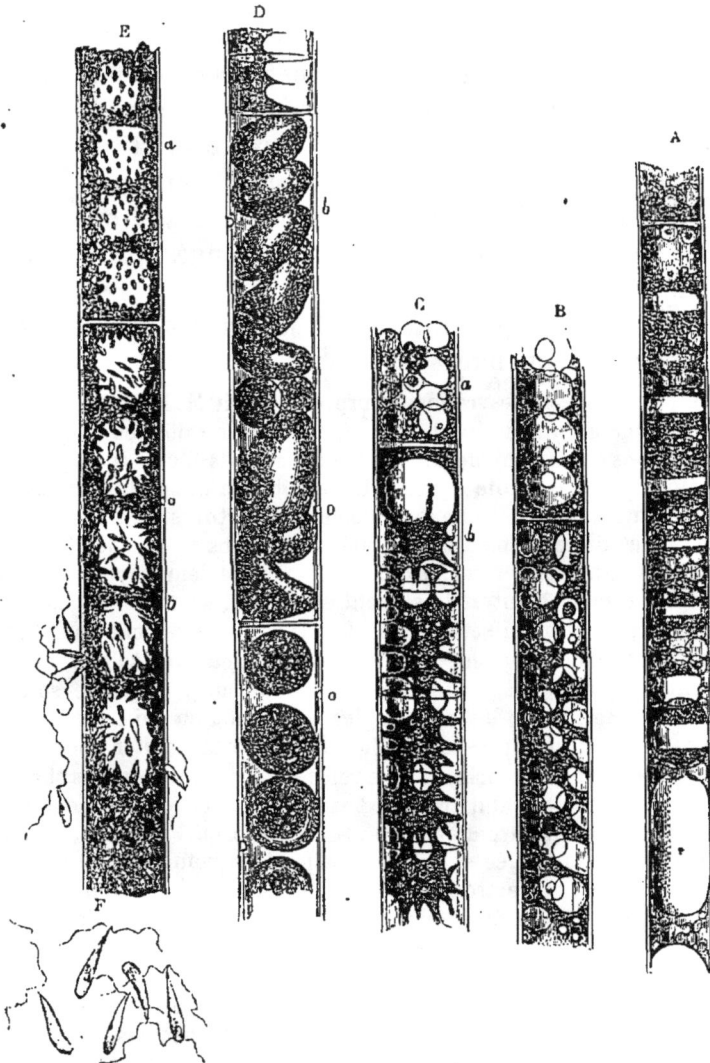

Fig. 367. Reproduction du Sphæroplea.

vacuoles incolores deviennent rougeâtres, et les granules d'a-
midon qu'ils contenaient disparaissent (fig. 367, E, a). Bientôt la matière orangée s'organise en une infinité de corpuscu-

les courts et confondus dans un inextricable agencement. Les anneaux se décomposent. On voit soudain un des corpuscules plongés dans leur substance se dégager et se mouvoir dans la cavité cellulaire ; puis d'autres corpuscules semblables, de plus en plus nombreux, donnent l'exemple du même phénomène. Le mouvement qui les anime devient incessamment plus vif ; et en peu de minutes toute la substance de l'anneau que l'on considère se résout en une innombrable multitude de corpuscules. Puis un second et un troisième anneau de la même cellule subissant le sort du premier, celle-ci se trouve en définitive toute remplie de corpuscules allongés qui s'agitent et fourmillent en tout sens (fig. 367, E, b).

On voit avec un plus fort grossissement ces corpuscules mobiles sur la même figure 367.

« C'est un spectacle vraiment surprenant, dit M. F. Cohn, professeur de botanique à l'université de Breslau, auquel on doit ces intéressantes observations, que celui de tous ces mouvements d'une incroyable vivacité au sein de la cellule mère.... La membrane des cellules s'est percée à un moment donné d'une ou plusieurs ouvertures, semblables pour la forme et les dimensions à celles que nous avons vues chez les cellules sporanges. Un premier corpuscule s'échappe de leur cavité par une de ces perforations ; d'autres le suivent et bientôt ce sont des multitudes de ces corpuscules qui sortent à la fois. Leur mouvement dans l'eau est d'abord très-lent ; souvent l'issue que les *corpuscules baculiformes* voudraient forcer est obstruée par une vacuole qui y applique son enveloppe mucilagineuse ; les corpuscules s'épuisent en vain contre cet obstacle. Je les ai vus après douze heures d'efforts s'agiter encore tumultueusement dans leur prison, puis rentrer enfin dans le repos et se transformer en vésicules jaunâtres.... Les corpuscules agiles, dont il vient d'être question, mesurent environ $\frac{1}{180}$ de ligne en longueur ; leur forme est cylindroïde allongée et rappelle celle de certains petits coléoptères curculionides. Leur extrémité postérieure est un peu renflée, parfois aplatie et élargie à la fois ; elle est teintée de jaunâtre et laisse fréquemment distinguer dans son intérieur quelques granules ; l'extrémité antérieure s'allonge au contraire en une sorte de rostre étroit et hyalin qui porte à son sommet deux longs cils. Ceux-ci sont surtout bien visibles dans une solution iodée qui éteint la vie des corpuscules.... Ce mouvement des corpuscules cilifères dont nous parlons est caractéristique ; sont-ils doués de peu d'énergie vitale, ils ne font qu'osciller de leur rostre, comme en tâtonnant ; s'ils se meuvent plus rapidement, ils tournent autour de leur axe transversal médian, comme le ferait un bâtonnet qui, étant solidement tenu par son milieu, recevrait un mouvement de rotation ;... on en voit aussi qui se meuvent en rond sur eux-mêmes sans changer de place, à la manière du chat qui court après sa queue ; mais la plupart du temps, ils décrivent une cycloïde par un mouvement de progression saccadé et comme par sauts ; plus rarement s'avancent-ils en droite ligne. Leur tendance naturelle vers la lumière est indiquée par ce fait que, dans la goutte d'eau où je les observais, ils s'amassaient volontiers vers le bord qui regardait la fenêtre de ma chambre.

La ressemblance extérieure de ces corpuscules avec les anthérozoïdes de Vaucheria m'autorisait déjà à leur attribuer des fonctions analogues, lorsque j'eus la satisfaction de constater leur faculté fécondatrice avec toute l'évidence qu'il est possible de désirer dans l'observation des phénomènes de la nature.... Quand ces anthérozoïdes, devenus libres, se sont répandus dans l'eau, ils se réunissent au bout de peu de temps autour des cellules dont le contenu s'est organisé en spore. Ils s'agitent tumultueusement près de chacune de ces cellules ; ils s'attachent à ses parois, la quittent un instant, puis reviennent aussitôt. Enfin un des corpuscules s'approche de l'une des petites ouvertures que nous savons exister dans la membrane des sporanges ; il s'y tient fixe et y introduit son rostre délié. Quelquefois la partie postérieure de son corps est trop large pour passer impunément ; alors on le voit se pousser avec effort en s'aidant sans relâche de son rostre et se faire plus petit en se contractant sur lui-même ; enfin il force le passage et pénètre dans la cavité du sporange. En même temps, d'autres anthérozoïdes pénètrent par la même voie ou par d'autres pertuis. Trois ou quatre sont souvent engagés à la fois dans la même ouverture ; les plus petits passent sans obstacle au premier élan, et leur mouvement de translation du liquide où ils nagent dans le sein du sporange décrit de grands cercles et constitue un phénomène extrêmement curieux à observer. Au bout de quelques instants, il y a dans le sporange plus de vingt anthérozoïdes qui s'agitent autour des jeunes spores. Celles-ci sont, comme je l'ai dit plus haut, de petites sphères lisses, plus ou moins complétement remplies de chlorophylle, et enveloppées d'une couche muqueuse qui n'a point les caractères d'une membrane de cellulose. Les spermatozoïdes se jettent d'une spore sur une autre, comme si une force électrique les attirait et les repoussait alternativement, et cela si rapidement que l'œil a peine à les suivre. Souvent ils se portent avec la même agilité d'un bout du sporange à l'autre, en même temps l'agitation de leurs cils vibratiles imprime aux spores un mouvement lent de rotation.... J'ai vu les anthérozoïdes s'agiter confusément dans la cavité des sporanges pendant plus de deux heures. Leur mouvement se ralentit ensuite peu à peu et ils finissent par s'appliquer à la surface des jeunes spores. On en voit un ou deux se fixer par les cils et le rostre sur chacun de ces corps et y demeurer comme implantés ; ils y oscillent encore longtemps, puis enfin ils deviennent tout à fait immobiles et s'appliquent de toute leur longueur sur la spore, leur corps perd sa forme, il n'est bientôt plus qu'une gouttelette muqueuse dont une partie semble être absorbée par la spore....

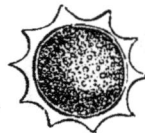

Fig. 368.
Spore de Sphæroplea.

La spore primordiale fécondée se recouvre bientôt d'une véritable membrane cellulaire (fig. 368). »

Quand ces spores se disposent à germer, leur contenu subit plusieurs modifications. Il devient grenu, prend une teinte assombrie de brun rouge, et un cercle plus transparent se

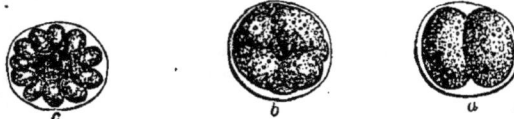

Fig. 369. Spores de Sphæroplea en germination.

montre dans son centre. Fréquemment la matière rouge se teint en vert avant la germination ; ce changement de couleur se produit peu à peu de l'extérieur de la spore vers le centre de sa cavité. Tout le contenu plastique de ce corps finit par se diviser d'abord en deux, puis en quatre, puis en un plus grand nombre de parties (fig. 369, *a, b, c*), qui rompent leur double enveloppe, pour se répandre librement dans l'eau, comme autant de zoospores.

La forme de ces zoospores est inconstante, comme leur volume et leur couleur. Pendant plus d'une heure, ces corpuscules, munis de deux cils à leur rostre, s'agitent d'un mouvement lent et saccadé. Ce mouvement s'interrompt de temps en temps, par de longues pauses, et parfois l'on croirait les corpuscules rentrés pour toujours dans le repos, lorsque, après plusieurs heures d'immobilité, ils se prennent tout à coup à pirouetter de nouveau.

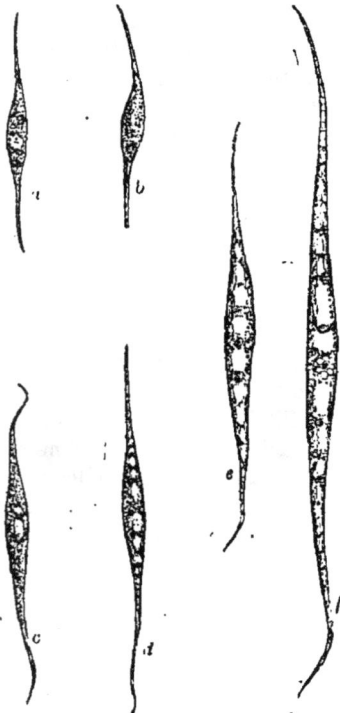

Fig. 370. Germination du Sphæroplea.

Lorsque ces zoospores se mettent à germer, ils s'allongent de plus en plus en façon de fuseau (fig. 370, *a, b, c, d, e, f*), et bientôt la petite plante, jusque-là formée d'une seule cellule, se partage en deux compartiments égaux, puis successivement en un plus grand nombre de cellules au fur et à mesure qu'elle grossit, et elle finit par devenir un nouveau *Sphæroplea*.

Telle est l'histoire du *Sphæroplea annulina*. Nous n'avons retranché que très-peu de chose au récit de M. Cohn. Ces détails étranges font naître chez le naturaliste et le penseur une admiration profonde. Voilà des individus placés au plus bas de l'échelle végétale, et qui se reproduisent en émettant des germes qui sont doués d'un mouvement propre, et semblent guidés dans leurs évolutions par un véritable instinct. A la vue de ces mouvements volontaires et presque réfléchis dans les jeunes générations d'un végétal inférieur, on est entraîné à les considérer, avec les Allemands, comme des animaux, lesquels, en se tenant immobiles et se fixant sur un objet quelconque, deviendraient des végétaux. Mais combien ces faits bouleversent les notions généralement reçues sur les distinctions des animaux et des plantes! Pour savoir en quoi la vie consiste, il ne suffit pas de la contempler chez les êtres supérieurs, il faut la suivre dans toute la série de la création, depuis l'homme jusqu'à l'humble *Sphæroplea*.

Le Fucus vésiculeux (fig. 371). — L'Algue la plus vulgaire, la plus connue de ces végétaux inférieurs, est le *Fucus vésiculeux*, qui croît abondamment sur les rochers, au bord de l'Océan et de la Méditerranée. Elle sert, dans le Nord, à couvrir les toits rustiques. On la coupe deux fois l'an pour la brûler, et retirer de ses cendres de la soude, ou bien pour fumer les terres. La partie plane de sa fronde bifurquée est parsemée de vésicules globuleuses, pleines d'air, qui sont probablement destinées à soutenir la plante dans l'eau, et remplissent la même fonction que la vessie natatoire des poissons. Des tubercules mamelonnés recouvrent l'extrémité de ces bifurcations de la fronde.

Si l'on retire de l'eau certains échantillons de ce *Fucus*, à l'époque où ces tubercules sont bien développés (fig. 371), on s'aperçoit bientôt que leur orifice est obstrué par une goutte d'une liqueur rougeâtre. D'autres échantillons de ce même *Fucus* offrent, dans les mêmes circonstances, une sorte de sécrétion, non plus rougeâtre, mais olivâtre.

Cette différence d'aspect semble, au premier abord, indi-

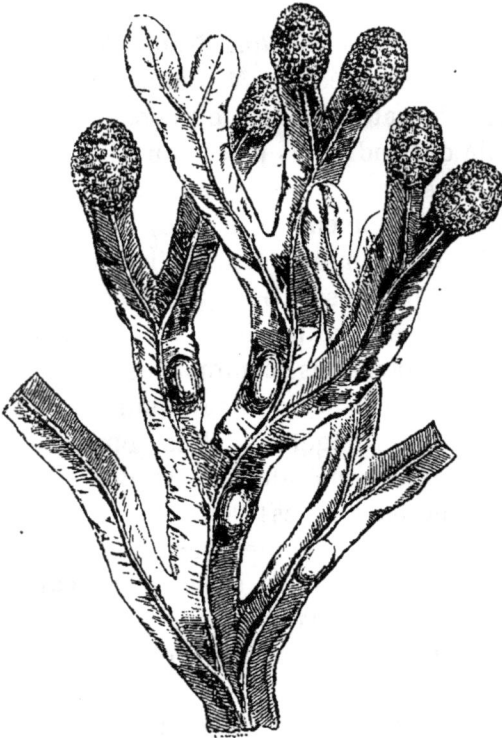

Fig. 371. Fucus vésiculeux.

quer une différence de constitution et de rôle physiologique dans les tubercules portés sur des frondes différentes. En effet, chacun de ces tubercules n'est autre chose qu'une cavité, ou conceptacle, renfermant soit un appareil fécondateur, soit un appareil de fructification, et ces appareils sont portés sur des individus différents. Le *Fucus vésiculeux* peut donc être considéré comme *dioïque*.

MM. Thuret et Decaisne ont fait sur la structure des conceptacles mâles et femelles de cette Algue et sur son mode de fécondation des observations très-curieuses.

Étudions la structure des conceptacles mâle et femelle.

On trouve dans les conceptacles mâles (fig. 372) des sacs ovoïdes contenant une masse blanchâtre, parsemée de granules rouges. Ces sacs, désignés sous le nom d'*anthéridies*, sont portés sur des poils rameux, articulés, qui remplissent presque tout le conceptacle. Ils renferment de nombreux corpuscules, transparents, d'une grande ténuité, pourvus d'un granule orangé ou rougeâtre. Ces corpuscules portent le nom d'*anthérozoïdes ;* ils s'agitent avec une extrême vivacité, dès qu'ils sont mis en liberté. Leurs organes locomoteurs consis-

tent en deux cils prodigieusement ténus, dont l'un, plus court,
paraît inséré vers l'extrémité la plus étroite du corps, laquelle

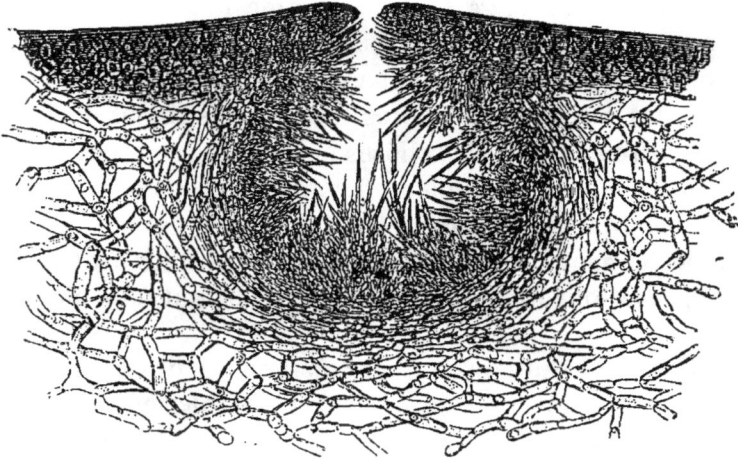

Fig. 372. Conceptacle mâle de Fucus végétaux coupé transversalement.

est toujours en avant pendant la progression. Le deuxième
cil traîne derrière le corpuscule.

On trouve dans les conceptacles femelles (fig. 373) des sacs

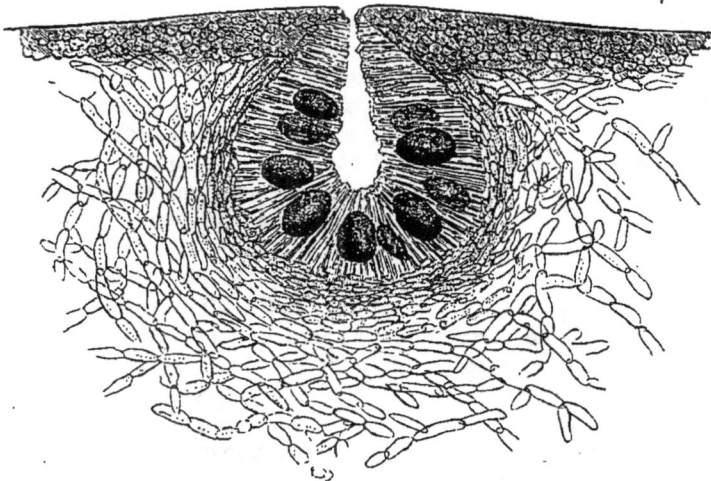

Fig. 373. Coupe transversale d'un conceptacle femelle de Fucus vésiculeux
renfermant les spores.

membraneux plus ou moins sphériques ou oblongs, renfermant une masse arrondie, opaque, d'un brun grisâtre, divisée

en huit parties. Ces sacs, ou sporanges, sont portés sur un court pédicule et environnés de filaments articulés.

Lorsque le sporange s'ouvre, comme le fait l'anthéridie à un moment donné, la masse qu'il contient est mise en liberté en conservant sa forme première, grâce à une membrane qui retient les éléments ou spores qui la constituent fortement serrés entre eux. Mais les choses ne restent pas longtemps en cet état; les spores s'isolent de plus en plus dans le revêtement membraneux qui les retient prisonnières, et finalement elles deviennent libres. Elles sont alors parfaitement rondes, d'un jaune olivâtre, et absolument dépourvues de téguments.

M. Thuret, à qui l'on doit de très-bonnes observations sur la structure admirable de ces végétaux inférieurs, a établi, par ses expériences, ce que deviennent les spores dégagées de leurs enveloppes, suivant qu'elles sont mises en contact avec les *anthérozoïdes*, ou soustraites à leur action :

« Lorsque les frondes mâles, faciles à reconnaître par la couleur jaunâtre de leurs réceptacles, dit-il, sont placées quelque temps dans une atmosphère humide, il se produit un effet analogue à celui que j'ai décrit dans les plantes femelles. Les anthéridies, expulsées en immense quantité hors des conceptacles, viennent former à la surface de la fronde, à l'entrée de chaque ostiole, de petits mamelons visqueux, de couleur orangée. Que l'on détache un peu de cette matière visqueuse avec une aiguille, et qu'on l'examine au microscope dans une goutte d'eau de mer, on verra qu'elle est entièrement composée d'anthéridies qui, presque aussitôt, se vident des anthérozoïdes qu'elles renferment. Ceux-ci s'agitent avec la plus grande vivacité, et leurs mouvements se prolongent quelquefois jusqu'au lendemain, mais en diminuant peu à peu d'intensité. Le troisième jour au plus tard ils se décomposent.

« Pour féconder les spores et les mettre en état de germer, il suffit de mélanger à l'eau qui les baigne quelques anthéridies. Si l'expérience est faite sur une lame de verre et que les anthérozoïdes soient en quantité assez considérable, on sera témoin d'un des plus curieux spectacles que l'étude des Algues puisse donner l'occasion d'observer. Les anthérozoïdes s'attachant en grand nombre aux spores, leur communiquent, au moyen de leurs cils vibratiles, un mouvement de rotation quelquefois très-rapide. Bientôt tout le champ du microscope est couvert de ces grosses sphères brunâtres, hérissées d'anthérozoïdes qui roulent dans tous les sens, au milieu du fourmillement de ces corpuscules.

« Après s'être prolongée environ une demi-heure, rarement plus longtemps, la rotation des spores cesse; les anthérozoïdes continuent à s'agiter quelque temps, mais avec moins de vivacité, jusqu'à ce qu'enfin tout mouvement s'arrête. Dès le lendemain du jour où les spores ont été mises en contact avec les anthérozoïdes, elles sont déjà.revêtues d'une membrane. »

.M. Thuret fait du reste remarquer que la rotation des spores est un phénomène qui, si curieux qu'il soit, ne mérite peut-être pas une grande considération. Il ne le croit nullement nécessaire à la fécondation des spores, et n'admet pas que ce mouvement ait lieu dans la nature.

LES CHAMPIGNONS.

Les Champignons n'ont jamais ni feuilles, ni tiges, ni racines. Ils respirent en produisant de l'acide carbonique, comme les fleurs ou les animaux.

Les organes de la végétation et ceux de la reproduction sont distincts chez les Champignons. Les premiers sont représentés par une sorte de feutre, composé de filaments entre-croisés, très-ténus, que l'on nomme *mycelium*. Ce mycélium est souterrain, peu apparent, et souvent se détruit de bonne heure. C'est sur lui que se développent les appareils de la reproduction, qui sont toujours très-considérables relativement aux organes de la végétation, et quelquefois multiples pour une seule et même espèce de Champignons. Cette multiplicité d'organes reproducteurs a été reconnue pour certaines espèces dont il sera parlé plus loin : les *Érisyphés* qui causent la maladie de la Vigne, et le *blanc* des horticulteurs. On a signalé dans l'*Érisyphé* jusqu'à trois sortes d'appareils reproducteurs qui se développent successivement.

Les Champignons vivent dans les conditions les plus opposées et dans les lieux les plus divers. Certains apparaissent à la surface de la terre : tels sont le *Champignon de couche*, le *Bolet comestible*, la *Morille*, la *Vesse-Loup*, etc.; d'autres croissent sur le tronc des arbres, sur les rameaux ou les feuilles. Quelques-uns, comme la *Truffe*, vivent enfouis à une certaine profondeur. Des milliers de petites espèces vivent en parasites sur d'autres végétaux, comme la *Vigne*, la *Pomme de terre*, et occasionnent parfois des maladies désastreuses, etc. D'autres s'attaquent aux animaux. Personne n'ignore que la maladie qui détruit tant de vers à soie dans les magnaneries du midi de la France, est produite par un Champignon qui se développe à l'intérieur du corps de la larve vivante du ver à soie. Enfin, ces êtres microscopiques et envahisseurs peuvent s'attacher même à la peau et aux membranes muqueuses de l'homme et des animaux.

Les Champignons font en beaucoup de pays la nourriture du pauvre, qui attend leur retour comme une manne protectrice; mais d'autres recèlent un poison mortel. Les animaux, tels que les insectes, les vers, limaces, etc., se nourrissent aussi de Champignons. Ce n'est donc pas sans raison que la nature les a répandus avec tant de profusion sur le globe.

Nous ne saurions entrer ici dans des considérations générales sur les Champignons; mais nous espérons donner au lecteur une idée claire et suffisante de leur structure, en lui présentant successivement quelques types bien choisis parmi ceux qui sont aujourd'hui le mieux connus sous le rapport scientifique, ou qui nous intéressent le plus sous le double point de vue de leur utilité, ou des maladies désastreuses dont ils sont la cause directe.

L'*Agaric comestible* ou *Champignon de couche* (*Agaricus campestris*). — Ce champignon (fig. 374), dont on fait le plus grand usage culinaire, surtout à Paris, présente un pied, ou *stipe*, haut de trois à cinq centimètres, plein intérieurement et surmonté d'un *chapeau*, d'abord arrondi en boule, ensuite élargi et bombé, blanc ou d'un jaune pâle, lisse et glabre. Ce chapeau porte, en dessous, des *feuillets*, d'une couleur rosée, qui brunissent à mesure que la plante se développe. Une membrane blanche, semblable à une espèce de voile, recouvre entièrement ces feuillets dans leur jeunesse, et forme ensuite, en se déchirant, un collier, plus ou moins complet, autour du stipe.

L'*Agaric comestible* croît naturellement sur les pelouses exposées au soleil, dans les prés, etc. On l'obtient également par la culture, dans les lieux peu éclairés, comme les caves et les carrières. Il faut se garder de le confondre avec une autre espèce connue sous le nom d'*Amanite vénéneuse*, qui lui ressemble pour le port, mais s'en distingue par un pied bulbeux à la base, et enveloppé comme d'une bourse (volva), enfin par la couleur de ses lames, qui ne sont pas rosées, mais blanches.

Pour avoir une idée exacte de la structure des Champignons en général, nous étudierons cet *Agaric comestible.*

Détachons une des lames qui occupent la face inférieure du *chapeau;* nous reconnaîtrons aisément, en la regardant à la loupe, que les deux surfaces de cette lame sont veloutées; mais ce n'est qu'au microscope que nous pourrons apprécier leur véritable organisation.

Si l'on pratique, dans la très-faible épaisseur de ces lames, des coupes transversales, ou perpendiculaires à leur surface, on peut s'assurer que chacune de ces lames présente trois couches bien distinctes : une couche moyenne, se continuant avec la substance du chapeau, sorte de trame sur laquelle reposent les éléments perpendiculaires des deux autres couches, qui sont placées de champ sur la première.

Ces éléments sont des cellules de trois sortes (fig. 374, 4). Les unes sont plus courtes que les autres et ne portent rien à leur extrémité libre : celles-ci sont un peu plus longues et terminées par quatre pointes, lesquelles portent chacune un petit sac sphérique à leur sommet (fig. 374, 5). Celles-là, beaucoup plus grandes encore, ne portent ni pointes, ni sacs à leur extrémité.

On s'est assuré par expérience que les petits sacs disposés quatre par quatre au sommet des cellules de moyenne grandeur, sont les organes reproducteurs, qui peuvent germer et reproduire la plante mère. On leur donne le nom de *spores.* Les cellules qui les supportent se nomment *basides.*

Le résultat de la germination de ces spores est ce *mycélium* dont nous avons déjà parlé comme étant l'appareil reproducteur des Champignons, et que l'on voit, sous forme de filaments, à la base de l'*Agaric,* dans la figure 374.

Des fragments de ce *mycelium* peuvent multiplier la plante comme pourrait le faire un fragment de rhizome quelconque d'un végétal phanérogame. C'est pour cela que les cultivateurs achètent et sèment le mycélium, qu'ils nomment *blanc de champignon,* et qui peut se conserver plusieurs années sans perdre de ses propriétés germinatives.

Pour obtenir des Champignons, on étend le mycélium sur des couches, épaisses de près d'un mètre, formées d'un mélange de terreau, de fumier avancé et de crottin de cheval, que l'on recouvre d'une couche de terreau. Si l'on arrose de temps

Fig. 374. Agaric comestible.

en temps cette couche artificielle, afin d'y entretenir la chaleur et l'humidité, on voit, au bout de peu de temps, apparaître de petits tubercules, qui seront plus tard de jeunes Champignons.

Les Truffes. — La Truffe est un Champignon qui vit souterrainement. Ce végétal se plaît dans les sols traversés par des racines d'arbres, particulièrement de Chênes. Il faudrait bien se garder toutefois d'établir aucun lien de parenté entre les racines d'arbres au milieu desquelles la Truffe croît de préférence, et ce cryptogame. La Truffe se développe, comme tous les autres Champignons, par des *spores*. Ces organes, qui apparaissent à la maturité, sont d'une singulière petitesse, car leur dimension ne dépasse pas un dixième de millimètre de diamètre. Lorsque la Truffe, après l'époque de sa maturité, pourrit et se décompose dans le sol, ces spores, mises à découvert, produisent du *mycelium*, c'est-à-dire des filaments blancs, analogues au *mycelium* de l'*Agaric*. Ce *mycelium*, en se développant souterrainement, produit la *Truffe*.

Si l'on examine, dans le courant du mois de septembre, le sol d'une truffière du Poitou, par exemple, on voit qu'il est traversé par de nombreux filets blancs, cylindriques, bien plus ténus qu'un fil à coudre, et qui sont pourtant composés de filaments microscopiques de 3 à 5 millièmes de millimètre de diamètre. Ces filets blancs, cloisonnés sur leur trajet, se continuent avec un *mycelium* floconneux, de même nature, qui entoure les jeunes Truffes, et forme autour de ces Champignons comme une sorte de feutre blanc, de quelques millimètres d'épaisseur. Ces filaments se continuent directement avec la couche externe de la jeune Truffe. Mais bientôt ce réseau enveloppant se détruit peu à peu, d'abord partiellement, puis entièrement, et la Truffe paraît alors complétement isolée dans le sol.

La structure de la Truffe est beaucoup plus compliquée qu'on ne l'avait cru jusqu'à nos jours. C'est aux beaux travaux des frères Tulasne que nous devons la connaissance exacte de l'organisation de ce singulier végétal.

Les jeunes Truffes présentent des cavités sinueuses, très-irrégulières, communiquant en partie entre elles, et qui viennent aboutir, tantôt à une ouverture unique correspondant à une dépression extérieure, tantôt à plusieurs points de la surface. Lorsqu'elles sont plus avancées en âge, elles sont parcourues, par un double système de veines, les unes blanches, les autres colorées. Les veines colorées sont continues au tissu extérieur qui compose l'enveloppe. Dans leur partie moyenne, elles sont formées par un lacis de filaments dirigés dans les sens de ces cloisons, d'où naissent des filaments plus courts, perpendiculaires, dont les extrémités renflées deviennent des *sporanges*. Les *veines blanches* paraissent formées par les prolongements des filaments stériles, entremêlés avec les sporanges, au milieu desquels se trouve de l'air interposé. Elles viennent aboutir à la surface externe, en un ou plusieurs points.

Les spores, dont les formes sont très-diverses, mais constantes pour une même espèce, sont en nombre limité, qui s'élève de 4 à 8. Leur membrane externe est lisse, hérissée, ou diversement réticulée.

Les *Tuber brumale, melanosporum, æstivum* et *mesentericum*, sont les seules espèces recherchées en France. En Algérie, c'est le *Terfex* (*Terfesia leonis*) qui remplace à lui seul toutes les Truffes comestibles de l'Europe occidentale.

Les Truffières se trouvent spécialement dans les sols calcaires ou calcaires et argileux : en France, dans le Poitou, la Touraine, le Vivarais, le Comtat-Venaissin, la Provence, à Brives et à Cahors.

Pour se développer, les Truffes ont besoin d'un sol ombragé et rendu fertile par la décomposition des feuilles et des fruits qui tombent annuellement des arbres, en même temps qu'il est divisé par le réseau souterrain des racines. Les Chênes et les Charmes sont les arbres les plus favorables à leur développement.

Le chien ne cherche la Truffe que pour plaire ou obéir à son maître. Il laisse à l'homme le soin de creuser la terre, dans le point qu'il lui a indiqué en grattant légèrement. Cependant si le sol est labouré et meuble, le chien ne s'arrête pas qu'il n'ait saisi la Truffe. En Bourgogne, on emploie pour la recherche des Truffes le chien de berger ; en Italie, on se sert du barbet.

Fig. 375.
Carie du Froment.

Le porc est plus égoïste ; il aime la Truffe et la cherche pour lui-même. Le porc, dressé à cette recherche, demeure immobile, le nez sur sa trouvaille, attendant qu'on l'enlève. Toutefois il n'attend jamais longtemps, et dévore sa proie odorante au moindre retard. Dans la haute Provence, un *porc à Truffes*, bien dressé, vaut 200 francs.

La Carie. — Le Champignon qui occasionne la *carie des blés* (*Tilletia caries*) croît à l'intérieur de l'ovaire du froment cultivé fig. 375) et de quelques autres Graminées.

A l'époque de la maturité du Champignon qui l'a envahi, le grain carié du blé (fig. 376) offre presque le volume et la forme du grain sain. Il en diffère surtout par sa teinte brunâtre, inégalement répartie.

Le Champignon de la carie naît en quelque sorte avec la fleur du blé, et il entraîne l'atrophie des stigmates et des étamines.

« Ayant soumis, dit M. Tulasne, à l'examen microscopique la matière pulvérulente qui remplit l'ovaire carié et spécialement les parties voisines de la périphérie.... qui semblent mûrir plus tardivement, nous avons reconnu que les spores se rattachent en grand nombre par des pédicelles.

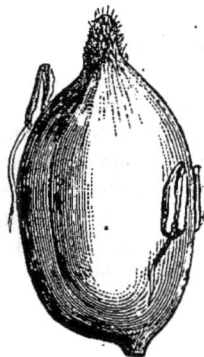

Fig. 376.
Grain de Froment carié.

Fig. 377.
Spore de la carie
du Blé.

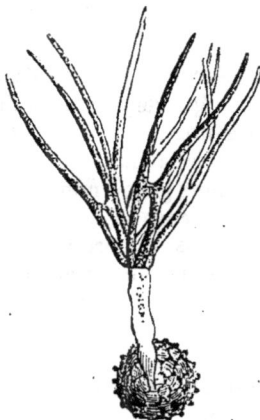

Fig. 378.
Spore de la carie du Blé
en germination.

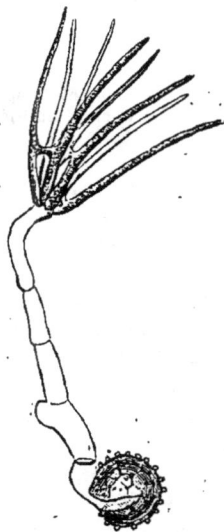

Fig. 379.
Sporidie.

courts à ces sortes de troncs ou de rameaux communs, ténus, incolores, d'une nature fragile et qui sont résorbés ou disparaissent au fur et à mesure de la maturité des spores qu'ils engendrent : le tissu constitué par eux s'est accru avec l'ovaire et n'a pas cessé de le remplir, ni d'y multiplier des spores jusqu'au moment où celui-ci, parvenu à son plus grand développement, s'est aussi trouvé entièrement farci des semences du végétal parasite.... »

« Quand cette semence germe, dit encore M. Tulasne, son tégument réticulé se brise très-distinctement en un point quelconque et sans régularité (fig. 377, 1, 2), et il en sort un tube épais et flexueux, qui s'allonge parfois jusqu'à atteindre près de quinze fois le diamètre de la spore.... Les germes courts manquent rarement de se couronner d'une gerbe et d'un faisceau de spores secondaires, désignées sous le nom de *sporidies* (fig. 378 et 379). Ce sont des corps linéaires, très-grêles, réunis deux à deux dans leur partie inférieure par une bride rigide et courte, ce qui donne au couple la forme d'un H. Après avoir mûri ce bouquet de sporidies, les

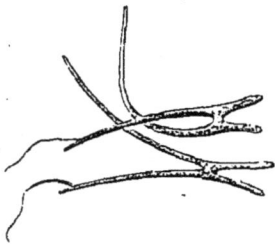

Fig. 380. Bouquet de sporidies
de la carie du Blé.

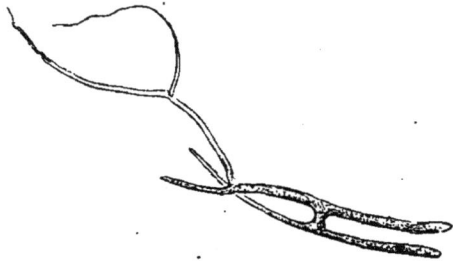

Fig. 381.
Bouquet de sporidies.

germes ne tardent pas à se détruire. Les couples reproducteurs s'isolent alors les uns des autres et se répandent sans se dissocier à la surface des corps sous-jacents. Quelques-uns germent bientôt et émettent, surtout vers leur sommet, des fils très-ténus, qui se ramifient promptement (fig. 380 et 381); d'autres en plus grand nombre donnent naissance à des sporidies secondaires, sortes de corps épais, oblongs ou arqués, qui paraissent être les agents les plus importants de la multiplication des Champignons. Ce seraient des sporidies secondaires qui germeraient en émettant un ou plusieurs fils très-ténus par des points quelconques de leur surface. »

Le Charbon. — Le *Charbon* proprement dit (*Ustilago segetum*) attaque particulièrement les Orges et les Avoines. Il se développe dans le parenchyme des enveloppes florales, de l'axe des épillets et des pédicules de ces Graminées. Quand le vent a dissipé les spores du parasite, il ne reste plus de ces parties qu'une sorte de squelette noirci et méconnaissable. La présence de ce Cryptogame entraîne toujours l'avortement plus ou moins complet des organes de la fleur qu'il a attaquée, la stérilité des épis, et une altération notable de leur structure normale.

Une autre espèce de *Charbon*, à spores noires, est également très-redoutée des cultivateurs à cause du tort qu'elle fait au Maïs. La figure 382 représente un-épi charbonné de Maïs à grains blancs. La figure 383 montre la coupe verticale d'un ovaire entouré de bractées tuméfiées par la présence du Champignon. Les taches noires indiquent la formation, en ces points, de la poussière noire de l'*Ustilago Maydis*. Ce Champignon peut également se développer dans la tige, et y donner lieu à la formation d'excroissances plus ou moins volumineuses et difformes.

« En disséquant les excroissances ordinaires, lorsqu'elles sont encore gorgées de sucs, dit M. Tulasne, on les trouve formées d'un parenchyme à grandes cellules, fréquemment lacuneux, et traversé par un petit nombre de faisceaux fibro-vasculaires ; c'est une structure analogue qu'offrent toutes les bractées et l'ovaire investis par l'entophyte, aussi bien que les parties, hypertrophiées pour la même cause, des

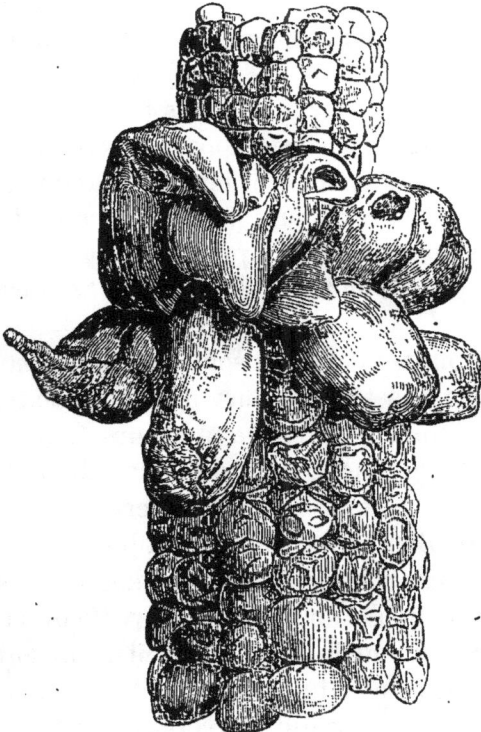

Fig. 382. Charbon
du Maïs
(Ustilago Maydis).

Fig. 383. Coupe d'un ovaire
de Maïs
attaqué par le Charbon.

feuilles qui enveloppent la base de l'épi. Les lacunes de ce parenchyme, et fréquemment l'intérieur même de ses cellules constitutives, sont remplies, à quelque instant qu'on les examine avant la pulvérulence finale de l'*Ustilago*, par la matière de ce Champignon. C'est une substance muqueuse, gélatineuse, parfaitement incolore..., qui se partage peu à peu en petites masses polyédriques, arrondies,... qui se revêtent bientôt d'un système tégumentaire et deviennent des spores. »

L'Érisyphé ou le Champignon de la Vigne. — Les *Érisyphés* sont de petits Champignons que chacun a grand intérêt à connaître, à cause du grand tort que plusieurs de ces petits végétaux causent aux plantes cultivées et aux produits de l'horticulture. La maladie que les *Érisyphés* déterminent est vulgairement connue sous le nom de *blanc*.

La structure élégante et variée de ces petits Champignons avait depuis longtemps fixé les regards des mycologues, lorsque M. Tulasne, par de nouvelles études, parvint à des résultats imprévus.

Ces plantes microscopiques possèdent, d'après les observations de M. Tulasne, jusqu'à trois sortes d'appareils reproducteurs, qui apparaissent successivement, et le Champignon, si redoutable pour la vigne, qu'on avait pris pour un type particulier, n'est autre chose qu'un *Érisyphé* qui parcourt seulement les deux premières phases de l'évolution de ses organes reproducteurs.

Les organes de végétation des *Érisyphés* sont constitués par un mycelium, formé de fils très-ténus, pourvus de crampons, dont la forme et les fonctions rappellent, à plusieurs égards, les suçoirs des *Cuscutes*. Il faut donc voir dans ces Champignons des parasites qui vivent sur les parties vertes ou vivantes des végétaux, particulièrement sur les feuilles.

Des filaments du mycelium naissent des branches droites dont les articles, plus ou moins nombreux, se renflent en utricules ellipsoïdes, et constituent de petits appareils, souvent en forme de chapelets, formés de cellules reproductrices, analogues aux bourgeons caducs que produisent certaines plantes cotylédonées. Ce premier système reproducteur porte le nom de *Conidies* (fig. 384).

Une autre sorte d'appareil reproducteur consiste en vésicules sphériques ou ovoïdes, ordinairement pédicellées et remplies d'innombrables petits corpuscules ovales ou oblongs. Ce second système porte le nom de *Pycnides* (fig. 385).

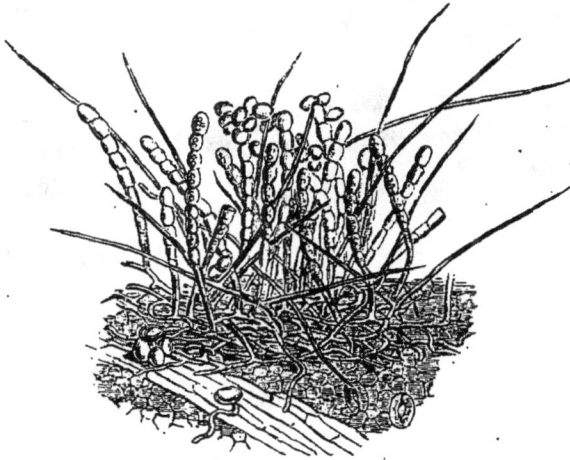

Fig. 384. Appareil reproducteur d'un Érisyphé (Conidies).

Telles sont les deux sortes d'appareils reproducteurs qui constituent le prétendu *Oïdium Tuckeri*, l'ennemi redoutable de la Vigne. Ce n'est pas autre chose qu'un *Érisyphé*, dont la forme dernière et parfaite de reproduction ne s'est pas développée.

Cette forme importante et tardive consiste en conceptacles globuleux, sessiles, d'abord incolores, puis jaunes,

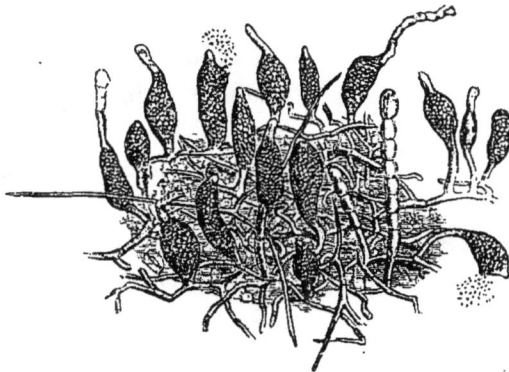

Fig. 385. Autre appareil reproducteur d'un Érisyphé (Pycnides).

bruns, et enfin d'un noir plus ou moins foncé, qui naissent, comme les deux premières sortes d'organes reproducteurs, des filaments du mycélium. Ils sont tous accompagnés, à la maturité, d'un plus ou moins grand nombre d'appendices filiformes, dont la forme, les dimensions et la position varient avec les espèces que l'on considère (fig. 386). Ils sont simples ou rameux, et se terminent souvent en bras plusieurs fois dichotomes. Au sein des conceptacles on trouve des sacs, ou *thèques*, en nombre variable, ordinairement ovoïdes, fixés par un court onglet à la base du conceptacle. Le nombre des spores, assez

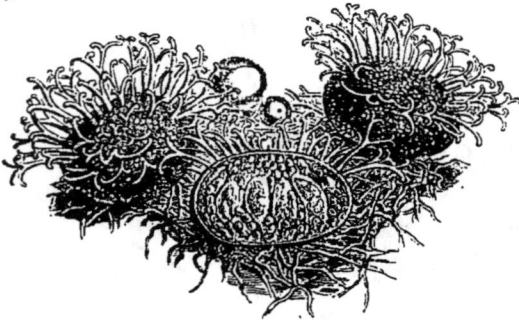

Fig. 386. Troisième sorte d'appareil reproducteur d'un Érisyphé (Conceptacles).

constant pour chaque espèce, varie de deux à huit. Les conceptacles s'ouvrent irrégulièrement pour laisser sortir les *thèques* ou spores.

Les Moisissures. — L'organisation des *Moisissures* a paru longtemps fort simple, parce qu'elle avait été imparfaitement observée. Aujourd'hui même encore, la connaissance de ces Champignons est peu avancée. On a pu s'assurer pourtant que quelques-uns sont doués d'un appareil reproducteur multiple.

Les *Mucors* sont les plus communes des *Moisissures*. Ils forment, sur les substances organiques en décomposition, de larges touffes cotonneuses : des vésicules, pleines de spores verdâtres, surmontent des pédicules très-allongés (fig. 387).

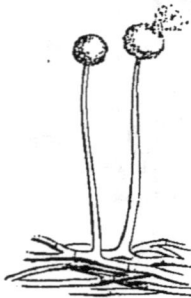

Fig. 387. Moisissures.

On a reconnu récemment que deux genres que l'on avait créés sous les noms d'*Aspergillus* et d'*Eurotium*, ne sont que deux modes différents et successifs de fructification : l'*Aspergillus* appartient à la jeunesse de la plante, l'*Eurotium* à son état adulte.

Dans le redoutable parasite de la *Pomme de terre*, qui appartient à la famille de Champignons qui nous occupe, on a, de même, signalé deux modes de fructification : l'un dans lequel les spores naissent nues à l'extrémité des filaments ; l'autre,

dans lequel ces spores sont contenues dans des vésicules volumineuses. Dans un mémoire assez récent, M. de Bary, professeur à l'Université de Fribourg, en Brisgau, a fait connaître
les phénomènes très-curieux de la germination des spores
nues. Nous croyons utile de présenter ici un résumé de ces
recherches, parce qu'elles concernent une plante dont le rôle
funeste a tenu longtemps en éveil l'opinion publique.

Les spores, ou plutôt les prétendues spores nues du parasite de la Pomme de terre, ou *Peronospera*, présentent trois
modes différents de germination. Elles germent d'abord en
émettant des filaments simples ou ramifiés, qui possèdent la
propriété de pénétrer dans les tissus de la Pomme de terre en
perçant la paroi de ses cellules superficielles. La seconde
forme de germination est caractérisée par la formation d'une
spore secondaire. Du sommet de la spore sort un tube simple,
qui acquiert en longueur deux ou plusieurs fois le grand diamètre de celle-ci, et se renfle en vésicule à son extrémité.
Lorsque tout le contenu plastique de la spore est venu se renfermer dans cette vésicule terminale, elle s'isole du *filament-
germe* par une cloison, et constitue une cellule distincte. Mais
cette spore de deuxième ordre est le résultat d'un phénomène
assez rare, et n'a, selon M. de Bary, qu'une importance secondaire.

Voici ce qui se passe quant au troisième mode de germination. La spore (fig. 388, A) se partage en un certain nombre

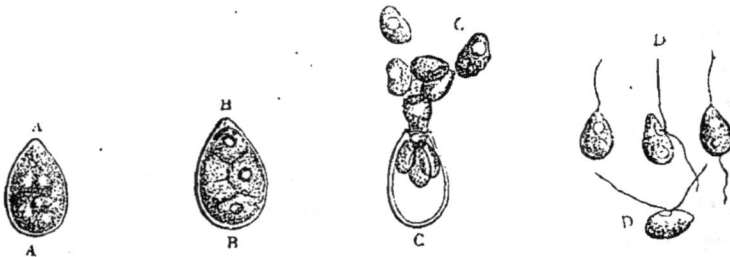

Fig. 388. Germination des spores du parasite de la Pomme de terre (*Peronospera*).

de portions polyédriques (fig. 388, B) qui, au bout d'un certain temps, sortent les unes après les autres, par un pertuis
arrondi (C), et constituent des zoospores ovales, munies de

deux cils inégaux, dont l'un, le plus court, est dirigé en avant dans la marche du corpuscule, et dont l'autre traîne après lui (fig. 388, D). Le mouvement de ces petits corps dure environ une demi-heure, et s'éteint dans des cercles qu'ils ne décrivent plus qu'avec lenteur avant d'entrer en repos. Devenue immobile, la zoospore prend une forme régulièrement arrondie, et donne naissance par un côté à un tube-germe, ténu et courbé, qui s'allonge rapidement dans l'eau.

Si on sème les zoosporanges sur des portions de la plante nourricière, et que les circonstances soient favorables, les zoospores qui en procèdent s'appliquent et se fixent sur l'épiderme de ces fragments, donnent leurs germes accoutumés, et ceux-ci, après avoir rampé un instant au dehors, pénètrent dans les cellules épidermiques. Leur extrémité, ainsi engagée, acquiert aussitôt une épaisseur considérable, et s'accroît ensuite en un tube qui ressemble parfaitement aux filaments du mycélium adulte des *Peronospora*, et s'insinue bientôt dans les profondeurs des tissus de la plante hospitalière.

LES LICHENS.

Les *Lichens* sont des plantes cellulaires, vivaces, qui paraissent intermédiaires entre les Algues et les Champignons. Ils forment ces expansions, plus ou moins sèches, que l'on voit s'étaler sur les pierres, sur la terre, ou sur l'écorce des arbres, qu'ils recouvrent, en les décorant de mille teintes variées. Ces cryptogames ne vivent que dans l'air et jamais dans l'eau; leur existence peut durer des centaines d'années. Leur accroissement et leur propagation se font avec une lenteur excessive.

On trouve les Lichens dans toutes les régions du globe, depuis les tropiques jusqu'au pôle nord, comme aussi à toutes les hauteurs dans les plaines, les vallées, et jusqu'au sommet des plus hautes montagnes. Près de la limite des neiges éternelles, alors que toutes les plantes ont déjà disparu, au bord des glaciers et jusqu'au 70e degré de latitude nord, c'est-à-dire non loin du pôle, les Lichens végètent encore. De Humboldt et M. Boussingault ont trouvé des Lichens jusque près du sommet du Chimborazo, et ces cryptogames sont aussi les derniers végétaux que l'on trouve sur les pentes du Mont-Blanc.

Quelques Lichens sont employés en médecine, d'autres dans l'économie do-mestique, quelques-uns dans la teinture. Le *Lichen d'Islande* (*Cetraria Islandica*, fig. 389) est un mé-dicament adoucis-sant, employé con-tre différentes affec-tions de la poitrine ; la grande quantité de fécule qu'il con-tient le rend comes-tible. La *Pulmonaire*

Fig. 389. Lichen d'Islande (Cetraria Islandica).

du Chêne (*Sticta pulmonaria*, fig. 390) sert, en Sibérie, de succé-dané au Houblon, pour la préparation de la bière. La *Clado-nia rangiferina* est un pâturage excellent dans les parties les plus septentrionales de l'Europe, pour les rennes qui savent le découvrir sous la neige.

La *Parelle* ou l'*Or-seille* d'Auvergne et l'*Orseille d'herbe* sont employées dans la teinture.

Une espèce extrê-mement curieuse de ces Cryptogames,

Fig. 390. Pulmonaire du Chêne (Sticta pulmonaria).

c'est le *Lecanora esculenta*. Ce Lichen se rencontre fréquemment dans les montagnes les plus arides du désert de Tartarie ; on en trouve d'abondantes quantités dans les déserts des Kirguises, au sud de la rivière Jaïk. Il semble tomber du ciel, comme une sorte de manne miraculeuse : les hommes et les bêtes s'en nourrissent. Ce qu'il y a de remarquable, c'est qu'il se présente sous la forme de petits globules, dont la grosseur varie de celle d'une tête d'épingle à celle d'une noisette, et qui sont toujours libres et ne tiennent à aucun corps. Il résulte de là que ces Lichens se développant très-rapidement, ont dû végéter et s'accroître, tout en prenant leur nourriture au sein de l'air, pendant que les vents les transportaient d'un lieu à l'autre. Les grumeaux légers qui constituent ces Lichens sont, en effet, souvent transportés par l'air à de grandes distances. La *manne* qui servit à nourrir dans le désert les Hébreux fugitifs, n'était autre chose qu'une espèce de ces Lichens comestibles et à croissance rapide, que les vents avaient apportée et jetée devant leurs pas.

Ces chutes de prétendue *manne* ne sont pas très-rares de nos jours [1].

Quelle est l'organisation intime des Lichens ?

Ce cryptogame, quand il est complet, se compose d'un appareil nutritif ou végétatif, désigné sous le nom de *thalle*, et d'un double appareil reproducteur.

Le *thalle*, qui est parfois imperceptible, peut atteindre jusqu'à 10 mètres de longueur. Il est aussi variable par ses formes extérieures que par sa structure. Les couleurs qu'il présente le plus communément sont : le blanc, le gris, le jaunâtre, le citron, l'orangé, le verdâtre, le brun ou le noirâtre. Quant à sa forme, il peut être *foliacé*, comme dans les *Parmelia; fruticuleux*, comme dans les *Usnea; crustacé*, comme dans les

---

1. Un des secrétaires de l'ambassade ottomane, Fahri-Bey, nous écrivait, à la date du 22 août 1864 :

« L'année dernière, aux environs de Kutahia (Asie Mineure), à la suite d'un orage très-fort, les graines ci-incluses sont tombées en grande quantité du ciel, avec pluie battante. Comme la disette y régnait depuis quelque temps, les habitants en profitèrent pour en faire du pain. En portant ce fait, qui ne peut manquer de vous intéresser, à votre connaissance, je vous prie de vouloir bien les analyser, et me dire votre avis sur ce sujet. »

Les graines jointes à la lettre de l'honorable diplomate ottoman n'étaient autre chose que le *Lichen comestible*, ce *Lecanora esculenta* dont il vient d'être question.

Squamaria; *hypophléode* ou caché sous l'épiderme des arbres ou entre les fibres du bois, comme dans les *Verrucaria*, *Xylographa*, etc.

Pour donner une idée de la structure anatomique du thalle, il nous suffira de mentionner le plus commun de nos Lichens, le *Parmelia parietina*, chez lequel ce thalle n'a pas plus d'un dixième de millimètre d'épaisseur.

Si mince qu'il soit, cet organe présente quatre régions très-distinctes. A sa partie supérieure est une couche de cellules épaisses intimement soudées, et qui est colorée en jaune à sa surface seulement : à la face inférieure du thalle est une autre couche cellulaire, blanche, semblable à la première. Entre ces deux épidermes sont emprisonnés : 1° des grains verts, connus sous le nom de *gonidies*, et formant une couche dite *gonidiale*; 2° une sorte de moelle, formée d'éléments filamenteux, lâchement entre-croisés ou feutrés, qui est la couche *médullaire*, et qui renferme de l'air dans ses mailles.

Si du système végétatif ou nourricier nous passons au système reproducteur, nous verrons qu'il se compose d'un appareil de fructification ou femelle, et d'un appareil fécondant ou mâle. Le premier est représenté par les *apothécies*, le second par les *spermogonies*.

Les *apothécies*, ou les fruits des Lichens, se développent à la face supérieure du *thalle*, ou sur celle qui est tournée vers la lumière. Les *apothécies* ressemblent à de petites coupes ou à des disques, ou à de petits noyaux noirs, bruns, jaunes, roses, rouges, et quelquefois saupoudrés d'une poussière blanche ou glauque. Leur grandeur est extrêmement variable. Les plus petites ont un dixième de millimètre environ, tandis que les plus grandes atteignent quelquefois la largeur d'un pouce.

Les *spermogonies* constituent, en général, des appareils fort petits, arrondis ou oblongs, logés quelquefois dans des tubercules particuliers, mais plus souvent encore immergés dans les couches superficielles du thalle.

Plusieurs raisons engagent à croire que les *spermogonies* sont les organes mâles des Lichens. D'abord elles se montrent toujours pour ainsi dire parallèlement avec les fruits, ou simultanément sur le même individu, et d'autres fois seulement sur des individus stériles ; de sorte que, dans ces derniers cas, les *apothécies* et les *spermogonies* d'une même espèce se développent sur des individus différents. La ténuité des corpuscules contenus dans les *spermogonies*, leur nombre immense relativement à celui des spores, leur solidité, leur forme, leur égalité de grandeur, leur manque de toute faculté germinative, sont autant de circonstances qui portent à leur attribuer le rôle d'agents fécondateurs analogues aux anthérozoïdes des autres cryptogames. Cependant elles ne présentent pas d'organe de locomotion.

LES MOUSSES.

Les *Mousses*, dont on ne connaît pas aujourd'hui moins de dix mille espèces, sont d'humbles plantes qui ont une certaine part dans la physionomie d'un paysage. Les arbres, les murs, les rochers, les ruines, etc., prennent un aspect riant ou pittoresque sous leur couverture de Mousse, aux couleurs variées.

Nos *Phascum* croissent dans les allées sablonneuses des bois, des jardins, etc. Ils sont si petits qu'ils atteignent parfois à peine 2 ou 3 millimètres de hauteur.

Les *Hypnum*, qui recouvrent souvent le bord des ruisseaux, dans les lieux ombragés, qui souvent forment des petits îlots de verdure au pied des Saules et des Peupliers, ou s'attachent au tronc de ces arbres, sont de robustes organismes végétaux qui ne pourrissent point. Aussi fait-on usage de cette dernière Mousse pour calfeutrer les barques ; on s'en sert même pour entourer des conduites d'eau. Placées entre les planches ou entre les pierres, ces touffes végétales remplissent exactement tous les vides, et, par suite de leur élasticité, ne permettent aucune issue à l'eau.

Les *Fontinales* sont de petites herbes qui flottent au milieu des eaux courantes.

Les *Sphaignes* se plaisent dans les endroits marécageux et jouent un rôle important dans la formation des tourbes. Leur tissu mince et délicat absorbe plus de seize fois son poids d'eau. Ces Mousses aquatiques croissent très-rapidement et

se ramifient beaucoup, de manière à envahir peu à peu l'intérieur de l'étang au milieu duquel elles se sont développées.
Leurs parties inférieures détruites, accumulées au fond de
l'eau, forment, avec la vase et les détritus d'autres plantes, un
mélange que l'on extrait, et qui, sous le nom de *tourbe*, sert de
combustible économique.

Pour donner au lecteur un exemple de l'élégante structure
des Mousses, nous choisirons le *Polytric*.

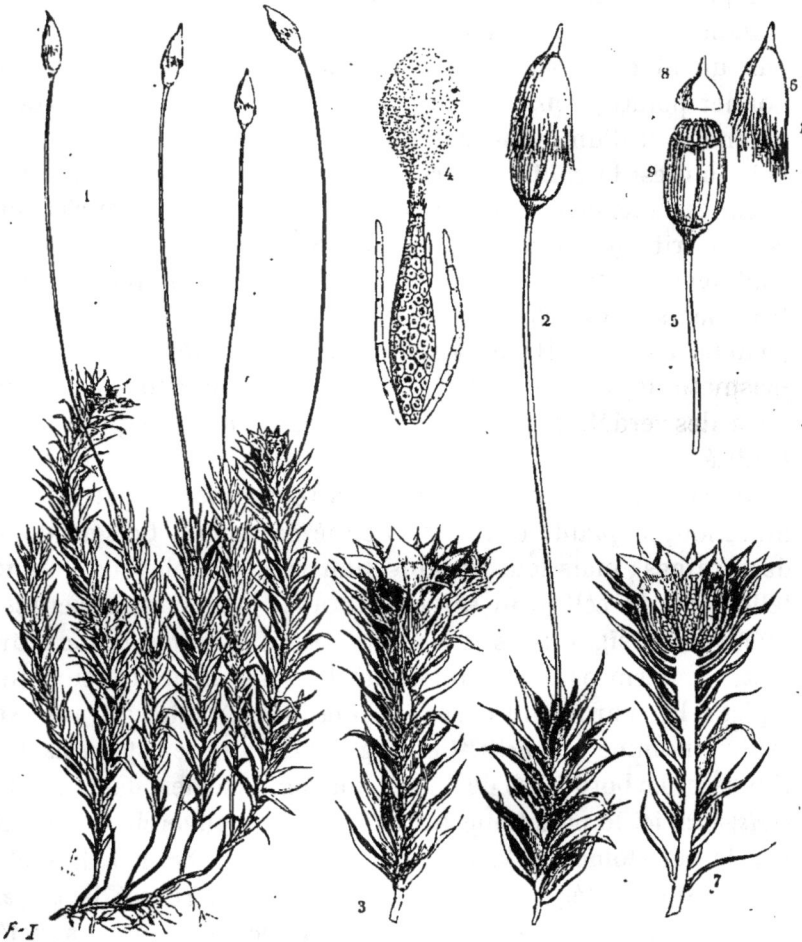

Fig. 391. Polytric.

Le *Polytric*, nommé vulgairement *Mousse dorée, Polytric doré,
Perce-Mousse* (fig. 391, 1), est plus grand que les Mousses ordi-

naires. Il croît communément dans les bruyères, les bois de sapin, les tourbières. Sa tige principale rampe sur le sol, en émettant, de distance en distance, des racines adventives, qui pénètrent dans la terre, et des branches qui viennent à la surface. Celles-ci portent des feuilles étroites, lancéolées en alêne et finement dentelées sur les bords en forme de scie, imbriquées en spirale serrée autour de la tige ; les feuilles du bas prennent en vieillissant une couleur rouge.

Dans la figure 391 on voit (1 et 2) que les tiges se terminent par un filament rougeâtre, allongé, portant une sorte de bonnet pointu, composé de poils soyeux disposés longitudinalement et d'un jaune clair. Si l'on soulève ce bonnet (6), on voit qu'il est la coiffe d'un corps prismatique (9), garni à son sommet d'une espèce de couvercle (8), assis sur un ourlet qui circonscrit une mince peau de couleur grisâtre, tendue horizontalement comme un tambour. L'ourlet se compose de petites dents pointues, recourbées à l'intérieur et réunies par la peau horizontale. Il y a 64 dents. Quant à l'intérieur du corps prismatique, il est creux et renferme une multitude de petits granules verdâtres, parfaitement libres et qui s'échappent avec facilité.

On s'est assuré que ces granules reproduisent, par la germination, la plante qui leur a donné naissance. Ce sont donc des graines ; mais leur organisation est si simple, et s'éloigne tellement de celle qui est propre aux plantes supérieures, qu'on les désigne sous le nom de *spores*. Ces spores sont, du reste, renfermées dans l'intérieur d'un sac membraneux qui tapisse les parois du corps prismatique et adhère à un axe central nommé *columelle*. Ce corps prismatique est l'*urne* des Mousses. Le bord libre de l'urne couronné par les dents est le *péristome ;* ici le péristome a 64 dents. Le couvercle reposant sur le péristome porte le nom d'*opercule ;* le bonnet de poils jaunes qui protége l'urne presque tout entière est la *coiffe*. Enfin, le filet qui continue la tige et supporte l'urne est appelé *soie*.

Cette *urne* résulte du développement d'un petit appareil fait en sorte de bouteille à long col, traversé dans toute sa longueur par un canal très-évident, ouvert, épanoui à son sommet, et qui n'est pas sans analogie avec le pistil des plantes supérieures ; on le nomme *archégone*. Dans le jeune âge, plusieurs archégones étaient renfermés dans la rosette terminale des tiges (3 et 7) : mais un seul de ces archégones se développe pour former l'urne portée par une longue soie.

L'apparition de ces archégones est contemporaine de celle des appareils fécondateurs. Ceux-ci apparaissent au centre des rosettes terminales de tiges différentes de celles qui portent les urnes, car les Polytrics sont *dioïques*. Ces appareils fécondateurs consistent en petits corps grisâtres allongés (4), plus ou moins fusiformes et accompagnés de filets cylindriques, qui se nomment *paraphyses*. Ce sont des sacs celluleux qui s'ouvrent par en haut, et dont le contenu s'échappe par saccades, à un moment donné, jusqu'à ce que l'organe soit complétement vide.

Quand on examine la matière ainsi projetée hors du sac, on voit qu'elle est constituée par un tissu à mailles peu distinctes, dont chaque cellule renferme un petit corps enroulé sur lui-même et offrant un renflement très-sensible sur un point de sa circonférence. Ces petits corps sont dans un mouvement de rotation presque continuel. Le tissu qui les contient se dissout promptement au contact de l'eau. Le petit sac, qu'on nomme *anthéridie*, s'aplatit et se dessèche après l'émission des corpuscules mobiles qu'il contenait, et qu'on désigne sous le nom d'*anthérozoïdes*.

Nous avons dit que l'apparition des archégones est contemporaine de celle des anthéridies. Quelles que soient les difficultés qui paraissent s'opposer à ce que les anthérozoïdes parviennent jusqu'à ces archégones, il est impossible de nier que ce transport ait lieu, car on a trouvé dans les archégones de certaines Muscinées des anthérozoïdes vivants qui avaient déjà parcouru le tiers de la longueur du col.

Il résulte donc de la structure des archégones et des anthéridies, et de l'observation si curieuse que nous venons de signaler, que la sexualité de ces petites plantes est aujourd'hui hors de doute. Elle est encore confirmée par ce fait, dont l'illustre observateur Hedwig faisait son principal argument en faveur de cette sexualité, que dans les Mousses dioïques, les archégones n'arrivent à leur complet développement que quand les individus munis d'anthéridies croissent dans leur voisinage.

LES FOUGÈRES.

Le type si gracieux des Fougères à haute tige est d'un effet saisissant. Ces plantes rivalisent avec les plus beaux Palmiers, lorsqu'elles s'élèvent à quinze et vingt mètres de hauteur, en laissant retomber du sommet de leur tronc, en forme de colonne, un panache de feuilles mille fois découpées. Le bourgeon qui couronne son extrémité se recourbe toujours en une sorte de crosse, dont la courbure gracieuse ajoute encore à l'élégance de la forme générale de ce beau végétal. Le tronc des *Fougères arborescentes* s'allonge toujours par le sommet, sans augmenter en diamètre; il est marqué de haut en bas de cicatrices laissées par la chute des feuilles (fig. 392).

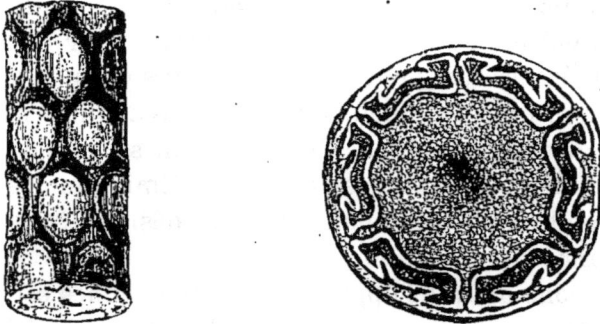

Fig. 392. Tronçon et coupe transversale d'une tige de Fougère arborescente.

Ces cicatrices ont une forme régulière et sont presque contiguës vers le sommet de la tige; mais plus bas, elles sont légèrement déformées et plus espacées. On a conclu de là que la tige grandit en longueur quelque temps encore après la chute des feuilles.

Nous représentons dans la figure 393 une *Fougère arborescente* du Brésil.

Dans nos climats, ces Cryptogames sont loin de présenter les dimensions qu'ils atteignent sous les tropiques. Nos Fougères ne sont jamais que des plantes vivaces, à rhizome court, ou

Fig. 393. Fougère arborescente.

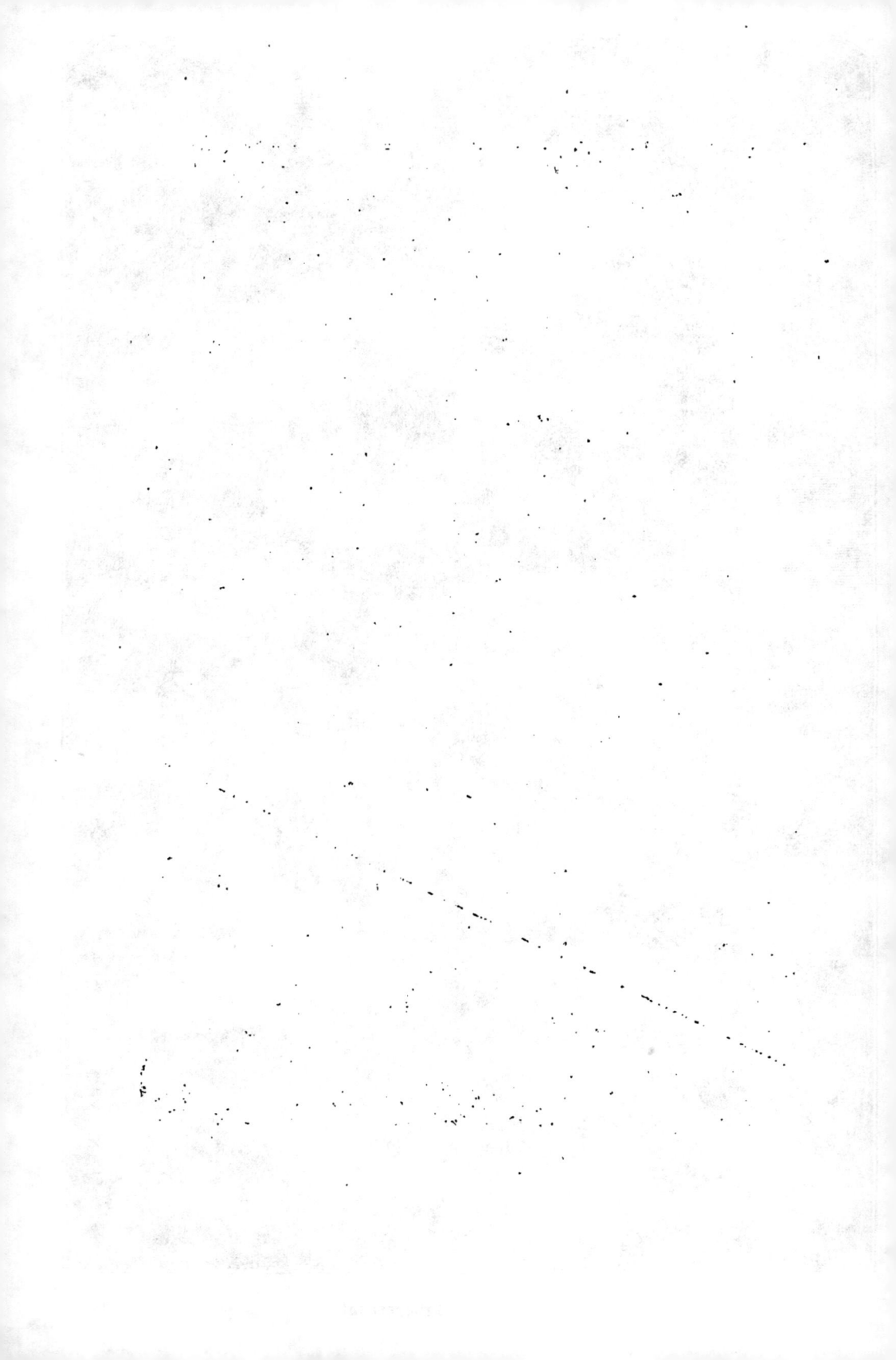

traçant, et dont les feuilles ne dépassent guère 10 à 15 décimètres. Ajoutons d'ailleurs que les *Hyménophylles* et les *Tricho-*
manes (fig. 394) des tropiques et de l'hémisphère austral, qui
ne croissent que dans les
lieux humides, au pied des
vieux arbres ou sur des
rochers baignés par l'eau
des ruisseaux, sont en général de très-petite taille.
Leurs feuilles, délicates,
sont dépourvues d'épider-
me, et consistent en une
simple lame de tissu cel-
lulaire, parcourue par des
nervures, formées elles-
mêmes de vaisseaux sca-
lariformes.

   Pour étudier de plus près
la structure d'une espèce
de Fougère, nous pren-
drons pour type le *Nephro-*
dium filix mas, connu vulgairement sous le nom de
Fougère mâle (fig. 395).

   Cette plante est com-
mune dans les bois et les
lieux stériles; elle porte

Fig. 394. Trichomane.

sur sa souche, qui rampe horizontalement, des écailles rous-
ses. Les feuilles sont grandes, pétiolées, très-découpées. A
la face inférieure des feuilles, ou du moins de ce qui a l'apparence des feuilles, et que l'on nomme dans le langage
botanique *frondes*, on trouve de petites saillies arrondies en
forme de rein. Chacune de ces saillies est constituée par un
groupe de petits corps, jaunes verdâtres dans le jeune âge,
bruns à la maturité, et qui sont recouverts par une mince
pellicule grisâtre. Chaque groupe de ces petits corps,
ou *sporanges*, porte le nom de *sore;* la pellicule qui les
recouvre est nommée *indusie*. La figure 396 fait voir avec

un grossissement microscopique les organes qui se trou-

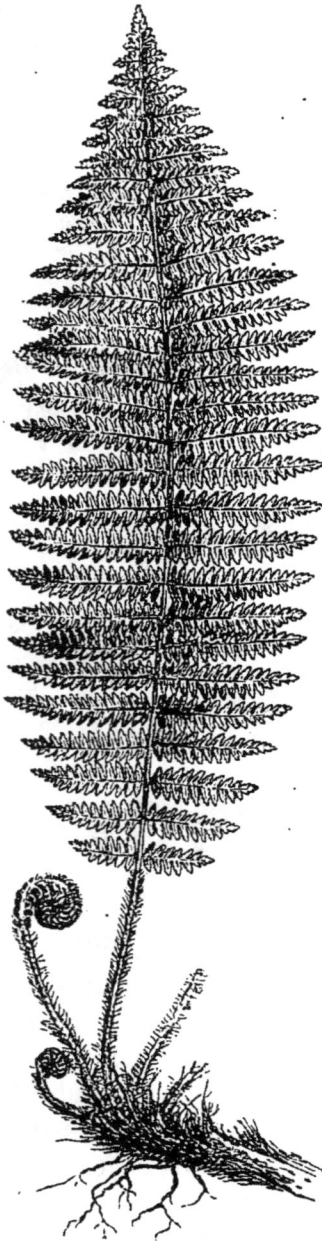

Fig. 395. Fougère mâle.

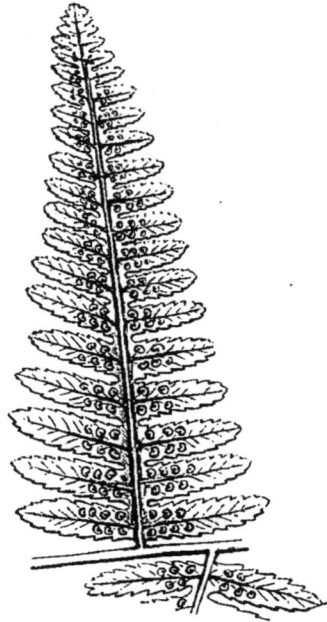

Fig. 396. Fougère mâle. Face inférieure
et portion grossie de la fronde.

vent à la face inférieure des frondes de la *Fougère mâle*.

Les sporanges, ou *capsules* (fig. 397), sont des sacs celluleux pédicellés, munis, à leur circonférence, d'un cercle presque entier de cellules plus grandes et plus épaisses que celles du reste de la paroi. Ces cellules constituent donc une sorte d'anneau qui, par l'effet de sa croissance ou par ses changements hygrométriques, détermine la rupture irrégulière des parois du sporange (fig. 398) et, par ses mouvements, pousse au de-

Fig. 397.
Sporange de Fougère
mâle.

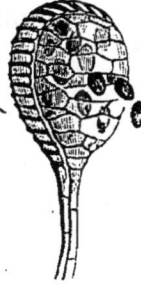

Fig. 398.
Déhiscence ou ouverture d'un sporange
de Fougère mâle.

hors un grand nombre de globules ovoïdes, anguleux, qu'on a longtemps considérés comme les graines de la plante, et que l'on nommait *spores*. Mais cette assimilation est absolument contraire aux faits.

Dans les divers genres composant la grande famille des Fougères, les appareils dont nous venons d'entretenir très-succinctement le lecteur offrent des formes ou des dispositions différentes.

Dans notre *Polypode*, les sores arrondis sont dépourvus d'indusium. Dans le *Pteris*, un indusium continu avec le bord de la feuille, et s'ouvrant du côté interne, protége les sores. Dans la *Scolopendre*, les sores, rapprochés par paire, sont protégés par un indusium en apparence bivalve, et ils sont disposés en lignes obliques. Dans l'*Osmonde royale*, les capsules forment des grappes terminales sur les nervures des parties supérieures de la feuille contractées et modifiées, et sont dépourvues d'anneaux, comme d'indusie, etc., etc.

Le mode de reproduction des Fougères a été étudié de nos

jours par un botaniste allemand, M. Nægeli, et plus tard par
M. Leszcyc-Suminski. Nous allons donner un exposé des observations si curieuses de ces naturalistes, qui nous ont révélé
le mode étrange de reproduction des Fougères.

On savait depuis longtemps que les prétendues spores des
Fougères étaient susceptibles, dans des conditions favorables,
de germer et de reproduire le végétal originaire. Ce mode de
développement de la plante semblait donc connu. On considérait les capsules comme des organes femelles, et l'on avait cru
trouver les organes mâles dans les parties voisines, comme
des poils, des glandules, etc. Mais de nouvelles et remarquables observations montrèrent bientôt que le phénomène n'était
pas aussi simple qu'on l'avait pensé d'abord. D'ailleurs, la
structure des corps qu'on avait considérés comme les organes
mâles ne répondait pas à celle que possèdent les anthéridies
dans les Cryptogames voisins. Nulle part la présence des anthérozoïdes n'avait confirmé ces désignations hasardées. La
nature, en effet, n'a placé les anthéridies des Fougères ni au
milieu des sores ni sur le pédicule des capsules. Contrairement
à toutes les prévisions de la théorie, c'est sur la plante en germination que l'on trouve ces organes, sur des individus qui
ont à peine quelques semaines d'existence, et ne se composent
encore que d'un petit nombre de cellules.

Cette découverte, qu'on peut considérer comme prodigieuse,
est due à M. Nægeli. Elle fut complétée, quelques années plus
tard, par les observations de M. Leszcyc-Suminski, qui annonça
que ce même rudiment de plante porte les organes femelles.

Assistons donc à la germination d'une spore de Fougère. Sa
membrane externe, résistante et colorée, se rompt, et par l'ouverture qui se forme, la membrane interne fait saillie, sous la
forme d'une espèce de boyau. Des cellules se produisent et se
multiplient à l'extrémité de ce boyau. Il en résulte bientôt une
petite expansion foliacée, en forme de cœur ou de raquette
(fig. 399, a), dont les dimensions sont d'environ 3 millimètres
de large sur 2 millimètres de long dans le *Pteris serrulata*. A la
partie inférieure de ce petit organe, ou *prothallium*, apparaissent
de bonne heure des radicelles ; puis se montrent les *anthéridies*
et les *archégones*.

Les *anthéridies* sont de petits mamelons celluleux, formés, selon M. Thuret, de trois cellules superposées (fig. 400).

Dans les jeunes *anthéridies* (*a*), dit ce botaniste, la cavité centrale (entourée par la deuxième cellule faite en forme d'anneau) n'est remplie que d'une matière granuleuse grisâtre; peu à peu on y voit se dessiner des petits corps sphériques, qui sont les *anthérozoïdes*. A mesure que le développement de ceux-ci avance, la cavité centrale augmente de volume, et refoule fortement les parois de la cellule périphérique. Enfin il arrive un moment où la pression est si grande que l'anthéridie crève brusquement. La cellule du sommet qui servait comme de couvercle à la cavité centrale se rompt, ou quelquefois est chas-

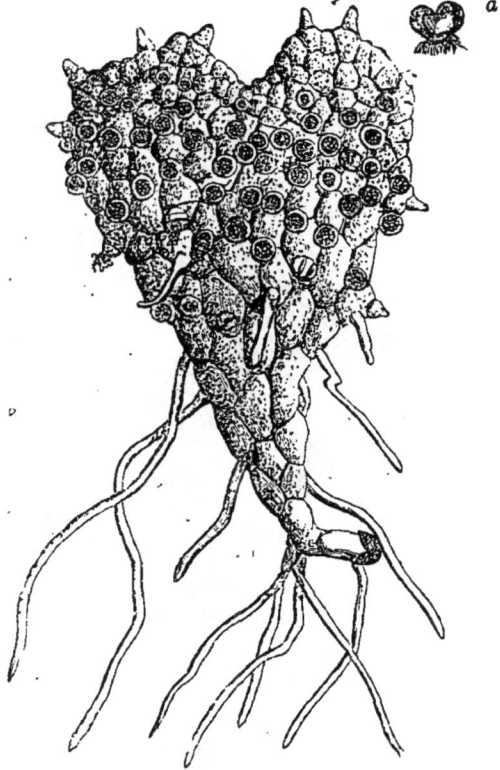

Fig. 399. Prothallium de Scolopendre munie d'anthéridies.

sée à travers la déchirure de la cuticule (fig. 401). Les *anthérozoïdes* sont expulsés en même temps.

Au moment de leur sortie, les *anthérozoïdes* se présentent sous la forme de petites vésicules grisâtres, sphériques, dont le contenu est peu distinct (fig. 402). Ils sont d'abord complétement

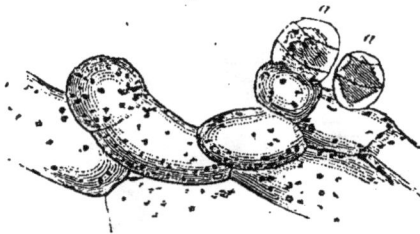

Fig. 400. Portion de proembryon de Fougère portant deux anthéridies, *a*.

immobiles; mais au bout de quelques instants on les voit,

l'un après l'autre, se dérouler subitement, et s'élancer dans le liquide ambiant avec une rapidité extraordinaire. Ils se mettent alors à tourner très-vivement; ces mouvements giratoires se prolongent quelquefois sans interruption pendant une heure ou deux. Si l'on ajoute sous le microscope une gouttelette d'eau iodée, leurs mouvements s'arrêtent brusquement. Leur corps, tordu en hélice, forme une sorte de petit ruban spiral : il est d'ailleurs peu nettement défini, surtout aux extrémités. Les organes locomoteurs de ces corps étranges composent un faisceau de cils courts, nombreux, formant une espèce de crête, qui émane de la partie antérieure du corps. Le nombre de ces cils rend facilement raison de l'extrême vitesse avec laquelle se meuvent ces anthérozoïdes.

Fig. 401.
Portion du proembryon de *Pteris serrulata* offrant à la fois des anthéridies (*b*) et des archégones (*a*).

Ces faits renversent toutes les notions relatives à la distinction des animaux et des plantes. Voici de simples organes végétaux qui se meuvent, et si l'on réfléchit d'autre part qu'il est des animaux totalement immobiles, comme l'Éponge, les Coraux, les Huîtres adultes, etc., on se demande où est la plante, où est l'animal, et l'on se dit que ces distinctions que la science est obligée de tracer parmi les êtres vivants, c'est-à-dire la séparation des animaux et des plantes, devient impossible quand on se place aux confins de ce que l'on appelait autrefois les deux règnes de la nature.

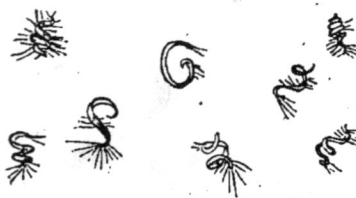

Fig. 402. Anthérozoïdes de Fougère.

Les organes femelles des plantes qui nous occupent sont moins nombreux que les précédents ; un *proembryon* n'en porte pas plus de quatre à vingt (fig. 401 et 403). Ils sont situés à la face inférieure du *prothallium*, mais en avant du côté de l'échancrure. Chacun d'eux se présente comme une cavité arrondie plongée dans l'intérieur du parenchyme et communiquant avec l'extérieur par une sorte de cheminée que forment seize cellules transparentes, disposées, quatre par quatre, les unes au-dessus des autres (fig. 403).

Nous devons faire remarquer ici que les deux sortes d'organes que nous venons de décrire peuvent exister à la fois sur le même prothallium, comme dans la figure 401, ou se distribuer sur des prothalliums différents, comme dans la figure 399. Il y a donc monœcie ou diœcie. Quant au fait de la fécondation, il

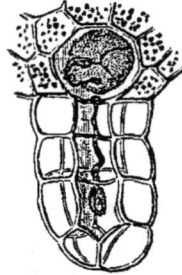

Fig. 403. Archégone isolé (montrant l'action des anthérozoïdes sur le corps embryonnaire).

ne peut plus être contesté. M. Suminski a vu et figuré les anthérozoïdes dans l'intérieur de la cavité des *archégones*. Le fait a été confirmé depuis par d'autres observateurs.

Sans entrer dans les détails du développement de la vésicule embryonnaire à l'intérieur de la cavité de l'archégone, nous ferons remarquer qu'on ne voit sortir du *proembryon* qu'une seule plante, comme si un seul *archégone* était fécondé, ou, au moins, prenait un tel développement que la croissance des autres en fût empêchée.

En résumé, les capsules qui se développent à la face inférieure des feuilles de Fougère ne sont pas des fruits, comme on l'avait admis jusqu'à ces derniers temps ; les spores que ces capsules renferment ne sont pas des graines. Les organes reproducteurs mâles et femelles se développent sur un petit appareil transitoire et celluleux, résultant de la germination de la spore.

1

AGE DES VÉGÉTAUX

Nous avons rapidement parcouru les familles naturelles dont il importe le plus de connaître les espèces utiles. Mais il est un élément dont nous n'avons pu parler encore dans aucun de nos chapitres : nous voulons parler de l'*âge des végétaux*.

L'âge des végétaux est important à connaître et à apprécier au point de vue du caractère qu'ils impriment au paysage. Il existe, sous ce rapport, de véritables monuments d'antiquité naturelle. Les peuples ont toujours accordé à ces patriarches du règne végétal une importance extrême, exagérée sans nul doute au point de vue de la science, mais qui nous engage à énumérer rapidement ici les exemples les plus connus de ces espèces de monstruosités vivantes. Nous allons donc nous arrêter un instant sur les *arbres géants*, sur ces monuments végétaux qui font l'étonnement et l'admiration des hommes.

Le Tilleul paraît être l'arbre d'Europe qui est susceptible d'atteindre la plus grande longévité et les plus grandes dimensions en diamètre. On cite en Allemagne, dans le royaume de Wurtemberg, le célèbre *Tilleul de Neustadt*. Le couronnement de cet arbre décrit une circonférence de 133 mètres ; ses branches sont soutenues par 106 colonnes de pierre. Les deux colonnes du devant portent les armoiries du duc Christophe de Wurtemberg, à la date de 1558. Sur plusieurs autres colonnes se lisent les noms de ceux qui les ont fait élever. Le Tilleul de Neustadt se divise à son sommet en deux grosses

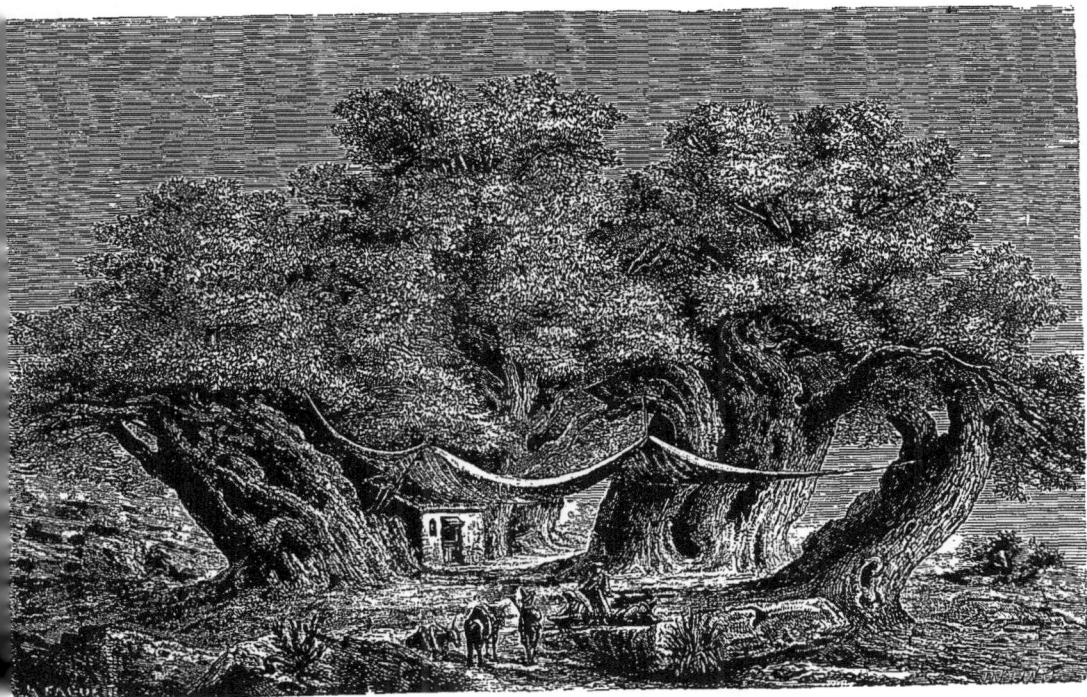

Fig. 404. Châtaignier de l'Etna.

branches : l'une atteint une longueur de 35 mètres, l'autre fut brisée par le vent en 1773.

Dans le château de Nuremberg, en Bavière, est un autre Tilleul qui a, dit-on, sept cents ans d'existence, car on fait remonter sa plantation à l'impératrice Cunégonde. Autour de ce Tilleul, objet de la vénération des Allemands, on a placé les quatre statues emblématiques de la Bavière, de la Souabe, du Wurtemberg et du Tyrol.

Le Tilleul le plus âgé, ou du moins celui dont on connaît la date avec le plus de précision, est celui qui fut planté en 1476, dans la ville de Fribourg, en Suisse, pour célébrer la victoire de Morat. Cet arbre a une circonférence de 5 mètres.

Près de Fribourg, dans le village de Villars-en-Moing, est un autre Tilleul qui, selon la tradition, était déjà célèbre en 1476 par sa grosseur et sa vétusté, car des tanneurs, profitant de la confusion de la bataille de Morat, le mutilèrent, pour en avoir l'écorce. Cet arbre, dont l'âge précis est difficile à fixer, a maintenant une circonférence de 12 mètres et une hauteur de 24. Il se divise, à 3 mètres de hauteur, en deux grandes masses, subdivisées elles-mêmes en 5 autres, toutes touffues et bien saines.

On voit près de Saintes, dans le département de la Charente-Inférieure, un des plus grands Chênes de l'Europe. Il possède, sur une hauteur de 20 mètres, un diamètre de 9 mètres à sa base. Dans la partie détruite de ce tronc gigantesque, se trouve ménagée une chambre de 3 mètres de haut sur 3 ou 4 de large, dont les parois sont tapissées de Lichens et de Fougères. On estime l'âge de ce géant entre 1800 et 2000 ans.

Le fameux Châtaignier du mont Etna (fig. 404), dit en Sicile *Castagno di Cento Cavalli* (Châtaignier des Cent Chevaux), a 52 mètres de circonférence.

Jean Houel a donné, comme il suit, l'histoire et les dimensions de cet arbre gigantesque :

« Nous partîmes d'Aci-Reale pour aller voir le Châtaignier qu'on appelle des *Cent-Chevaux*.... Nous passâmes par Saint-Alfio et Piraino, où les arbres sont communs, et où l'on trouve de superbes futaies de châtaigniers. Ils viennent très-bien dans cette partie de l'Etna, et on les y cultive avec soin ; on en fabrique des cercles de tonneaux, dont on fait un commerce assez considérable.... La nuit n'étant pas encore venue, nous allâmes voir d'abord le fameux châtaignier objet de notre voyage. Sa grosseur est si fort au-dessus de celle des autres arbres, qu'on ne peut exprimer la sensation qu'on éprouve en le voyant. Après l'avoir bien examiné, je commençai à le dessiner.... Je continuai le lendemain à la même heure, et je le finis totalement d'après nature, selon ma coutume. La représentation que j'en donne est un portrait fidèle. J'en ai fait le plan, afin de démontrer la possibilité qu'un arbre ait cent soixante pieds de circonférence. Je me fis raconter l'histoire de cet arbre par les savants du hameau.

« Cet arbre s'appelle *Châtaignier des Cent-Chevaux*, à cause de la vaste étendue de son ombrage. Ils me dirent que Jeanne d'Aragon, allant d'Espagne à Naples, s'arrêta en Sicile, et vint visiter l'Etna, accompagnée de toute la noblesse de Catane ; elle était à cheval, ainsi que toute sa suite. Un orage survint ; elle se mit sous cet arbre, dont le vaste feuillage suffit pour mettre à couvert de la pluie cette reine et tous ses cavaliers. C'est de cette mémorable aventure, ajoutent-ils, que l'arbre a pris le nom de Châtaignier des Cent-Chevaux ; mais les savants, qui ne sont point de ce hameau, prétendent que jamais aucune Jeanne d'Aragon n'a visité l'Etna, et ils sont persuadés que cette histoire n'est qu'une fable populaire.

« Cet arbre si vanté et d'un diamètre si considérable est entièrement creux, car le châtaignier est comme le saule : il subsiste par son écorce ; il perd, en vieillissant, ses parties intérieures, et ne s'en couronne pas moins de verdure. La cavité de celui-ci étant immense, des gens du pays y ont construit une maison où est un four pour sécher des châtaignes, des noisettes, des amandes et autres fruits que l'on veut conserver ; c'est un usage général en Sicile. Souvent, quand ils ont besoin de bois, ils prennent une hache et ils en coupent à l'arbre même qui entoure leur maison ; aussi ce châtaignier est dans un grand état de destruction.

« Quelques personnes ont cru que cette masse était formée de plusieurs châtaigniers qui, pressés les uns contre les autres, et ne conservant plus que leur écorce, n'en paraissent qu'un seul à des yeux inattentifs. Ils se sont trompés, et c'est pour dissiper cette erreur que j'en ai tracé le plan géométral. Toutes les parties mutilées par les ans et la main des hommes m'ont paru appartenir à un seul et même tronc ; je l'ai mesuré avec la plus grande exactitude, et je lui ai trouvé cent soixante pieds de circonférence [1]. »

On a dit souvent, comme le rappelle Houel, que ce Châtaignier monstrueux résulte de la soudure de plusieurs arbres, nés d'une ancienne souche, qui leur serait commune. Le soin avec lequel Jean Houel a décrit cet arbre, et l'inspection de la figure qu'il en a donnée, détruisent cette objection. Ce qui confirme encore l'opinion de Houel, c'est que ce voyageur

1. *Voyage aux îles de Sicile, de Malte et de Lipari*, vol. II, page 79, pl. 114.

Fig. 405. Platane de Bujukdéré, près de Constantinople.

ajoute qu'il existe dans les environs de l'Etna plusieurs autres Châtaigniers, très-beaux et très-droits, qui ont 12 mètres
de diamètre, et qu'un de ces arbres a jusqu'à 25 mètres de
tour.

Quel âge peut avoir le *Châtaignier de l'Etna?* C'est ce qu'il
est bien difficile de savoir. Si l'on suppose que, chaque année,
ses couches concentriques se soient accrues d'une ligne en
épaisseur, cet arbre vénérable aurait de trois mille six cents à
quatre mille ans d'existence.

A Neuve-Celle, sur le lac de Genève, il existe une autre espèce de Châtaignier de dimensions gigantesques.

Les Noyers jouissent d'une grande longévité, et peuvent atteindre un énorme développement sur tous les confins de la
mer Noire et de la mer Méditerranée. Près de Balaklava, en
Crimée, un Noyer porte annuellement plus de cent mille noix,
que cinq familles se partagent.

M. de Candolle, dans sa *Physiologie végétale*[1], parle d'une table de Noyer qui a été vue par l'architecte Scammozzi, à
Saint-Nicolas, en Lorraine. Faite d'un seul morceau de Noyer,
cette table avait 8 mètres de largeur, sur une longueur convenable. En 1472, l'empereur Frédéric III donna un repas
magnifique sur ce monstrueux bloc végétal. D'après de Candolle, le Noyer qui avait fourni cette table aurait eu au moins
neuf cents ans.

Le Platane est un des plus grands arbres des climats tem-
pérés. Pline raconte qu'il existait de son temps, en Lycie, un
Platane célèbre. Le tronc creux de cet arbre formait une sorte
de grotte, de 27 mètres de tour. Sa cime branchue ressemblait
à une petite forêt : les branches qui la composaient couvraient
de leur ombre une étendue de terrain immense. L'intérieur
de l'excavation du tronc était tapissé de mousse, ce qui le faisait ressembler davantage encore à une grotte naturelle. Li-
cinius Mucianus, gouverneur de la Lycie, donna dans cette
grotte un festin à dix-huit convives.

Pline cite un autre Platane que l'empereur Caligula trouva

1. Page 994.

aux environs de Vélitres. Ses branches étaient disposées de
manière à former une grotte de verdure, dans laquelle ce
prince dîna avec quinze personnes. Bien qu'il occupât à lui
seul une partie de l'arbre, les convives étaient tous fort à
l'aise, et les esclaves pouvaient faire très-convenablement
leur service.

A Caphyes, dans l'Arcadie, huit cents ans après la guerre
de Troie, on montrait un vieux Platane, qui portait le nom
de Ménélas : on prétendait que ce prince l'avait planté lui-
même avant de partir pour le siége de Troie. On attribuait
aussi à Agamemnon la plantation d'un Platane qu'on voyait à
Delphes plusieurs siècles après la mort de ce héros.

Ces dernières assertions sont probablement fabuleuses ;
mais ce qui peut donner quelque crédit aux récits de ce
genre, c'est qu'il existe aujourd'hui dans l'Orient des Platanes
d'une vétusté et de dimensions tout à fait extraordinaires. De
Candolle rapporte[1] l'assertion d'un voyageur moderne attes-
tant qu'il existe dans la vallée de Bujukdéré, à 3 lieues de
Constantinople, un Platane qui a 30 mètres de hauteur et dont
le tronc a 50 mètres de circonférence. Ce tronc présente une
excavation de 26 mètres de circonférence ; il ombrage une
étendue de 160 mètres carrés. Nous représentons dans la figure 405 le Platane de Bujukdéré, arbre célèbre dans tout
l'Orient. On manque de documents pour déterminer exactement son âge.

Au nord de Madère, on trouve des Lauriers (*Oreodaphne fœ-
tens*) de 12 à 13 mètres de circonférence, sur une hauteur de
28 à 37 mètres, et qui existaient déjà en 1419, année de la
conquête de cette île par les Européens.

Dans l'île de Ténériffe, les voyageurs vont admirer le *Dragonnier d'Orotava* (fig. 406), dont le tronc s'élève à une hauteur
de 72 pieds, et dont la circonférence est telle que dix hommes
ne peuvent l'embrasser. Cet arbre est peut-être antérieur aux
temps historiques. A l'époque de la conquête de l'île de Ténériffe par les Espagnols, il était déjà aussi fort et aussi évidé
qu'on le voit aujourd'hui.

---

1. *Physiologie végétale*, p. 993.

Fig. 406. Dragonnier de l'île de Ténériffe.

« Cet arbre gigantesque, dit de Humboldt dans ses *Tableaux de la nature*, est aujourd'hui dans le jardin de M. Franchi, dans la petite ville d'Orotava, appelée jadis Taoro, l'un des endroits les plus délicieux du monde cultivé. En 1799, lorsque nous gravîmes le pic de Ténériffe, nous trouvâmes que ce végétal énorme avait quarante-cinq pieds de circonférence un peu au-dessus de sa racine. G. Stauntor prétend qu'à dix pieds de hauteur il a douze pieds de diamètre. La tradition rapporte que ce dragonnier était révéré par les *Guanches*, comme l'orme d'Éphèse par les Grecs, et qu'en 1402, lors de la première expédition de Béthencourt, il était aussi gros et aussi creux qu'aujourd'hui. Le dragonnier gigantesque que j'ai vu dans les îles Canaries a seize pieds de diamètre, et, jouissant d'une jeunesse éternelle, il porte encore des fleurs et des fruits.

« Lorsque les Béthencourt, aventuriers français, firent au quinzième siècle la conquête des îles Fortunées, le dragonnier d'Orotava, aussi sacré pour les naturels des îles que l'olivier de la citadelle d'Athènes, était d'une dimension colossale, tel qu'on le voit encore. Dans la zone torride, une forêt de *Cæsalpinia* et d'*Hymenæa* est peut-être un monument d'un millier d'années. En se rappelant que le dragonnier a partout une croissance très-lente, on peut conclure que celui d'Orotava est extrêmement âgé. C'est sans contredit, avec le *Baobab*, un des plus anciens habitants de notre planète.

« Il est singulier que le dragonnier ait été cultivé depuis les temps les plus reculés dans les îles Canaries, dans celles de Madère et de Porto-Santo, quoiqu'il vienne originairement des Indes. Ce fait contredit l'assertion de ceux qui représentent les Guanches comme une race d'hommes Atlantes, entièrement isolée, et n'ayant aucune relation avec les autres peuples de l'Asie et de l'Afrique. »

Les Cèdres, les Oliviers et les Figuiers atteignent un très-grand âge et des proportions colossales. Mais nous appellerons spécialement l'attention du lecteur sur les deux types les plus remarquables de la longévité et de la grandeur végétale : le *Wellingtonia* et le *Baobab*. Le dernier est depuis longtemps connu, l'autre n'a été décrit que de nos jours.

Le *Wellingtonia gigantea* de la Californie est un arbre de la famille des Conifères, qui a été, dit-on, découvert par un voyageur anglais, le naturaliste Lobb, sur une montagne de la Californie, la Sierra Nevada, à une hauteur de 1665 mètres. Ce sont des espèces de Cèdres peu ramifiés et dont le tronc forme comme une immense colonne. Ces arbres vivent groupés par deux ou trois, sur un sol fertile, arrosé par quelques ruisseaux. Ils peuvent atteindre une hauteur de 80 à 130 mètres, un diamètre de 4 à 10 mètres, et l'âge de 3000 à 4000 ans.

L'un de ces arbres a été transporté en partie au palais de Sydenham. Il constitue une des plus admirables merveilles de cette collection célèbre. L'écorce de la partie inférieure d'un de ces géants fut exposée à San-Francisco. On en forma une chambre, que l'on garnit de tapis et dans laquelle on établit un piano et des siéges pour quarante personnes. Cent quarante enfants y trouvèrent un jour un asile suffisant. La figure 407 reproduit, d'après un dessin original, cet arbre gigantesque.

Le botaniste Müller donne les renseignements suivants sur les *arbres géants de Californie :*

« Dans ces derniers temps, on a, à différentes reprises, entretenu le public d'un arbre appelé mammouth. D'après la *Chronique des jardiniers (Gardeners' chronicle),* cet arbre fut découvert par un voyageur anglais, le naturaliste Lobb, sur la Sierra Nevada, en Californie, à une hauteur de cinq mille pieds, vers les sources des fleuves Stanislas et Saint-Antoine. Il appartient à la famille des Conifères et atteint une hauteur de deux cent cinquante à trois cent vingt pieds. Des renseignements plus récents lui donnent même une hauteur de quatre cents pieds. Proportionnellement à celle-ci, son diamètre aurait l'importante dimension de dix à vingt pieds, et d'après de nouveaux renseignements, de douze à trente et un pieds. L'écorce, qui comporte de douze à quarante-trois pouces d'épaisseur, et, suivant d'autres versions, jusqu'à dix-huit pouces, est d'une couleur de cannelle et possède intérieurement une contexture fibreuse, tandis que la tige est au contraire d'un bois rougeâtre, mais mou et léger.

L'âge d'un de ces arbres abattus s'élevait, d'après les anneaux annuaires, à plus de trois mille ans. Par un acte de vandalisme, on a évidé à une hauteur de vingt et un pieds et exposé à San-Francisco l'écorce de la partie inférieure d'un de ces géants. Elle constituait une chambre que l'on avait garnie de tapis. On se fera facilement une idée de ses dimensions, quand on saura qu'outre un piano, il fut possible d'y établir des siéges pour quarante personnes, et qu'une autre fois cent quarante enfants y trouvèrent suffisamment de la place. Cet acte de vandalisme a même été récemment surpassé par un autre qui coûta à un second arbre cinquante pieds de hauteur d'une écorce de vingt-cinq pieds de diamètre, au moyen de laquelle on a construit une tour en réunissant rectangulairement les morceaux de l'écorce.

Les ramifications de cette espèce végétale sont presque toujours horizontales, légèrement inclinées, et ressemblent à celles du cyprès par leurs feuilles d'un vert de prairie ; l'arbre mammouth ne produit guère que des cônes longs seulement de deux pouces et demi qui forment contraste avec la taille des sujets. Ces cônes ressemblent à ceux du pin de Weimouth, sans néanmoins concorder entièrement avec la forme des

Fig. 407. Wellingtonia, arbre géant de la Californie.

cônes d'aucun conifère connu. C'est pourquoi on a érigé cet arbre en
genre particulier, et on l'a appelé *Wellingtonia gigantea*, bien que récemment la vanité américaine en ait fait, paraît-il, un *Washingtonia.*

On rencontre environ quatre-vingt-dix de ces arbres sur une circonférence d'un mille. Pour la plupart, ils sont groupés par deux ou trois
sur un sol fertile, noir, arrosé par un ruisseau. Les chercheurs d'or eux-
mêmes leur ont accordé leur attention. Aussi l'un de ces arbres porte
chez eux le nom de *Miner's cabin*, et possède une tige de trois cents
pieds de hauteur, dans laquelle s'est pratiquée une excavation de dix-sept
pieds de largeur. Les *Trois Sœurs* sont des individus issus d'une seule et
même racine. Le *Vieux Célibataire*, déchevelé par les ouragans, mène
une existence solitaire. La *Famille* se compose d'une couple d'ancêtres et
de vingt-quatre enfants. L'*École d'équitation* est un gros arbre renversé
et creusé par le temps, dans la cavité duquel on peut entrer à cheval
jusqu'à une distance de soixante-quinze pieds. Il est étonnant que de
semblables monuments végétaux aient pu nous demeurer aussi longtemps inconnus [1] ! »

C'est, disons-nous, dans la Californie qu'existent ces arbres
colosses. On les trouve à vingt kilomètres de French-
Gueh, principalement dans une localité située près des canaux qui vont du Stanislas aux mines du comté de Cal-
verus.

On appelle *bosquet du Mammouth* le bois auquel appartiennent
ces cèdres gigantesques. La vallée où ils croissent est à quinze
kilomètres de Murphy, à la source de l'un des tributaires de la
rivière de Calaverus. En quittant la partie de bois où croissent ces énormes arbres, la route serpente à travers une forêt
de pins, de cèdres, de sapins et de chênes, et arrive dans une
vallée supérieure qui n'est éloignée du Sacramento que de
quatre-vingts kilomètres.

La vallée où croissent les *Wellingtonia* est située à 1330 mètres au-dessus du niveau de la mer. Elle jouit, pendant l'été,
d'un climat délicieux. On n'y ressent point les chaleurs étouf-
fantes des basses terres. La végétation y est toujours fraîche
et verte, et l'eau abondante. Sur une superficie de cinquante
hectares, on a compté quatre-vingt-douze de ces géants, dont
le tronc a plus de cent mètres de haut et trente mètres de
contour. Les branches ne commencent qu'à quarante mètres
du sol; elles sont peu nombreuses, mais couvertes d'un joli

1. Les *Merveilles du monde végétal*, page 283.

feuillage. D'après l'examen de la coupe du tronc d'un de ces arbres abattus, il n'a pas fallu moins de quatre mille ans pour qu'ils aient atteint leur développement.

Les gigantesques *Wellingtonia* sont accompagnés de pins et de cyprès qui ont plus de soixante-dix mètres de haut et un diamètre de sept à huit mètres.

Ces arbres sont souvent joints l'un à l'autre ou rapprochés dans des positions bizarres. C'est ce qui leur a fait donner des noms particuliers, tels que le *Mari et la Femme*, parce qu'ils s'appuient l'un sur l'autre ; — *Hercule*, à cause de son apparence de vigueur ; — l'*Ermite*, à cause de sa position isolée des autres ; — la *Mère et le Fils* ; — les *Jumeaux*, — l'*Ami*, etc. Tous ces derniers arbres ont une hauteur qui n'est jamais moindre de cent mètres et une circonférence de quinze à vingt mètres.

Le *Baobab* (*Adansonia digitata*) est un arbre de l'Afrique tropicale, qui a été transplanté par l'homme en Asie et en Amérique, et qui peut être rangé parmi les merveilles de la nature. Son tronc n'a que 4 à 5 mètres d'élévation, mais son épaisseur est énorme : elle peut atteindre 10 mètres de circonférence. Ce tronc se divise, à son sommet, en rameaux longs de 16 à 20 mètres, qui se rapprochent du sol vers leur extrémité. Comme le tronc est court, et que les branches descendent fort bas près du sol, il en résulte que le Baobab a, de loin, l'aspect d'un dôme ou d'une boule de verdure dont le circuit dépasse 50 mètres. Adanson a conclu de ses observations et de ses calculs sur l'accroissement des Baobabs, que quelques-uns de ceux qu'il a étudiés avaient près de 6000 ans.

La figure 408 représente, d'après une photographie, cet arbre monstrueux.

Ce colosse végétal, observé d'abord par Adanson au Sénégal, et qui forme le genre *Adansonia*, a été retrouvé depuis au Soudan, au Darfour et dans l'Abyssinie.

L'écorce et les feuilles du Baobab jouissent de vertus émollientes, dont les nègres du Sénégal savent tirer parti. Ses fleurs sont proportionnées à la grosseur du tronc; elles ont 11 centimètres de longueur sur 16 de large. Le fruit, désigné par les Français qui habitent le Sénégal sous le nom de *Pain*

Fig. 408 Baobab.

de singe, est une capsule ovoïde, pointue à l'une de ses extrémités, longue de 30 à 50 centimètres, large de 13 à 16 centimètres, c'est-à-dire à peu près du volume de la tête de l'homme. Il renferme dans son intérieur dix à quatorze loges, contenant quelques graines en forme de rein, environnées de pulpe.

Les nègres font un usage journalier des feuilles sèches du Baobab. Ils les mêlent avec leurs aliments, dans le but de modérer l'excès de leur transpiration et de calmer les ardeurs d'un climat de feu.

Le fruit du Baobab est comestible ; sa chair est d'une saveur agréable et sucrée. Le suc qu'on en exprime, mêlé avec du sucre, forme une boisson fort utile dans les fièvres putrides et pestilentielles. On transporte le fruit du Baobab dans la partie orientale et méridionale de l'Afrique, et les Arabes le font passer dans les pays voisins du Maroc, d'où il se répand ensuite en Égypte. Les nègres tirent parti des fruits gâtés et de leur écorce ligneuse : ils les brûlent, pour en obtenir les cendres, qui servent à fabriquer du savon, au moyen de l'huile de palmier.

Les nègres font encore un usage bien singulier du tronc du Baobab : ils s'en servent pour déposer les cadavres de ceux qu'ils jugent indignes des honneurs de la sépulture. Ils choisissent le tronc d'un Baobab déjà attaqué et creusé par la carie ; ils agrandissent la cavité et en font une espèce de chambre, dans laquelle ils suspendent les cadavres. Après quoi, ils ferment, avec une planche, l'entrée de cette sorte de tombeau naturel. Les corps se dessèchent parfaitement à l'intérieur de cette cavité, et deviennent de véritables momies, sans avoir reçu la moindre préparation préalable.

C'est surtout aux *guériots* qu'est réservé ce mode étrange de sépulture. Les guériots sont les musiciens ou les poëtes qui, auprès des rois nègres, président aux danses et aux fêtes. Pendant leur vie, ce genre de talent les fait respecter des autres nègres, qui les considèrent comme des sorciers et les honorent à ce titre. Mais, après leur mort, ce respect se change en horreur. Ce peuple superstitieux et enfant s'imagine que s'il livrait à la terre le corps de ces sorciers, comme celui des autres hommes, il attirerait sur lui la malédiction céleste ;

voilà pourquoi le monstrueux Baobab sert d'asile funèbre aux guériots. Il y a une poésie étrange dans cette coutume d'un peuple barbare, qui ensevelit ses poëtes, entre le ciel et la terre, dans les flancs du roi des végétaux!

II

CATALOGUE DES PLANTES USUELLES.

Après avoir étudié selon leur distribution en familles les espèces végétales les plus importantes à connaître, celles qui peuvent donner, par leurs types, l'idée de toute l'immense variété de végétaux qui couvrent et embellissent la terre, il nous paraît nécessaire de grouper dans un tableau, et sous la forme d'un simple catalogue, les plantes usuelles d'après la spécialité de leur emploi.

Pour cette énumération, qui aura l'avantage de laisser dans l'esprit du lecteur la notion pratique des usages d'un grand nombre de végétaux très-divers, nous diviserons, les plantes usuelles en cinq groupes : 1° plantes alimentaires ; 2° plantes fourragères ; 3° plantes industrielles ; 4° plantes médicinales ; 5° plantes d'ornement.

PLANTES ALIMENTAIRES.

Plantes cultivées pour leurs graines. — Blé, — Seigle, — Orge, — Avoine, — Riz, — Blé de Turquie, — Sarrasin, — Fève, — Lupin, — Fenouil, — Anis, — Sarriette.

Plantes cultivées pour leurs racines. — Betterave, — Navet, — Salsifis, — Radis, — Raifort noir, — Panais, — Topinambour, — Pomme de terre, — Patate, — Cerfeuil bulbeux.

Plantes cultivées pour leurs tiges. — Asperge, — Civette, — Poireau, — — Ail, — Ciboule, — Oignon, — Échalote.

Plantes cultivées pour leurs feuilles. — Chou, — Laitue, — Doucette, — Chicorée, — Oseille, — Pourpier, — Arroche, — Épinard, — Ansérine Bon-Henri, — Bette, — Cresson de fontaine, — Cresson alénois, — Persil, — Cerfeuil, — Estragon.

Plantes cultivées pour leurs fleurs. — Artichaut, — Chou-fleur, — Grande Capucine.

Plantes cultivées pour leurs fruits. — Potiron, — Courge, — Concombre, — Melon, — Tomate, — Coqueret, — Piment.

PLANTES FOURRAGÈRES.

Brôme des prés, — Dactyle pelotonné, — Amourette tremblante, — Orge bulbeuse, — Houque molle, — Houque laineuse, — Ray-grass, — Flouve odorante, — Fétuque des brebis, — Fétuque élevée, — Fétuque des prés, — Paturin, — Avoine fromentale, — Phléole des prés, — Vulpin des prés, — Trèfle des prés, — Trèfle incarnat, — Trèfle vésiculeux, — Luzerne tachée, — Lupuline, — Luzerne cultivée, — Ajonc d'Europe,. — Sainfoin d'Espagne et cultivé, — Vesce cultivée, — Mélilot blanc, — Féverole, — Pois des champs, — Ers des champs, — Lotier corniculé..

PLANTES NDUSTRIELLES.

Plantes oléagineuses. — Colza, — Navette, — Laitue oléifère, — Soleil,. — Cameline, — Lin cultivé, — Pistache de terre, — Pavot somnifère, — Sésame oriental, — Chanvre cultivé.

Plantes textiles. — Chanvre, — Chanvre de Chine, — Lin, — Lin de la Nouvelle-Zélande, — Ortie utile, — Ortie cotonneuse, — Blé à paille d'Italie.

Plantes tinctoriales. — Garance, — Tournesol, — Pastel, — Sarrasin des teinturiers, — Sumac des corroyeurs, — Safran cultivé, — Nerprun, — Carthame.

PLANTES MÉDICINALES.

Sceau de Salomon, — Muguet, — Gouet, — Lis blanc, — Iris des marais, — Chiendent, — Chicorée sauvage, — Laitue cultivée, — Tanaisie commune, — Armoise, — Matricaire, — Gaillet, — Sureau, — Hièble, — Valériane, — Scabieuse des bois, — Cresson du Para, — Camomille romaine, — Chardon Marie, — Gratiole officinale, — Digitale pourprée, — Bouillon blanc, — Jusquiame, — Mandragore, — Belladone, — Morelle noire, — Douce-amère, — Pulmonaire, — Consoude, — Datura, — Gentiane jaune, — Grande et petite Pervenche, — Domptevenin, — Mélisse, — Lierre terrestre, — Ortie blanche, — Germandrée,. — Verveine officinale, — Véronique ou Thé d'Europe, — Petite Centaurée,. — Menthe poivrée, — Lavande, — Sauge officinale, — Sauge sclarée,. — Romarin, — Origan, — Serpolet, — Thym, — Sarriette, — Cresson de fontaine, — Rue, — Herbe à Robert, — Euphorbe épurge, — Mercuriale, — Ricin, — Mauve, — Guimauve, — Alliaire, — Surelle, — Pariétaire, — Ellébore fétide, — Clématite brûlante, — Houblon, — Chélidoine, — Fumeterre, — Cochléaria, — Saponaire, — Ambrine, — Ansé-

rine Bon-Henri, — Rhubarbe, — Oseille pourpre ou Sang-dragon, —
Grande Patience, — Ciguë, — Aneth, — Fenouil, — Réglisse, — Lau-
rier-cerise, — Rose de Provins, — Nerprun purgatif, — Coloquinte, —
Garou, — Renoncules, — Aconit, — Colchique d'automne.

PLANTES D'AGRÉMENT.

Seneçon élégant, — Seneçon laineux, — Doronic du Caucase, — Im-
mortelle blanche, — Immortelle jaune, — Chrysanthème des Indes, —
Gaillardie peinte, — Petit Œillet d'Inde, — Rose d'Inde, — Cosmos bi-
penné, — Soleil, — Coréopsis, — Calliopsis, — Zinnia élégant, — Dahlia,
— Verge d'or, — Reine-Marguerite, — Célestine, — Lobélie cardinale,
— Lobélie éclatante, — Campanule carillon, — Miroir de Vénus, —
Trachélie bleue, — Scabieuse fleur de veuve, — Centranthe rouge, —
Viorne aubier, — Chèvrefeuille des jardins, — Chèvrefeuille du Japon,
— Chèvrefeuille des Baléares, — Chèvrefeuille étrusque, — Chèvre-
feuille de Tartarie, — Diervilla du Japon, — Leycesteria élégant, —
Symphorine à petites fleurs, à grappes, — Laurier-rose, — Pervenche,
— Périploca grec, — Asclepias à ouate, — Asclepias incarnat, — Liseron
tricolore, écarlate, — Quamoclit pourpre, — Phlox paniculé, — Phlox
de Drummond, — Collomie grandiflore, — Gilia tricolore, — Polémoine
bleue, — Cobéa grimpant, — Némophile remarquable, — Némophile
tachée, — Héliotrope d'Europe, du Pérou, — Buglose d'Italie, — Myosotis des marais, — Bourrache officinale, — Cynoglosse printanière, —
Morelle à œuf, — Lyciet vulgaire, — Datura fastueux, — Datura odoriférant, — Nicotiane tabac, — Nicotiane rustique, à feuilles étroites, —
Pétunia odorant, violet, — Nierembergia filiforme, — Cestreau élégant,
— Cestreau à baies noires, — Salpiglossis pourpre, — Schizanthe penné,
— Calcéolaire à feuilles entières, — Muflier, — Paulonia impérial, —
Collinsia bicolore, — Penstémon campanulé, — Penstémon à fleurs de
digitale, — Mimule ponctué, — Mimule musqué, — Digitale pourprée,
— Véronique remarquable, — Véronique à feuilles de saule, — Véronique de Virginie, — Achimène grandiflore, — Bignonia à vrilles, —
Bignonia de Virginie, — Bignonia catalpa, — Carmantine à nervures,
— Carmantine adhatoda (Noyer des Indes), — Acanthe, — Thunbergia
ailé, — Physostégie de Virginie, — Phlomis ligneuse, — Léonotis queue
de lion, — Verveine veinée, — Verveine gentille, — Verveine à bouquets, — Lantana à feuilles de mélisse, — Gattilier commun, — Dentelaire du Cap, — Statice arborescente, — Primevère de la Chine, — Primevère officinale, — Primevère auricule, — Giroselle de Mead, — Cy-
clame d'Europe, de Perse, — Houx commun, — Houx des Baléares, —
Houx à larges feuilles, — Houx à feuilles de laurier, — Frêne à fleurs,
— Forsythie à feuillage sombre, — Lilas, — Troëne commun, — Troëne
du Japon, — Kionanthe de Virginie, — Jasmins, — Symplocos écarlate,
— Épacride longiflore, — Épacride élégante, — Épacride purpurescente,
— Sprengélie incarnate, — Kalmias, — Rhododendrons, — Azalées, —
Bruyères, — Leucothoé, — Clethra à feuilles d'aune, — Pittospore

Chine, — Fusain, — Cissus, — Céanothus, — Phylica bruyère, — Didisque azurée, — Astrantia, — Aralie, — Cornouiller, — Aucuba du Japon, — Seringat, — Deutzia grêle, — Saxifrage à feuilles épaisses, — Saxifrage ligulée, — Hortensia, — Crassule lactée, — Rochea à feuilles en faux, — Cotylédon orbiculaire, — Echeveria écarlate, — Ficoïdes, — Mamillaire à longs mamelons, — Mélocactus commun, — Echinocactus d'Otto, — Cierge du Pérou, — Cierge magnifique, — Opuntia figue d'Inde, — Groseillier à fleurs rouges, — Groseillier à fleurs jaunes, — Passiflore bleue, — OEnothères, — Clarkia, — Fuchsia, — Gaura, — Lagerstrôme, — Cuphea, — Tristania à feuilles de laurier-rose, — Melaleuca à feuilles de millepertuis, — Callistémon lancéolé, — Leptospore à trois loges, — Leptospore thé, — Myrte, — Grenadier, — Kimonanthe odoriférant, — Cognassier commun, — Cognassier du Japon, — Cognassier de Chine, — Poirier remarquable, — Sorbier terminal, — Sorbier alisier, — Sorbier des oiseleurs, — Sorbier domestique, — Cotoneaster commun, — Cotoneaster buisson ardent, — Eryobotrya du Japon, — Aubépine commune, — Aubépine azérolier, — Rosier églantier, — Rosier à cent feuilles, — Corète du Japon, — Spirées, — Sensitive, — Casse du Maryland, — Févier à trois épines, — Févier de la Chine, — Gainier commun, — Virgilia à bois jaune, — Sophora du Japon, — Haricot d'Espagne, — Glycine de la Chine, — Érythrine crête de coq, — Gesse odorante, — Baguenaudier d'Ethiopie, — Baguenaudier, — Robinier faux-acacia, — Faux ébénier, — Genêt d'Espagne, — Sumac des teinturiers, — Melia azedarach, — Érable sycomore, — Érable platanoïde, — Negundo à feuilles de frêne, — Marronnier commun, — Marronnier à fleurs rouges, — Pavia jaune, — Pavia rouge, — Savonnier de la Chine, — Camellia du Japon, — Tilleul, — Ketmie vésiculeuse, — Ketmie de Syrie, — Ketmie rose de la Chine, — Lavatère en arbre, — Pelargonium à feuilles zonées, — Pelargonium tachant, — Pelargonium odorant, — Impatiente n'y touchez pas, — Capucine à grandes fleurs, — Lin commun, — Lin grandiflore, — Fraxinelle blanche, — Ailante glanduleux (Vernis du Japon), — Berberis, — Mahonia à feuilles de houx, — Magnolia à grandes fleurs, — Magnolia Yulan, — Tulipier de Virginie, — Clématite odorante, — Anémone des jardins, — Hépatique à trois lobes, — Renoncule âcre (Bouton-d'or), — Ellébore noir, — Ellébore fétide, — Nigelle de Damas, — Ancolie, — Dauphinelle d'Ajax, — Dauphinelle d'Orient, — Dauphinelle grandiflore, — Aconit napel, — Pivoine mou-tan, — Pivoine officinale, — Pavots du Levant, — Pavots à bractées, — Diélytre remarquable, — Julienne des dames, — Giroflée violier, — Giroflée annuelle (quarantaine), — Alysson des rochers (corbeille d'or), — Ibéride toujours verte (corbeille d'argent), — Réséda odorant, — Violette odorante, — Pensée, — OEillet barbu, — OEillet girofle, — Lychnis coquelourde, — Lychnis de Chalcédoine, — Pourpier à grandes fleurs, — Amarante à queue, — Amarante tricolore, — Nyctage faux-jalap, — Nyctage longiflore, — Renouée d'Orient, — Calebasse commune, — Begonias, — Ricin commun, — Orme champêtre, — Micocoulier de Provence, — Figuier commun, — Platane commun, — Saule blanc, — Saule jaune, — Saule pleureur, — Saule marceau,

—Peuplier blanc, — Peuplier tremble, — Peuplier pyramidal, —Peuplier noir, — Noyer, — Châtaignier, — Hêtre, — Chêne, — Coudrier, — Charme, — Bouleau, — Aune, — If, — Cyprès, — Thuya, — Sapin commun, — Sapin pectiné, — Mélèze, — Cèdre, — Pin sylvestre, — Pin laricio, — Pin du lord, — Balisier, — Narcisse, — Faux Narcisse, — Narcisse des poëtes, — Narcisse jonquille, — Tubéreuse des jardins, — Glaïeuls, — Iris d'Allemagne, — Iris de Florence, — Iris des marais, — Tulipes, — Fritillaire impériale, — Lis blanc, — Lis superbe, — Lis turban, — Lis martagon, — Yucca superbe, — Hémérocalle jaune, — Éphémère de Virginie, — Roseau à quenouille (Canne de Provence), — Roseau à balais, — Gynerium argenté, — Butome en ombelle.

QUATRIÈME PARTIE

GÉOGRAPHIE BOTANIQUE

GÉOGRAPHIE BOTANIQUE

'Linné, dont le singulier génie a deviné presque toutes les conquêtes réservées un jour à la science des végétaux, posa les premières bases de la géographie botanique. Dans les prolégomènes de sa *Flore lapone*, l'immortel botaniste d'Upsal disait, dans le style poétique et concis qui lui est propre :

« La dynastie des Palmiers règne sur les parties les plus chaudes du globe, les zones tropicales sont habitées par des peuplades d'arbustes et d'arbrisseaux, une riche couronne de plantes entoure les plages de l'Europe méridionale, des troupes de vertes Graminées occupent la Hollande et le Danemark, de nombreuses tribus de Mousses sont cantonnées dans la Suède ; mais les Algues blafardes et les blancs Lichens végètent seuls dans la froide Laponie, la plus reculée des terres habitables. Les derniers des végétaux vivent seuls dans la dernière des terres. »

Ces modifications dans la distribution des plantes que Linné avait observées en marchant du sud au nord, pendant son voyage en Laponie, Tournefort les avait déjà remarquées lorsqu'il s'élevait, pendant son voyage en Arménie, sur les flancs du mont Ararat. Au pied de cette montagne célèbre, il voyait les plantes d'Arménie ; il trouvait plus haut celles d'Italie, plus haut encore celles de Paris ; au-dessus se montraient les plantes de la Suède ; enfin, dans le voisinage des neiges éternelles, celles de la Laponie.

« Les végétaux qui couvrent la terre, disait Buffon, et qui y sont encore attachés de plus près que l'animal qui broute, participent aussi plus que lui à la nature du climat. Chaque pays, chaque degré de température a ses plantes particulières. On trouve au pied des Alpes celles de France et

d'Italie ; on trouve à leur sommet celles des pays du nord. On retrouve
ces mêmes plantes du nord sur les sommets glacés des montagnes
d'Afrique. Sur les monts qui séparent l'empire du Mogol du royaume de
Cachemire, on voit du côté du midi toutes les plantes des Indes, et l'on
est surpris de ne voir de l'autre côté que des plantes d'Europe. C'est
aussi des climats excessifs que l'on tire les drogues, les parfums,
les poisons, et toutes les plantes dont les qualités sont excessives. Le
climat tempéré ne produit au contraire que des choses tempérées : les
herbes les plus douces, les légumes les plus sains, les fruits les plus
suaves, les animaux les plus tranquilles, les hommes les plus polis, sont
l'apanage de ces heureux climats. »

Telles sont les vues par lesquelles des hommes de génie
préludaient aux découvertes que notre temps a vues naître
concernant la distribution géographique des plantes.

Au commencement du dix-neuvième siècle, la géographie
botanique trouvait son créateur dans Alexandre de Humboldt,
génie vraiment universel et qui a marqué sa trace dans toutes
les sciences modernes. Au retour de son voyage dans les régions équinoxiales de l'Amérique, de Humboldt établissait,
dans un de ses plus beaux mémoires, que c'est la prédominance de telle ou telle forme végétale qui nous fait reconnaître
immédiatement une contrée. Les *Pins* et les *Sapins* nous transportent dans le nord ou sur les hautes montagnes de l'Europe, les *Chênes* et les *Hêtres* dans la zone tempérée, les *Oliviers*
dans le midi, les *Palmiers* dans les régions intertropicales ; le
cap de Bonne-Espérance est la patrie des *Bruyères* et le Mexique
celle des *Orchidées*. Dans un autre mémoire, de Humboldt cherche à évaluer le nombre total des végétaux répandus à la surface du globe, et il étudie l'influence du climat sur leur distribution. Pour la première fois, il établit clairement que des
points également distants de l'équateur et également élevés
au-dessus de la mer peuvent avoir néanmoins des climats
dissemblables, tandis que des contrées situées sous des parallèles très-éloignés l'un de l'autre ont des climats analogues.

Les voyages des naturalistes de notre siècle dans toutes les
parties du globe ont établi aux yeux des botanistes les caractères de la végétation propre à chaque climat, et mis en
évidence des contrastes dont nous essayerons de donner au
lecteur une idée succincte, mais suffisante. Les recherches de

ces voyageurs, comme les travaux des botanistes descripteurs, ont permis de donner une certaine précision aux principes de la géographie botanique, que nous allons étudier dans ce chapitre.

Établissons, avant d'aller plus loin, le nombre approximatif des espèces végétales qui habitent notre globe. Les appréciations ont nécessairement varié dans cette sorte de statistique des plantes, à mesure que s'est accru l'inventaire de nos richesses naturelles. Linné, en 1753, connaissait 6000 espèces végétales; Persoon, en 1807, en comptait 26 000. En 1824, Stendel en portait le nombre à 50 000, et en 1844 à 95 000. Les livres et les herbiers contiennent aujourd'hui environ 120 000 espèces. Du nombre des espèces décrites, les botanistes ont pu conclure au nombre total des espèces existantes. Par un calcul ingénieux de l'espace occupé sur le globe terrestre par une espèce végétale, M. Alphonse de Candolle a cru pouvoir inférer que ce nombre ne saurait être au-dessous de 400 000 à 500 000.

Nous avons dit qu'en 1844 on connaissait 95 000 espèces de plantes; sur ce nombre, 80 000 sont phanérogames ou cotylédonées; 15 000 cryptogames ou acotylédonées. Parmi les cotylédonées, 65 000 appartiennent aux dicotylédones et 15 000 aux monocotylédones.

Tel est donc le budget général de la Flore terrestre.

La proportion numérique des espèces appartenant aux phanérogames ou aux cryptogames varie selon les latitudes du globe. A mesure qu'on s'avance vers le nord, le nombre des cryptogames augmente; celui des phanérogames croît si l'on marche vers l'équateur. Dans les zones froides ou tempérées, les cryptogames sont d'humbles végétaux qui s'élèvent à peine au-dessus de la surface du sol; mais dans les régions brûlantes des tropiques, d'élégantes *Fougères arborescentes* s'élèvent à la hauteur des plus grands *Palmiers*.

La végétation de chaque espèce correspond à un intervalle déterminé de l'échelle du thermomètre, et cet intervalle n'est pas le même pour toutes les plantes. Le *Mélèze* et le *Bouleau nain* résistent à des froids de — 40 degrés, tandis que beaucoup de *Palmiers*, d'*Orchidées* et de *Fougères arborescentes* n'at-

tendent pas pour mourir que le thermomètre soit descendu
à + 10 degrés. Pendant que les plantes alpines ou septentrionales soumises à cette même température de + 10 degrés
se flétrissent au bout de quelques jours, d'autres plantes
s'accommodent des sables brûlants de l'Afrique, dont la température atteint souvent 60 à 72 degrés centigrades.

Il est un autre point thermométrique important à considérer : c'est le degré auquel chaque espèce commence à entrer
en végétation. Les charmantes *Soldanelles* des hautes montagnes germent et fleurissent à la température de zéro, tandis
que les *Cocotiers* et les végétaux de la zone torride sont insen-
sibles aux températures qui n'atteignent pas 15 ou 20 degrés.

La plante une fois en végétation, quelle est la température
nécessaire pour amener l'épanouissement des fleurs et la maturation des fruits? La végétation de l'*Orge*, la céréale qui
s'avance le plus vers le nord, commence lorsque le thermomètre dépasse seulement + 5 degrés. Si donc on veut déterminer avec précision la somme de chaleur qu'une plante doit
nécessairement accumuler pour parcourir toutes les phases
de son développement jusqu'à la maturité de la graine, il ne
faut pas tenir compte des températures inférieures à + 5 degrés, mais additionner les températures moyennes de chaque
jour où le thermomètre a dépassé + 5 degrés. On a trouvé,
en procédant ainsi, que, dans les hautes latitudes, l'*Orge* mûrit lorsqu'elle reçoit une somme de chaleur de 1500 degrés.
Pour que le grain de *Blé* mûrisse, il lui faut une accumulation
d'environ 2000 degrés de chaleur. La *Vigne*, pour produire un
vin potable, exige 2900 degrés à partir du jour où la moyenne
est de + 10 degrés.

On comprend maintenant pourquoi certains végétaux vivent dans un pays sans y donner de fleurs, d'autres sans y
porter de fruits : c'est que la somme de chaleur de tel climat,
qui est suffisante pour développer leurs feuilles, ne l'est pas
pour faire épanouir leurs fleurs, à plus forte raison pour mûrir leurs fruits.

L'influence de la température sur la végétation est tellement
marquée, que l'on peut à peine citer quelques espèces cosmo-
polites. La plupart des végétaux habitent une zone déterminée

et n'en sortent pas. Le froid les empêche de franchir ces limites vers le nord; la chaleur, de les dépasser vers le sud. Ils
ont tous une *limite polaire* et une *limite tropicale*.

. L'humidité de l'atmosphère, l'influence du sol ont, d'autre
part, une notable influence sur la distribution géographique
des plantes.

Il faut enfin très-sérieusement considérer, pour la vie des
plantes de différentes espèces, l'influence de l'élévation des
lieux. A mesure qu'on s'élève dans l'atmosphère, la température s'abaisse, et cet abaissement de température est si prompt,
qu'une ascension de quelques heures sur une montagne peut
faire passer par tous les degrés de température décroissante.
D'où il suit qu'une haute montagne située sous l'équateur, et
qui est revêtue à sa base d'une riche végétation, tandis qu'elle
est couverte, à son sommet, de neiges éternelles, présente,
réunie dans un espace borné, toute la diversité de végétation
que le voyageur rencontrerait s'il se transportait de l'équateur
au pôle. Nous reviendrons, au reste, avec détail, à la fin de
ce chapitre, sur la végétation des montagnes.

Après ces considérations sur les causes principales qui président à la distribution géographique des plantes, nous ferons
connaître les grandes circonscriptions botaniques, ou les *zones
de végétation*, qui résultent de la distribution des divers végétaux sur le globe.

On peut diviser, sous le rapport botanique, la surface de la
terre en trois grandes zones : 1° la *zone torride*, ou *tropicale*,
qui est comprise entre les tropiques, c'est-à-dire entre les
24⁴ degrés de latitude nord et sud ; 2° la *zone tempérée*, qui,
dans chaque hémisphère, s'étend des tropiques au cercle polaire ; 3° la *zone polaire*, qui, dans l'un et l'autre hémisphère,
forme une sorte de calotte ayant pour centre le pôle et pour
base le cercle polaire.

La *zone tropicale*, qui reçoit d'aplomb les rayons solaires,
est à peu près exempte d'hiver. Elle contient les régions les
plus chaudes du globe. L'année s'y partage en deux saisons :
l'une sèche et brûlante, pendant laquelle la végétation est sensiblement suspendue; l'autre pluvieuse, pendant laquelle la

végétation se ranime. Cette large zone, qui traverse des continents et des îles de toute grandeur, et que sillonnent d'immenses chaînes de hautes montagnes, présente des climats assez divers, et donne des productions qui sont loin de se ressembler toutes. Aussi est-on forcé de la subdiviser en trois zones secondaires.

La *zone tropicale moyenne*, ou *zone équatoriale*, s'étend du 15e degré au nord de l'équateur au 15e degré au sud. Les deux autres, ou les *zones tropicales* proprement dites, occupent de chaque côté de la zone équatoriale le reste de l'espace jusqu'au 24e degré.

Les deux *zones tempérées* sont contiguës d'un côté à la zone torride, de l'autre aux régions glacées du pôle, sur un espace de 42 degrés de latitude. Elles offrent, comme la zone tropicale, une grande variété de climats et de produits végétaux. Aussi les a-t-on subdivisées, au point de vue de l'histoire naturelle, en quatre zones secondaires, qui ont reçu les noms de zone *juxtatropicale*, *tempérée chaude*, *tempérée froide* et *arctique*.

La *zone polaire* comprend les régions du globe communément nommées *régions polaires*, qui s'étendent du 60e au 80e degré de latitude nord.

Nous ne suivrons pas, dans l'exposé qui va suivre, l'ordre de ces régions naturelles. Le motif de cette détermination ressortira suffisamment des lignes suivantes du Traité de M. Alphonse de Candolle sur la *Géographie botanique raisonnée*.

« Je tiens, dit le savant botaniste de Genève, les divisions du globe par régions, proposées jusqu'à présent, pour des systèmes artificiels, en grande partie. Les règles en sont trop arbitraires, et les régions obtenues ne sont ni semblables dans la majorité des livres, ni reconnues par le consentement du plus grand nombre des botanistes. »

Nous croyons plus simple, au lieu de ces régions naturelles sur lesquelles les botanistes, on le voit, ne sont pas d'accord entre eux, de considérer à part, pour donner une idée de la végétation de leurs différentes zones, les cinq parties géographiques du monde : l'Europe, l'Asie, l'Afrique, l'Amérique et l'Australie.

EUROPE.

On peut distinguer en Europe trois grandes régions botaniques : 1° la région septentrionale ; 2° la région moyenne;
3° la région méridionale, ou méditerranéenne.

Région septentrionale. — La région septentrionale comprend
la Laponie, l'Islande, les provinces septentrionales de la Suède,
de la Norvége et de la Russie.

La végétation y est peu variée. Les espèces ligneuses n'y
forment que la centième partie de tous les végétaux que l'on
y rencontre. Les cryptogames y prédominent. Les arbres sont
principalement représentés par les Conifères et les Amentacés.
Sauf quelques exceptions légères et accidentelles, le *Chêne*, le
Noisetier et le *Peuplier* s'arrêtent au 60e degré de latitude ; le
Frêne au 61e ; le *Hêtre* et le *Tilleul* au 63e ; les Conifères au 67e,
l'*Orge* et l'*Avoine* peuvent être cultivées jusqu'au 70e parallèle
nord. Le Spitzberg, l'île la plus septentrionale de l'Europe, situé entre 76° 30′ et 81° de latitude septentrionale, ne renferme
que quatre-vingt-treize espèces phanérogames, appartenant
principalement aux familles des Graminées, des Crucifères,
des Caryophyllées, des Saxifragées, des Renonculacées et des
Synanthérées. Parmi ces plantes, il n'y a pas un seul arbre,
ni un seul arbuste, mais seulement un sous-arbrisseau, l'*Em-
petrum nigrum*, et deux petits Saules rampants.

La figure 409 donne une idée générale de la végétation dans
les froides contrées de la Norvége.

M. Charles Martins, auquel la géographie botanique doit
tant de belles observations, a fait un très-intéressant voyage
le long des côtes occidentales de la Norvége, de Drontheim
au cap Nord. Le lecteur trouvera ici avec plaisir quelques
traits du tableau pittoresque que le voyageur a tracé de cette
végétation septentrionale :

« Le 28 juin, dit le savant professeur de la Faculté de Montpellier, nous
arrivâmes à Drontheim. En débarquant, je fus surpris de voir des Cerisiers portant des fruits gros comme des pois. Les Lilas, le Sorbier des
oiseleurs, le Cassis, l'Iris germanica étaient couverts de fleurs épanouies.
Mon étonnement cessa lorsque j'appris que le printemps avait été très-

beau. L'arbre le plus commun dans les jardins et dans les rues de la ville est le Sorbier des oiseleurs. J'y remarquai quatre Chênes (*Quercus robur*), qui paraissaient souffrir du froid. En effet, sur la côte occidentale de Norvége, la limite latitudinale naturelle du Chêne est à un demi-degré au sud de Drontheim.

« Le Frêne est un arbre plus robuste, mais qui acquiert des dimensions moins considérables que le Chêne en Suède; c'est à la latitude de 61° 18′ que j'ai remarqué les derniers Frênes. Le Tilleul peut vivre à Drontheim, comme le Peuplier baumier et le Marronnier d'Inde. Le Lilas commun fleurit dans tous les jardins. Tous les arbres à fruits ne peuvent être cultivés qu'en espalier. Même dans les expositions les plus favorables, les Pommes, les Poires et les Prunes ne mûrissent pas tous les ans. Aux environs de Drontheim, des bouquets d'Aunes, de Bouleaux et de Sapins, entremêlés de Frênes, d'Érables, de Trembles, de Cerisiers à grappe, de Noisetiers, de Genévriers et de Saules, couronnent les points culminants. Les champs cultivés s'étendent dans les localités sèches et bien exposées, tandis que les prairies occupent les bas-fonds. Ce frais paysage a quelque chose de sévère et de froid qui plaît à la longue. C'est un beau cadre pour une existence calme et uniforme.

« Vers le nord, je poussai jusqu'au cap Ladehamer, qui porte une couronne de Bouleaux au léger feuillage; vers l'est, jusqu'à la cascade de Leerfes, où les eaux écumeuses du Nidelven se précipitent au milieu d'une noire forêt de Sapins. J'y arrivai à l'heure de minuit. L'aurore et le crépuscule, qui se confondaient ensemble à l'horizon, projetaient sur le paysage une lumière douteuse; car, à cette époque de l'année et à cette latitude, le soleil plonge à peine au-dessous de l'horizon, et les vives clartés qui brillent au ciel dans la direction du nord annoncent que l'astre ne tardera pas à reparaître, pour décrire de nouveau une circonférence à peine interrompue dans le point où il disparaît pendant quelques heures derrière les montagnes voisines....

« Dans les champs et au bord des chemins, je trouvai un grand nombre de plantes de France qui habitent la même station....

« Cependant l'œil du botaniste était réjoui par la vue de quelques végétaux appartenant à la flore des régions boréales, des Alpes ou des bords de la mer. Dans les buissons, il découvre les Geranium sylvaticum, Ancolie des Alpes, Aconit septentrional, Pédiculaire de Laponie, Trientalis d'Europe, Paris à quatre feuilles; dans les lieux découverts : le Cornouiller de Suède, le Vaccinium vitis idæa, la Renouée vivipare, le Poa des Alpes; dans les marais : l'Airelle fangeuse, la Benoîte des ruisseaux, etc.; sur les sables du rivage de la mer : le Plantain maritime, le Glaux maritime, le Triglochin maritime, l'Élyme des sables, etc. »

Dans les premiers jours de juillet, le voyageur arrive à Hildringen, bureau de poste situé sur la frontière du Nordland et du gouvernement de Drontheim, sous la latitude de 65° 15′. Il gravit une montagne, dont le sommet dénudé s'élevait à 635 mètres au-dessus du niveau de la mer. Sa végé-

tation ressemblait à celle des sommets de la chaîne des Alpes ;
le Saule et la Diapensie des Lapons rappelaient seuls au botaniste qu'il était en Norvége.

« A Bodoë, par 67° 16', je vis pour la première fois des maisons couvertes en tourbe, sur lesquelles croissait une' herbe touffue. Suivant mon
habitude, j'examinai d'abord les végétaux cultivés, mais je ne vis que

Fig. 409. Paysage norvégien.

des Pommes de terre, des Pois, des Radis, des Groseilliers sans fruits
et quelques champs d'Orge et de Seigle.

« Dans les prés, au niveau de la mer, je trouvai quelques plantes qui
m'auraient démontré, à défaut de toute autre preuve, combien le climat
de ce pays se rapproche de celui des régions alpines les plus élevées.
C'étaient la Dryade à huit pétales, la Silène acaule, l'Arctostaphylos,
l'Alchemille et la Bartsie des Alpes ; à côté d'elles, se trouvaient de ces
végétaux propres aux régions septentrionales, mais qui n'existent pas
dans les Alpes, savoir : l'Aconit septentrional, le Draba blanc, a Tofieldie

30

boréale, le Pigamon alpin, etc. Cependant quelques-unes des plantes les plus vulgaires des environs de Paris, comme le Pissenlit, le Tussilage farfara, la Mille-feuilles, la Cardamine des prés, la Violette de chien, etc., semblaient un souvenir de la patrie jeté au milieu de cette végétation boréale. »

Arrivons enfin à Hammerfest, par 70° 40′ de latitude nord. Ici toute culture a disparu. C'est vers le commerce que sont tournés tous les efforts, et c'est par curiosité plutôt que dans un but d'utilité que l'on cultive un certain nombre de légumes.

« Près de la ville, dit M. Ch. Martins, je remarquai de belles prairies' que l'on fauche une fois l'an, et des troupeaux de rennes moitié sauvages paissent librement dans l'île. On se tromperait si l'on se figurait l'aspect d'Hammerfest comme celui d'une ville triste et sombre. La rue principale se compose de belles maisons en bois, neuves et brillantes de propreté ; ce sont les habitations des riches. Celles des pauvres, plus basses et plus vieilles, empruntent un charme particulier aux gazons fleuris dont elles sont couvertes. Le toit est formé de grosses mottes de terre et une foule de plantes y germent et y poussent vigoureusement. En voyant ces jardins aériens, j'ai, pour la première fois, bien compris cette indication de localité, *in tectis*, que l'on trouve si souvent dans les écrits de Linné. C'est en effet sur les toits qu'il faut herboriser à Hammerfest, et souvent j'ai emprunté une échelle chez le propriétaire de la maison, pour aller cueillir les plantes qui croissaient autour de sa cheminée. Celles qu'on y trouve le plus souvent sont : Cochlearia anglica, Lychnis sylvestre, Chrysanthème inodore, Thlaspi bourse à pasteur, Poa des prés et des champs. En automne, lorsque les fleurs jaunes du Chrysanthème inodore sont largement épanouies au milieu d'un gazon verdoyant, ces prairies suspendues rivalisent de beauté avec celles de nos climats et donnent à la ville une physionomie riante, qui contraste heureusement avec la nature sévère qui l'environne. La Renoncule glaciale, l'Arabis des Alpes, le Silène acaule, la Saxifrage des neiges, des Airelles, le Diapensia de Laponie, des Saules nains comme le Saule réticulé, l'herbacé, etc., etc., croissaient dans les environs. »

Enfin le voyageur arrive au voisinage du cap Nord, par 71° de latitude.

« Combien je fus surpris agréablement, en descendant à terre, de me trouver au milieu de la plus riche prairie subalpine qu'on puisse voir ! L'herbe haute et touffue me venait aux genoux, et je trouvais à l'extrémité de l'Europe les fleurs que j'avais admirées si souvent au pied des Alpes de la Suisse ; c'étaient elles, aussi vigoureuses, aussi brillantes et plus grandes que dans leurs montagnes : Trolle d'Europe, Alchémille, Geranium des bois, Épervière des Alpes, Renouée vivipare, Phléau alpin,

Poa des Alpes. A droite, s'élevait la masse imposante du cap Nord, escarpée, inaccessible; devant nous se déroulait une pente raide, mais verdoyante, qui permettait d'atteindre le sommet en contournant la base de la montagne. C'est par là que nous montâmes. Je recueillais avec ardeur toutes les plantes qui s'offraient à ma vue; il me semblait qu'elles avaient un intérêt particulier, comme étant pour ainsi dire les plus robustes et les plus aventureuses de toutes leurs sœurs européennes. Je me plaisais à retrouver parmi elles des végétaux des environs de Paris. Ils me semblaient dépaysés, comme moi, sur ce noir rocher battu par les flots. J'étais tenté de leur demander pourquoi elles avaient quitté les lisières des champs cultivés et les ombrages paisibles du bois de Meudon, où elles recevaient les hommages des botanistes parisiens, pour vivre tristement parmi des étrangers : c'étaient la Reine des prés, le Cériaste des champs, la Bourse à pasteur, le Pissenlit, la Verge d'or, etc. Néanmoins les plantes boréales ou alpines étaient en majorité sur ces pentes. J'y trouvai : le Pigamon des Alpes, la Pédiculaire laponne, le Saule réticulé, la Gentiane des neiges, le Cornouiller de Suède, etc.

« Le sommet le plus élevé du cap Nord est à 308 mètres au-dessus de la mer. Il est surmonté d'un petit rocher sur lequel les voyageurs gravent leur nom. Même ce dernier rocher n'était pas dépourvu de toute végétation; les petites plaques circulaires de la Parmélie saxatile et de l'Ombilicaire rongée (qui sont des Lichens), noires comme la roche, s'étaient attachées à elle, et une petite mousse microscopique se cachait dans ses fentes. Sur le plateau, il y avait aussi quelques plantes souffreteuses, dépouillées par les vents, couchées sur le sol, et cherchant abri derrière les plis du terrain qui pouvaient les protéger contre les rafales continuelles qui balayent le cap Nord. Parmi les arbrisseaux, je trouvai encore le Bouleau nain, le Chamélédon couché. Les plantes herbacées n'étaient guère plus nombreuses : c'étaient le Silène acaule, la Diapensie des Lapons, la Saxifrage à feuilles opposées, etc. »

Région moyenne. — La *région moyenne* de l'Europe se compose de tous les pays qui forment les provinces du midi de la Russie, l'Allemagne, la Hollande, la Belgique, la Suisse, le Tyrol, les Iles Britanniques, l'Italie supérieure et la plus grande partie de la France. Cette région, dont les limites rigoureuses seraient difficiles à tracer, est bien distincte de la précédente. Elle est plus douce, plus tempérée; ses forêts sont essentiellement composées du *Chêne commun* ou *Quercus robur*, auquel se mêlent le *Châtaignier*, le *Hêtre*, le *Bouleau*, l'*Orme*, le *Charme*, l'*Aune*, etc. Mais le *Chêne* prédomine. Ces arbres, qui perdent leurs feuilles pendant l'hiver, donnent au paysage une physionomie toute particulière et qui varie avec les saisons.

Cette région est presque partout favorable à la culture des céréales. Une ligne oblique, diversement infléchie dans sa longueur, qui va de l'ouest à l'est (vers les 47° et 48° parallèles), et remonte un peu plus vers le nord dans cette dernière direction, la divise en deux zones : l'une *septentrionale*, dans laquelle la Vigne et le Mûrier ne peuvent supporter les rigueurs de l'hiver, dont les forêts se composent souvent de Conifères, où la culture de la Vigne est remplacée par celle du *Pommier* et du *Poirier*, et qui renferme plus de Cypéracées, de Rosacées et de Crucifères que la suivante ; l'autre *méridionale*, caractérisée par la culture de la *Vigne*, du *Mûrier*, du *Maïs*, et dans laquelle commencent à prédominer les plantes de la famille des Labiées.

La figure 410, qui représente une *Vue des bords de la Loire* en France, donne une idée de la végétation de la région moyenne de l'Europe.

Région méridionale. — La Méditerranée forme un vaste bassin dont les bords présentent une végétation, sinon identique, au moins analogue, sur les différents points de son étendue. Les Labiées y abondent, et quelquefois remplissent les airs de leurs suaves parfums. Il faut joindre à ces familles les Caryophyllées, Cistinées, Liliacées et Borraginées. La région méditerranéenne tire un de ses principaux caractères de vastes terrains incultes où dominent le *Chêne à kermès*, les *Phyllirea*, le *Chêne vert* et diverses Labiées sous-frutescentes. On retrouve partout ces plantes en Italie, en Espagne, en Grèce, en Algérie et dans le nord de l'Asie Mineure. Cependant une végétation nouvelle apparaît à Rhodes et à Jaffa ; elle se relie à celle de l'Égypte.

La végétation de la région méditerranéenne offre le plus souvent un aspect agréable et riant. Des bosquets de *Myrtes odorants*, d'*Arbousiers*, de *Gattiliers aromatiques*, se pressent au bord de la mer. De magnifiques *Lauriers-roses*, dont les poëtes ont chanté les nobles et élégantes fleurs, dessinent de loin le bord des ruisseaux. En Italie, en Sicile, en Espagne, l'*Oranger* se couvre presque sans interruption de fleurs et de fruits. Les *Cactus raquettes* (*Opuntia vulgaris*), les *Agaves*, espèces africaines, devenues ici presque indigènes, forment des haies

Fig. 410. Vue des bords de la Loire.

impénétrables dans les parties méridionales de ces mêmes contrées, auxquelles elles donnent un aspect très-pittoresque et très-caractéristique. Les forêts y sont essentiellement formées par le *Chêne vert* (*Quercus ilex*), dont les feuilles persistent jusqu'à la fin de la troisième année, et dont les glands, qui ont une saveur agréable, servent à la nourriture de l'homme ; par le *Chêne-liége* (*Quercus suber*), auquel se mélangent des arbustes caractéristiques, comme l'*Erica arborea*, de nombreuses espèces de *Cistes* à fleurs éphémères souvent aussi grandes que brillantes, des *Cytises*, des *Genêts odorants*, etc.

Parmi les autres espèces caractéristiques de ces heureuses régions, nous citerons des *Cyprès*, des *Pins pignons*, *Pins d'Alep*, *Pins laricio*, des *Platanes*, et particulièrement l'*Olivier*, qu'on rencontre à peine ailleurs, le *Lentisque*, le *Caroubier*, le *Grenadier* et le *Pistachier*.

Sur une grande partie des côtes méridionales de la Sicile, un Palmier, le *Chamærops humilis*, agite ses palmes en éventail, pendant que, dans le voisinage des habitations, le *Dattier* élève quelquefois, du sein de groupes d'*Orangers* et de *Citronniers*, son long stipe, couronné d'un élégant panache de feuilles découpées et pendantes.

ASIE.

Il faudrait un volume pour donner une idée de la végétation si riche et si variée de l'Asie. Nous nous bornerons à présenter un tableau rapide des végétaux caractéristiques propres aux régions septentrionale, centrale et méridionale de cette partie du monde.

Région septentrionale. — La Sibérie forme une région botanique qui a beaucoup de rapports, d'un côté avec la région hyperboréenne de l'Europe, et d'un autre côté avec la région moyenne. Cependant elle tire un caractère particulier de la prédominance de certaines familles, comme les Légumineuses, les Renonculacées, les Crucifères, les Liliacées, les Ombellifères. Quelques genres s'y font aussi remarquer par le grand nombre de leurs espèces. Nous citerons à cet égard le genre *Astragale* parmi les Légumineuses, le genre *Spirée* parmi les

Rosacées, le genre Armoise parmi les Composées, le genre *Rhubarbe* parmi les Polygonées.

Là où la chaleur moyenne annuelle est seulement d'environ 2 à 6° au-dessous de zéro, nous ne pouvons attendre, dit le botaniste Müller, dans son ouvrage intitulé *les Merveilles du monde végétal,* de la couverture végétale des conditions bien variées. Des forêts à feuilles acérées sont formées par le Mélèze de Sibérie, le Mélèze daurique, le Pin de Sibérie, le Pin cimbrique, le Pin sylvestre, etc. Des peupliers blancs et balsa-miques isolés, des espèces naines de Bouleaux, des Cormiers, des Bour-daines, des Aunes, des Saules les accompagnent, pendant que des Myr-tiliers et des Roses des Alpes en forment le taillis.... La composition de la Flore des steppes du Kamtchatka ne s'éloigne pas de celle des pâtu-rages de l'Europe centrale, et plus on se représente ces pâturages comme stériles, plus on est agréablement surpris à la vue des Tulipes, des Iris, ces gracieux ornements que le printemps mêle au gazon. Mais l'Absinthe grisâtre et monotone leur succède....

Humbold assigne aux forêts de l'Oural le caractère de la végétation d'un parc, vu qu'elles offrent alternativement un mélange d'arbre à feuilles acérées et à feuilles rondes, et de magnifiques pelouses. Cet en-semble est complété par des broussailles formées de Rosiers sauvages, de Chèvrefeuilles, de Genévriers, pendant que l'Hespéris, la Polémoine bleue, la Cortuse de Matthiole, de magnifiques Primevères et Dauphi-nelles, forment des tapis de fleurs, et que le Trèfle d'eau aux fleurs blanches si délicatement découpées fait la grâce des marais.... Humboldt vit de même, sur les bords de l'Irtisch, de grands espaces entièrement colorés en rouge par les Épilobes, auxquels s'associaient ailleurs les hautes tiges des Delphinium à fleurs bleues, ou celles de l'OEillet rouge feu (*Lychnis calcedonica*) [1].

Ces fragments de tableaux, empruntés à l'ouvrage de Mül-ler, enlèveront sans doute un peu de cet aspect triste et dé-solé qu'on prête si aisément aux vastes régions de l'Asie sep-tentrionale.

Région centrale. — Transportons-nous maintenant dans l'Asie centrale, dans la région chinoise et japonaise (Japon et nord de la Chine). C'est dans cette région que se trouvent ces *Magnolias*, à grandes feuilles, à fleurs magnifiques, dont la culture se répand dans nos jardins et leur donne une physionomie particulière; ces *Camellias* que l'Europe a

1. *Les Merveilles du monde végétal ou voyage botanique autour du monde,* par le docteur Karl Müller, traduit de l'allemand par M. Husson; in-8°, Bruxel-les, 1857.

naturalisés dans ses serres, dont le feuillage persistant et les larges fleurs font l'admiration des artistes, et dont on compte aujourd'hui plus de 700 variétés ; — le *Thé (Thea sinensis)*, aux feuilles si précieuses et dont on importe annuellement en Europe plus de dix millions de kilogrammes ; — l'*Aucuba*, aux feuilles coriaces et panachées, qui fait aujourd'hui l'ornement des squares parisiens ; — le *Kersa*, dont les fleurs jaunes deviennent doubles par la culture et figurent des roses-pompons ; — enfin les genres *Célastre, Houx, Fusain, Lagerstrôme, Spirée, Chalef*, etc.

Les arbres et arbrisseaux remarquables sont, en outre, le *Palmier élégant*, connu sous le nom de *Rhapis flabelliforme ;* le *Mûrier à papier (Broussonetia papyrifera) ;* l'*Olivier odorant*, dont les fleurs servent à aromatiser le thé ; le *Plaqueminier Kaki (Diospyros Kaki)*, à fleurs blanches, à baies d'un rouge cerise, d'une saveur délicieuse, nommées figues-caques ; le *Néflier du Japon (Mespilus Japonica)* ; le *Gingko biloba*, arbre sacré, que l'on plante autour des temples ; des *Ifs (Taxus nucifera, verticillata)*, des *Cyprès (Cupressus japonica, pendula)*, des *Genévriers*, des *Thuya*, des *Chênes (Quercus glabra, glauca)*, l'*Aune du Japon*, le *Noyer noir*, diverses espèces de *Lauriers* et d'*Érables*.

Nous mentionnons parmi les plantes cultivées : le *Riz*, le *Froment*, l'*Orge*, l'*Avoine*, le *Sorgho*, le *Sarrasin*, le *Sagoutier (Cycas revoluta)*, le *Chou caraïbe (Caladium esculentum)*, la *Patate (Convolvulus batatas)* ; les *Pommier, Poirier, Cognassier, Prunier, Cerisier, Abricotier, Pêcher, Néflier du Japon*, diverses sortes d'*Orangers ;* les *Choux raves, Radis, Igname, Concombre, Courges, Pastèques, Anis (Pimpinella anisum), Pois, Haricots, Fèves, Sésame, Chanvre, Mûrier à papier, Coton annuel (Gossypium herbaceum)*, mélange remarquable qui nous offre de frappants contrastes que nous aurions pu signaler en commençant, et qui nous transporte à tout moment d'Europe en Asie, et d'Asie en Europe.

Ce curieux assemblage de la végétation des tropiques et de celle du nord de l'Europe se reproduit dans l'Asie centrale pour les plantes de culture. Nous venons de voir qu'à côté du *Figuier*, de la *Vigne*, du *Châtaignier*, des *Grenadiers*, de l'*Amandier* et des *Citronniers*, on cultive en Chine et au Japon le *Sarrasin*, le *Froment*, le *Maïs*, l'*Orge*, l'*Avoine*, la *Pomme de terre*, l'*Asperge*, les *Melons*, les *Pois* et les *Fèves*, en même temps que le *Riz*, l'*Arum esculentum* et l'*Igname*.

Nous ne saurions nous arrêter ici sur une foule de plantes d'ornement, dont beaucoup sont aujourd'hui naturalisées en Europe, comme la *Glycine*, le *Lis du Japon*, le *Lis tigré*, la *Prime-vère de la Chine*, le *Magnolia Yulan*, etc.

Région méridionale. — Cette région comprend les deux pres-qu'îles de l'Inde. Les familles non tropicales disparaissent, ou se montrent plus rarement. Les familles tropicales pa-raissent ou deviennent plus nombreuses. Les arbres ne per-dent pas leurs feuilles. Le nombre de végétaux ligneux est plus grand qu'il ne l'est hors des tropiques. Les fleurs sont grandes et magnifiques. Les plantes grimpantes et parasites sont nombreuses.

L'Inde peut être considérée comme la véritable patrie des aromates. La riche nature de ce pays n'est pas moins fé-conde en productions végétales d'un autre ordre : les arbres propres à fournir du bois de construction y croissent en pro-fusion.

Parmi les plantes arborescentes les plus abondantes dans cette région botanique, nous citerons : les *Bombax*, *Sapindus*, *Mimosa*, *Acacia*, *Cassia*, *Jambosa*, *Gardenia*; le *Diospyros ebenum*, dont le bois était célèbre dès la plus haute antiquité par sa couleur noire; des *Bignonia*; le *Tectona grandis*, arbre magni-fique qui fournit un bois de construction d'une résistance considérable; l'*Isonandra gutta*, qui produit la substance ana-logue au caoutchouc, connue sous le nom de *gutta-percha*, et qui découle des incisions pratiquées au tronc de ce grand arbre; des *Lauriers* à écorce aromatique; des *Muscadiers* (*My-ristica*), dont les semences sont employées comme épice; de *Figuiers* (*Ficus religiosa*, *indica*, *elastica*); des *Palmiers*, comme les *Borassus* (*Borassus flabelliformis*) aux magnifiques feuilles étalées en éventail; les *Cocos*; les *Sagus* ou *Sagoutier*, dont la moelle fournit une farine très-riche en amidon; les *Calamus*, aux tiges grêles et grimpantes, longues souvent de plus de 500 pieds, et dont on fait des cannes connues en Europe sous

Fig. 411. Paysage et forêt de l'Inde.

le nom de *joncs*; les *Areca* (*Areca catechu*), dont la noix est employée comme masticatoire et qui fournit un cachou très-estimé ; le *Corypha umbraculifera*, dont le tronc, d'une hauteur de 20 à 30 mètres, est couronné d'un ample faisceau de feuilles en parasol d'un diamètre de 18 pieds ; le *Dragonnier*, le *Baquois* (*Pandanus*), le *Bambou*, etc.

Si maintenant nous jetons un coup d'œil sur les plantes cultivées, nous aurons à signaler des végétaux d'une importance capitale. Ce seront : le *Riz*, le *Sorgho*, l'*Igname*, la *Pistache de terre*, le *Cocotier*, cet arbre élégant et utile, qui donne à l'homme de quoi suffire à tous ses besoins, car il lui sert à la fois, comme nous l'avons déjà dit, à s'abriter, à se vêtir, à se chauffer, à s'éclairer, à se désaltérer et à se nourrir ; le *Giroflier* (*Caryophyllus aromaticus*), dont la fleur en bouton est envoyée en Europe sous le nom de *clou de girofle ;* des *Poivriers*, parmi lesquels nous citerons le *Poivre noir*, dont les fruits cueillis avant la maturité constituent le poivre, importé parmi nous depuis les conquêtes d'Alexandre, et le *Poivre Bétel* aux feuilles aromatiques et amères, qu'on mêle avec la noix d'Arec pour former un masticoire très-usité ; le *Tamarin* (*Tamarindus indica*), arbre magnifique, dont les fruits renferment une pulpe d'odeur vineuse et de saveur aigrelette ; le *Manguier* (*Mangifera indica*), dont le fruit très-vanté a un léger goût de térébenthine ; le *Mangoustan* (*Garcinia mangostana*), dont la baie renferme, sous un épicarpe amer et astringent, une pulpe délicieuse ; le *Bananier* à baies jaunâtres, longues de 6 à 8 pouces, fournissant un aliment très-nourrissant, qui a le goût d'une pâte de beurre légèrement sucrée ; le *Jambosa vulgaris*, à petites pommes qui répandent dans la bouche l'odeur de la rose ; le *Goyavier* (*Psidium pomiferum*) aux fruits jaunes et gros comme une poire ; plusieurs *Orangers ;* des *Pastèques*, la Canne à sucre et le Café.

On a essayé dans la planche 411 de réunir d'une manière idéale les principales espèces végétales propres à la région botanique qui vient d'être décrite. Sur les plans principaux figurent les espèces rustiques ; sur l'arrière-plan sont quelques végétaux cultivés. A gauche du tableau est le *Corypha*, surmonté du palmier *Arenga à sucre* et d'un groupe de *Bambous*.

Vers le milieu, toujours à gauche, et près du tronc d'un gros *Santal*, le *Scinapsus*, surmonté du *Sagoutier*. Le palmier *Arecquier* étend, au milieu du tableau, sa tige accidentellement infléchie et entourée de quelques *Lianes*.

A droite est le palmier *Borassus*, près d'un *Bananier*, tous deux à l'ombre d'un imposant *Manguier*. Le *Laurier cannellier* et l'*Isonandra gutta*, ou *Arbre à gutta-percha*, sont à gauche de ce groupe, suivis d'un haut *Cocotier*.

Les végétaux cultivés qui se voient à l'arrière-plan, sont le *Poivrier* et le *Laurier camphrier*, placés à l'arrière du *Cocotier*, et dans le lointain le *Muscadier* et le *Giroflier*, près d'un rideau de *Bambous* et de *Rotangs*.

AFRIQUE.

L'*Afrique* nous présentera, comme l'Asie, trois parties principales bien distinctes : 1° la partie septentrionale, qui comprend la région méditerranéenne et le Sahara ; 2° la partie centrale, ou tropicale ; 3° la partie australe, ou la région du cap de Bonne-Espérance.

Région méditerranéenne. — Cette région comprend tout le littoral africain baigné par la Méditerranée, en particulier l'Algérie, depuis le versant septentrional de l'Atlas jusqu'à la mer et les pays baignés par le delta du Nil. Cette région d'Afrique offre la plus grande analogie de végétation avec la région méridionale de l'Europe, que nous avons étudiée plus haut.

Par ses étroites affinités avec les contrées correspondantes de l'Europe, l'Algérie sera toujours pour nous le centre principal de colonisation, la région de culture par excellence. Ses riches productions en céréales l'appellent à être le grenier d'abondance de la France.

Dans la région montagneuse inférieure du nord de l'Afrique, on peut se livrer avec avantage à la culture des plantes du centre de l'Europe. La *Vigne* y prospère assez bien, grâce à la fraîcheur que procure l'élévation de ces lieux ; aux environs de Tlemcen, de Milianah, de Mascara, de Médéah, les colons, et même les indigènes, ont entrepris de la cultiver. L'*Olivier*, si généralement répandu dans l'Afrique septentrionale, constitue l'une des principales richesses des tribus kabyles. Le *Chêne-liége* forme des forêts immenses dans la partie inférieure de la région montagneuse du littoral africain; dans ta province de Constantine, le *Chêne-liége* est, depuis la conquête de ce pays par la France, jetl'obd'importantes exploilations.

M. Cosson, botaniste et voyageur, s'exprime ainsi sur la végétation et sur les cultures du Sahara algérien :

« L'ensemble de la région naturelle du nord de l'Afrique est caractérisé surtout par l'extrême rareté des pluies, la sécheresse de l'atmosphère, des températures extrêmes, l'absence de grands relèvements montagneux et de cours d'eau permanents, l'aspect tout spécial de la végétation désertique…. L'ensemble des végétaux croissant spontanément ne dépasse pas le chiffre de 500 espèces. Le plus grand nombre d'entre elles sont vivaces, croissent en touffes et ont un aspect sec et maigre, un port raide et dur tout à fait caractéristique. Les familles représentées dans le Sahara algérien par le plus grand nombre d'espèces sont les *Composées*, les *Graminées*, les *Légumineuses*, les *Crucifères* et les *Salsolacées*. Parmi les espèces ligneuses on peut citer des Tamarix et le Lentisque atlantique. Le Dattier est sans contredit le principal élément de richesse des jardins des oasis ; il y est cultivé non-seulement pour l'abondance et la variété de ses produits, mais encore pour son ombrage qui garantit les autres cultures de la violence des vents et maintient dans le sol l'humidité nécessaire à la végétation…. Outre le Dattier, la plupart des oasis présentent en assez grande abondance le Figuier, le Grenadier, l'Abricotier et souvent la Vigne. Le Pêcher, le Cognassier, le Poirier et le Pommier sont surtout plantés dans les jardins des ksours ou dans les oasis situées vers les montagnes ; plus rarement on rencontre dans les oasis le Cédratier, l'Oranger, l'Olivier. L'Orge et plus rarement le Blé sont cultivés dans les terrains irrigués du voisinage et dans les intervalles des plantations de Dattiers. Les Oignons, les Fèves, les Carottes, les Navets et les Choux tiennent une large place dans les cultures. Il en est de même du Piment, dont le fruit, en raison de ses propriétés stimulantes, entre comme condiment dans la plupart des mets arabes. L'Aubergine et la Tomate sont cultivées dans quelques jardins pour leurs fruits comestibles. De nombreuses espèces et variétés de Cucurbitacées (Potirons, Courges, Pastèques) sont semées en été dans les jardins, où leurs fruits acquièrent un grand développement. Le Gombo (*Hibiscus esculentus*) est cultivé çà et là par les nègres pour ses fruits mucilagineux et comestibles…. Les plantes industrielles ou fourragères principales sont le Chanvre, représenté seulement par une variété naine (Haschich) qui n'est pas employée comme plante textile, mais dont les extrémités sont fumées par quelques musulmans peu fervents. Le Tabac rustique est le seul cultivé, et cette culture n'a quelque importance que dans le Sout. Le

Henné (*Lawsonia inermis*), dont les feuilles ont été employées récemment dans la teinture en noir, n'existe guère que dans les oasis des Ziban. »

Région équatoriale. — La végétation de l'Afrique tropicale n'est encore aujourd'hui qu'imparfaitement connue, à cause de la terrible insalubrité de ces parages. On y voit, en général, apparaître les mêmes formes végétales qui dominent dans les autres régions des tropiques, ce qui veut dire que des espèces végétales qui sont ordinairement herbacées dans les contrées extra-tropicales, prennent ici l'aspect ligneux. Telles sont les plantes de la famille des Rubiacées et de celle des Malvacées. On y constate, par exemple, la disparition presque complète des Crucifères, des Caryophyllées, etc., tandis que les familles qui y prédominent sont les Légumineuses, les Térébinthacées, les Malvacées, Rubiacées, Acanthacées, Capparidées, Anona-cées, etc.

Jetons un coup d'œil sur quelques individualités végétales remarquables propres à l'Afrique centrale.

Sur les côtes humides se développent des forêts impénétrables formées de *Mangliers* (*Rhizophora mangle*) et d'*Avicennies* (*Avicennia tomentosa*). Des *Bananiers*, des *Cannées*, des *Amomées*, de bizarres Pandanées, des Malvacées gigantesques, comme le *Baobab*, des Broméliacées, des Aroïdées, des *Aloès*, parmi lesquels l'*Aloe soccotrina*, qui fournit le purgatif qu'on nomme *aloès*, des *Euphorbes* charnues, aux formes étranges, impriment un caractère particulièrement remarquable à cette végétation puissante.

Ce serait arracher aux régions centrales de l'Afrique un des plus beaux éléments de leur splendide parure, que de ne point parler de leurs admirables Palmiers. A leur tête se place le *Palmier oléifère* de Guinée, ou *Elaïs Guineensis*, dont le fruit, de la grosseur d'une olive, contient une si grande quantité d'huile, que ce liquide en découle lorsqu'on le presse entre les doigts ; la graine contient une sorte de beurre connu sous le nom de *Beurre de Galam*. La sève de cet arbre précieux donne du vin, et ses feuilles servent de fourrage aux moutons et aux chèvres. Mais le véritable Palmier vinifère de ces contrées, c'est le *Sa-goutier* (*Sagus vinifera*). Citons encore le *Lodoïcea Sechellarum*,

Fig. 412. Village de l'Abyssinie, près du fleuve Blanc.

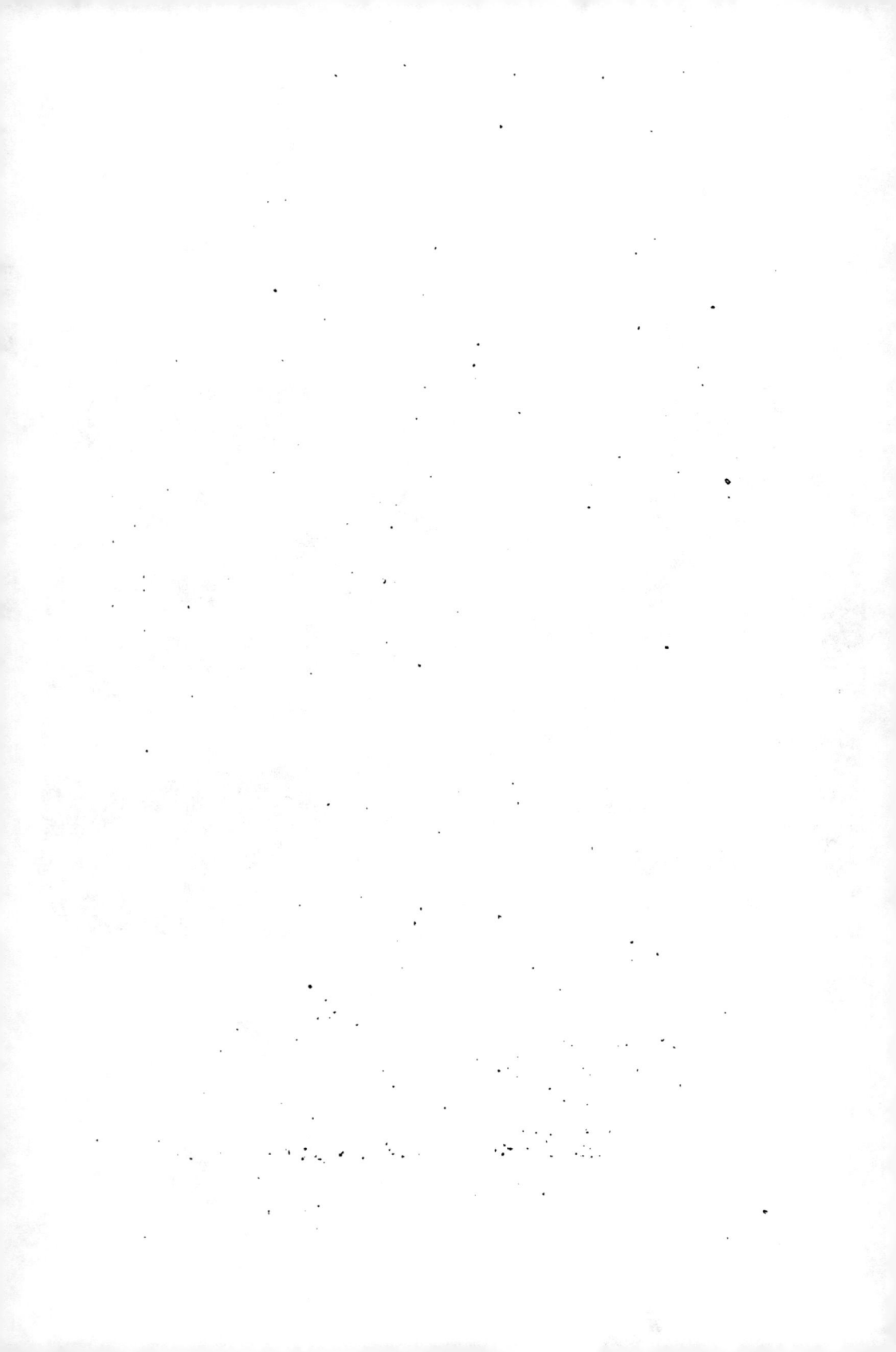

dont les fruits, plus gros que la tête d'un homme, et du poids de vingt livres, vont flottant sur la mer, et finissent par atteindre ainsi jusqu'aux rivages des Indes.

Un fait digne de remarque, c'est que dans la région qui nous occupe, on observe très-peu de Fougères et d'Orchidées, groupes de végétaux dont les espèces sont, au contraire, extrêmement multipliées dans les autres contrées tropicales.

Parmi les végétaux exotiques que l'on cultive avec succès dans l'Afrique centrale, on compte le *Maïs*, le *Riz*, le *Sorgho*, l'*Igname*, le *Manioc*, le *Caladium esculentum*, ou *Chou caraïbe*, plante de la famille des Aroïdées, dont le rhizome et les feuilles sont alimentaires ; le *Bananier*, le *Manguier*, le *Papayer*, dont le . fruit a la grosseur d'un petit melon, que l'on mange cru ou cuit, et dont la pulpe, mêlée au sucre, forme une marmelade délicieuse ; l'*Ananas*, des *Figuiers*, le *Caféier*, la *Canne à sucre*, le *Gingembre*, diverses espèces de *Haricots* et de *Dolics*, la *Pistache de terre*, le *Coton*, le *Tabac* et le *Tamarin*.

La figure 412, qui représente un village de l'Abyssinie, peut donner une idée de la végétation de l'Afrique équatoriale. A côté de hauts Palmiers et de Baobabs, on voit s'étendre des cultures de Riz.

Région méridionale. — Arrêtons enfin nos regards sur la pointe méridionale du continent de l'Afrique.

La région du cap de Bonne-Espérance est la patrie de tous ces *Protea*, de ces *Pelargonium*, de ces *Bruyères*, de ces *Oxalis*, de ces *Ixia*, dont les espèces nombreuses et variées font l'ornement de nos serres ou de nos parterres. Aucune autre contrée du globe ne peut se comparer à celle du Cap pour la prodigieuse abondance et les dimensions des *Bruyères*. Là est leur véritable patrie. Tandis que les plaines de l'Europe, ainsi que les Alpes, possèdent à peine une demi-douzaine d'espèces de *Bruyères*, au Cap il en existe plusieurs centaines. Elles atteignent quelquefois près de 5 mètres de hauteur. Leurs feuilles sont peu développées et aciculaires ; mais leurs fleurs sont souvent très-grandes, et décorées de couleurs brillantes, qui varient des nuances les plus tendres aux tons les plus éclatants.

La Flore de cette région est riche en formes végétales, mais

elle est peu riante par son aspect. On n'y voit point de véritables forêts, grandes et sombres; il y a peu de plantes grimpantes, mais en revanche beaucoup de plantes grasses.

Les familles caractéristiques sont les Restiacées, Iridées,
Protéacées, Éricinées, Ficoïdées, Diosmées, Géraniacées, Oxalidées, Polygalées. Parmi les genres caractéristiques, citons :

Les *Ixia*, les *Gladiolus*, aux fleurs singulières et bigarrées ;
les *Hæmanthus*, aux corolles écarlates ; les *Strelitzia*, dont une
espèce cultivée dans nos serres est si remarquable par son
inflorescence et par ses fleurs bizarres à divisions jaunes et
bleues ; les *Protea*, aux formes changeantes ; les *Leucadendron*,
dont une espèce, nommée Arbre d'argent, élève à 10 ou 12 mètres ses rameaux chargés de feuilles lancéolées, soyeuses et
argentées ; les *Erica*, dont le Cap est, comme nous l'avons dit,
la véritable patrie.

Citons encore les *Hélicrysum* et les *Gnaphalium*, Composées
corymbifères, si connues sous le nom d'Immortelles ; les *Mesam-
bryanthemum* ou *Glaciales ;* les *Stapelia*, Asclépiadées sans feuilles,
charnues, anguleuses, à fleurs généralement belles, mais à
odeur fétide ; les *Phylica*, Rhamnées qui ressemblent à des
Bruyères, dont les fleurs sont en petites têtes cotonneuses
blanchâtres, et qu'on voit souvent sur nos marchés aux fleurs ;
les *Pelargonium*, dont on cultive en Europe des centaines d'espèces variées à l'infini ; les *Oxalis ;* les *Sparmannia*, arbrisseaux
toujours verts, qui font l'ornement de nos orangeries, et dont
les fleurs blanches ont des étamines à filets pourpres et à anthères irritables.

C'est sur les côtes sablonneuses de cette curieuse région
botanique qu'abondent les *Stapélies*, les *Iridées*, les *Glaciales*, les
Diosma:

Les *Bruyères* et les *Crassules* s'élèvent sur le flanc des montagnes.

Les végétaux cultivés sont : les céréales, les fruits et les légumes d'Europe, et en outre, le *Sorgho* des Cafres, la *Patate*, le
Bananier, le *Tamarin*, le *Goyavier*.

AMÉRIQUE.

L'Amérique est la partie de notre globe dont la végétation est la plus riche et la plus variée. Nous essayerons d'en donner une idée succincte, en descendant du nord au sud dans chacune des deux espèces de triangles qui constituent les deux Amériques septentrionale et méridionale.

Amérique du Nord. — La végétation polaire de l'Amérique du Nord est très-analogue à celle de l'Europe et de l'Asie sous les mêmes latitudes. C'est ce qui nous dispensera de beaucoup nous y arrêter. On y voit de la même manière les arbres (*Saule, Bouleau, Peuplier*) devenir, par l'action des froids persistants, des arbustes rabougris, ou même prendre la forme herbacée. On y voit de même se presser les Saxifragées, les Mousses, les Lichens.

Sans nous arrêter aux régions arctiques, nous diviserons le reste de cette immense contrée en deux régions : l'une qui descendra jusqu'au 36ᵉ degré et que nous appellerons *région septentrionale;* l'autre, qui sera comprise entre le 36ᵉ et le 30ᵉ degré de latitude, en constituera la *région méridionale.*

La *région septentrionale* de l'Amérique du Nord a mérité d'être appelée la région des Asters et des Verges d'or (*Solidago*). C'est en effet ici qu'abondent ces belles Composées, avec les genres *Liatris, Rudbeckia, Galardia,* de la même famille; des *Œnothères,* des *Clarkia,* des *Andromèdes,* des *Kalmia,* charmantes plantes d'ornement, aujourd'hui si répandues dans nos parterres, servent de même à caractériser cette zone végétale.

Parmi les espèces arborescentes les plus abondantes, nous mentionnerons : de nombreuses espèces de *Pin,* de *Sapin,* de *Mélèze,* de *Thuya,* de *Genévrier;* 27 espèces de *Saules;* 25 espèces de *Chênes;* des *Hêtres,* des *Châtaigniers, Charmes, Aunes, Bouleaux, Peupliers, Ormes, Frênes,* auxquels se mêlent le *Platane d'Occident,* le *Liquidambar* ou Copalme d'Amérique, dont le tronc et les rameaux fournissent des sucs usités en médecine; le Tulipier aux feuilles singulièrement tronquées, aux fleurs solitaires, dressées, grandes et jaunâtres; diverses espèces d'*Érables,* de *Tilleuls,* de *Robinia,* de *Noyers.*

En même temps que ces espèces arborescentes, si nombreuses, si variées et qui atteignent des dimensions considérables, croissent le *Myrica cerifera*, qui fournit une cire abondante, retirée du fruit par ébullition ; des *Groseilliers* à fleurs colorées et ornementales ; d'élégantes *Andromèdes*, des *Azalées*, des *Rhododendrons*, des *Spirées*, qui font l'ornement de nos jardins ; des *Sumacs*, dont une espèce (*Rhus toxicodendron*) renferme un sucre si âcre qu'il produit par le contact des ampoules et des érésipèles, et qu'il est très-vénéneux à l'intérieur ; des *Ceanothus*, des *Houx*, des *Bourdaines*, etc.

La *région méridionale* de l'Amérique du Nord est comprise entre le 30ᵉ et le 36ᵉ degré. Sa végétation offre quelque ressemblance avec celle des tropiques. C'est comme une sorte de flore de transition entre la zone tempérée et la zone torride. On y trouve des *Noyers*, des *Charmes*, des *Châtaigniers*, des *Chênes*, mais aussi trois espèces de *Palmiers*, parmi lesquels le *Chamærops Palmetto*, dont la pousse terminale forme un délicieux légume ; des *Yucca* ; des *Zamia* parmi les Cycadées ; des *Passiflores*, des *Lianes* (*Bignonia sapindus*), des *Cactées*, des *Lauriers*. Enfin, à côté des *Tulipiers*, des *Pavia*, des *Robinia*, s'élèvent les magnifiques *Magnolia* qui ont ici leur véritable royaume.

On voit que les paysages de cette région de l'Amérique du Nord sont riches de contrastes.

La *Canne à sucre*, l'*Indigo*, le *Riz*, le *Cotonnier*, le *Tabac*, couvrent les plaines cultivées.

Dans le Missouri, le Texas, l'Arkansas, le Mexique, la grande colonie des Cactées élève ses hautes tiges, bizarrement embranchées ou ramassées sur elles-mêmes : les *Cactus opuntia*, *Cereus*, *Echinocactus*, *Melocactus*, etc. Le plus remarquable de ces Cactus est sans doute le *Cereus giganteus*. Il habite les régions les plus inaccessibles et les plus sauvages. Il lui faut si peu de sol pour atteindre un développement prodigieux ! C'est d'abord une sorte d'énorme casse-tête, puis une colonne de 3 mètres, qui commence dès lors à se ramifier et figure bientôt un immense candélabre dont la hauteur peut atteindre 12 mètres.

Nous représentons dans la figure 413 divers Cactus propres

au Mexique, d'après le dessin original d'un voyageur français,
M. Bende.

Aloès (agave).   Mescal, Cactées et Aloès.   Melocactus.   Cactus organos.
Fig. 413. Végétation du Mexique.

Le Mexique peut se diviser, sous le rapport botanique, en
trois régions, d'altitudes croissantes. La première s'étend des

vallées jusqu'aux forêts de Chênes : c'est la région des *Palmiers*, du *Cotonnier*, de l'*Indigo*, de la *Canne à sucre*, du *Caféier*,
et des divers fruits de la zone tropicale. La seconde, située de
1000 mètres à 2650 mètres d'altitude (région tempérée), s'étend
depuis les forêts de Chênes jusqu'aux forêts de Conifères. A cette
hauteur, la température suffit encore pour mûrir les fruits
tropicaux. La troisième région, ou la *région froide*, occupe l'espace compris entre les *Sapins* et les neiges éternelles. Elle
possède dans plusieurs de ses parties un climat sous lequel le
Poirier, le *Pommier*, le *Cerisier* et la *Pomme de terre* peuvent
encore se développer.

En s'élevant de la base de l'Orizaba, sur les flancs de cette
montagne, on voit successivement apparaître et se remplacer
des *Mimosées, Acacias, Cotonniers, Convolvulus, Bignoniées, Chênes,
Palmiers arundinacés, Bananiers, Myrtes, Laurinées, Térébinthacées,
Fougères arborescentes, Magnoliées, Composées arborescentes, Platanes, Aliboufiers, Pommiers, Poiriers, Cerisiers, Abricotiers, Grenadiers, Citronniers, Orangers; Aroïdées, Orchidées, Fuchsia, Cactées*, etc., etc.

Amérique du Sud. — En pénétrant sur le continent de l'Amérique du Sud, nous conduirons d'abord le lecteur dans ces
plaines immenses de la république de Vénézuéla, connues
sous le nom de *llanos*. Nous trouverons dans Alexandre de
Humboldt un guide éloquent et fidèle, un peintre autorisé de
ces magnificences naturelles.

« C'est dans la Mesa de Paja, par les $\frac{9}{2}$ de latitude, dit Alexandre de
Humboldt, que nous entrâmes dans le bassin des Llanos. Le soleil était
presque au zénith; la terre, partout où elle se montrait stérile et dépouillée de végétation, avait jusqu'à 48 et 50° de température. Aucun
souffle de vent ne se faisait sentir à la hauteur à laquelle nous nous trou-
vions sur nos mulets. Cependant, au milieu de ce calme apparent, des
tourbillons de poussière s'élevaient sans cesse, chassés par ces petits
courants d'air qui ne rasent que la surface du sol et qui naissent des différences de température qu'acquièrent le sable nu et les endroits couverts d'herbes. Ces vents de sable augmentent la chaleur suffocante de
l'air. Chaque grain de quartz, plus chaud que l'air qui l'entoure, rayonne
dans tous les sens, et il est difficile d'observer la température de l'atmosphère sans que les molécules de sable viennent frapper contre
la boule du thermomètre. Tout autour de nous, les plaines semblaient
monter vers le ciel; et cette vaste et profonde solitude se présentait à

nos yeux comme une mer couverte de varechs ou d'algues pélagiques.
Selon la masse inégale des vapeurs répandues dans l'atmosphère et selon le décroissement variable de la température des couches d'air superposées, l'horizon, dans quelques parties, était clair et nettement séparé.
Dans d'autres, il était ondoyant, sinueux et comme strié. La terre s'y
confondait avec le ciel. A travers la brume sèche et des bancs de vapeur
on voyait au loin des troncs de Palmiers dépourvus de leur feuillage et
de leurs sommets verdoyants; ces troncs disparaissaient comme des
mâts de navire qu'on découvre à l'horizon. Il y a quelque chose d'imposant, mais de triste et de lugubre, dans le spectacle uniforme de ces
steppes. Tout y paraît immobile. A peine quelquefois l'ombre d'un petit
nuage qui parcourt le zénith et annonce l'approche de la saison des
pluies, se projette sur la savane.... Les steppes que nous traversâmes
sont principalement couvertes de Graminées, de *Killengia*, de *Cenchrus*
et de *Paspalum*. Aux Graminées se trouvent mêlées quelques herbes de
la classe des dicotylédonées, comme des *Turnera*, des Malvacées et, ce
qui est bien remarquable, de petites Mimoses à feuilles irritables,
que les Espagnols appellent *Dornuderas*. Cette même race de vaches, qui
en Espagne s'engraisse de sainfoin et de trèfle, trouve ici une excellente
nourriture dans les Sensitives herbacées. A l'est, dans les llanos du Caire
et de Barcelona, le *Cypura* et le *Craniolaria*, dont la belle fleur blanche
a 6-8 pouces de long, s'élèvent isolés parmi les Graminées. Les pâturages sont les plus gras non-seulement autour des rivières sujettes aux
inondations, mais aussi partout où les troncs des Palmiers sont les plus
rapprochés. Les lieux entièrement dépourvus d'arbres sont les moins
fertiles. On ne peut attribuer cette différence à l'abri que donnent les
Palmiers en empêchant les rayons du soleil de dessécher et de brûler
le sol. J'ai vu, il est vrai, dans les forêts de l'Orénoque, des arbres de
cette famille qui offraient un feuillage touffu, mais ce n'est pas du Palmier des llanos (*Corypha tectorum*) qu'on peut vanter l'ombrage. Ce Palmier n'a que très-peu de feuilles plissées et palmées comme celles du
Chamærops, et dont les inférieures sont constamment desséchées.... Outre les troncs isolés de ce Palmier, on trouve aussi çà et là dans la
steppe quelques groupes de Palmiers, de vrais bosquets dans lesquels
le Corypha est mêlé à un arbre de la famille des Protéacées et qui est
une nouvelle espèce de *Rhopala* à feuilles dures et résonnantes.... Le
Corypha s'étend dans les llanos de Caracas, depuis la Mesa de Paja jusqu'au Guayaval; plus au nord et au nord-ouest, il est remplacé par une
autre espèce du même genre, à feuilles également palmées, mais plus
grandes. Au sud du Guayaval dominent d'autres Palmiers, surtout le
Piritu à feuilles pennées et le Murchi. C'est le Sagoutier de l'Amérique
qui fournit de la farine, du vin, du fil pour tisser des hamacs, des paniers, des filets et des vêtements. Ses fruits, en forme de cônes de Pin
et couverts d'écailles, sont parfaitement semblables à ceux du Calamus
Rotang. Ils ont un petit goût de pomme. La nation des Guaraous, dont
toute l'existence est pour ainsi dire étroitement liée à celle du Palmier
Murichi (*Mauritia flexuosa*), en retire une liqueur fermentée acidule et
très-rafraîchissante. Ce Palmier à grandes feuilles luisantes et plissées

en éventail conserve une belle verdure à l'époque des plus grandes sécheresses. Sa vue seule produit une agréable sensation de fraîcheur, et
le Murichi chargé de fruits écailleux contraste singulièrement avec le
triste aspect de la Palma de Cobija, dont le feuillage est toujours gris et
couvert de poussière. »

Quelle différence de végétation, si nous nous élevions de la
contrée basse de la partie centrale de l'Amérique, vers les hautes crêtes des Cordillères ! Là des tourbillons de neige et de
grêle succèdent chaque jour, et pendant plusieurs heures,
au rayonnement du soleil. Élevons-nous sur les Andes, entre
le 20ᵉ degré de latitude méridionale et le 5ᵉ degré de latitude
septentrionale, à une hauteur de 1650 à 3000 mètres.

Les formes extratropicales apparaissent ou deviennent plus
abondantes. Telles sont des Graminées, des Amentacées (*Chênes,
Saules*), des Labiées, des Éricinées, de nombreuses Composées, des Caprifoliacées, Ombellifères, Rosacées, Crucifères,
Renonculacées. Au contraire, quelques formes tropicales s'é-
teignent ou deviennent plus rares; cependant des espèces
isolées de Palmiers, de Poivriers, de Cactées, de Passiflores
et de Mélastomes s'élèvent encore à une hauteur notable.

Parmi les végétaux ligneux les plus abondants, nous citerons le *Ceroxylon andicola*, le plus haut de tous les Palmiers,
qui atteint jusqu'à 60 mètres, et produit une cire qui exsude de ses feuilles et surtout de la base de leurs pétioles;
le *Saule* et le *Chêne de Humboldt;* plusieurs espèces de *Cinchona*,
de *Quinquina*, qui règnent ici en souverains; des *Houx*, des
Andromèdes, etc.

Les végétaux qui sont cultivés entre les tropiques aux environs de Mexico et dans l'Amérique du Sud jusqu'à la rivière
des Amazones, disparaissent presque entièrement ici. Cependant on cultive encore dans cette région le *Maïs* et le *Café*,
ainsi que les grains et les fruits d'Europe, les Pommes de
terre et le *Chenopodium chinoa*, dont les semences, réduites en
bouillie, servent de nourriture aux habitants des montagnes

Si, à la même latitude géographique, nous nous élevons,
sur ces mêmes Andes, à 3000 mètres au-dessus du niveau de
la mer, les formes tropicales ont presque entièrement disparu ;
au contraire, celles qui caractérisent les températures froides

et les zones polaires deviennent abondantes. Il n'y a plus de grands arbres; des *Aunes*, des *Airelles*, des *Thibaudia*, des *Groseilliers*, des *Escallonia* aux feuilles amères et toniques, dont c'est ici le royaume, des *Houx*, des *Drymis*, sont les arbrisseaux propres à ces régions, que caractérisent encore ces curieuses *Calcéolaires* à corolle en forme de sabot, dont les semis ont donné à l'horticulture des variétés qui se multiplient à l'infini. Citons encore parmi les familles caractéristiques les Ombellifères, les Caryophyllées, les Crucifères, les Cypéracées, les Mousses, les Lichens.

Revenons à des districts végétaux plus circonscrits.

Le climat de Caracas a été souvent nommé un printemps perpétuel. Que peut-on, en effet, imaginer de plus délicieux qu'une température qui se soutient, le jour entre 16° et 20°, la nuit entre 16° et 18°, et qui favorise à la fois la végétation du *Bananier*, de l'*Oranger*, du *Caféier*, du *Pommier*, de l'*Abricotier* et du *Froment?* Selon de Humboldt, la flore de Caracas est principalement caractérisée par les plantes suivantes : *Vernonia odoratissima* (dont les fleurs ont une odeur délicieuse d'Héliotrope), *Œillet d'Inde de Caracas*, *Glycine ponctuée*, *Amarante de Caracas*, *Datura arborescent*, *Saule de Humboldt*, *Theophrasta à longues feuilles*, *Inga cendré*, *Inga fastueux*, *Érythrine*, etc.

Nous ne quitterons pas ces régions fortunées sans signaler au lecteur deux arbres bienfaisants : le *Theobroma cacao* et l'*Arbre de la vache*. Tout le monde sait que c'est avec les graines grillées, écrasées et additionnées de sucre, du *Theobroma cacao*, que l'on fabrique le chocolat. Humboldt nous donne sur l'*Arbre de la vache* les renseignements suivants :

« Ce bel arbre, dit l'illustre voyageur, a le port du *Caimitier* (*Chrysophyllum ainito*). Le fruit est peu charnu et renferme une et quelquefois deux noix. Lorsqu'on fait des incisions dans le tronc de l'*Arbre de la vache*, il donne en abondance un lait gluant, assez épais, dépourvu de toute âcreté et qui exhale une odeur de baume très-agréable. On nous en présenta dans des fruits de calebassier. Nous en avons bu des quantités considérables le soir avant de nous coucher et de grand matin, sans en éprouver aucun effet nuisible. Les nègres et les gens libres qui travaillent dans les plantations le boivent en y trempant du pain de maïs et de manioc. Le majordome de la ferme nous assura que les esclaves engraissent sensiblement pendant la saison où le *Palo de vacca* leur fournit le plus de lait.

« Ce ne sont point ici, ajoute Humboldt, les superbes ombrages des forêts, ni le cours · majestueux des fleuves, ni ces montagnes enveloppées d'éternels frimas, qui excitent notre émotion. Quelques gouttes d'un suc végétal nous rappellent toute la puissance et la fécondité de la nature. Sur le flanc aride d'un rocher croît un arbre dont les feuilles sont sèches et coriaces. Ses grosses racines ligneuses pénètrent à peine dans la pierre. Pendant plusieurs mois de l'année, pas une ondée n'arrose son feuillage. Les branches paraissent mortes et desséchées ; mais lorsqu'on perce le tronc, il en découle un lait doux et nourrissant. »

Peindrons-nous maintenant les sauvages beautés des forêts inextricables de la Guyane? Promènerons-nous le lecteur dans ces savanes immenses, qu'animent des gramens, des touffes de Myrtacées, des Orchidées, des Mélastomes, pendant que d'élégants Palmiers composent, çà et là, des groupes pittoresques? Le ferons-nous naviguer sur les tranquilles fleuves de l'heureuse Guyane, sur les eaux desquels s'étale le splendide *Victoria regia*, la reine des Nymphéacées?

Pour pénétrer au cœur même de la végétation du Brésil, cette région des Palmiers et des Mélastomes, cette terre promise des naturalistes, nous prendrons pour guides MM. Martins et Auguste de Saint-Hilaire, qui en ont décrit avec exactitude les merveilles végétales.

Au nombre des différentes espèces de Palmiers que possède le Brésil, il faut citer : le *Cocotier*, le *Palmito* (*Euterpe oleracea*), le plus élégant de tous ces princes du règne végétal; l'*Attalea funifera*, dont les spathes fournissent un véritable tissu d'une grande résistance ; le *Ginsi* ou *Diplothemium littorale*, dont les fruits orangés contiennent un noyau très-dur dans lequel est une amande excellente ; le *Buriti* (*Mauritia vinifera*), dont le stipe fournit par incision une sève vineuse recherchée ; des *Euterpes*, des *Chamædorea*, *Bactris*, *Œnocarpus*, *Corypha*, etc.

Les forêts du Brésil sont riches en bois estimés pour la teinture, la charpente et l'ébénisterie (bois du Brésil, bois de rose, bois de fer, palissandre), et en plantes utiles par leurs fruits comestibles ou leurs propriétés médicinales. Le *Caféier*, la *Canne à sucre*, le *Cotonnier*, le *Tabac*; les plantes à caoutchouc, le *Manioc*, le *Riz*, le *Maïs*, le *Cacao*, l'*Ananas*, l'*Indigotier*, le *Bananier*, sont au Brésil l'objet principal des cultures. La végétation est extrêmement variée, parce que l'exposition et la hauteur des diverses provinces offrent de grandes différences. On y voit d'arides *campos,* où des touffes d'arbustes nains forment, avec les Graminées, les Ériocaulonées et les Xyridées, des plaines onduleuses d'un triste aspect; mais on y rencontre ces admirables forêts vierges, dont l'image est restée gravée dans l'esprit de tous ceux qui ont lu des relations pittoresques de voyages.

L'aspect des forêts du Brésil varie selon la nature du sol et la distribution des eaux qui les parcourent. Si ces forêts ne sont pas le siége d'une humidité constamment entretenue, si cette humidité est seulement renouvelée par des pluies périodiques, la sécheresse détermine un arrêt dans la végétation, qui devient intermittente, comme elle l'est dans nos climats. C'est ce qui se passe dans les *Catingas.* Excitée, au contraire, sans cesse par ses deux agents principaux, l'humidité et la chaleur, la végétation des forêts vierges, dont Auguste de Saint-Hilaire va nous offrir l'éloquent tableau, se maintient dans une continuelle activité. L'hiver ne s'y distingue de l'été que par une nuance de teinte dans la verdure du feuillage; et si quelques arbres y perdent quelquefois leurs feuilles, c'est pour reprendre aussitôt une parure nouvelle. Écoutons maintenant le botaniste français :

« Lorsqu'un Européen arrive en Amérique, dit Auguste de Saint-Hilaire, et que, dans le lointain, il découvre les bois vierges pour la première fois, il s'étonne de ne plus apercevoir quelques formes singulières qu'il a admirées dans nos serres et qui sont ici confondues dans les masses. Il s'étonne de trouver dans les contours des forêts aussi peu de différence entre celles du Nouveau-Monde et celles de son pays; et si quelque chose le frappe, c'est uniquement la grandeur des proportions et le vert foncé des feuilles qui, sous le ciel le plus brillant, communiquent au paysage un aspect grave et austère.

« Pour connaître toute la beauté des forêts équinoxiales, il faut s'enfoncer dans ces retraites aussi anciennes que le monde. Là, rien ne rappelle la fatigante monotonie de nos bois de chênes et de sapins ; chaque arbre a un port qui lui est propre, chacun a son feuillage et offre souvent une teinte de verdure différente. Des végétaux gigantesques qui appartiennent aux familles les plus éloignées entremêlent leurs branches et confondent leur feuillage. Les Bignoniées à cinq feuilles croissent à côté des *Cæsalpinia,* et les feuilles dorées des Casses se répandent en tombant sur des Fougères arborescentes. Les rameaux mille fois divisés des Myrtes et des *Eugenia* font ressortir la simplicité élégante des Palmiers, et parmi les Mimoses aux folioles légères, le *Cecropia* étale ses larges feuilles et ses branches qui ressemblent à d'immenses candélabres. Il est des arbres qui ont une écorce parfaitement lisse; quelques-uns sont défendus par des épines, et les énormes troncs d'une espèce de Figuier sauvage s'étendent en lames obliques qui semblent les soutenir comme des arcs-boutants.

« Les fleurs obscures de nos Hêtres et de nos Chênes ne sont guère aperçues que par les naturalistes; mais dans les forêts de l'Amérique méridionale, les arbres gigantesques étalent souvent les plus brillantes corolles. Les *Cassia* laissent pendre de longues grappes dorées; les Vochysiées redressent des thyrses de fleurs bizarres; des corolles tantôt jaunes et tantôt purpurines, plus longues que celles de nos digitales, couvrent avec profusion les Bignoniées en arbre, et des *Chorisia* se parent de fleurs qui ressemblent à nos Lis pour la forme, comme elles rappellent l'*Alistrœmeria* pour le mélange de leurs couleurs.

« Certaines formes végétales qui ne se montrent chez nous que dans les proportions les plus humbles, là se développent, s'étendent et paraissent avec une pompe inconnue sous nos climats. Des Borraginées deviennent des arbrisseaux; plusieurs Euphorbiacées sont des arbres majestueux, et l'on peut trouver un ombrage agréable sous leur épais feuillage.

« Mais ce sont principalement les Graminées qui montrent le plus de différence entre elles et celles de l'Europe. S'il en est une foule qui n'acquièrent pas d'autres dimensions que nos Brômes et nos Fétuques, et qui, formant ainsi la masse des gazons, ne se distinguent des espèces européennes que par leurs tiges plus souvent rameuses et leurs feuilles plus larges, d'autres s'élancent jusqu'à la hauteur des arbres de nos forêts et présentent le port le plus gracieux. D'abord droites comme des lances et terminées par une pointe aiguë, elles n'offrent à leurs entre-nœuds qu'une seule feuille, qui ressemble à une large écaille; celle-ci tombe; de son aisselle naît une couronne de rameaux courts, chargés de feuilles véritables. La tige des Bambous se trouve ainsi ornée, à des intervalles réguliers, de charmants verticilles; elle se courbe et forme entre les arbres des berceaux élégants.

« Ce sont principalement les lianes qui communiquent aux forêts les beautés les plus pittoresques; ce sont elles qui produisent les accidents les plus variés. Ces végétaux, dont nos Chèvrefeuilles et nos Lierres ne donnent qu'une bien faible idée, appartiennent, comme les grands végétaux, à une foule de familles différentes. Ce sont des Bignoniées, des *Bauhinia*, des *Cissus*, des Hippocratées; et si toutes ont besoin d'un appui, chacune a pourtant un port qui lui est propre. A une hauteur prodigieuse, une Aroïde parasite ceint le tronc des plus grands arbres. Les marques des feuilles anciennes qui se dessinent sur sa tige en forme de losange la font ressembler à la peau d'un serpent; cette tige donne naissance à des feuilles larges, d'un vert luisant, et de sa partie inférieure naissent des racines grêles qui descendent jusqu'à terre, droites comme un fil à plomb. L'arbre qui porte le nom de *Cipo-Matador*, la Liane meurtrière, a un tronc aussi droit que celui de nos Peupliers; mais

Fig. 414. Forêt vierge du Brésil, d'après le tableau de Forbin.

tróp grêle pour se soutenir isolément, il trouve un support dans un arbre voisin plus robuste que lui ; il se presse contre sa tige, à l'aide de racines aériennes qui, par intervalles, embrassent celles-ci comme des osiers flexibles ; il s'assure et peut défier les ouragans les plus terribles. Quelques lianes ressemblent à des rubans ondulés, d'autres se tordent et décrivent de larges spirales ; elles pendent en festons, serpentent entre les arbres, s'élancent de l'un à l'autre, les enlacent et forment des masses de branchages, de feuilles et de fleurs, où l'observateur a souvent peine à rendre à chaque végétal ce qui lui appartient.

« Mille arbrisseaux divers : des Mélastomées, des Borraginées, des Poivres, des Acanthacées, naissent au pied des grands arbres, remplissent les intervalles que ceux-ci laissent entre eux, et offrent leurs fleurs au naturaliste, le consolent de ne pouvoir atteindre celles des arbres gigantesques qui élèvent au-dessus de sa tête leur cime impénétrable aux rayons du soleil. Les troncs renversés ne sont point couverts seulement d'obscurs cryptogames ; les *Tillandsia*, les Orchidées aux fleurs bizarres leur prêtent une parure étrangère, et souvent ces plantes elles-mêmes servent d'appui à d'autres parasites. De nombreux ruisseaux coulent ordinairement dans les bois vierges ; ils y entretiennent la fraîcheur ; ils offrent au voyageur altéré une eau délicieuse et limpide, et sont bordés de tapis de Mousses, de Lycopodes et de Fougères, du milieu desquelles naissent des Begonia aux tiges délicates et succulentes, aux feuilles inégales, aux fleurs couleur de chair. »

La figure 414 est la reproduction d'une gravure célèbre publiée vers 1825 : *la Forêt vierge du Brésil*, d'après le tableau de M. le comte de Forbin, directeur des musées royaux.

Jetons enfin un coup d'œil sur la végétation des contrées du grand continent américain situées au-dessous du tropique du Capricorne, et qui constituent le Chili, la Plata, la Patagonie.

Deux Palmiers se retrouvent encore au Chili : c'est le *Jubæa spectabilis* et le *Ceroxylon australe*. Un arbre magnifique, l'*Araucaria imbricata*, qui élève à 50 mètres ses rameaux verticillés horizontalement et couverts de feuilles épineuses, y forme de vastes forêts. Des Graminées, des Fougères, des Labiées, des Ombellifères, des *Fuchsia*, des Loasées, des buissons de Myrtacées et de Laurinées, mais particulièrement des Composées ligneuses, forment le fond de la végétation.

Dans les forêts, encore peu connues du Paraguay, situées le long de l'océan Atlantique, on trouve des Composées ligneuses et le *Maté* de l'Amérique méridionale, qui représente l'*Arbre à thé* de la Chine : c'est un *Houx* (*Ilex paraguayensis*) qui fournit

32

cette précieuse denrée. Le Paraguay expédie annuellement
5 600 000 livres de *maté*.

Dans la République Argentine, Aug. de Saint-Hilaire ne
trouva que 500 espèces de plantes, parmi lesquelles 15 seulement appartiennent à des familles qui ne sont pas européennes.

Mais atteignons la plage méridionale de la Patagonie ou les
Falklands. Quelques Graminées et Cypéracées brunes et coriaces (*Dactylis cæspitosa, Carex trifida*), le *Bolax glebaria*, l'*Oxalis*
à neuf feuilles, la *Cardamine glaciale*, une *Véronique*, une *Calcéolaire*, un *Aster*, l'*Opuntia Darwinii*, le *Lomaria magellanica*
parmi les Fougères arborescentes, des ronces, des buissons
d'*Airelles* ou d'*Arbousiers*, tel est à peu près le bilan végétal de
ces landes désertes, où règnent la Mousse, l'Hépatique et le
Lichen.

Nous voici parvenu à la partie méridionale de l'Amérique du
Sud. Nous approchons de la région polaire australe ; par conséquent la végétation va presque entièrement cesser, et nous
allons retrouver sur ce sol glacé les caractères généraux de la
végétation des pôles.

Sur la *Terre de Feu* d'épaisses forêts recouvrant les montagnes, là où elles sont abritées contre le vent jusqu'à une hauteur de 500 mètres. Le *Hêtre à feuilles de bouleau* y prédomine ;
puis vient le *Hêtre antarctique*, le *Hêtre de Forster*, qu'accompagnent des buissons de Berberis, de Groseilliers, etc.

A l'île de l'Hermite, le point le plus méridional, on retrouve encore un peu de végétation arborescente. Hooker y a
observé 84 plantes munies de fleurs et beaucoup de cryptogames. Un champignon constitue l'une des principales substances alimentaires des misérables habitants de ces contrées
glaciales.

AUSTRALIE.

La faune et la flore de l'Australie sont tellement différentes
de celles des autres parties du monde que, dans l'état actuel
de nos connaissances géologiques, il paraît impossible de
considérer cette partie du monde comme contemporaine des

Fig. 415. Le bord d'une forêt d'Australie.

autres. L'étude des animaux et des plantes de l'Océanie porte le naturaliste à penser que ces contrées renferment une création organique en arrière sur celle du reste de la terre, et à faire admettre dès lors qu'elle a apparu postérieurement aux continents de l'Europe, de l'Asie, de l'Afrique et de l'Amérique. On se croirait transporté à l'époque secondaire ou tertiaire. En effet, tous les Marsupiaux appartiennent à un type de mammifères inférieurs que l'on ne trouve plus que dans les terrains jurassiques à l'état fossile, et les végétaux présentent des anomalies telles, qu'ils ressemblent davantage à ceux de l'époque tertiaire qu'à ceux de nos jours. Ils présentent des formes plus anciennes que celles des végétaux contemporains. Plus des neuf dixièmes des espèces qu'on trouve entre les 33e et 35e degré sud de la Nouvelle-Hollande sont absolument propres à ces régions. Plusieurs constituent des familles complétement distinctes ; d'autres forment des familles qui sont à peine représentées sur d'autres points du globe. Celles mêmes qui appartiennent à des groupes connus et répandus, déguisent leurs affinités naturelles sous des formes tellement insolites qu'on les a nommées les *masques du règne végétal*. Les espèces de deux genres, l'*Eucalyptus* parmi les Myrtacées, l'*Acacia* parmi les Légumineuses, forment peut-être, par leur nombre et par leurs dimensions, la moitié de la végétation qui couvre ces terres. Leurs feuilles sont réduites à des phyllodes. Ces phyllodes, et même aussi les limbes de feuilles véritables, n'ont point leur limbe horizontal placé comme celui des plantes de notre pays et de la plus grande partie du reste de la terre ; le limbe est placé de champ par rapport à la surface du sol. La lumière, glissant entre ces lames verticales, n'est plus arrêtée, comme il arrive pour les arbres et les arbustes de nos pays, par une suite de feuilles placées transversalement les unes au-dessus des autres ; dès lors elle ne subit plus des unes aux autres cette série de réflexions dont le résultat nous est familier.

L'effet produit par les masses de verdure de l'Australie est donc tout différent de celui auquel nous sommes accoutumés. Aussi l'aspect des forêts de la Nouvelle-Hollande frappa-t-il singulièrement les premiers voyageurs qui les visitèrent, par la singulière sensation que donnait à l'œil la distribution des lumières et des ombres.

L'*Eucalyptus*, qui occupe une si grande place dans la végétation australienne, sert à ombrager, au milieu des bois, les tombes des sauvages habitants de ces contrées. Le naturaliste Mitchell, à qui l'on doit la première description scientifique de l'Australie, a fait un tableau remarquable de ces *bocages de la mort*, qui aujourd'hui deviennent de plus en plus rares, et disparaissent au souffle de la colonisation européenne. Mitchell rapporte que ces *bocages de la mort* marquaient le centre de la terre patrimoniale de chaque grande tribu australienne. De petits *tumulus* de gazon, et des sentiers sablés circonscrivaient les cases de ces échiquiers funéraires qui s'étendent à l'ombre des *Eucalyptus* et des *Xanthorrhea*. La figure 415 représente, d'après l'ouvrage de Mitchell, une de ces poétiques sépultures des forêts de l'Australie.

Si aux magnifiques Eucalyptus et aux Mimosas à feuilles simples, qui prédominent dans les forêts, et donnent ainsi un caractère tout spécial à la végétation australienne, on ajoute les *Xanthorrhea*, à la tige épaisse, aux feuilles étroites, longues, linéaires, recourbées au sommet et étalées, du centre desquelles s'élève un stipe allongé, terminé par un épi de fleurs robustes qui impriment un cachet tout particulier aux lieux où ils abondent[1] ; les *Casuarina* aux branches longues, pendantes, pleureuses, délicatement articulées ; l'*Araucaria excelsa*, qui élève son tronc columnaire et ses rameaux verticillés jusqu'à la hauteur de 80 à 100 pieds ; d'élégantes Épacridées aux fleurs si variées ; un grand nombre de jolies Légumineuses qui font maintenant la richesse de nos serres ; plus de 120 espèces d'Orchidées terrestres appartenant presque toutes à des genres spéciaux à l'Australie, on aura une idée du manteau végétal qui couvre et décore d'une manière si originale les côtes de la Nouvelle-Hollande.

Nous donnons dans la figure 416 une vue photographique d'une forêt vierge de l'Australie.

Les îles de la Nouvelle-Zélande correspondent à peu près en

---

1. On voit sur la figure 416 plusieurs pieds de *Xanthorrhea*.

Fig. 416. Forêt vierge de la province de Victoria (Australie), d'après une photographie.

latitude à la zone que'nous venons d'examiner : elles en sont les terres les plus rapprochées. Elles nous intéressent d'autant plus qu'elles ne sont pas éloignées de l'antipode de Paris ; si bien qu'elles sembleraient devoir représenter, de l'autre côté du globe, une partie de notre région méditerranéenne. Cependant leur végétation offre un caractère différent. Elle a quelques traits communs avec celle de la Nouvelle-Hollande et celle des tropiques. Nous empruntons à MM. Richard et Lesson les renseignements qui suivent :

Dans la grande île d'Ika-na-Mawi s'élèvent d'immenses forêts pleines de Lianes et d'arbrisseaux entrelacés, qui les rendent impénétrables. Dans ces forêts existent sans doute des arbres dont les dimensions sont gigantesques, car les pirogues des indigènes ont jusqu'à 60 pieds de long sur 3 et 4 de large, et le tout d'une seule pièce. A 2 ou 4 milles de la côte, MM. Richard et Lesson virent de grands espaces très-bas et probablement marécageux, couverts d'une grande masse d'arbres verts, dont le *Dacrydium cupressium* et le *Podocarpus dacrydioïdes* et quelques autres forment l'essence principale.

La végétation du *Havre de l'Astrolabe* est fort belle, quoique le nombre des plantes cryptogames égale presque celui des phanérogames. L'Européen est surpris d'y rencontrer quelques végétaux de sa patrie, ou du moins des espèces très-rapprochées, comme des *Seneçons*, des *Véroniques*, le *Jonc de Jésus-Christ*, la *Renoncule âcre*, etc. En revanche, quelques végétaux particuliers à la Nouvelle-Zélande croissent abondamment dans ces localités : tel est, entre autres, le *Phormium tenax*, que les Européens nomment *Lin de la Nouvelle-Zélande*, parce que ses fibres fournissent une filasse très-solide, excellente pour la fabrication des tissus.

Les Fougères forment à peu près un septième de la totalité des végétaux de ce pays. Parmi les monocotylédones, ce sont les Graminées et les Cypéracées qui dominent ; parmi les dicotylédones, les Ombellifères, les Crucifères et les Œnothérées.

La Nouvelle-Zélande ne fournit qu'un petit nombre de plantes alimentaires. Les misérables habitants de cet archipel, pour la plupart ichthyophages, ont été longtemps réduits à se nourrir de la racine féculente d'une fougère, le *Pteris esculenta*, quand ils manquaient de poissons. Aucun arbre ne produit de gros fruits. Le *Taro* ou *Caladium esculentum* et la *Patate douce (Convolvulus batatas)* servent aussi de nourriture aux habitants de ces contrées.

Il faut remarquer pourtant que les végétaux potagers de l'Europe, introduits dans la Nouvelle-Zélande par les navigateurs, ont fini par s'y propager avec une telle facilité, que l'aspect du terrain, aussi bien que les conditions mêmes de la vie, s'y sont modifiées profondément.

Nous signalerons encore, parmi les végétaux propres à l'archipel dont il est ici question, le *Corypha Australis;* parmi les Palmiers, des *Dracænas* arborescents, des forêts d'une Conifère à feuilles larges, le *Dammara,* et des *Metrosideros* parmi les Myrtacées.

VÉGÉTATION DES MONTAGNES

Nous venons de parcourir les principales régions botaniques du globe. Nous avons vu la végétation varier selon la latitude, c'est-à-dire selon la distance de l'équateur. A mesure que nous avancions de l'équateur vers les pôles, nous avons vu, en parcourant les zones équatoriale, tropicale, tempérée et polaire, la végétation perdre graduellement de sa puissance, se dépouiller de ses formes fastueuses ou multiples, et se réduire de plus en plus, sous le rapport du nombre des espèces, comme sous celui de leurs dimensions, en approchant des régions polaires, pour cesser entièrement aux deux pôles, dans ces lieux où règne un froid éternel. La chaleur est la compagne inséparable de la vie organique. Là où la chaleur disparaît, la vie s'éteint, et l'organisation végétale suit dans sa vigueur et sa puissance la dégradation proportionnelle de la chaleur atmosphérique.

Mais une réflexion capitale va se présenter tout de suite, comme corollaire de la remarque précédente, à l'esprit de tout lecteur judicieux.

Quand on s'élève sur les flancs d'une montagne, et en géné-

ral, quand on s'élève par un moyen quelconque, par exemple
dans un aérostat, dans les hautes régions de l'air, on voit la
température décroître rapidement. Quelquefois la température
décroît d'un degré pour 100 mètres seulement d'élévation
dans l'atmosphère. Il suit de là que les groupes de plantes
qui vivent le long des hautes montagnes doivent différer les
uns des autres, et que leur ensemble doit former des zones,
ou régions botaniques, tout à fait semblables à celles que
nous avons passées en revue en suivant le chemin géographique des latitudes. Au pied d'une montagne située par
exemple dans la région équatoriale du globe, on doit trouver
les plantes de cette région; en s'élevant, on doit rencontrer
d'abord les plantes de la région tropicale; plus haut, celles de
la région tempérée; plus haut encore, les végétaux propres à
la région polaire. Plus haut enfin, toute vie végétale doit s'é-
teindre, comme la vie s'anéantit dans les régions glacées des
pôles, siége du froid et séjour de la mort.

Ces remarques sont la fidèle image de ce que la nature offre
à nos regards. Il y a donc une restriction importante à faire à
la démarcation des régions botaniques naturelles que nous
avons posées et successivement parcourues. Ces régions ne
peuvent être admises avec une existence réelle qu'autant
qu'on se place au niveau de la mer, ou à 7 à 800 mètres tout
au plus au-dessus de ce niveau. Au delà de cette limite, on
entre dans une zone aérienne d'une température beaucoup
plus basse que la région inférieure, et la démarcation des régions botaniques doit s'effacer d'une manière absolue.

Alexandre de Humboldt a donné à cette vérité une forme sai-
sissante. Il a dit que le globe, sous le point de vue des régions
botaniques qu'il renferme, peut être comparé avec assez de
justesse à deux énormes montagnes accolées par leur base : la
décroissance de la température qui se manifeste quand on
marche de l'équateur aux pôles, est la même que celle qui s'ob-
serverait en supposant qu'on s'élevât le long d'une montagne qui aurait pour hauteur le rayon de la sphère terrestre.

Pour en revenir aux faits positifs que l'observation nous présente, on voit que la végétation des montagnes est facile à de-
viner d'avance d'après la connaissance du lieu que cette mon-

tagne occupe sur le globe. A mesure qu'on s'élève sur les flancs d'une montagne quelconque, on voit se succéder, le long de ses pentes, des flores qui sont d'autant moins nombreuses qu'on est plus éloigné de l'équateur. Sous l'équateur même, par exemple, on verra succéder à la flore équatoriale la flore propre aux régions des tropiques ; à celle-ci succédera la flore tempérée chaude ; plus haut viendront les plantes de la zone tempérée froide ; puis les flores arctique et polaire, au delà desquelles brillent les neiges éternelles. Il suit de là que dans les contrées avoisinant le pôle boréal, c'est-à-dire du 70e au 75e degré de latitude, suivant les lieux, les dernières limites de la végétation commencent au niveau de la mer.

Nous arrêterons ici ces remarques pour ne pas offrir seulement des généralités au lecteur. Dans le but de mettre ces vérités en relief par des faits d'observation utiles à connaître, nous allons examiner la végétation de quelques montagnes célèbres. Nous conduirons le lecteur d'abord sur les flancs des Alpes, avec A. de Jussieu ; ensuite sur le mont Ventoux, en Provence, avec M. Ch. Martins ; enfin sur les sommets de l'Himalaya, avec le docteur Hooker.

« Supposons le spectateur au pied des Alpes, dit A. de Jussieu, vis-à-vis de ces grands massifs que couronnent les neiges éternelles. En portant ses regards sur la montagne, il remarquera facilement que cette végétation qui l'environne immédiatement et qui caractérise le centre et le nord de la France, disparaît à une certaine hauteur pour faire place à une autre qui subit à son tour des changements successifs à mesure qu'elle s'élève ; et comme à une certaine distance son œil ne pourra saisir que les masses dessinées par les grands végétaux au milieu desquels se cachent d'autres plus humbles, il verra comme une suite de bandes superposées les unes aux autres. D'abord celle des arbres à feuilles caduques qui se distingue à sa verdure plus tendre ; puis celle des Conifères à verdure foncée et presque noire ; puis enfin une bande dont le vert plus indécis est interrompu çà et là par des plaques d'autre couleur et va se dégradant jusqu'à la ligne sinueuse où commence la neige ; elle est due à ce que les arbres dont les cimes se confondaient plus ou moins rapprochées, et coloraient ainsi uniformément les espaces recouverts par eux, ont cessé, et ont fait place à des arbrisseaux ou à des herbes de plus en plus voisins du niveau du sol et rabougris.

« Si du point où les objets s'offraient ainsi massés, il s'avance vers la montagne et la gravit, il pourra d'abord recueillir les plantes, il en verra apparaître d'autres plus ou moins différentes, et qu'on appelle alpestres : des Aconits, des Astrantia, certaines espèces d'Armoises, de Senéçons, de Prenanthes, d'Achillées, de Saxifrages, de Potentilles, etc. Après avoir côtoyé des Noyers, traversé des bois de Châtaigniers, il aura vu ceux-ci cesser, et les bois se composeront de Chênes, de Hêtres, de Bouléaux ; mais les Chênes cesseront les premiers (vers 800 mètres), les Hêtres un peu plus tard (vers 1000 mètres). Ensuite les bois seront formés presque exclusivement par les arbres verts (le Sapin, le Mélèze, le Pin commun, qui s'arrêtent à des étages successifs (jusque vers 1800 mètres). Le Bouleau monte encore un peu plus haut (jusque vers 2000 mètres). Une conifère, le Pin cembro, s'observe encore quelquefois pendant une centaine de mètres. Au delà de cette limite, les arbres s'abaissent pour former d'humbles taillis, comme, par exemple, une espèce d'Aune (*Alnus viridis*). C'est à peu près alors qu'il se verra entouré par cet arbrisseau qui caractérise si bien une région des Alpes dont on l'appelle la rose, le Rhododendron, qui cesse plus haut à son tour pour faire place à d'autres plantes plus basses encore, dépassant peu le niveau du sol, et qu'on désigne par l'épithète d'*alpines* : ce sont des espèces de quelques-unes de ces familles qu'il observait à son point de départ, des Crucifères, Caryophyllées, Renonculacées, Rosacées, Légumineuses, Composées, Cypéracées, Graminées, mais des espèces différentes. Ce sont aussi de nombreux et nouveaux représentants d'autres familles qui ne se montrent que plus rarement dans la plaine : des Saxifrages, des Gentianes, etc. Les plantes annuelles manquent presque entièrement, et c'est ce qu'on devait prévoir, puisqu'il suffit pour détruire leur race qu'une année défavorable ait empêché la maturation complète de leurs graines.

« Les plantes vivaces ou ligneuses se conservent sous le sol maintenu à une température beaucoup moins basse, soustraites ainsi à l'influence mortelle de l'atmosphère et se développant toutes les fois qu'elle s'adoucit ou se réchauffe à un degré suffisant ; mais ce n'est que pendant une bien courte saison, et sur certains points qu'une fois en plusieurs années. Il en résulte que les tiges s'élèvent à peine, que celles qui sont frutescentes ordinairement rasent le sol, tantôt rampantes, tantôt courtes, raides, enchevêtrées, formant de loin en loin des plaques épaisses et compactes comme deviendrait un arbrisseau qu'on taillerait chaque année très-près de terre. La physionomie propre à chaque famille s'efface en quelque sorte, remplacée par la physionomie générale de plante alpine, et on retrouve celle-ci jusque dans les genres à espèces arborescentes, comme dans les Saules, qui ici rampent cramponnés au sol. Plus on s'élève, plus la végétation s'éparpille et s'appauvrit, jusqu'à ce qu'enfin les rochers ne montrent plus d'autre végétation que celle des Lichens dont les croûtes varient un peu la teinte monotone de leur surface. On est arrivé aux neiges éternelles, où les êtres organisés ne peuvent plus accomplir leur vie, mais ne se montrent qu'en passant. »

Le mont Ventoux, en Provence, va nous présenter une intéressante application des mêmes faits, prise dans notre pays.

Le mont Ventoux s'élève brusquement d'une plaine, dont
la température moyenne est celle des villes de Sienne, Brescia
ou Venise, et son sommet offre le climat de la Suède septentrionale, limitrophe de la Laponie. Monter sur ses flancs, en
·atteindre le faîte, c'est climatologiquement comme si l'on se
déplaçait de 19 degrés en latitude, savoir du 44ᵉ au 63ᵉ degré.
Nous allons tenter cette ascension avec un guide expérimenté.
M. Ch. Martins a publié sur cette montagne une étude intéressante.

« Le mont Ventoux, dit le professeur de Montpellier, offre une suc-
cession de régions végétales bien définies et caractérisées par l'existence
de certaines plantes qui manquent dans les autres. Ces régions sont au
nombre de six sur le versant méridional, de cinq sur le versant septentrional.

« Élevons-nous sur le versant sud, celui qui se confond à sa base avec
la plaine du Rhône : toutes les plantes de la plaine appartiennent à la
région la plus basse ; elle se caractérise très-bien par deux arbres, le
Pin d'Alep et l'Olivier. Tous deux sont propres au bassin méditerranéen,
autour duquel ils forment une ceinture interrompue seulement par le
delta de l'Égypte. Le Pin d'Alep se trouve sur toutes les collines qui
longent le pied méridional du mont Ventoux ; mais il ne dépasse pas
430 mètres au-dessus du niveau de la mer. L'Olivier monte plus haut,
mais n'est plus cultivé au-dessus de 500 mètres. Sous ces arbres, on
rencontre toutes les espèces méridionales qui caractérisent la végétation
de la Provence : le Chêne kermès, le Romarin, le Genêt d'Espagne, le
Dorycnium suffruticosum. Une zone étroite succède à celle-ci : elle est
caractérisée par le Chêne vert, qui ne dépasse guère 56 mètres. Au milieu des taillis, on trouve la Dentelaire d'Europe, le Genévrier Cade, la
grande Euphorbe Characias, la Psoralea à odeur de bitume, etc.

« Une région dépourvue de végétaux arborescents vient immédiatement après les deux premières. Le sol est nu, pierreux, généralement in-
culte ; cependant çà et là on remarque des champs de Pois chiche, d'A-
voine ou de Seigle, dont les derniers sont à 1030 mètres au-dessus de
la Méditerranée. Mais un arbrisseau, le Buis, deux sous-arbrisseaux, le
Thym et les Lavandes, une autre labiée herbacée, le *Nepeta graveolens*
et le Dompte-venin (*Vincetoxicum officinale*), dominent pour la taille et
le nombre. C'est dans cette région que les tentatives de reboisement au
moyen des Chênes, des Pins se poursuivent avec succès. Il faut s'élever
jusqu'à 1150 mètres pour retrouver de nouveau la végétation arborescente. Elle se compose de Hêtres. D'abord épars et sous forme de taillis,
ils sont plus grands à partir de 1240 mètres, surtout dans les ravins
profonds, véritables vallons qui les abritent du vent. Ils montent jusqu'à
1660 mètres. A cette hauteur, les dépressions sont peu profondes, et les
arbres exposés à l'action déprimante du vent qui les couche sur le sol

ne sont plus que d'humbles buissons à branches courtes, dures et serrées. Un pareil buisson, semblable à une boule ou à un matelas étendu
par terre, est souvent aussi vieux que de grands Hêtres qui élèvent dans
le ciel leur cime orgueilleuse. Un grand nombre de plantes habitent la
région des Hêtres. Plusieurs appartiennent à la zone subalpine des montagnes de l'Europe moyenne et ne descendent jamais dans la plaine. Tels
sont le Nerprun, le Groseillier, la Giroflée, la Cacalie, l'Oseille des Alpes,
l'Amélanchier commun, l'Anthyllide des montagnes, etc.

« A la hauteur de 1700 mètres, le froid est trop vif, l'été trop court et
le vent trop violent pour que le Hêtre puisse encore subsister. Aussi sur
le Ventoux, comme dans les Alpes et les Pyrénées, un arbre de la famille
des Conifères est le dernier représentant de la végétation arborescente.
C'est une espèce de Pin assez basse, appelée Pin de montagne, *Pinus
uncinata* par les botanistes, parce que les écailles de son cône sont recourbées en hameçon. Ces Pins s'élèvent à plusieurs mètres de hauteur
dans les endroits abrités, et deviennent des buissons touffus dans les
lieux exposés au vent : ils montent jusqu'à la hauteur de 1810 mètres, et
forment la limite extrême de la végétation arborescente. Les plantes herbacées de cette région sont celles de la région des Hêtres, qui presque
toutes atteignent la limite des Pins. Cependant il faut ajouter le Genévrier commun, couché sur le sol, comme on le voit toujours sur les
hautes montagnes, où le poids de la neige l'écrase pour ainsi dire tous
les hivers, la Germandrée des montagnes et la Saxifrage gazonnante
(*Saxifraga cæspitosa*), qui s'élève jusque sur les plus hautes cimes des
Alpes.

« La flore nous enseigne donc, au défaut du baromètre, que nous
touchons à la région alpine du Ventoux, à cette région où toute végétation arborescente a disparu, mais où le botaniste retrouve avec ravisse-
ment les plantes de la Laponie, de l'Islande et du Spitzberg. Dans les
Alpes, cette région s'étend jusqu'à la limite des neiges perpétuelles, séjour d'un éternel hiver ; mais le Ventoux ne s'élevant qu'à 1911 mètres,
son sommet appartient à la partie inférieure de la région alpine des
Alpes et des Pyrénées. A cette hauteur, tout arbre a disparu, mais une
foule de petites plantes viennent épanouir leurs corolles à la surface des
pierres ou des rochers. Ce sont les Pavots à fleurs orangées, la Violette
du Mont-Cenis, l'Astragale à fleurs bleues, et tout à fait au sommet le
Paturin des Alpes, l'Euphorbe de Gérard et la vulgaire Ortie, qui apparaît partout où l'homme construit un édifice. Une chapelle a été bâtie au
sommet du Ventoux depuis l'ascension de Pétrarque. Mais ce n'est pas
au sud du sommet terminal de la montagne que le botaniste cherchera
les plantes alpines caractéristiques de la région élevée d'où son œil embrasse tout le panorama des Alpes françaises, du Mont-Blanc à la mer.
C'est dans les escarpements du nord, dans les rochers exposés aux bises
générales et glaciales, privés de soleil pendant de longs mois et couverts
de neige jusqu'en juin. C'est là que j'ai revu, comme on revoit une amie,
la Saxifrage à feuilles opposées que j'avais cueillie au sommet du Re-
culet, la cime la plus élevée du Jura, et sur tous les sommets des Alpes

qui atteignent ou dépassent la limite des neiges perpétuelles. Quand je mis le pied pour la première fois sur les rivages glacés du Spitzberg, la Saxifrage à feuilles opposées fut aussi la première plante que j'aperçus, car ici elle retrouvait au bord de la mer les étés froids et les neiges fondantes des sommets qui couronnent les Alpes et les Pyrénées. Sur le Ventoux, d'autres Saxifrages également alpines environnaient la première ; les Clochettes bleues de la Campanule d'Allioni se dégageaient du milieu des pierres et des plantes naines, comme elles le sont à toutes ces hauteurs ; le Phytemna à capitules arrondis, l'Androsace villeuse, l'Ononis du Mont-Cenis, et trois espèces d'Arenaria, se collaient contre les rochers ou pointaient à travers les pierres. »

Transportons-nous maintenant de la Provence au cœur de l'Asie, et des hauteurs du mont Ventoux aux cimes de l'Himalaya. Nous empruntons les détails qui vont suivre au journal du docteur Hooker, qui s'éleva dans cette région jusqu'à une hauteur de 6100 mètres.

Le docteur Hooker passa la saison pluvieuse de 1848 dans l'établissement sanitaire de Dorjilling, dernière possession anglaise dans le Sikkim, à une élévation d'environ 2160 mètres et en vue des pics les plus élevés de l'Himalaya. Douze de ces pics s'élèvent à plus de 7000 mètres, et l'un d'eux, le Kinchinjunga, atteint 8588 mètres. Le mont Chumulari, autre géant des Andes du Tibet, était visible d'une élévation voisine (le Sinchul), pendant l'ascension de laquelle notre auteur fit connaissance avec quelques-uns des admirables *Rhododendrons*, dont il a réussi à enrichir nos jardins de l'Europe.

« Dans les mois d'avril et de mai, dit le docteur Hooker, quand les Magnolias et les Rhododendrons sont en fleur, la végétation fastueuse du Sinchul ne le cède en rien, sous certains rapports, à celle des tropiques. La beauté de l'effet est cependant bien diminuée par la tristesse constante de la saison. Le Magnolia à fleurs blanches (*Magnolia excelsi*) est un des arbres qui prédominent à une élévation de 2135 à 2440 mètres, et, en 1848, il a fleuri si abondamment qu'il semblait que sur les larges flancs du Sinchul et d'autres montagnes de la même élévation on eût répandu de la neige. L'espèce à fleurs purpurines (*Magnolia Campbellii*) ne se montre guère au-dessous de 2440 mètres. C'est un grand mais bien vilain arbre, à écorce noire et à rameaux peu nombreux, dépourvus de feuilles en hiver et durant la floraison, mais émettant alors de leur extrémité de grandes fleurs campanulées d'un rose purpurin, dont les pétales charnus couvrent tout le sol d'alentour.

Sur ces branches et sur celles des Chênes et des Lauriers croît épiphytiquement le *Rhododendron Dalhousiæ*, grêle arbrisseau qui porte à l'extrémité de ses rameaux trois à six cloches blanches à odeur de citron, d'une douzaine de centimètres de largeur. Le Rhododendron à fleurs écarlates est très-rare dans ce bois, mais celui-ci est bien surpassé par le *Rhododendron argenteum*, qui devient un arbre de 40 pieds, avec ses feuilles de 3 à 4 décimètres de longueur, d'un vert foncé en dessus et argentées en dessous, et des fleurs aussi grandes que celles du *Rhododendron Dalhousiæ*. Des Chênes, des Lauriers, des Érables, des Bouleaux, des Hydrangea, une espèce de Figuier (qui occupe le sommet même de la montagne) et trois genres chinois et japonais, constituent les traits principaux de la végétation forestière de cette partie du Sinchul.

« Au-dessous de cette région, c'est-à-dire au-dessous du Dorjilling, les zones de végétation sont bien caractérisées entre 1830 et 2135 mètres par : 1º le Chêne, le Châtaignier et les Magnolias, qui caractérisent également la végétation entre 2135 et 3050 mètres; 2º immédiatement au-dessous de 1982 mètres, apparaît une Fougère en arbre (*Alsophila gigantea*); 3º une espèce de Palmier du genre Calamus et un Plectocomia. Ce dernier s'élance jusqu'aux cimes des plus hauts arbres et s'étend à travers la forêt jusqu'à une distance de près de 40 mètres de sa souche; 4º enfin, un dernier trait caractéristique est présenté par un Bananier sauvage qui s'élève presque à la même hauteur que la plante précédente. »

Le docteur Hooker n'obtint qu'avec beaucoup de peine des autorités indigènes de Sikkim la permission de pousser au delà de Dorjilling, et en particulier de visiter les hautes passes de l'Himalaya au Tibet. Il put enfin s'équiper pour une expédition de trois mois, qui devait le porter aussi près que possible de la masse principale du Kinchinjunga. Suivons-le dans cette dernière ascension.

A 2440 mètres, il trouve les premières Conifères, et tout d'abord l'*Abies Brunoniana*, belle espèce qui affecte la forme d'une pyramide obtuse, avec des branches étalées comme celles d'un Cèdre. Elle est inconnue dans la chaîne extérieure, et occupe sur l'intérieure une zone moins élevée de 1000 pieds que celle du Sapin argenté (*Abies Webbiana*). On rencontre vers ce niveau un assez grand nombre de plantes subalpines des genres *Leycesteria, Thalictrum, Rosa, Gnaphalium, Alnus, Betula, Ilex, Berberis, Rubus*, etc., des *Fougères*, des *Anémones*, des *Fraisiers*, le *Bambou alpin* et des *Chênes*.

Plus haut, notre voyageur vit des *Genévriers* se mêler aux *Sapins argentés*. Ces arbres furent bientôt remplacés par des *Rhododendrons* toujours verts, répandus sur les pentes en im-

33

mense profusion et entremêlés çà et là de buissons de Ro-
siers, de *Spiræa*, de *Genévriers nains* et de petits *Bouleaux*, de
Saules, de *Chèvrefeuilles*, d'*Épines-vinettes* et d'une espèce de
Sorbier.

A 3660 mètres, la végétation était presque uniquement constituée par une multitude d'espèces de *Rhododendrons* qui formaient sur les pentes escarpées une zone continue de 340 mètres de largeur. Un petit *Andromeda* éricoïde s'y faisait aussi
remarquer, et sur les bords du chemin le botaniste put cueillir deux plantes émigrées de sa patrie lointaine, le *Poa annua*
et la *Bourse à pasteur*.

A 3965 mètres, le sol se trouva partout dur et gelé, et plus
haut la neige couvrait les flancs de la montagne, et s'élevait
à près d'un mètre de chaque côté du sentier.

Le voyageur atteignit enfin le sommet de la *passe* située à
6114 mètres au-dessus du niveau de la mer. Il trouva encore
à y récolter plusieurs espèces de Composées, de Graminées et
un *Arenaria*. L'espèce la plus curieuse est le *Saussurea gossy-
pina*, qui forme de grandes massues, revêtues d'une laine
blanche et très-douce au toucher, hautes de 3 décimètres environ. L'espèce de couverture donnée par la nature à cette
plante est à peu près exceptionnelle dans l'Himalaya, les genres alpins qui y sont le plus répandus, tels que *Arénaires*,
Primevères, *Saxifrages*, *Fumeterres*, *Renoncules*, *Gentianes*, *Graminées* et *Cypéracées*, ayant un feuillage parfaitement nu.

L'année suivante, le docteur Hooker, dans l'une de ses as-
censions vers la frontière du Tibet, recueillit au-dessus de 4650
mètres, sur une des crêtes de l'Himalaya, 200 espèces de
plantes parmi lesquelles se trouvaient 10 Crucifères, 20 Composées, 10 Renonculacées, 9 Alsinées, 10 Astragales, 8 Poten-
tillées, 12 Graminées, 15 Pédiculaires et 7 Borraginées.

Enfin, le 9 septembre 1849, notre botaniste arriva à l'apo-
gée de la flore de l'Himalaya en atteignant sur le mont Don-
kia une élévation de 5800 mètres. La limite inférieure des
neiges perpétuelles est ici à 5500 mètres environ. L'*Arenaria
rupifraga* est la seule phanérogame que l'on rencontre encore
à cette hauteur ; le *Festuca ovina*, un *Saussurea* et une petite
Fougère (*Woodsia*), s'approchent pourtant assez près du som-

met, où l'on voit plusieurs Lichens et quelques Mousses stériles.

Ainsi, les Mousses et les Lichens, c'est-à-dire les imparfaites
tribus du règne végétal, sont les dernières plantes qui apparaissent dans les régions qui servent de confins au domaine
de la vie. Citons une fois encore, pour clore dignement ce
livre, les paroles du grand Linné : « Les derniers des végétaux
vivent seuls dans la dernière des terres. »

FIN.

INDEX ALPHABÉTIQUE

DES NOMS DE PLANTES CITÉS DANS CET OUVRAGE.

FIN DE L'INDEX ALPHABÉTIQUE.

TABLE DES GRAVURES.

FIN DE LA TABLE DES GRAVURES.

TABLE DES CHAPITRES

FIN DE LA TABLE DES CHAPITRES.

11000. — Typographie Lahure, rue de Fleurus, 9, à Paris.

www.ingramcontent.com/pod-product-compliance
Lightning Source LLC
Chambersburg PA
CBHW060904220326
41599CB00020B/2842